U0150428

“十三五”国家重点图书
2019年度国家出版基金资助项目

总顾问：李　坚　刘泽祥　胡景初
总策划：纪　亮　总主编：周京南

中国古典家具技艺全书
（第一批）

匠心营造III

第五卷
（总三十卷）

主　编：刘　岸　袁进东　梅剑平
副主编：贾　刚　卢海华　李　鹏

中国林业出版社
·北京·

图书在版编目（CIP）数据

匠心营造．Ⅲ / 周京南总主编．-- 北京 ：中国林业出版社，2020.5
（中国古典家具技艺全书．第一批）

ISBN 978-7-5219-0611-0

Ⅰ．①匠… Ⅱ．①周… Ⅲ．①家具－介绍－中国－古代 Ⅳ．① TS666.202

中国版本图书馆 CIP 数据核字 (2020) 第 093868 号

责任编辑：**王思源**

出 版：中国林业出版社（100009 北京西城区德内大街刘海胡同 7 号）
印 刷：北京雅昌艺术印刷有限公司
发 行：中国林业出版社
电 话：010-8314 3518
版 次：2020 年 10 月 第 1 版
印 次：2020 年 10 月 第 1 次
开 本：889mm × 1194mm，1/16
印 张：18
字 数：200 千字
图 片：约 980 幅
定 价：360.00 元

《中国古典家具技艺全书》总编撰委员会

总 顾 问：李　坚　刘泽祥　胡景初

总 策 划：纪　亮

总 主 编：周京南

编委成员：

周京南　袁进东　刘　岸　梅剑平　蒋劲东

马海军　吴闻超　贾　刚　卢海华　董　君

方崇荣　李　峰　李　鹏　王景军　叶双陶

《中国古典家具技艺全书——匠心营造Ⅲ》

总主编：周京南

主　编：刘　岸　袁进东　梅剑平

副主编：贾　刚　卢海华　李　鹏

序　言

李　坚　中国工程院院士

讲到中国的古家具，可谓博大精深，灿若繁星。

从神秘庄严的商周青铜家具，到浪漫拙朴的秦汉大漆家具；从壮硕华美的大唐壸门结构，到精炼简雅的宋代框架结构；从秀丽俊逸的明式风格，到奢华繁复的清式风格，这一漫长而恢宏的演变过程，每一次改良，每一场突破，无不渗透着中国人的文化思想和审美观念，无不凝聚着中国人的汗水与智慧。

家具本是静物，却在中国人的手中活了起来。

木材，是中国古家具的主要材料。通过中国匠人的手，塑出家具的骨骼和形韵，更是其商品价值的重要载体。红木的珍稀世人多少知晓，紫檀、黄花梨、大红酸枝的尊贵和正统更是为人称道，若是再辅以金、骨、玉、瓷、珐琅、螺钿、宝石等珍贵的材料，其华美与金贵无须言表。

纹饰，是中国古家具的主要装饰。纹必有意，意必吉祥，这是中国传统工艺美术的一大特色。纹饰之于家具，不但起到点缀空间、构图美观的作用，还具有强化主题、烘托喜庆的功能。龙凤麒麟、喜鹊仙鹤、八仙八宝、梅兰竹菊，都寓意着美好和幸福，这些也是刻在中国人骨子里的信念和情结。

造型，是中国古家具的外化表现和功能诉求。流传下来的古家具实物在博物馆里，在藏家手中，在拍卖行里，向世人静静地展现着属于它那个时代的丰姿。即使是从未接触过古家具的人，大概也分得出桌椅几案，柜架床榻，这得益于中国家具的流传有序和中国人制器为用的传统。关于造型的研究更是理论深厚，体系众多，不一而足。

唯有技艺，是成就中国古家具的关键所在，当前并没有被系统地挖掘和梳理，尚处于失传和误传的边缘，显得格外落寞。技艺是连接匠人和器物的桥梁，刀削斧凿，木活生花，是熟练的手法，是自信的底气，也是“手随心驰，心从手思，心手相应”的炉火纯青之境界。但囿于中国传统各行各业间“以师带徒，口传心授”的传承方式的局限，家具匠人们的技艺并没有被完整的记录下来，没有翔实的资料，也无标准可依托，这使得中国古典家具技艺在当今社会环境中很难被传播和继承。

此时，由中国林业出版社策划、编辑和出版的《中国古典家具技艺全书》可以说是应运而生，责无旁贷。全套书共三十卷，分三批出版，并运用了当前最先进的技术手段，最生动的展现方式，对宋、明、清和现代中式的家具进行了一次系统的、全面的、大体量的收集和整理，通过对家具结构的拆解，家具部件的展示，家具工艺的挖掘，家具制作的考证，为世人揭开了古典家具技艺之美的面纱。图文资料的汇编、尺寸数据的测量、CAD和效果图的绘制以及对相关古籍的研究，以五年的时间铸就此套著作，匠人匠心，在家具和出版两个领域，都光芒四射。全书无疑是一次对古代家具文化的抢救性出版，是对古典家具行业“以师带徒，口传心授”的有益补充和锐意创新，为古典家具技艺的传承、弘扬和发展注入强劲鲜活的动力。

党的十八大以来，国家越发重视技艺，重视匠人，并鼓励“推动中华优秀传统文化创造性转化、创新性发展”，大力弘扬“精益求精的工匠精神”。《中国古典家具技艺全书》正是习近平总书记所强调的“坚定文化自信、把握时代脉搏、聆听时代声音，坚持与时代同步伐、以人民为中心、以精品奉献人民、用明德引领风尚”的具体体现和生动诠释。希望《中国古典家具技艺全书》能在全体作者、编辑和其他工作人员的严格把关下，成为家具文化的精品，成为世代流传的经典，不负重托，不辱使命。

2020年5月

前 言

纪 亮 全书总策划

中国的古家具，有着悠久的历史。传说上古之时，神农氏发明了床，有虞氏时出现了俎。商周时代，出现了曲几、屏风、衣架。汉魏以前，家具形体一般较矮，属于低型家具。自南北朝开始，出现了垂足坐，于是凳、靠背椅等高足家具随之产生。隋唐五代时期，垂足坐的休憩方式逐渐普及，高低型家具并存。宋代以后，高型家具及垂足坐才完全代替了席地坐的生活方式。高型家具经过宋、元两朝的普及发展，到明代中期，已取得了很高的艺术成就，使家具艺术进入成熟阶段，形成了被誉为具有高度艺术成就的“明式家具”。清代家具，承明余绪，在造型特征上，骨架粗壮结实，方直造型多于明式曲线造型，题材生动且富于变化，装饰性强，整体大方而局部装饰细致入微。到了近现代，特别是近20年来，随着我国经济的发展，文化的繁荣，古典家具也随之迅猛发展。在家具风格上，现代古典家具在传承明清家具的基础上，又有了一定的发展，并形成了独具中国特色的现代中式家具，亦有学者称之为中式风格家具。

中国的古典家具，通过唐宋的积淀，明清的飞跃，现代的传承，成为“东方艺术的一颗明珠”。中国古典家具是我国传统造物文化的重要组成和载体，也深深影响着世界近现代的家具设计，国内外研究并出版的古典家具历史文化类、图录资料类的著作较多，而从古典家具技艺的角度出发，挖掘整理的著作少之又少。技艺——是古典家具的精髓，是原汁原味地保护发展我国古典家具的核心所在。为了更好地传承和弘扬我国古典家具文化，全面系统地介绍我国古典家具的制作技艺，提高国家文化软实力，提升民族自信，实现古典家具创造性转化、创新性发展，中国林业出版社聚集行业之力组建“中国古典家具技艺全书”编写工作组。技艺全书以制作技艺为线索，详细介绍了古典家具中的结构、造型、制作、解析、鉴赏等内容，全书共三十卷，分为榫卯构造、匠心营造、大成若缺、解析经典、美在久成这五个系列，并通过数字化手段搭建“中国古典家具技艺网”和“家具技艺APP”等。全书力求通过准确的测量、绘制、挖掘、梳理，向读者展示中国古典家具的结构美、造型美、雕刻美、装饰美、材质美。

《匠心营造》为全书的第二个系列，共分四卷。照图施艺是木工匠人的制作本领。木工图的绘制是古典家具制作技艺中的必修课，这部分内容按照坐具、承具、卧具、庋具、杂具等类别进行研究、测量、绘制、整理，最终形成了近千款源自宋、明、清和现代这几个时期的古典家具CAD图录，这些丰富而翔实的图录将为我们研究和制作古典家具提供重要的参考和学习研究资料。为了将古典家具器形结构全面而准确地呈现给读者，编写人员多次走访各地实地考察、实地测绘，大家不辞辛劳，力求全面。研讨和编写过程都让人称赞。然而，中国古典家具文化源远流长、家具技艺博大精深，要想系统、全面地挖掘，科学、完善地测量，精准、细致地绘制，是很难的。加之编写人员较多、编写经验不足等因素导致测绘不精确、绘制有误差等现象时有出现，具体体现在尺寸标注方法不一致、不精准，器形绘制不流畅、不细腻，技艺挖掘不系统、不全面等问题，望广大读者批评和指正，我们将在未来的修订再版中予以更正。

最后，感谢国家新闻出版署将本项目列为“十三五”国家重点图书出版规划，感谢国家出版基金规划管理办公室对本项目的支持，感谢为全书的编撰而付出努力的每位匠人、专家、学者和绘图人员。

纪亮

2020年5月

目　录

匠心营造 I（第三卷）

序　言
前　言
一、中国古典家具木工营造图解之坐具
（一）坐具
（二）古典家具木工营造图解之坐具
附录：图版索引

匠心营造 II（第四卷）

序　言
前　言
二、中国古典家具木工营造图解之承具
（一）承具
（二）古典家具木工营造图解之承具
附录：图版索引

匠心营造Ⅲ（第五卷）

目录

序 言

前 言

三、中国古典家具木工营造图解之卧具①

（一）卧具① 2

（二）古典家具木工营造图解之卧具① 2

卧具图版① 3

明式带枕凉床 4

明式攒十字连方纹罗汉床 5

明式三弯腿夔龙纹罗汉床 6

明式卷草纹藤屉罗汉床 7

明式直棂条围子罗汉床 8

明式月洞式门罩架子床 9

明式风车式棂格四柱架子床 10

明式六柱架子床 11

明式卷草纹架子床 12

明式开光六柱架子床 13

明式素面罗汉床两件套 14

明式鼓腿彭牙罗汉床两件套 16

明式曲尺纹罗汉床三件套 18

清式嵌大理石美人榻 20

清式拐子纹美人榻 21

清式拐子纹半床 22

清式嵌楠木罗汉床 23

清式夔龙纹罗汉床 24

清式花鸟纹罗汉床 25

清式百宝嵌罗汉床 26

清式福寿纹五屏式罗汉床 27

清式十字连方纹涡纹足罗汉床 28

清式嵌大理石罗汉床 29

清式卷草纹藤屉罗汉床 30

清式三多纹鼓腿彭牙罗汉床 31

清式黑漆描金卷草拐子纹罗汉床 32

清式紫漆描金山水纹罗汉床 33

目录

目　　录

清式嵌瓷片花卉图罗汉床 34
清式镶铜缠枝花纹罗汉床 35
清式嵌大理石罗汉床 36
清式博古纹罗汉床 37
清式三屏风式开光罗汉床 38
清式曲尺棂格罗汉床 39
清式紫漆描金卷云纹罗汉床 40
清式双螭捧寿纹罗汉床 41
清式西番莲纹罗汉床两件套 42
清式花鸟拐子纹罗汉床两件套 43
清式拐子铜钱纹罗汉床两件套 44
清式百福罗汉床两件套 45
清式拐子纹罗汉床两件套 46
清式山水纹罗汉床两件套 47
清式团龙纹开光罗汉床两件套 48
清式卷草纹罗汉床两件套 49
清式海棠形开光罗汉床两件套 50
清式玉璧纹罗汉床两件套 52
清式卷云纹搭脑罗汉床三件套 54
清式三弯腿罗汉床三件套 56
清式团龙纹结子花罗汉床三件套 58
清式七屏式罗汉床三件套 60
清式百子图罗汉床三件套 62
清式暗八仙纹罗汉床三件套 64
清式螭龙纹罗汉床三件套 66
清式山水人物图月洞式门罩架子床 68
清式攒棂格架子床 70
清式葫芦万代纹架子床 71
清式四簇云纹月洞式门罩架子床 72
清式扇面卷轴架子床 73
清式毗卢帽架子床 74
清式博古纹月洞式门罩架子床 76
清式攒万字纹围子架子床 78

目录

清式六柱架子床 79
清式雕花带玻璃镜架子床 80
清式带帽檐镶玻璃拔步床 81
现代中式大床三件套 82
现代中式暗八仙纹大床三件套 83
现代中式明韵凉榻两件套 84
现代中式喜上眉梢美人榻 86
现代中式富贵美人榻三件套 87
现代中式山水人物图贵妃榻 88
现代中式外翻马蹄足贵妃榻两件套 89
现代中式仿竹节果实累累贵妃床 90
现代中式竹节纹大床 91
现代中式岁朝图大床三件套 92
现代中式云龙纹大床三件套 93
现代中式拐子纹大床三件套 94
现代中式回纹大床三件套 96
现代中式拐子纹大床三件套 98
现代中式旭日系列大床三件套 100
现代中式西番莲纹大床三件套 102
现代中式松鹤延年图大床三件套 103
现代中式如意大床三件套 104
现代中式百福岁朝图大床三件套 105
现代中式卷云盘长拐子纹大床三件套 106
现代中式仕女图大床三件套 108
现代中式园林湖景图大床三件套 109
现代中式瑞兽花鸟纹大床三件套 110
现代中式鸿运一生大床三件套 111
现代中式福禄寿大床三件套 112
现代中式直棂大床三件套 114
现代中式山水人物图大床三件套 116
现代中式圆合大床三件套 117
现代中式喜鹊登枝图大床三件套 118
现代中式华韵大床三件套 120
现代中式殿宇楼阁图大床三件套 123
现代中式如意大床三件套 124
现代中式百鸟朝凤大床三件套 126

目
录

目　　录

现代中式山水园林图大床三件套　128
现代中式团寿拐子纹大床三件套　130
现代中式大床三件套　132
现代中式山水人物图大床三件套　134
现代中式攒拐子纹大床三件套　136
现代中式富贵花鸟图大床三件套　138
现代中式笔管直棂大床四件套　140
现代中式五福如意加长沙发四件套　142
现代中式海棠纹开光沙发四件套　143
现代中式兰亭沙发四件套　144
现代中式高靠背博古图沙发六件套　146
现代中式拐子回纹沙发六件套　148
现代中式玉璧福磬纹沙发六件套　150
现代中式龙行连渡纹沙发八件套　152
现代中式回纹沙发八件套　155
现代中式八仙沙发八件套　158
现代中式百狮如意沙发八件套　160
现代中式八骏图沙发八件套　162
现代中式福禄寿沙发八件套　164
现代中式福在眼前沙发八件套　166
现代中式回纹硕果图沙发八件套　168
现代中式直棂靠背沙发八件套　171
现代中式吉象捧书沙发八件套　173
现代中式博古图沙发八件套　176
现代中式竹节纹沙发八件套　178
现代中式兰亭雕心沙发八件套　180
现代中式如意纹沙发九件套　182
现代中式福在眼前沙发八件套　184
现代中式风和日丽沙发八件套　186
现代中式花开富贵磬云沙发八件套　189
现代中式寿字纹沙发八件套　192
现代中式如意云纹沙发八件套　194
现代中式圆开光沙发八件套　196

现代中式直棂霸王枨沙发八件套 198
现代中式圈形圆开光沙发八件套 200
现代中式直棂梳背沙发八件套 203
现代中式直棂梳背福寿绵长沙发八件套 206
现代中式团寿纹沙发八件套 208
现代中式吉庆有余沙发八件套 210
现代中式云蝠纹沙发八件套 212
现代中式拐子如意纹沙发八件套 215
现代中式富贵祥和沙发八件套 218
现代中式福禄寿沙发八件套 220
现代中式花果累累沙发八件套 222
现代中式荷花图沙发八件套 224
现代中式吉庆有余沙发八件套 226
现代中式福庆有余沙发八件套 228
现代中式吉祥如意沙发八件套 230
现代中式福在眼前沙发八件套 232
现代中式山川秀色沙发八件套 234
现代中式五福卷书式沙发八件套 236
现代中式五福捧寿沙发八件套 238
现代中式山水楼阁图沙发八件套 240
现代中式卷草拐子纹沙发八件套 242
现代中式佳人玉立沙发八件套 244
现代中式金龙富贵沙发八件套 246
现代中式暗八仙纹沙发八件套 248
现代中式西湖风景沙发八件套 250
现代中式岁朝图沙发八件套 252
现代中式福庆有余沙发八件套 254
现代中式攒风车式棂格沙发八件套 256
现代中式五福捧寿沙发八件套 258
现代中式园林风景沙发八件套 260
现代中式富贵牡丹沙发八件套 262
现代中式鸟语花香沙发八件套 264
现代中式福庆有余沙发八件套 266

附录：图版索引

目　录

匠心营造Ⅳ（第六卷）

序　言

前　言

四、中国古典家具木工营造图解之卧具②

（一）卧具②

（二）古典家具木工营造图解之卧具②

五、中国古典家具木工营造图解之庋具

（一）庋具

（二）古典家具木工营造图解之庋具

六、中国古典家具木工营造图解之杂具

（一）杂具

（二）古典家具木工营造图解之杂具

附录：图版索引

中国古典家具木工营造图解之卧具①

三

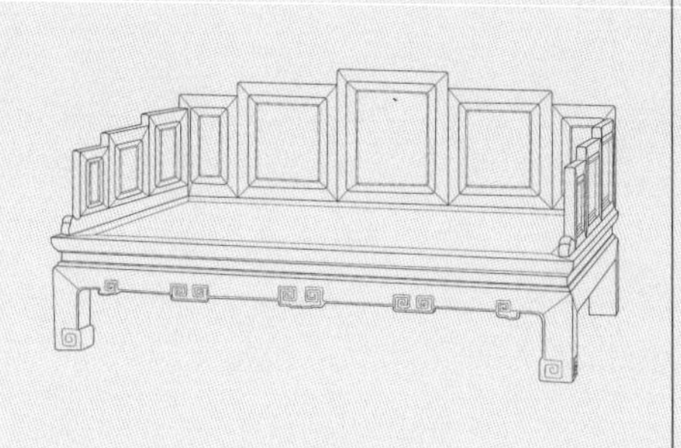

三、中国古典家具木工营造图解之卧具①

（一）卧具①

卧具中的床榻主要分为三大类：

（1）床：拔步床、架子床、罗汉床等；

（2）榻：贵妃榻、美人榻等；

（3）沙发：单人沙发、双人沙发、三人或多人沙发等。

卧具类中的床榻历史悠久，种类繁多，按材质大致可分为两类：一类为珍贵硬木所制，如黄花梨、紫檀；另一类为硬杂木所制，此类床榻或髹漆，或贴金，或镶嵌。今天我们所见到的床榻，都是明清甚至是民国时期的遗存，其中尤以清代的居多。沙发类家具为近现代出现的器型。此类家具在吸收了明清家具精华的同时，又融入了现代的生活气息，在继承传统的基础上形成了现代中式的新门类。

（二）古典家具木工营造图解之卧具①

本章选取卧具中的明式、清式、现代中式等代表性家具，对其木工营造图进行深度解读和研究，并形成珍贵而翔实的图片资料。

主要研究的器形如下：

（1）明式家具：明式带枕凉床、明式攒十字连方纹罗汉床等；

（2）清式家具：清式嵌大理石美人榻、清式拐子纹美人榻等；

（3）现代中式家具：现代中式大床三件套、现代中式暗八仙纹大床三件套等。

图片资料详见 P4 ~ 266。

说明：在卧具的测量和绘制过程中存在少量国标允许的误差。

卧具图版①

明式带枕凉床

材质：紫檀

年款：明代

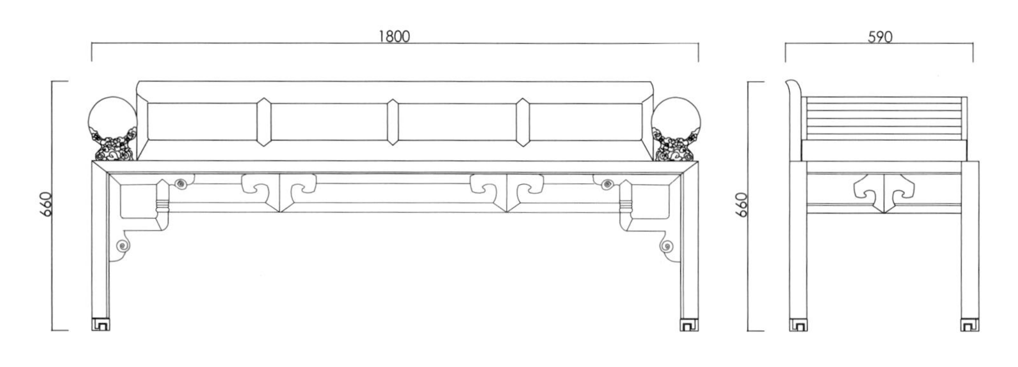

主视图　　左视图

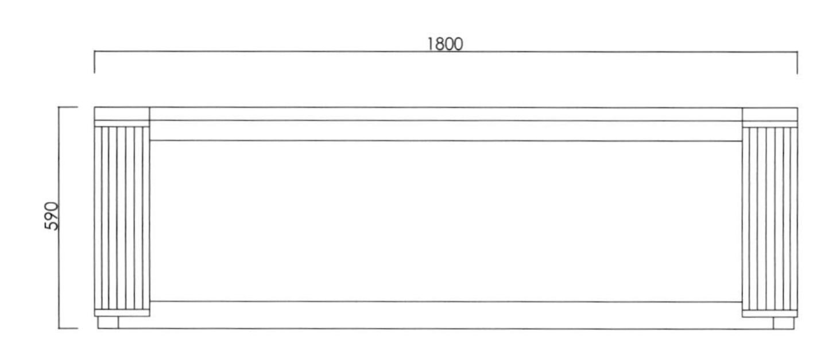

俯视图

图版清单（明式带枕凉床）：

主视图

左视图

俯视图

注：全书计量单位为毫米（mm）。

明式攒十字连方纹罗汉床

材质：黄花梨

年款：明代（清宫旧藏）

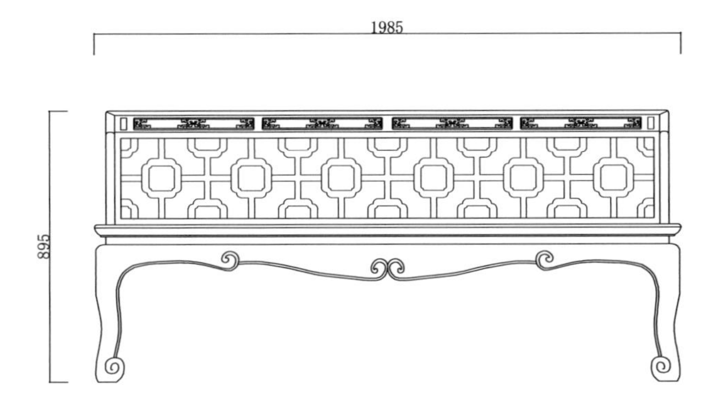

主视图

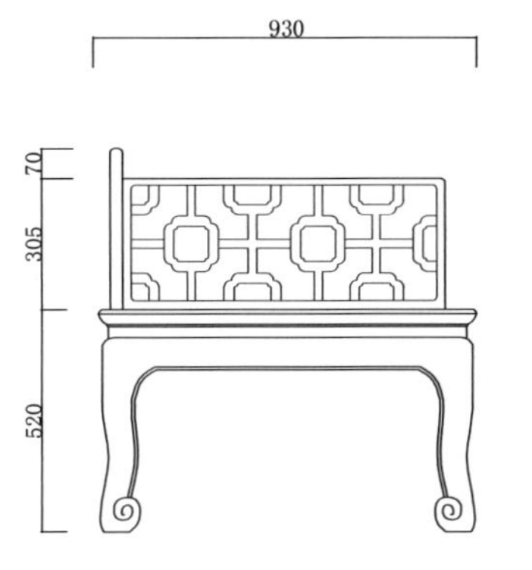

左视图

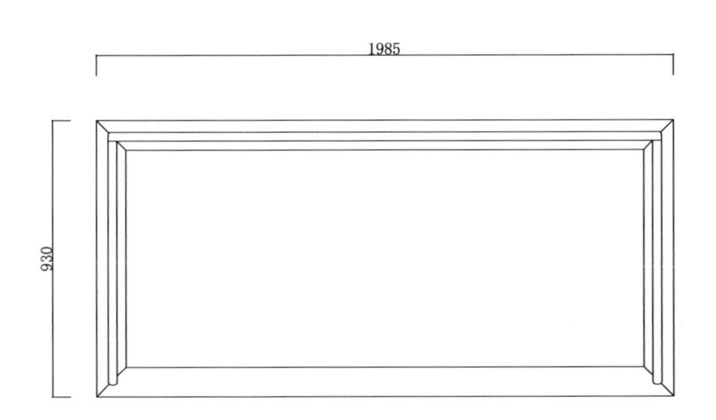

俯视图

图版清单（明式攒十字连方纹罗汉床）：
主视图
左视图
俯视图

明式三弯腿夔龙纹罗汉床

材质：黄花梨

年款：明代（清宫旧藏）

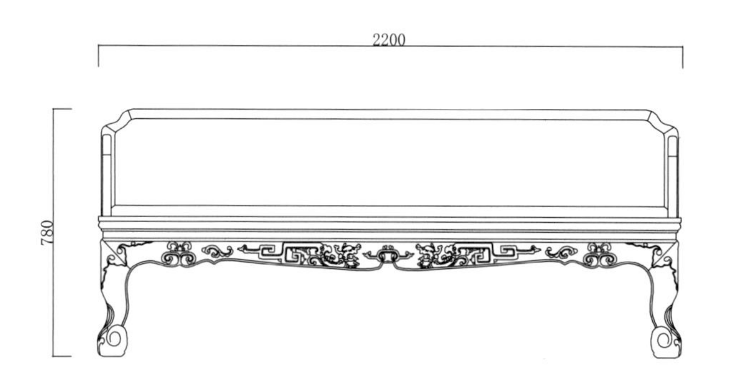

主视图

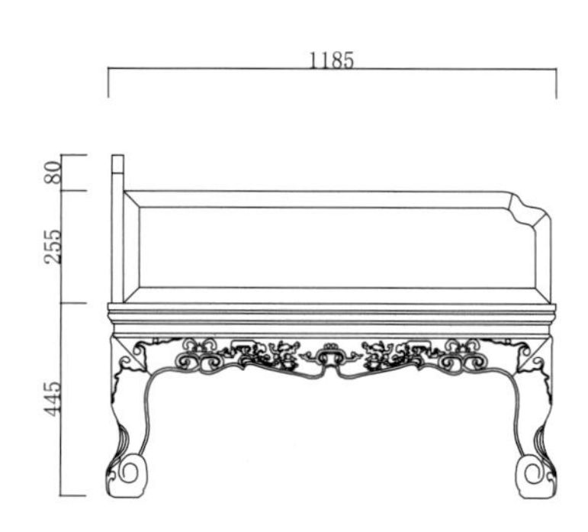

左视图

俯视图

图版清单（明式三弯腿夔龙纹罗汉床）：
主视图
左视图
俯视图

明式卷草纹藤屉罗汉床

材质：黄花梨

年款：明代（清宫旧藏）

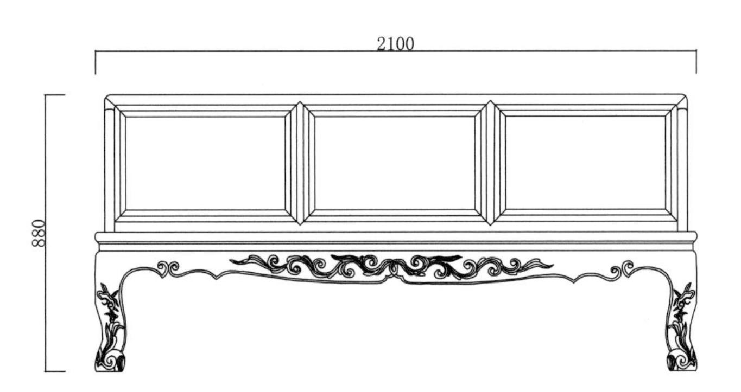

主视图

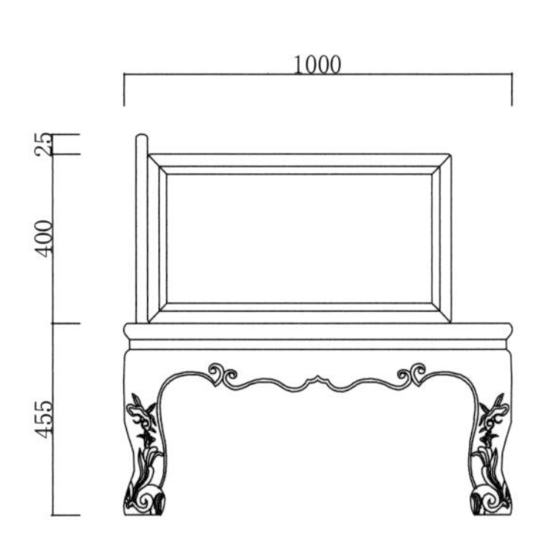

左视图

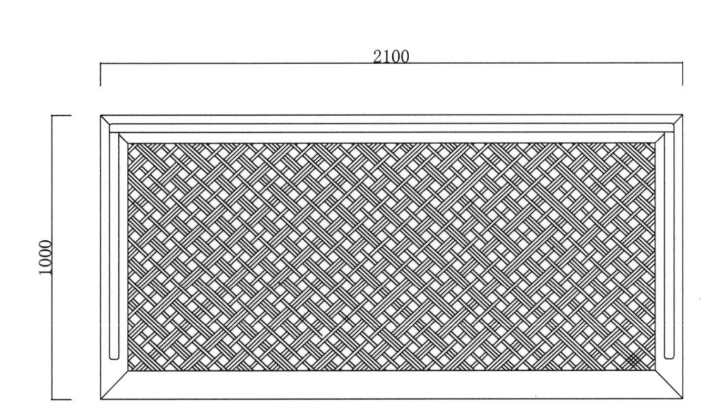

俯视图

图版清单（明式卷草纹藤屉罗汉床）：
主视图
左视图
俯视图

明式直棂条围子罗汉床

材质：黄花梨

年款：明代（清宫旧藏）

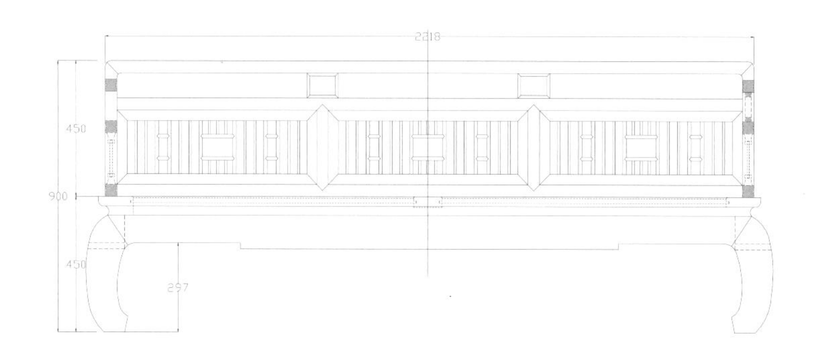

主视图

右视图

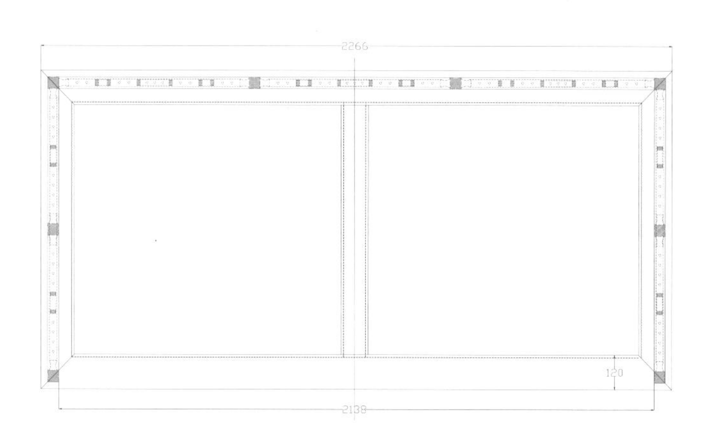

俯视图

图版清单（明式直棂条围子罗汉床）：

主视图

右视图

俯视图

注：俯视图投影结合剖视图绘制而成。

明式月洞式门罩架子床

材质：黄花梨

年款：明代（清宫旧藏）

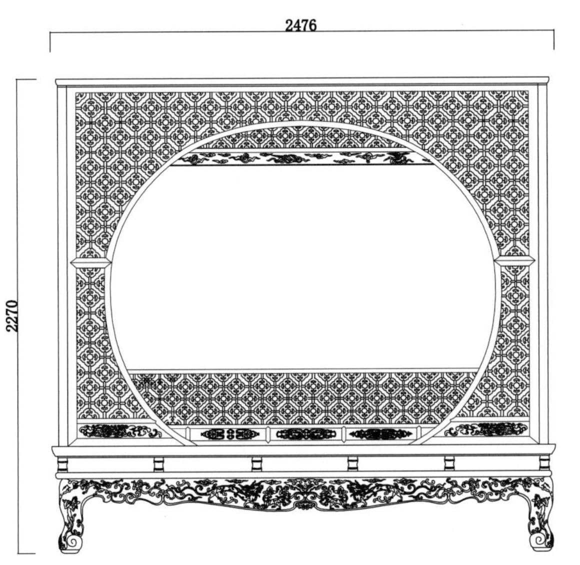

主视图

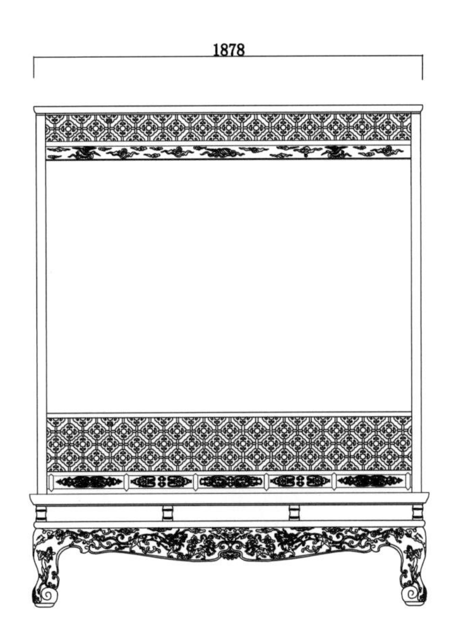

左视图

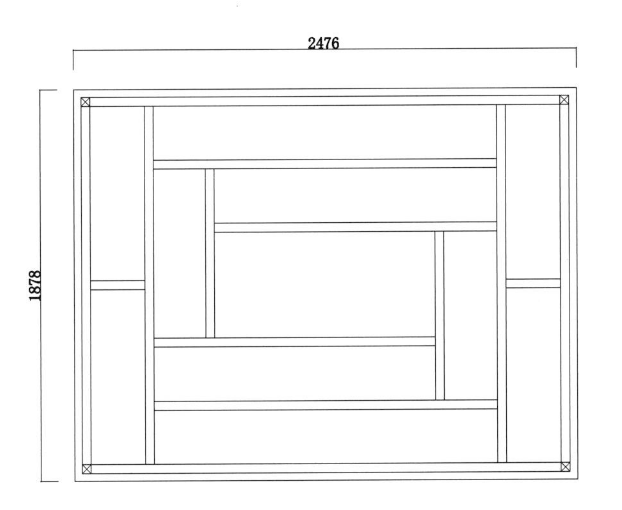

俯视图

图版清单（明式月洞式门罩架子床）：
主视图
左视图
俯视图

明式风车式棂格四柱架子床

材质：黄花梨

年款：明代（清宫旧藏）

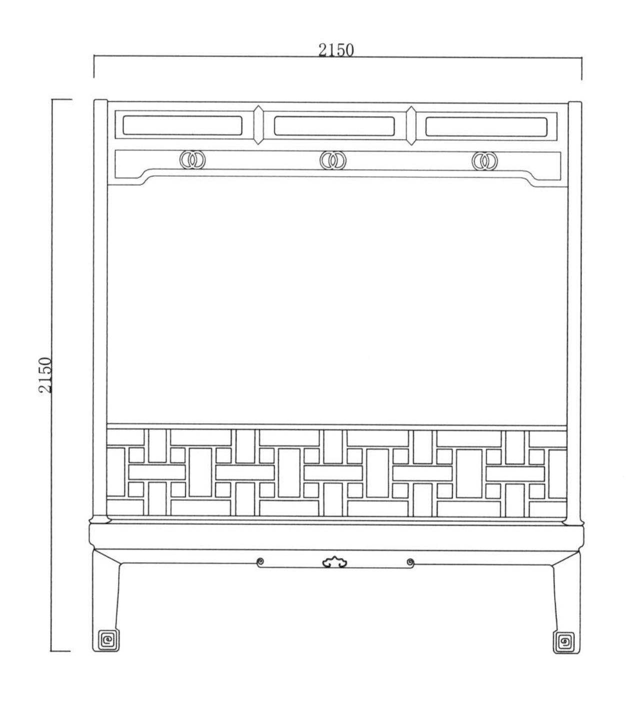

主视图

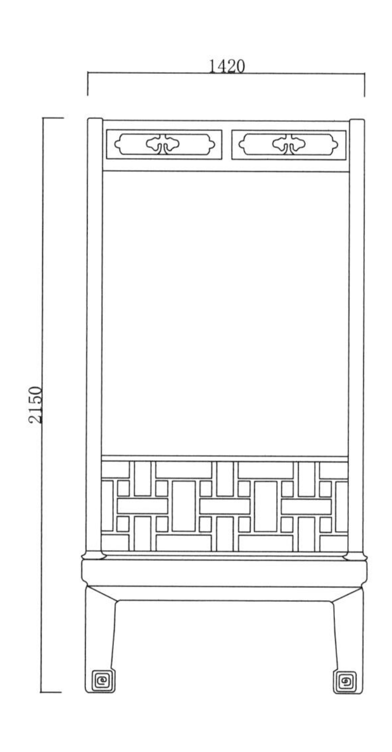

左视图

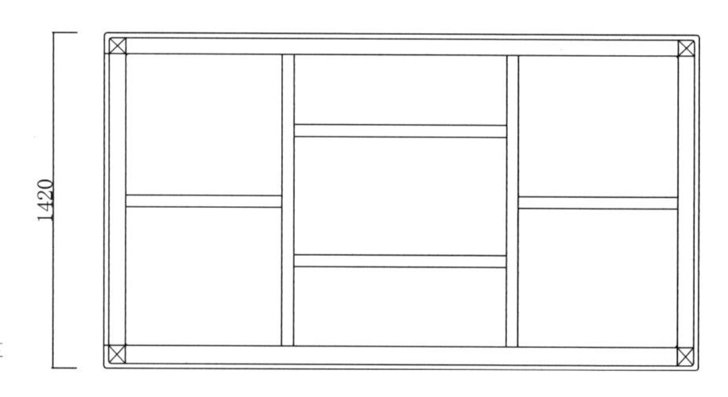

俯视图

图版清单（明式风车式棂格四柱架子床）：
主视图
左视图
俯视图

明式六柱架子床

材质：老红木

年款：明代（清宫旧藏）

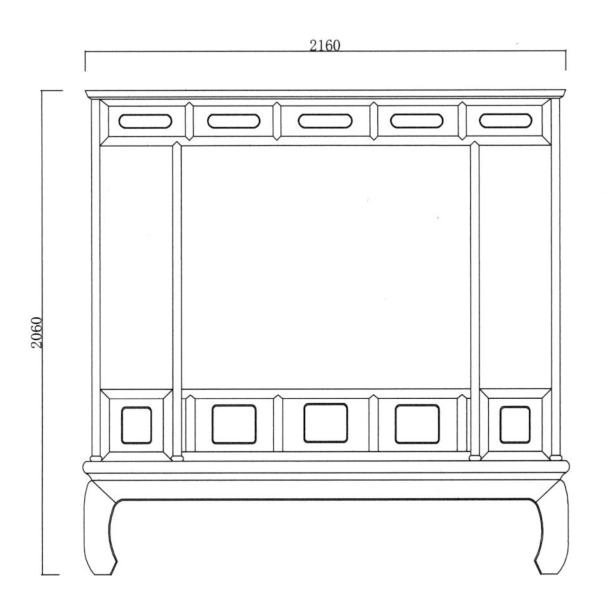

主视图

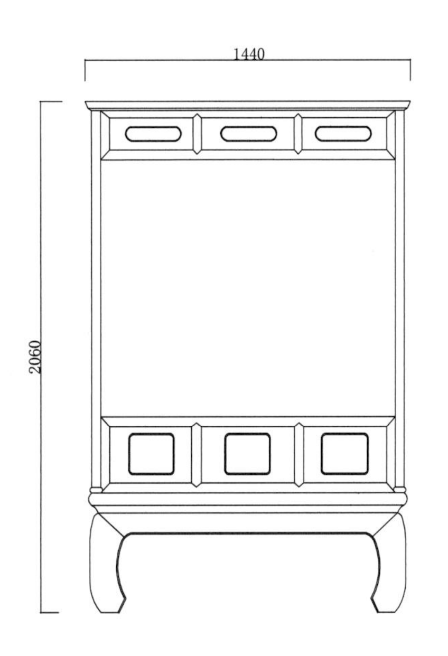

左视图

俯视图

图版清单（明式六柱架子床）：

主视图

左视图

俯视图

明式卷草纹架子床

材质：黄花梨

年款：明代（清宫旧藏）

主视图

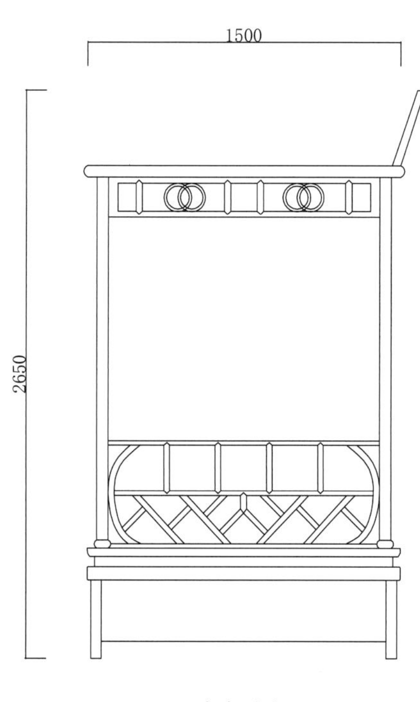

左视图

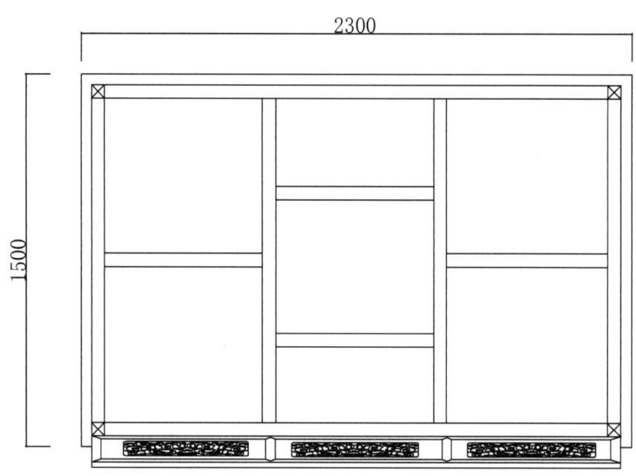

俯视图

图版清单（明式卷草纹架子床）：
主视图
左视图
俯视图

明式开光六柱架子床

材质：老红木

年款：明代（清宫旧藏）

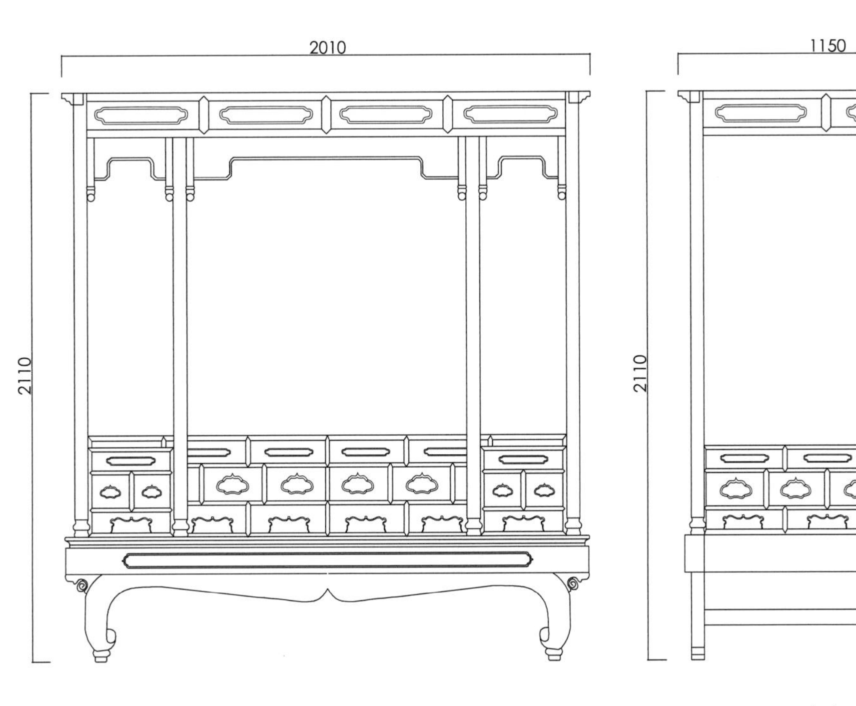

主视图

左视图

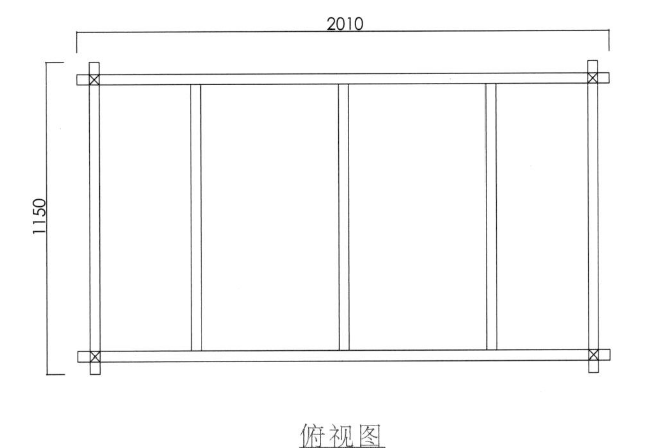

俯视图

图版清单（明式开光六柱架子床）：
主视图
左视图
俯视图

明式素面罗汉床两件套

材质：黄花梨

年款：明代（清宫旧藏）

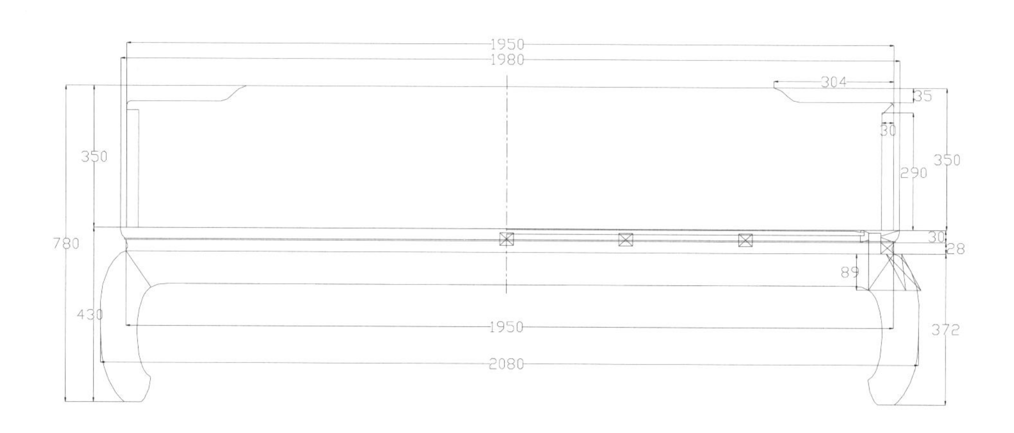

罗汉床－主视图

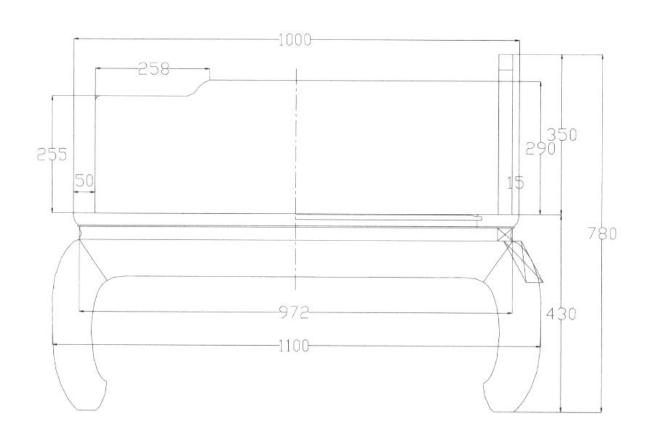

罗汉床－右视图

注：此两件套中罗汉床为 1 件，炕桌为 1 件。

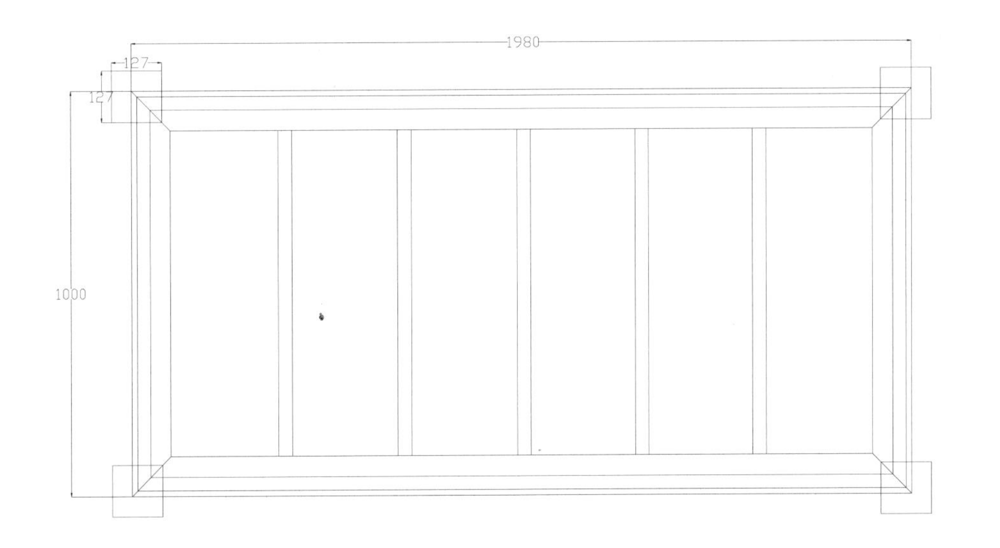

罗汉床－俯视图

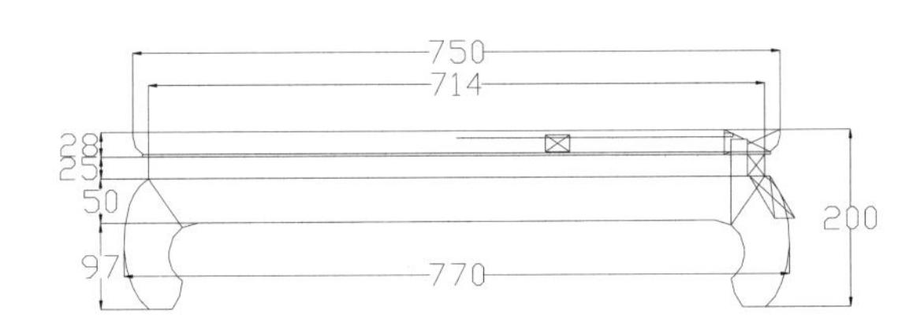

炕桌－主视图

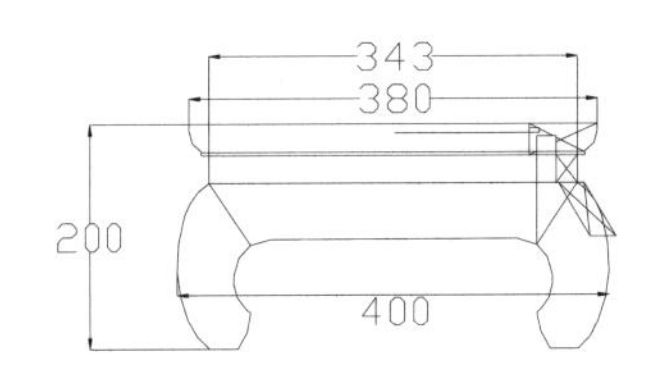

炕桌－左视图

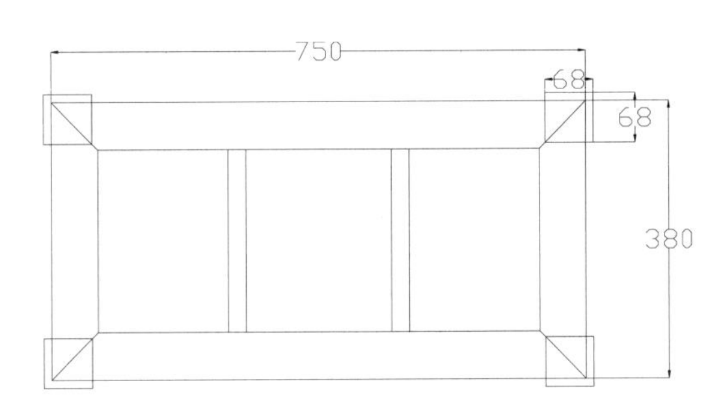

炕桌－俯视图

图版清单（明式素面罗汉床两件套）：
罗汉床－主视图
罗汉床－右视图
罗汉床－俯视图
炕桌－主视图
炕桌－左视图
炕桌－俯视图

明式鼓腿彭牙罗汉床两件套

材质：黄花梨

年款：明代（清宫旧藏）

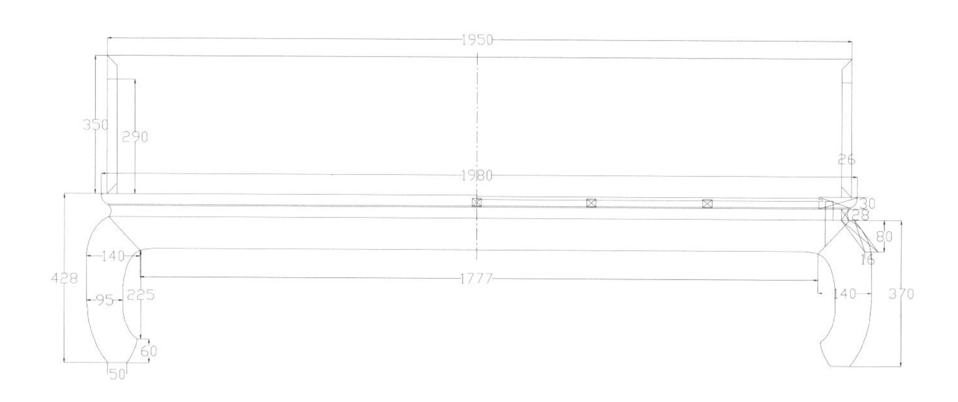

罗汉床－主视图

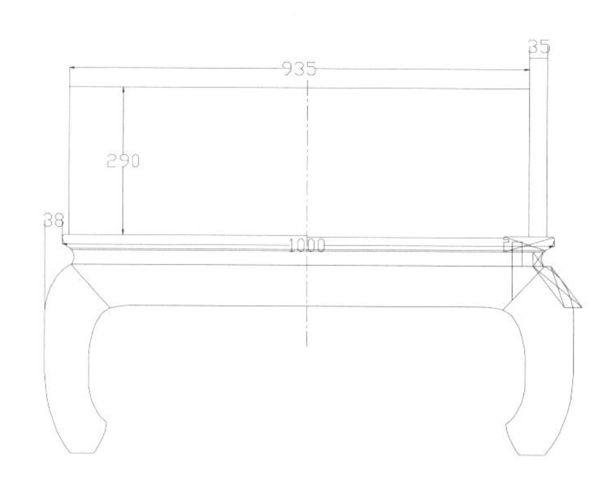

罗汉床－右视图

注：此两件套中罗汉床为1件，炕桌为1件。

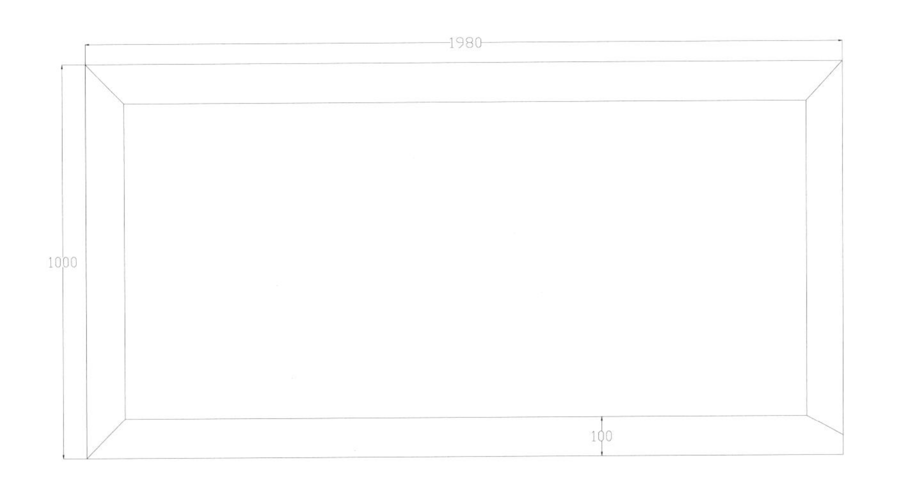

罗汉床－俯视图

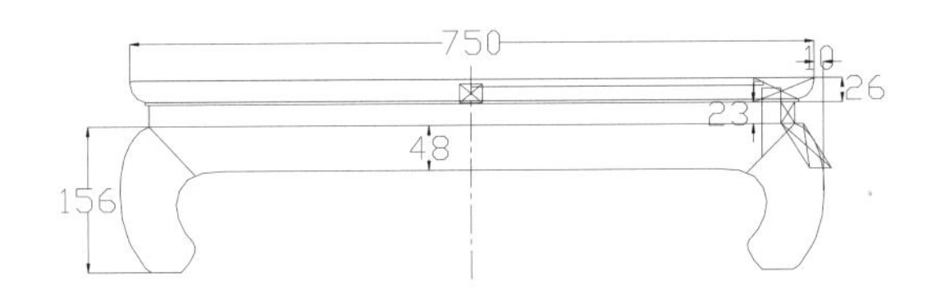

炕桌－主视图

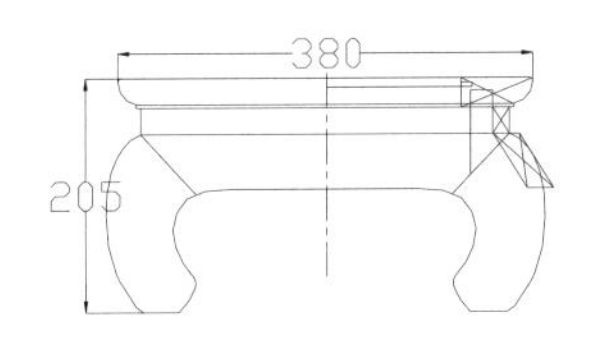

炕桌－左视图

炕桌－俯视图

图版清单（明式鼓腿彭牙罗汉床两件套）：
罗汉床—主视图
罗汉床—右视图
罗汉床—俯视图
炕桌—主视图
炕桌—左视图
炕桌—俯视图

明式曲尺纹罗汉床三件套

材质：黄花梨

年款：明代（清宫旧藏）

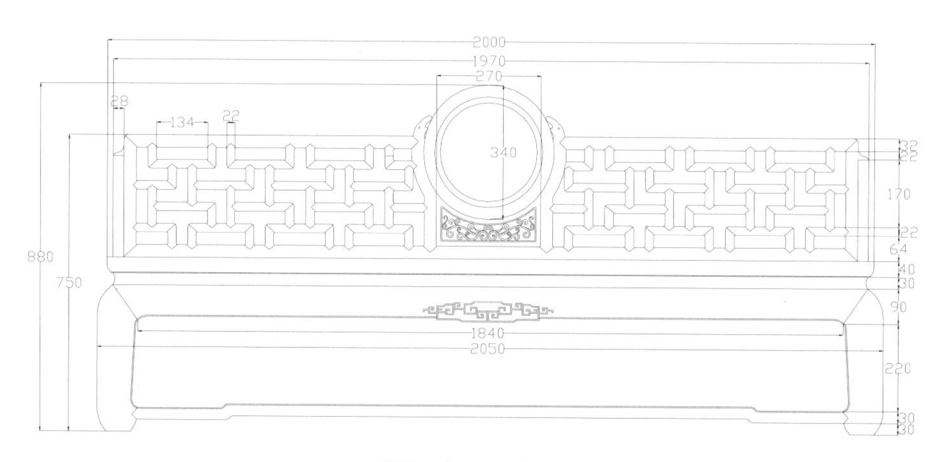

罗汉床－主视图

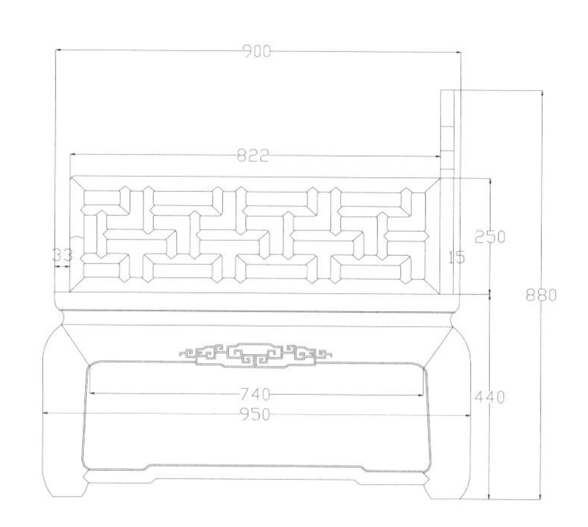

罗汉床－右视图

注：此三件套中罗汉床为 1 件，炕桌为 1 件，脚踏为 1 件。

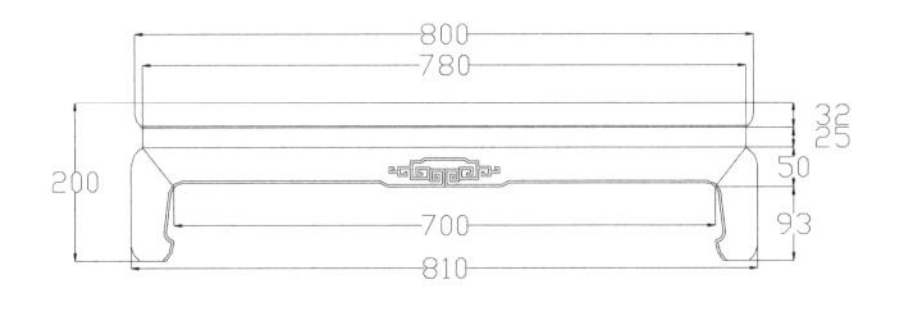

炕桌－主视图

380
360
200
280
390

炕桌－左视图

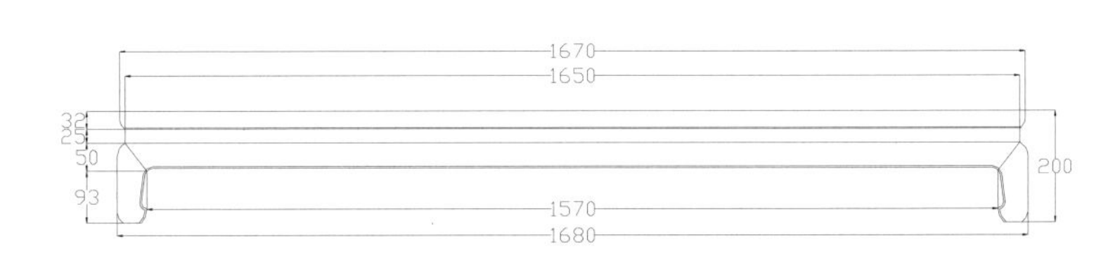

脚踏－主视图

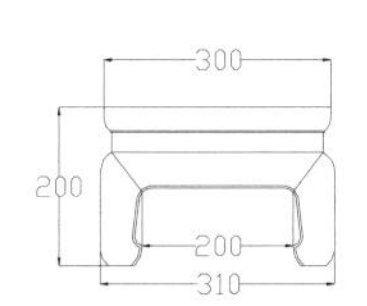

脚踏－左视图

图版清单（明式曲尺纹罗汉床三件套）：

罗汉床—主视图

罗汉床—右视图

炕桌—主视图

炕桌—左视图

脚踏—主视图

脚踏—左视图

清式嵌大理石美人榻

材质：紫檀

年款：清代

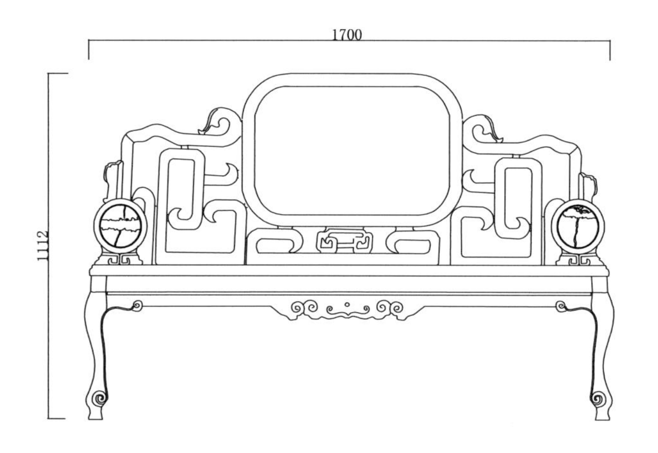

主视图

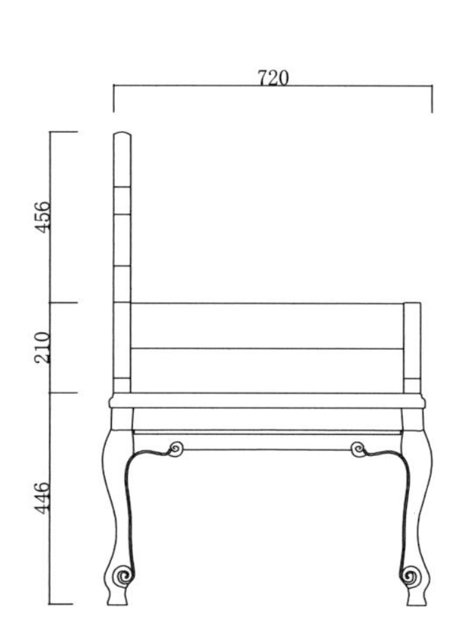

左视图

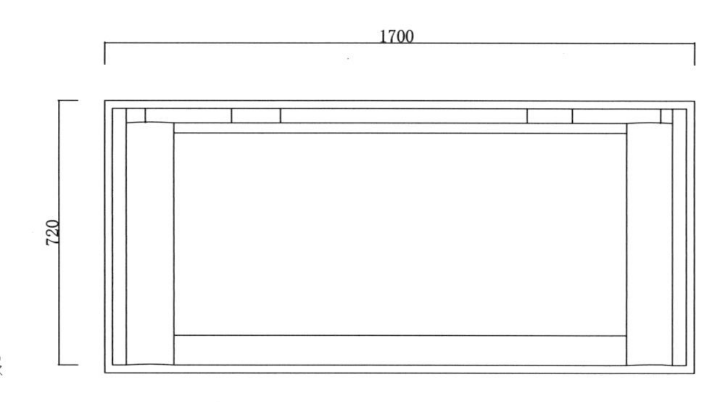

俯视图

图版清单（清式嵌大理石美人榻）：
主视图
左视图
俯视图

清式拐子纹美人榻

材质：紫檀

年款：清代（清宫旧藏）

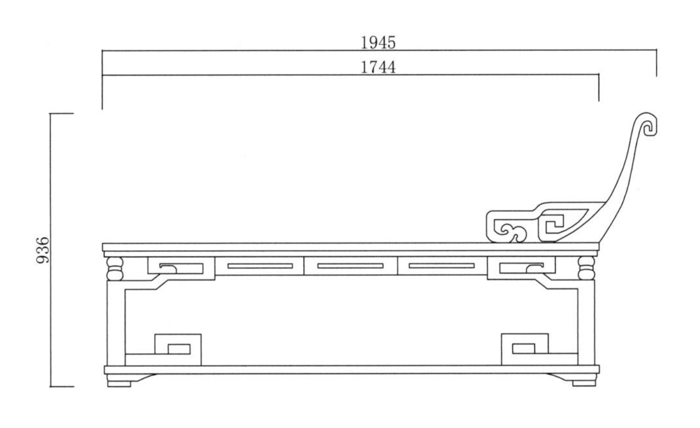

主视图

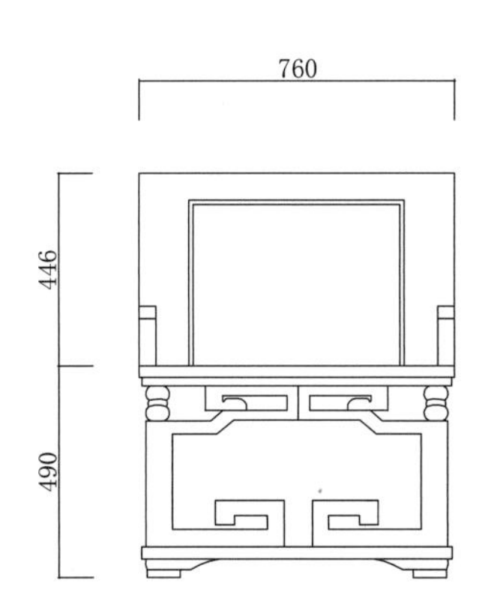

左视图

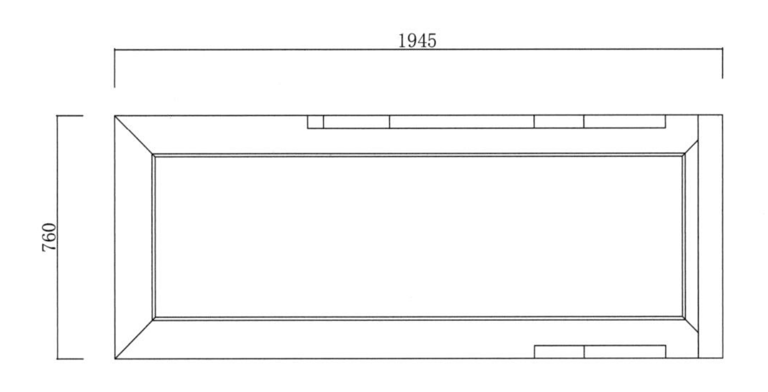

俯视图

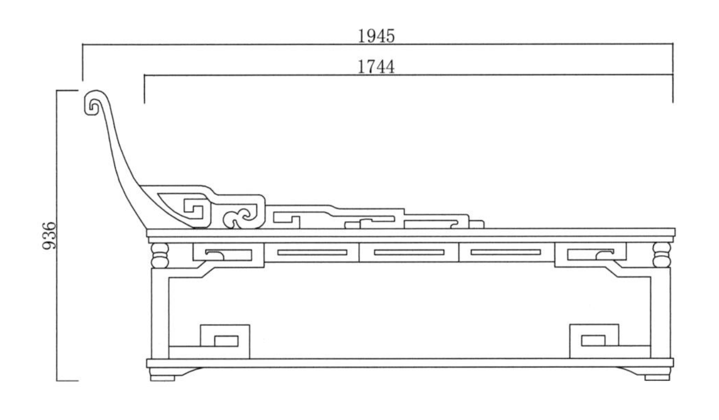

后视图

图版清单（清式拐子纹美人榻）：
主视图
左视图
俯视图
后视图

清式拐子纹半床

材质：老红木

年款：清代（清宫旧藏）

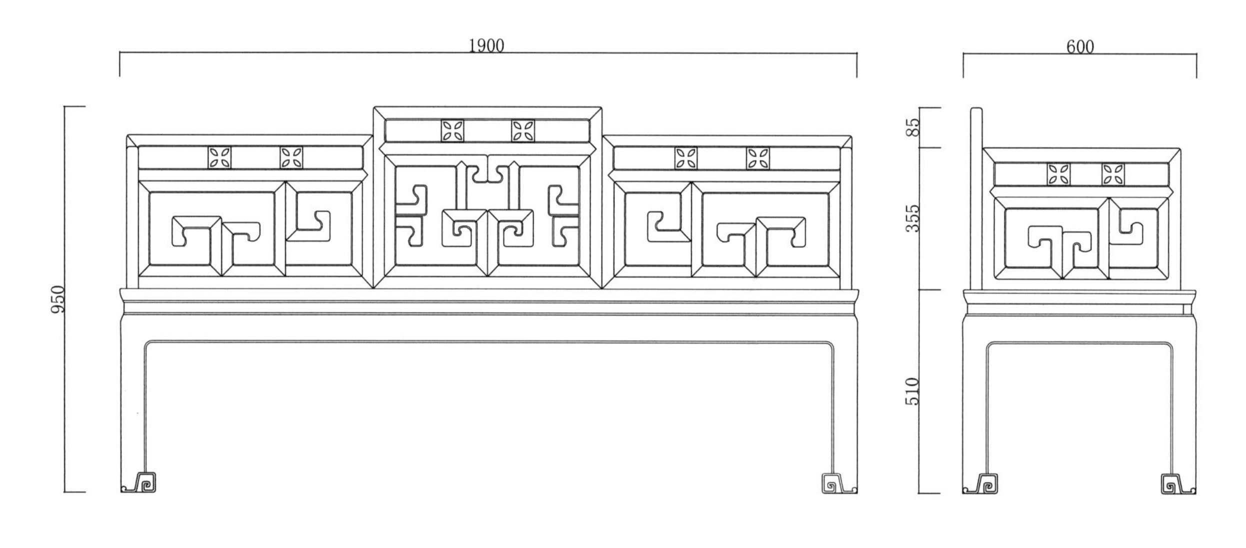

主视图　　左视图

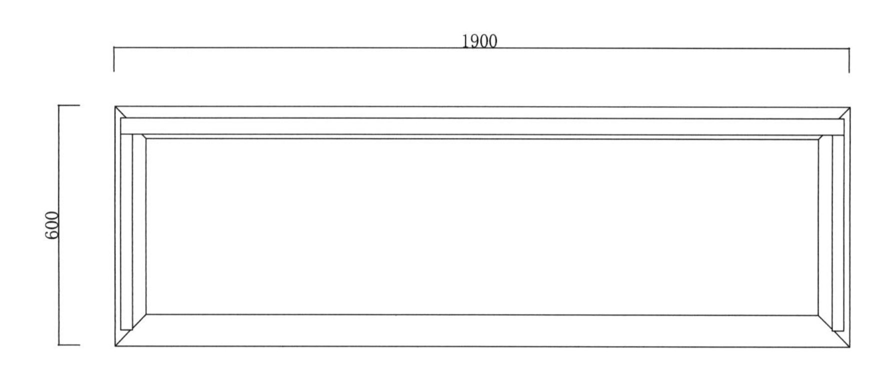

俯视图

图版清单（清式拐子纹半床）：

主视图

左视图

俯视图

清式嵌楠木罗汉床

材质：紫檀

年款：清代（清宫旧藏）

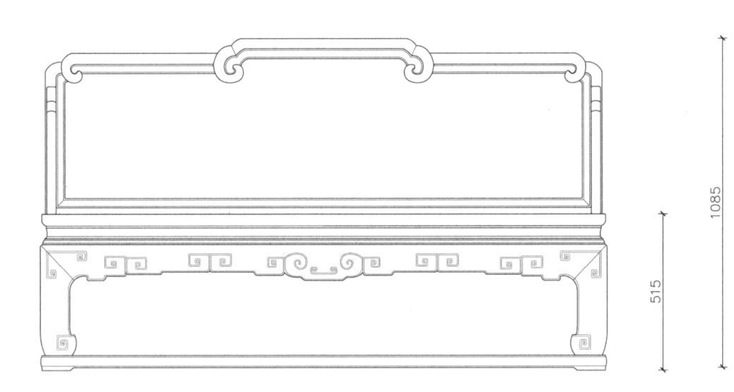

主视图

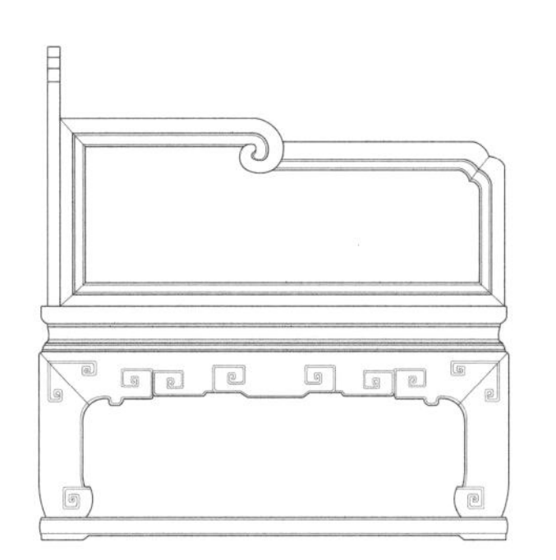

左视图

俯视图

图版清单（清式嵌楠木罗汉床）：
主视图
左视图
俯视图

清式夔龙纹罗汉床

材质：紫檀

年款：清代（清宫旧藏）

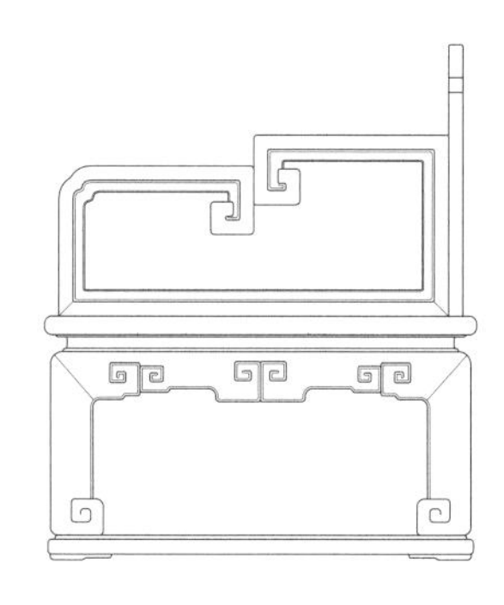

主视图

右视图

俯视图

图版清单（清式夔龙纹罗汉床）：
主视图
右视图
俯视图

清式花鸟纹罗汉床

材质：紫檀

年款：清代（清宫旧藏）

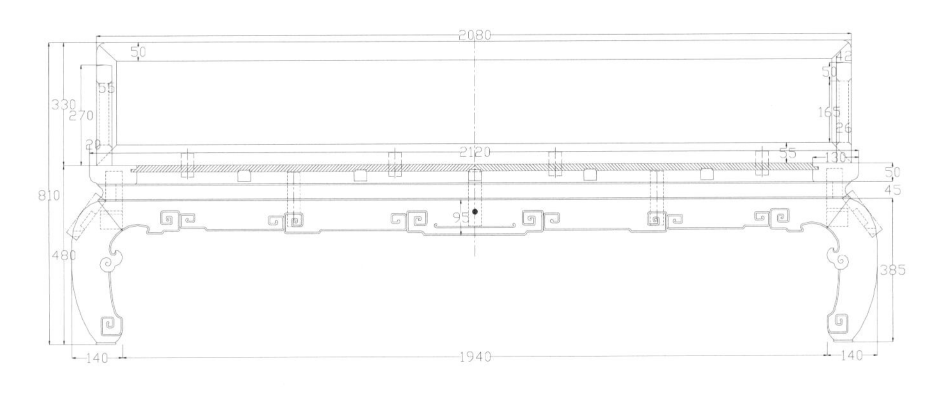

主视图

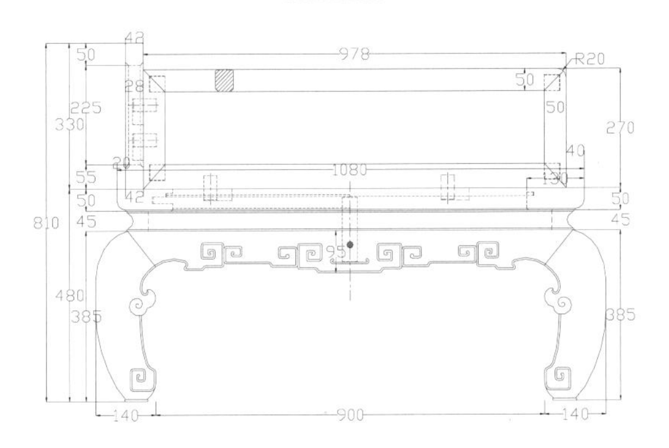

左视图

俯视图

图版清单（清式花鸟纹罗汉床）：
主视图
左视图
俯视图

注：视图中部分纹饰略去；俯视图为罗汉床座面部分。

清式百宝嵌罗汉床

材质：紫檀

年款：清代（清宫旧藏）

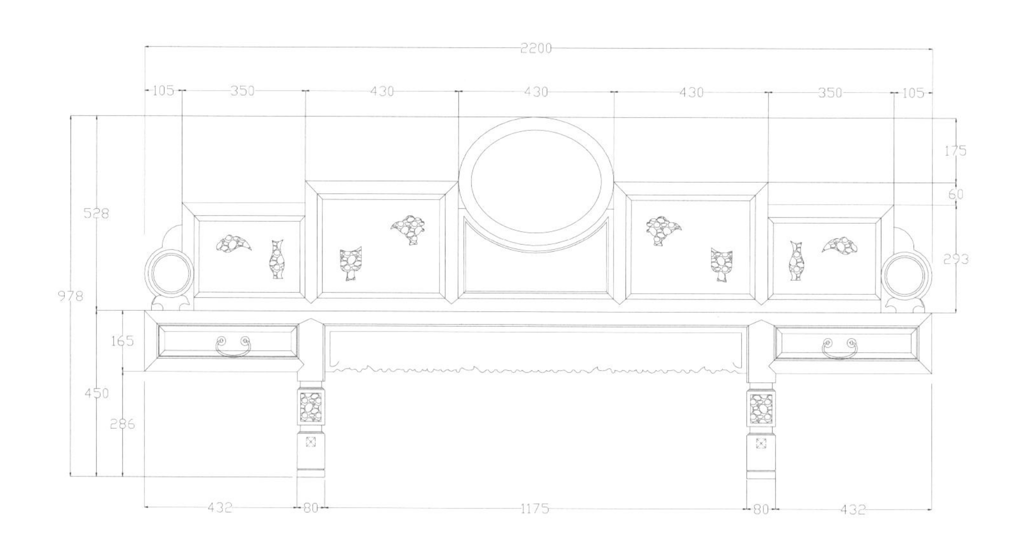

主视图

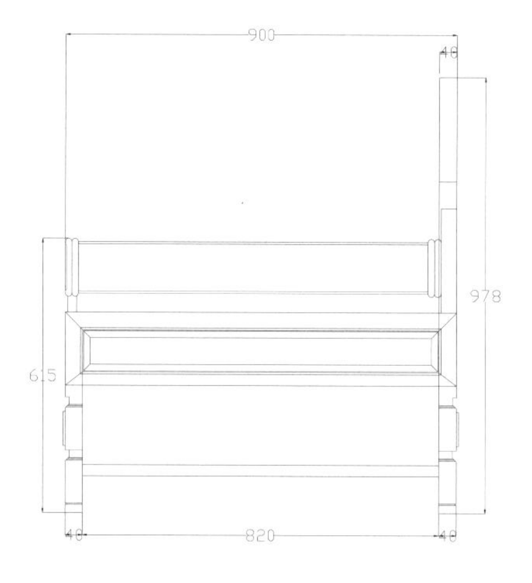

右视图

图版清单（清式百宝嵌罗汉床）：
主视图
右视图

清式福寿纹五屏式罗汉床

材质：老红木

年款：清代（清宫旧藏）

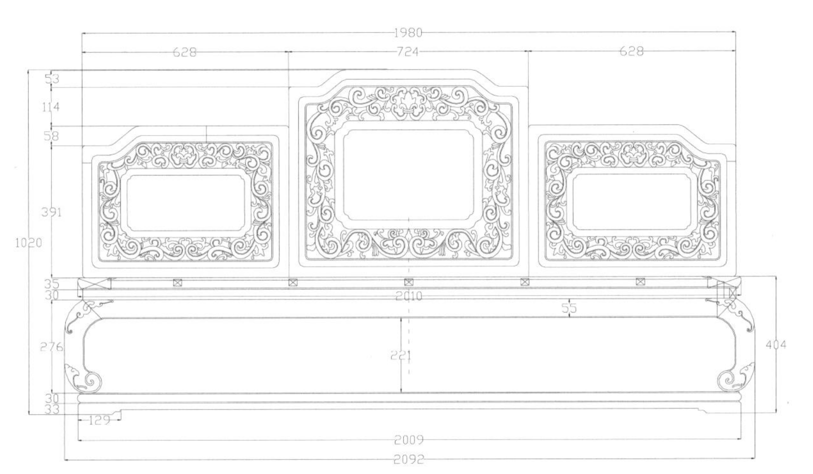

主视图

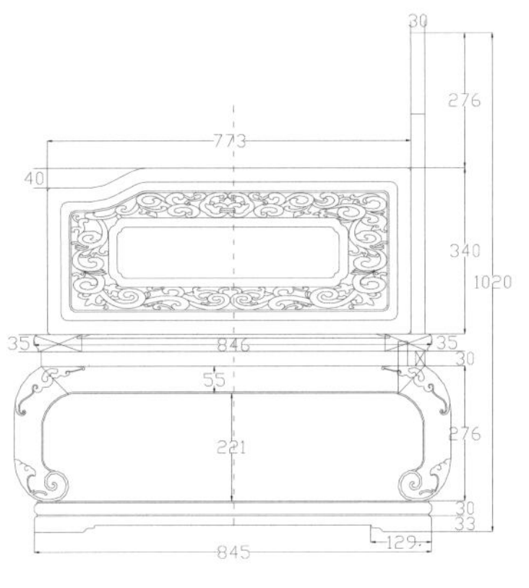

右视图

座面—俯视图

图版清单（清式福寿纹五屏式罗汉床）：
主视图
右视图
座面—俯视图

清式十字连方纹涡纹足罗汉床

材质：黄花梨

年款：清代（清宫旧藏）

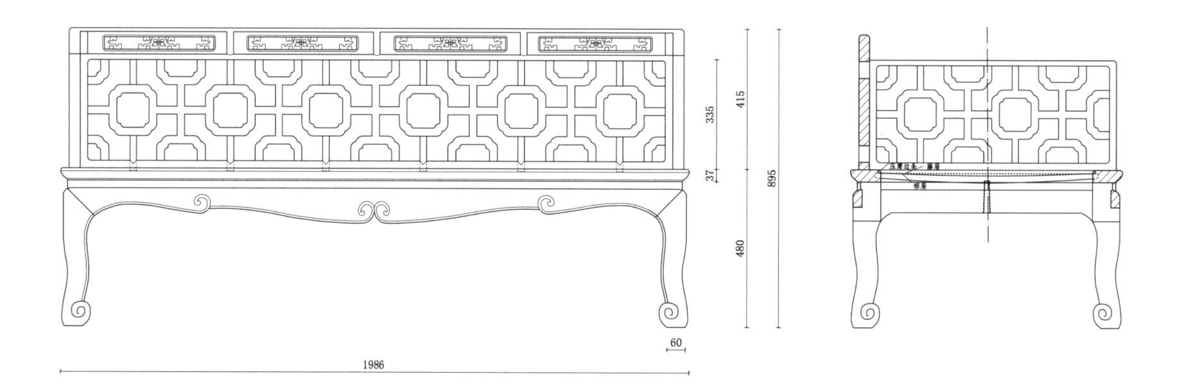

主视图

左视图

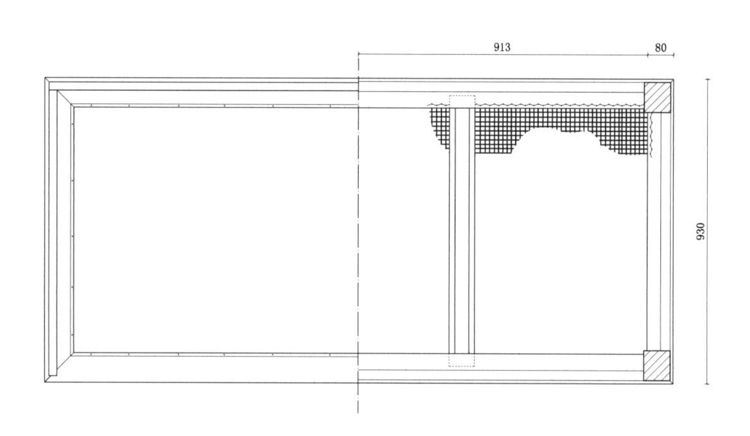

俯视图

图版清单（清式十字连方纹涡纹足罗汉床）：
主视图
左视图
俯视图

清式嵌大理石罗汉床

材质：老红木

年款：清代（清宫旧藏）

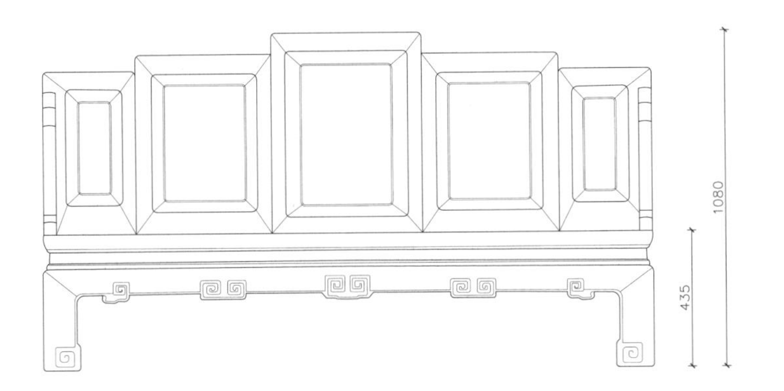

主视图

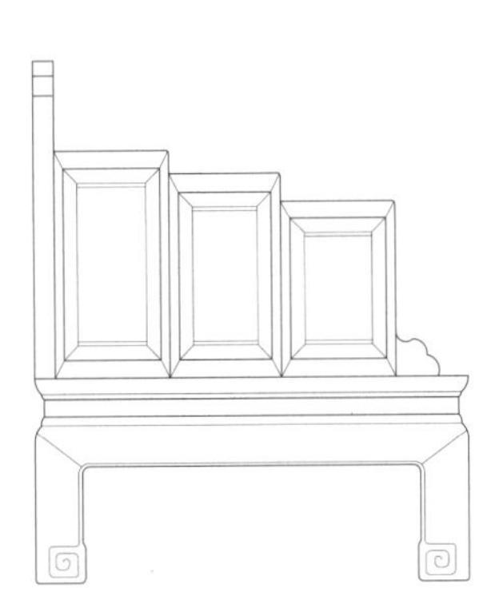

左视图

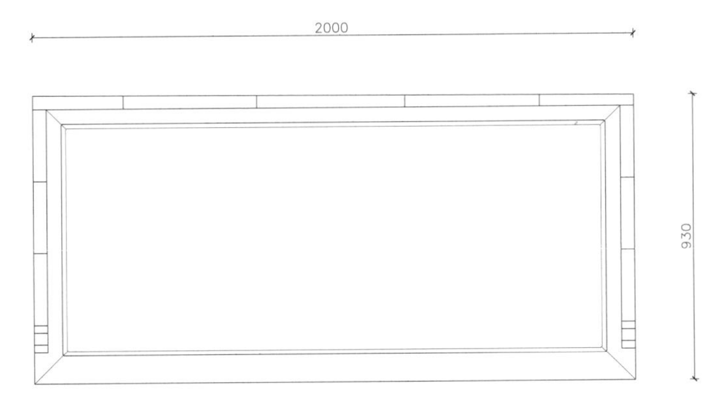

俯视图

图版清单（清式嵌大理石罗汉床）：

主视图

左视图

俯视图

清式卷草纹藤屉罗汉床

材质：黄花梨

年款：清代（清宫旧藏）

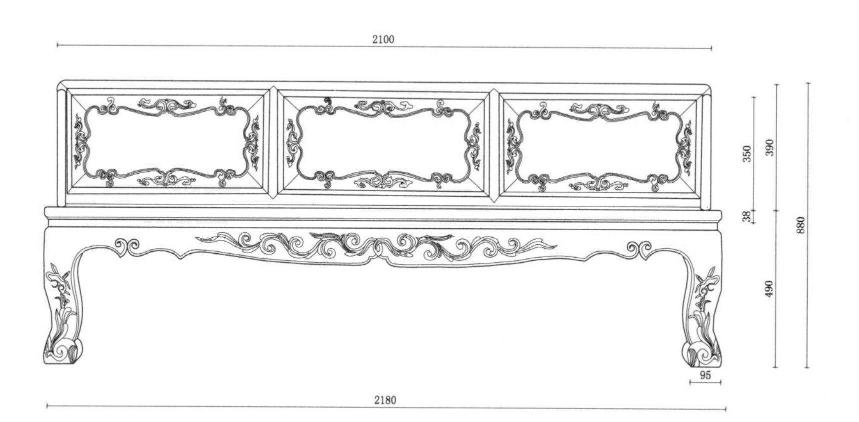

主视图

左视图

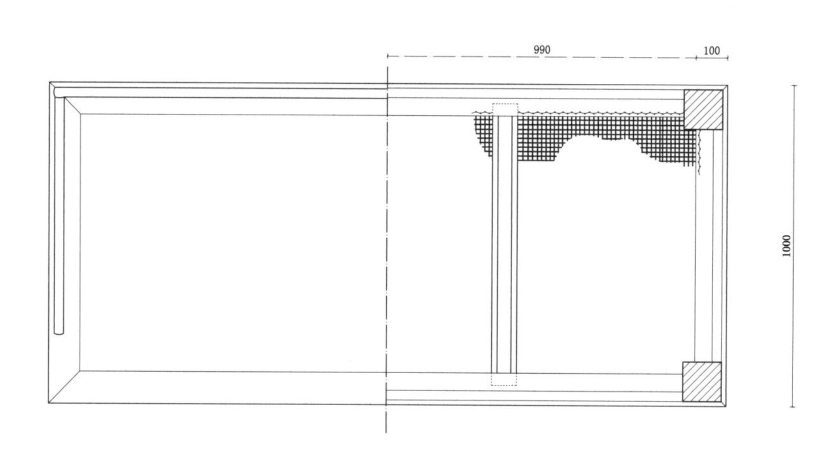

俯视图

图版清单（清式卷草纹藤屉罗汉床）：

主视图

左视图

俯视图

清式三多纹鼓腿彭牙罗汉床

材质：老红木

年款：清代（清宫旧藏）

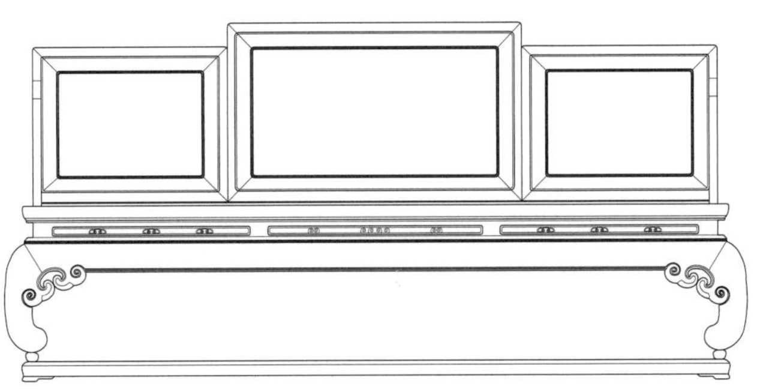

主视图

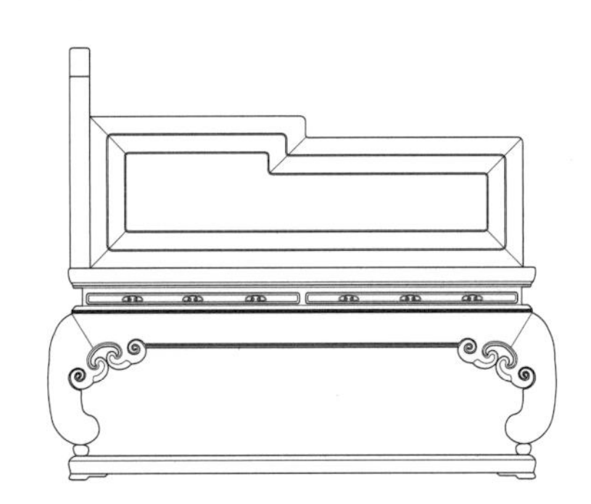

左视图

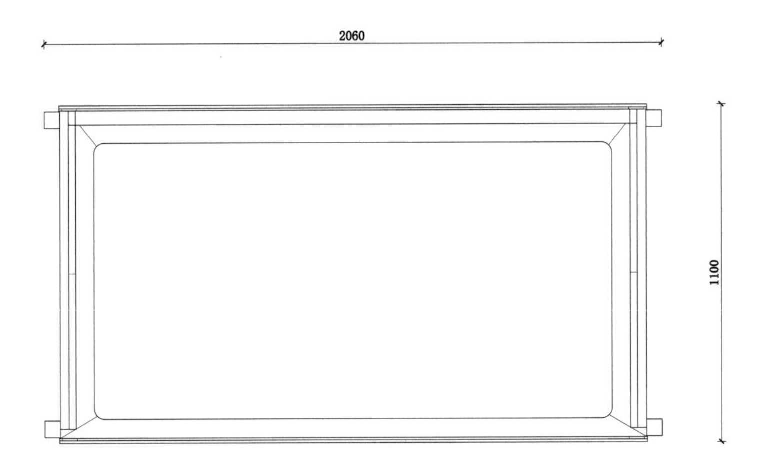

俯视图

图版清单（清式三多纹鼓腿彭牙罗汉床）：
主视图
左视图
俯视图

清式黑漆描金卷草拐子纹罗汉床

材质：榉木（大漆）

年款：清代（清宫旧藏）

主视图

左视图

1850

830

俯视图

图版清单（清式黑漆描金卷草拐子纹罗汉床）：

主视图

左视图

俯视图

清式紫漆描金山水纹罗汉床

材质：榆木（大漆）

年款：清代（清宫旧藏）

主视图

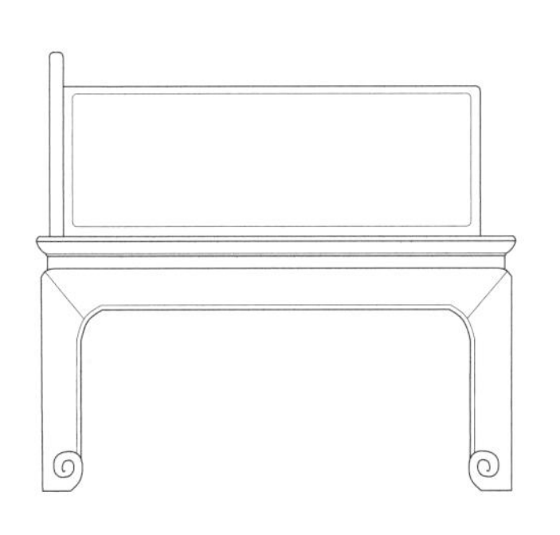

左视图

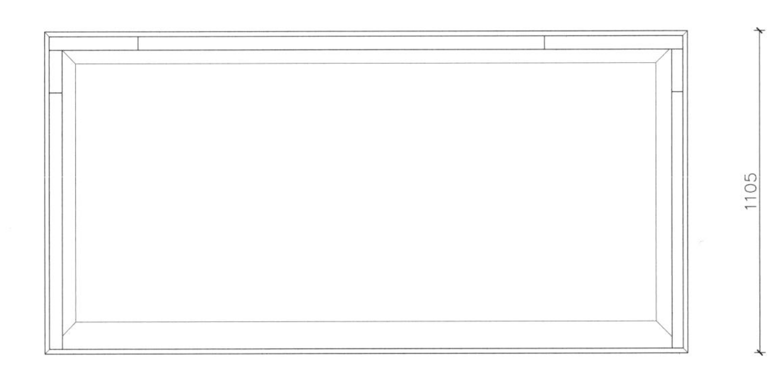

俯视图

图版清单（清式紫漆描金山水纹罗汉床）：
主视图
左视图
俯视图

注：左视图雕刻略去，详见主视图。

清式嵌瓷片花卉图罗汉床

材质：紫檀

年款：清代（清宫旧藏）

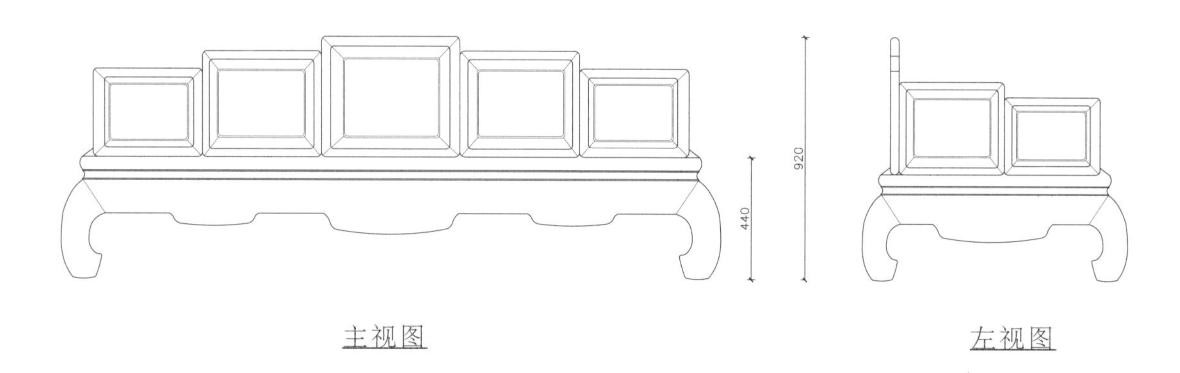

主视图　　左视图

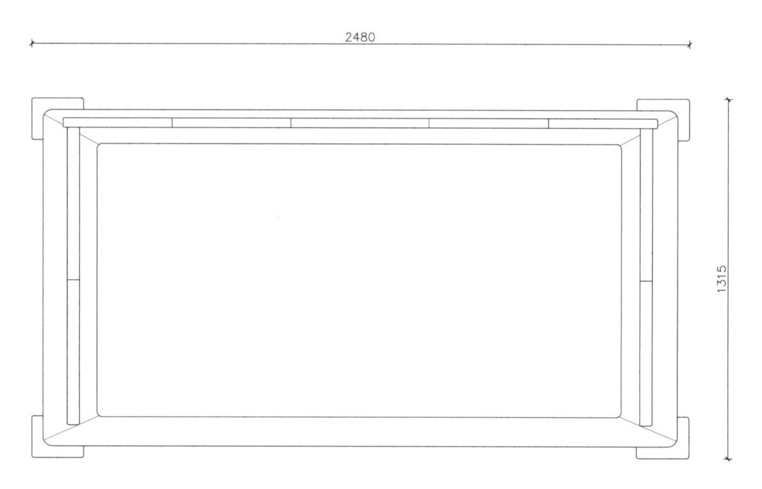

俯视图

图版清单（清式嵌瓷片花卉图罗汉床）：
主视图
左视图
俯视图

注：视图略去花卉图。

清式镶铜缠枝花纹罗汉床

材质：老红木

年款：清代（清宫旧藏）

主视图

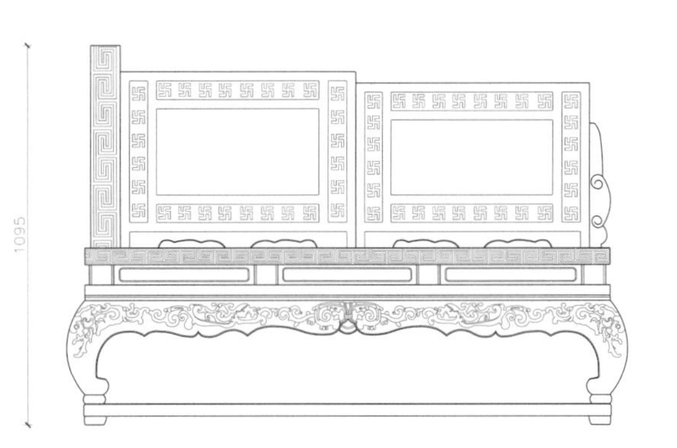

左视图

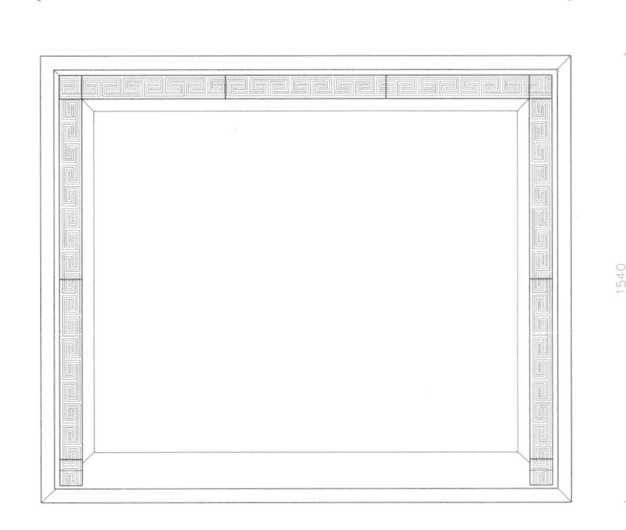

俯视图

图版清单（清式镶铜缠枝花纹罗汉床）：
主视图
左视图
俯视图

清式嵌大理石罗汉床

材质：紫檀

年款：清代（清宫旧藏）

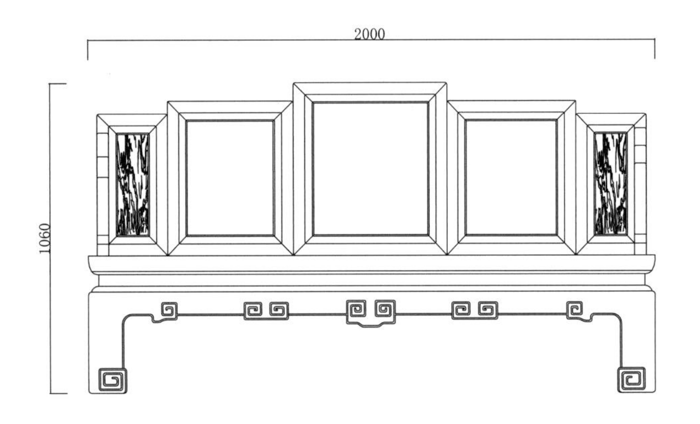

主视图

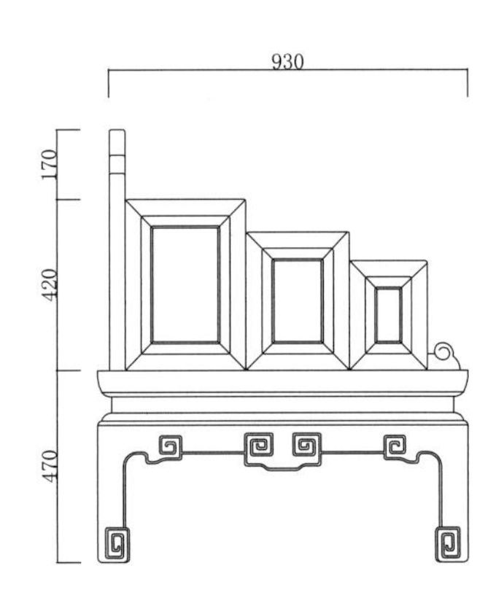

左视图

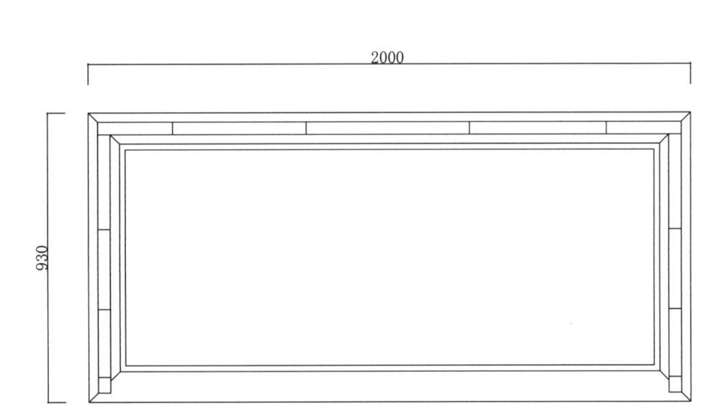

俯视图

图版清单（清式嵌大理石罗汉床）：
主视图
左视图
俯视图

清式博古纹罗汉床

材质：紫檀

年款：清代（清宫旧藏）

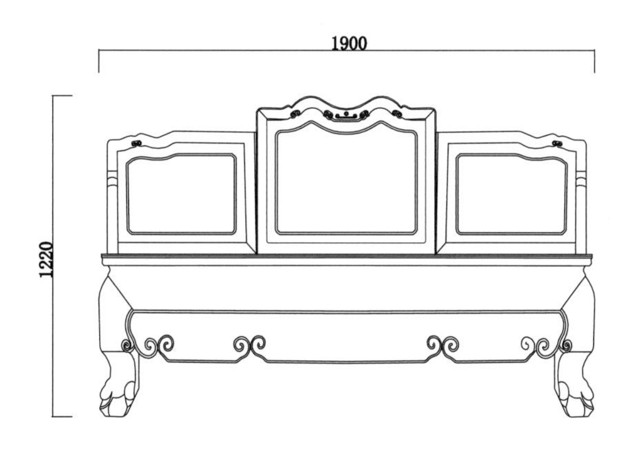

主视图

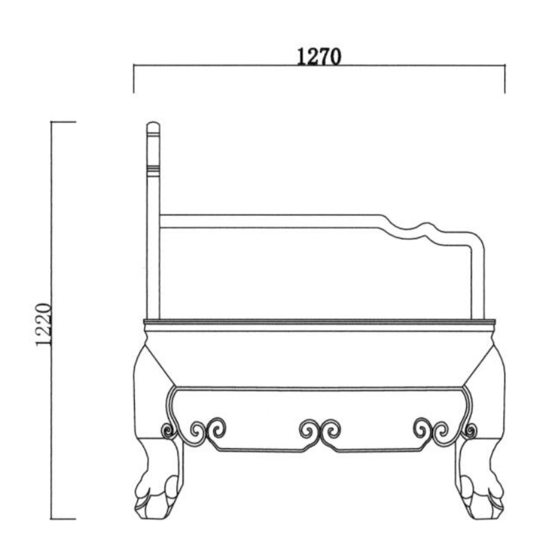

左视图

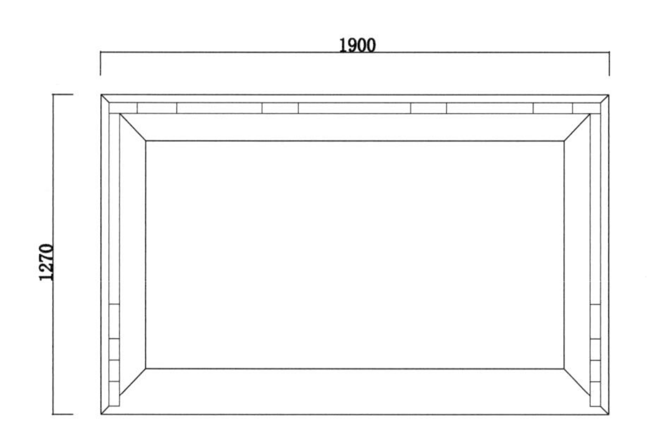

俯视图

图版清单（清式博古纹罗汉床）：
主视图
左视图
俯视图

注：视图中略去部分纹样。

清式三屏风式开光罗汉床

材质：紫檀

年款：清代（清宫旧藏）

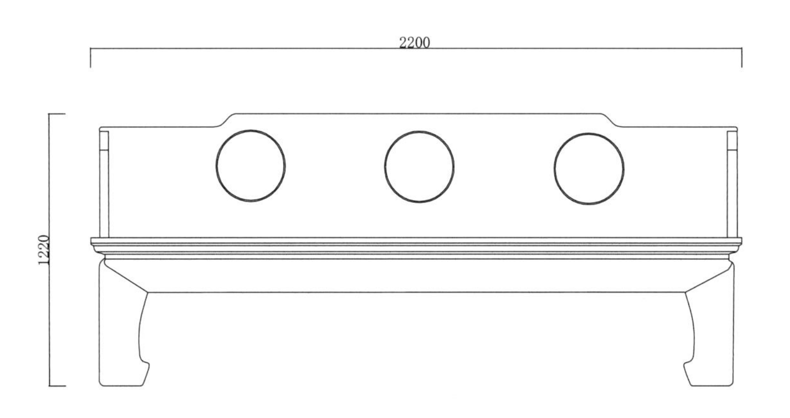

主视图

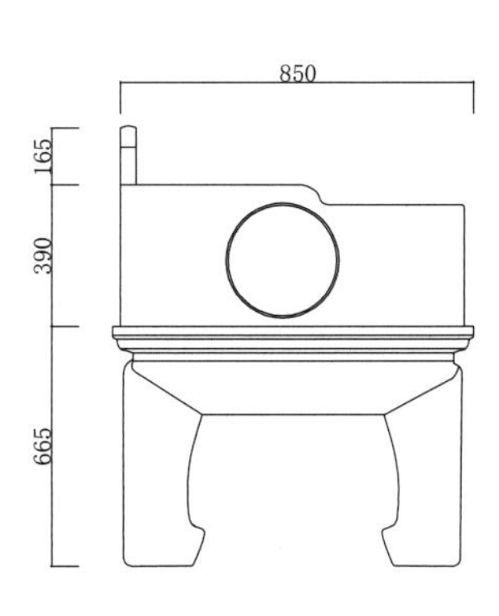

左视图

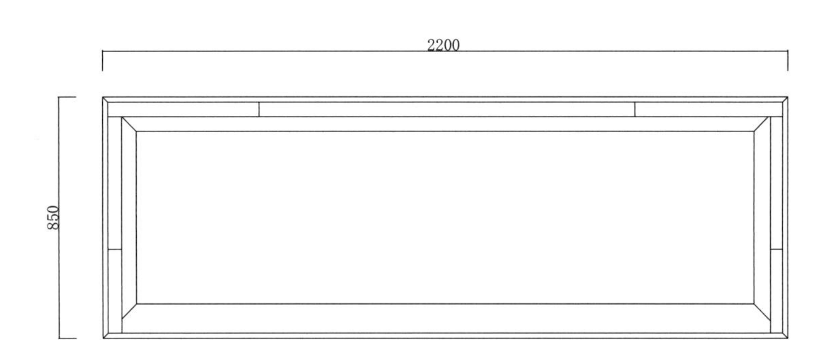

俯视图

图版清单（清式三屏风式开光罗汉床）：
主视图
左视图
俯视图

清式曲尺棂格罗汉床

材质：花梨木

年款：清代（清宫旧藏）

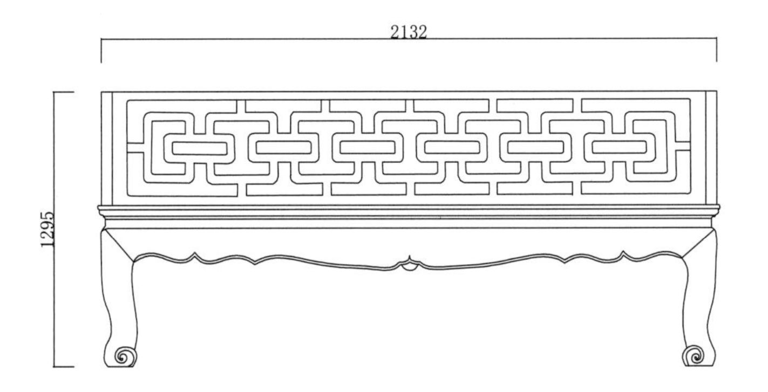

主视图

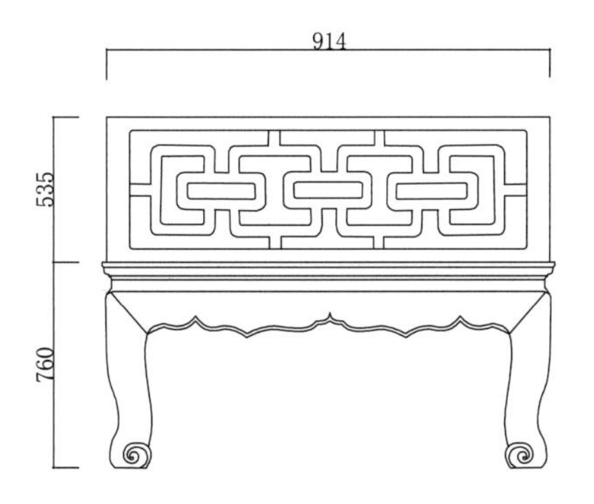

左视图

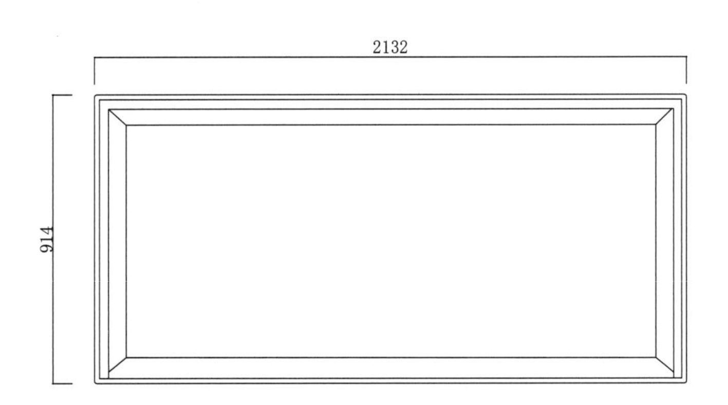

俯视图

图版清单（清式曲尺棂格罗汉床）：
主视图
左视图
俯视图

清式紫漆描金卷云纹罗汉床

材质：榆木（大漆）

年款：清代（清宫旧藏）

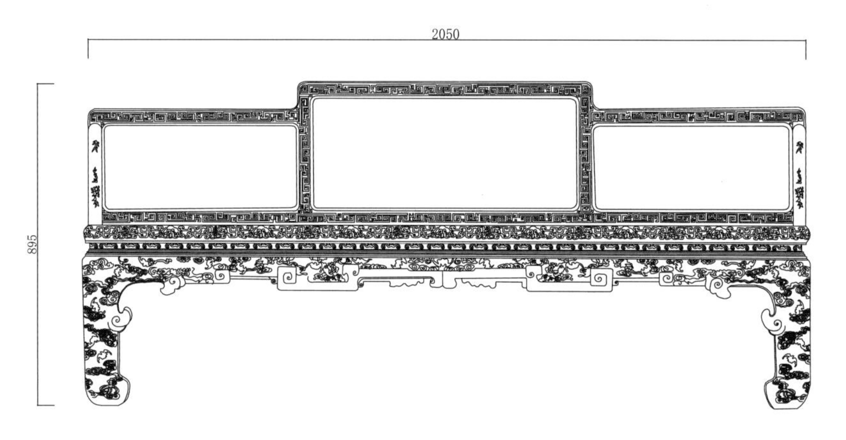

主视图

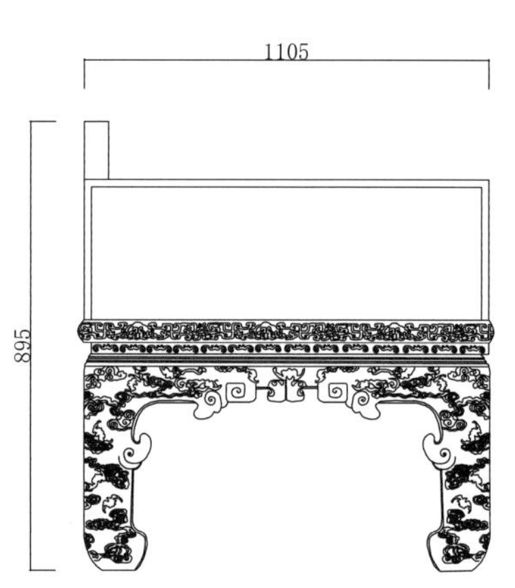

左视图

俯视图

图版清单（清式紫漆描金卷云纹罗汉床）：
主视图
左视图
俯视图

清式双螭捧寿纹罗汉床

材质：紫檀

年款：清代（清宫旧藏）

主视图

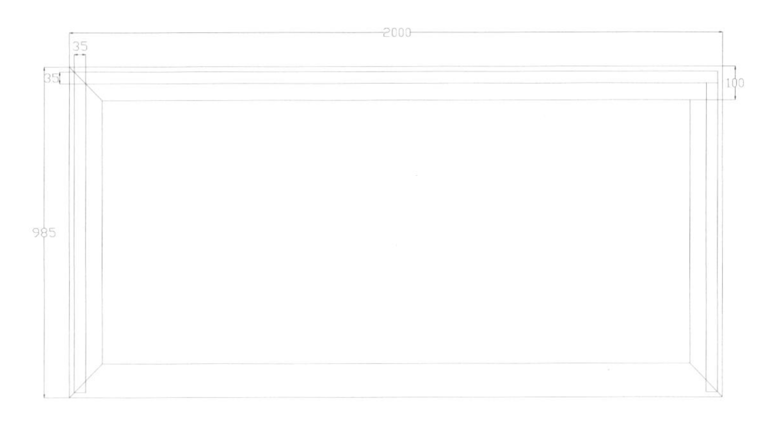

俯视图

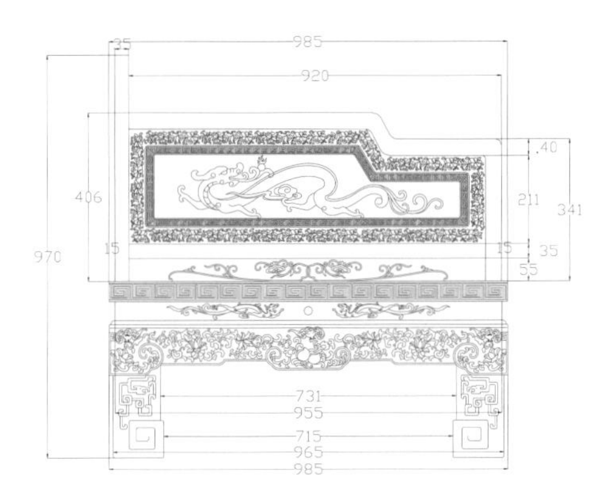

左视图

图版清单（清式双螭捧寿纹罗汉床）：
主视图
俯视图
左视图

清式西番莲纹罗汉床两件套

材质：紫檀

年款：清代（清宫旧藏）

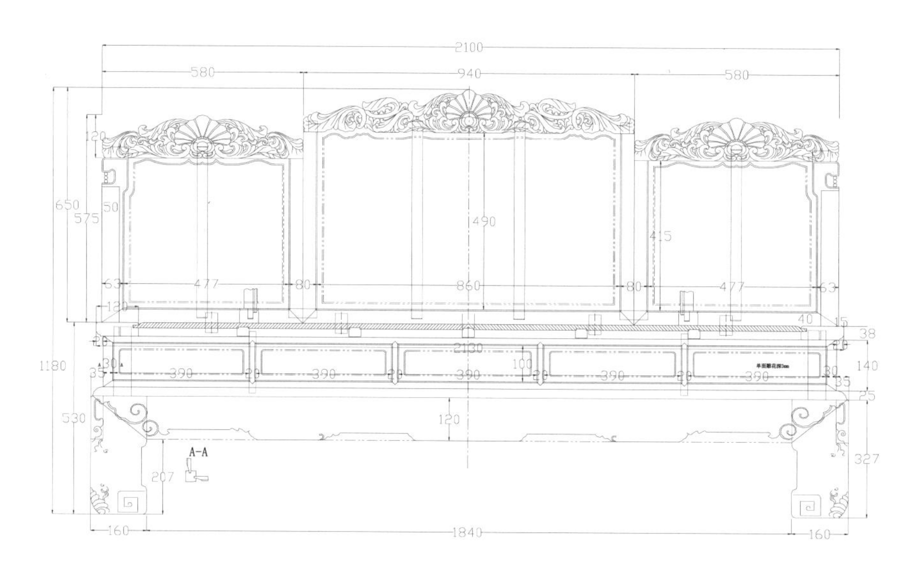

罗汉床－主视图

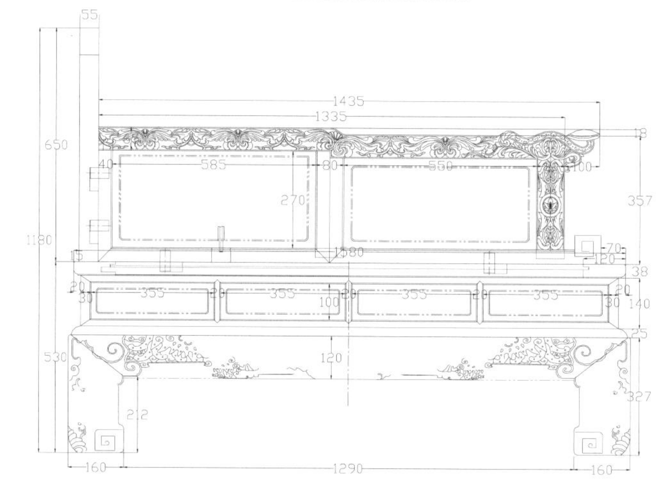

罗汉床－左视图

图版清单（清式西番莲纹罗汉床两件套）：
罗汉床－主视图
罗汉床－左视图
炕桌－主视图
炕桌－左视图

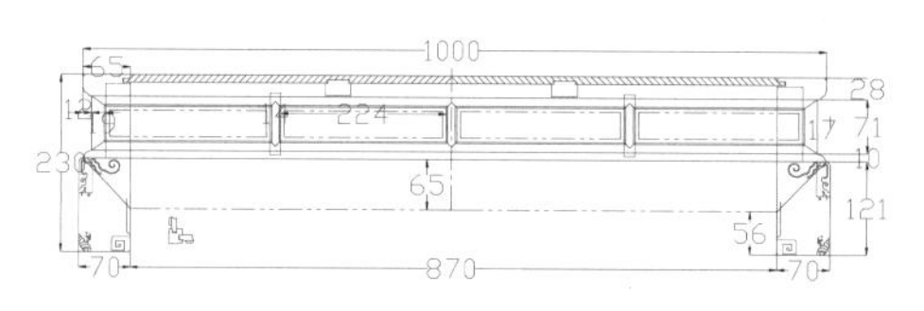

炕桌－主视图

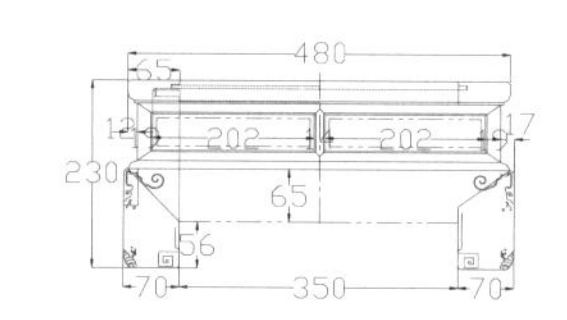

炕桌－左视图

注：此两件套中罗汉床为 1 件，炕桌为 1 件。

清式花鸟拐子纹罗汉床两件套

材质：紫檀

年款：清代（清宫旧藏）

罗汉床－主视图

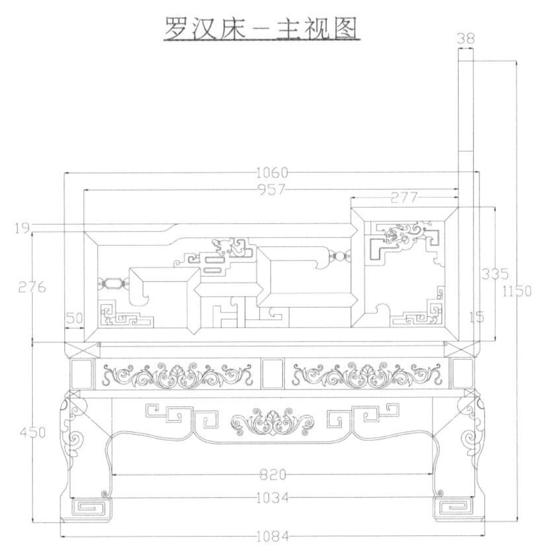

罗汉床－右视图

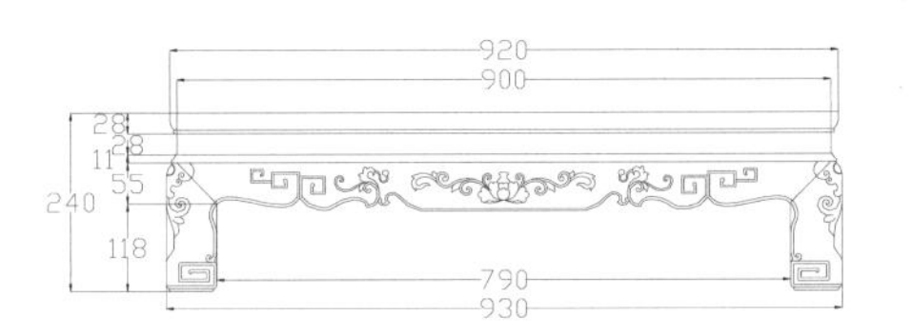

炕桌－主视图

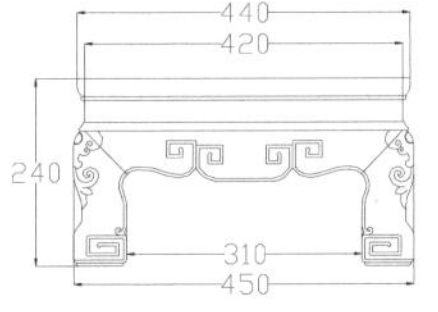

炕桌－右视图

图版清单（清式花鸟拐子纹罗汉床两件套）：

罗汉床—主视图

罗汉床—右视图

炕桌—主视图

炕桌—右视图

注：此两件套中罗汉床为 1 件，炕桌为 1 件。

清式拐子铜钱纹罗汉床两件套

材质：紫檀

年款：清代

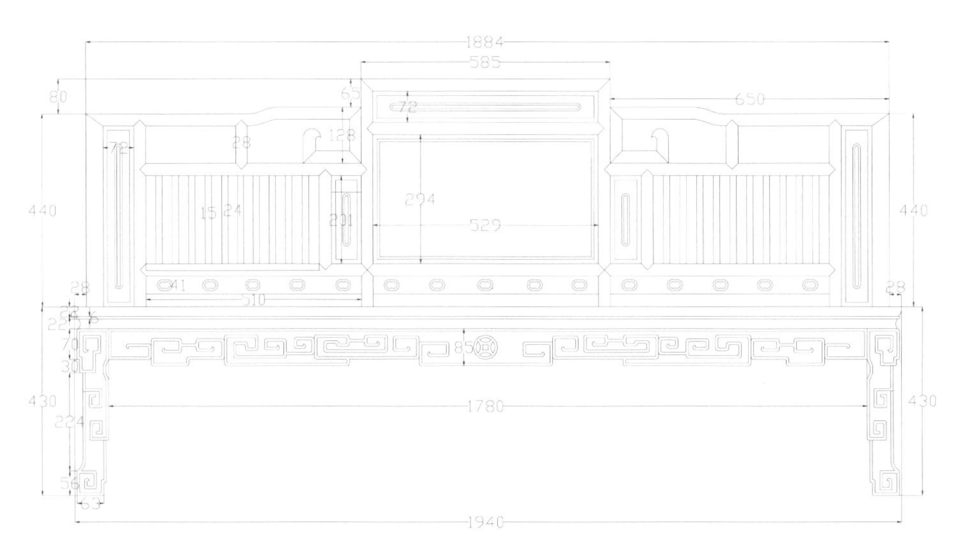

罗汉床－主视图

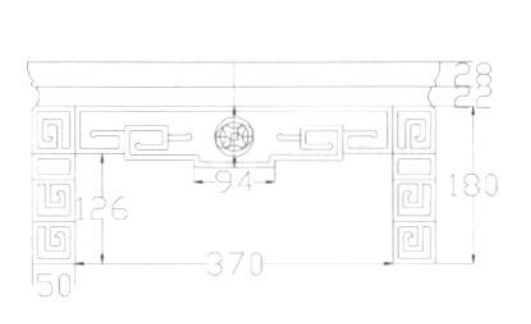

炕桌－主视图

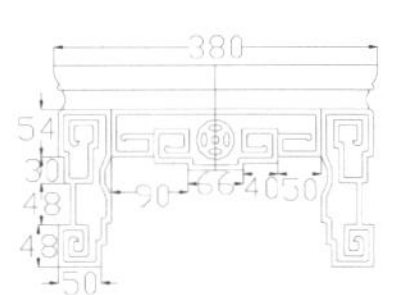

炕桌－左视图

图版清单（清式拐子铜钱纹罗汉床两件套）：
罗汉床—主视图
罗汉床—右视图
炕桌—主视图
炕桌—左视图
炕桌—俯视图

罗汉床－右视图

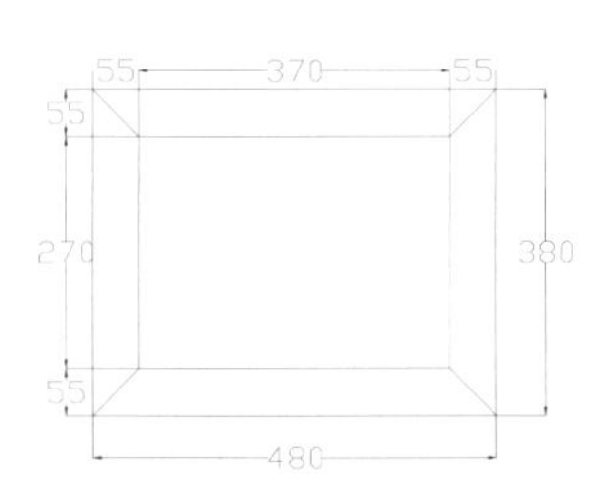

炕桌－俯视图

注：此两件套中罗汉床为 1 件，炕桌为 1 件。

清式百福罗汉床两件套

材质：紫檀

年款：清代（清宫旧藏）

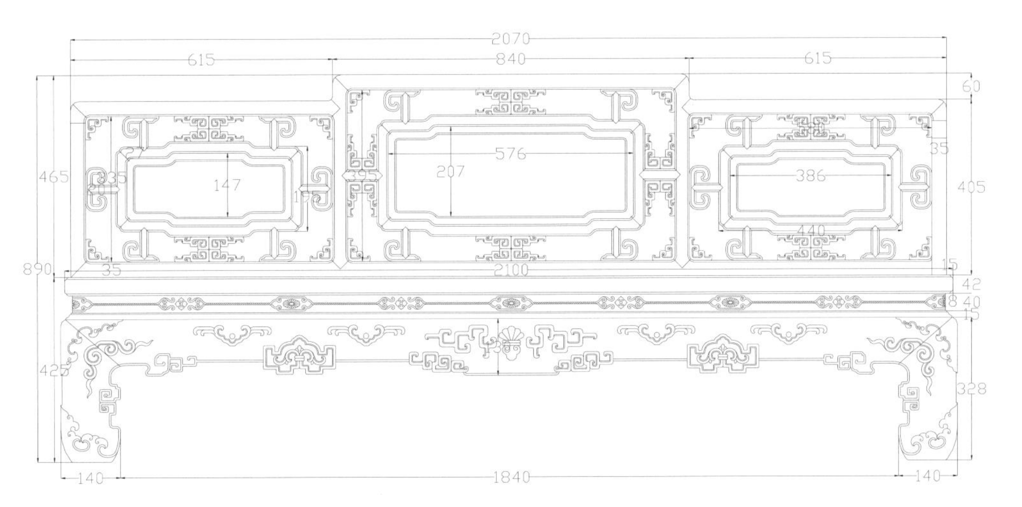

罗汉床－主视图

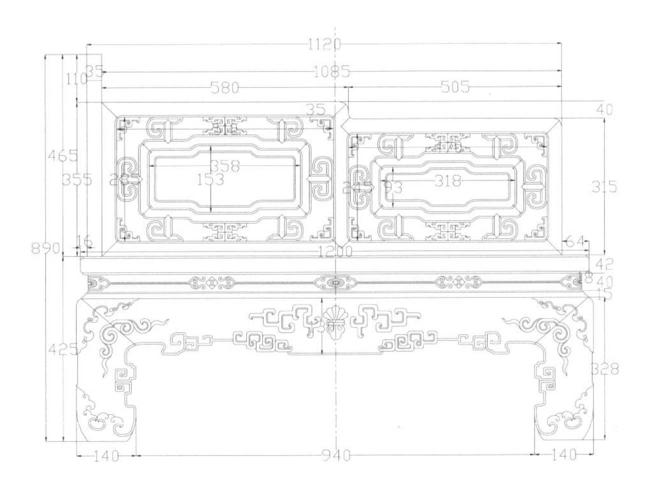

罗汉床－左视图

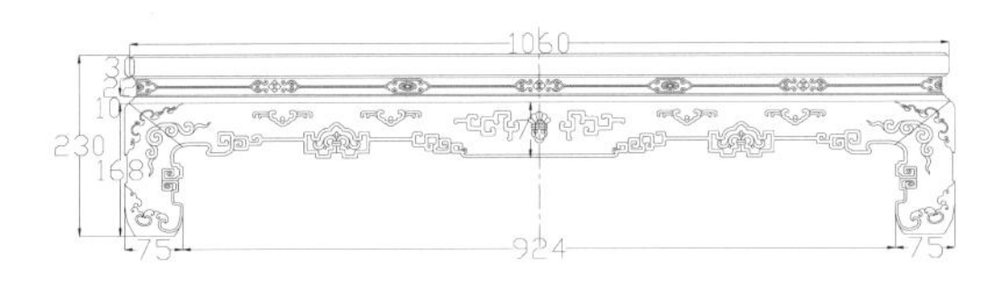

炕桌－主视图

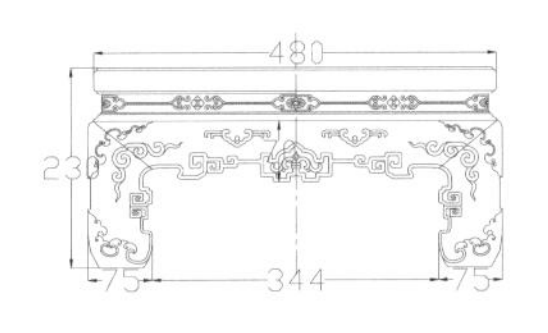

炕桌－左视图

图版清单（清式百福罗汉床两件套）：
罗汉床－主视图
罗汉床－左视图
炕桌－主视图
炕桌－左视图

注：此两件套中罗汉床为 1 件，炕桌为 1 件。

清式拐子纹罗汉床两件套

材质：老红木

年款：清代（清宫旧藏）

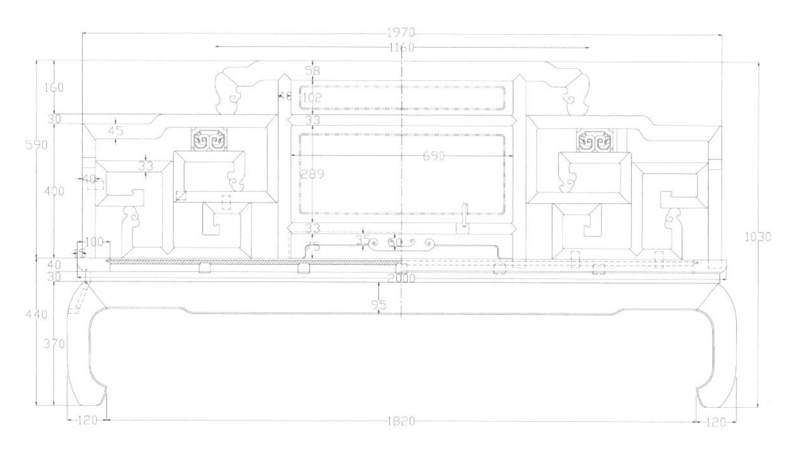

罗汉床－主视图

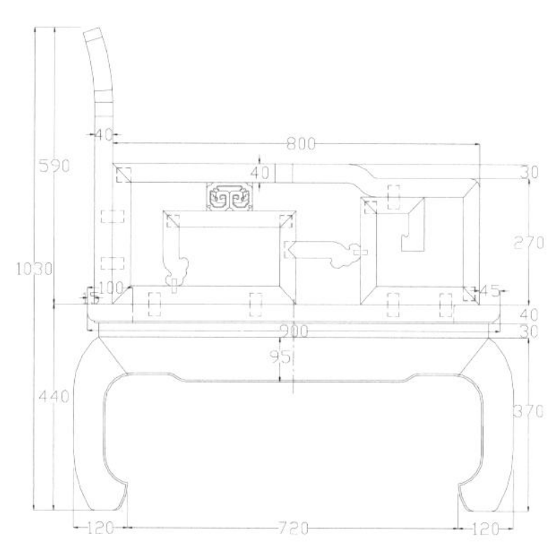

罗汉床－左视图

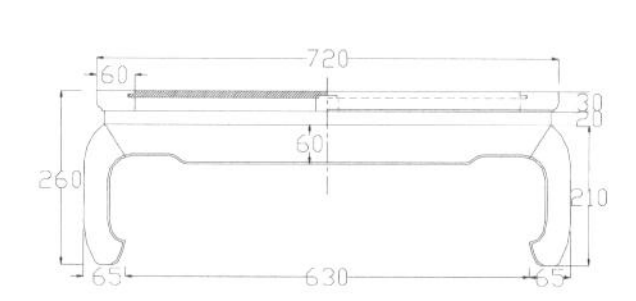

炕桌－主视图

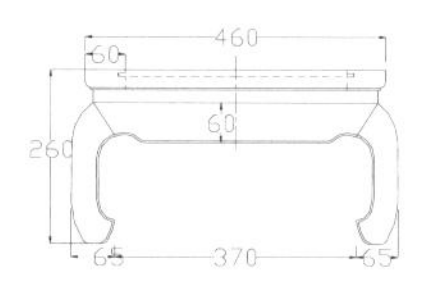

炕桌－左视图

图版清单（清式拐子纹罗汉床两件套）：
罗汉床—主视图
罗汉床—左视图
炕桌—主视图
炕桌—左视图
炕桌—俯视图

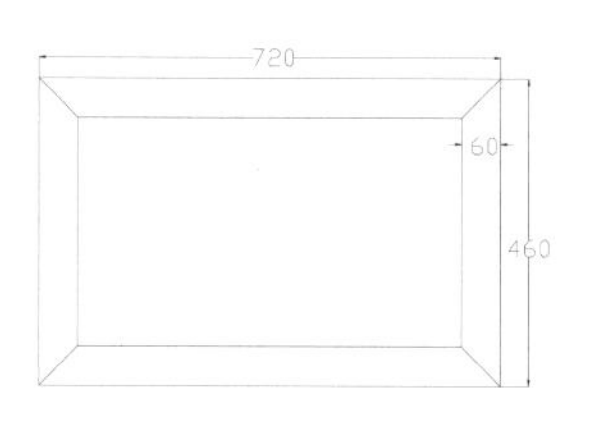

炕桌－俯视图

注：此两件套中罗汉床为 1 件，炕桌为 1 件。

清式山水纹罗汉床两件套

材质：紫檀

年款：清代（清宫旧藏）

罗汉床－主视图

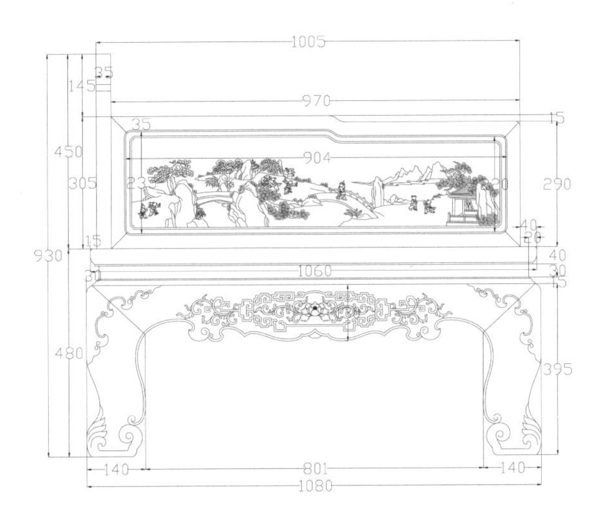

罗汉床－左视图

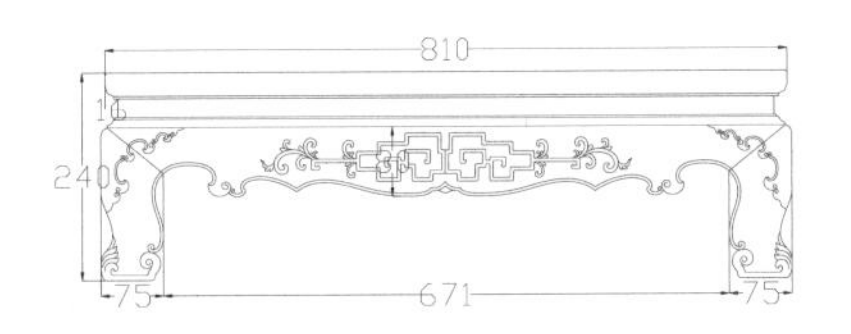

炕桌－主视图

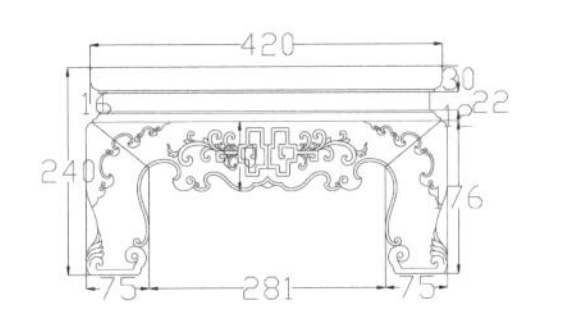

炕桌－左视图

图版清单（清式山水纹罗汉床两件套）：
罗汉床—主视图
罗汉床—左视图
炕桌—主视图
炕桌—左视图

注：此两件套中罗汉床为 1 件，炕桌为 1 件。

清式团龙纹开光罗汉床两件套

材质：紫檀

年款：清代（清宫旧藏）

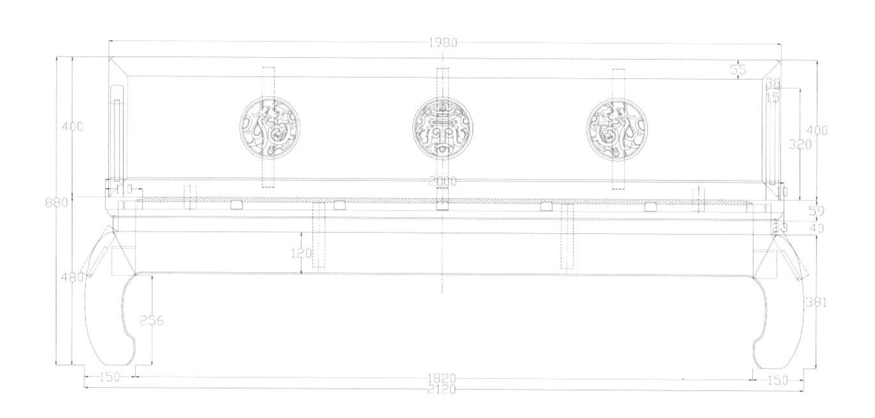

罗汉床－主视图

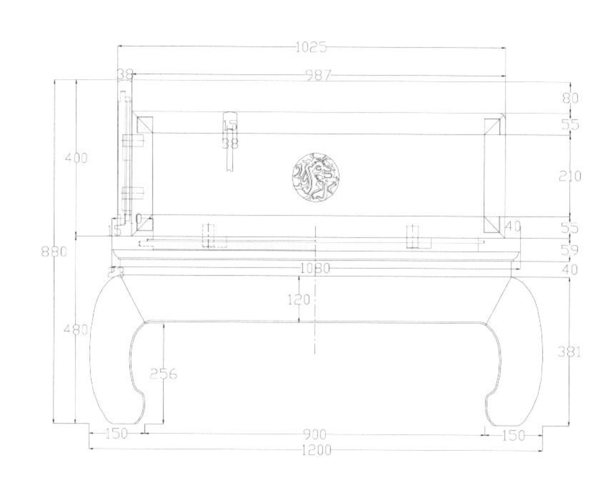

罗汉床－左视图

图版清单（清式团龙纹开光罗汉床两件套）：
罗汉床—主视图
罗汉床—左视图
炕桌—主视图
炕桌—左视图

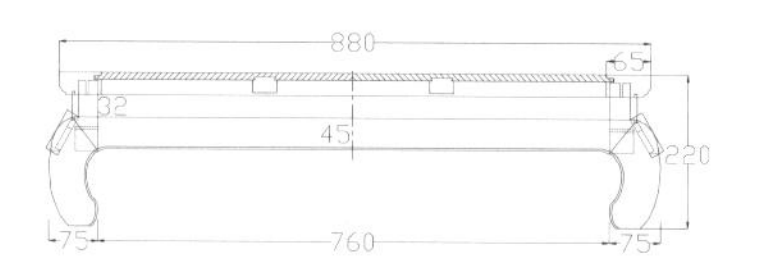

炕桌－主视图

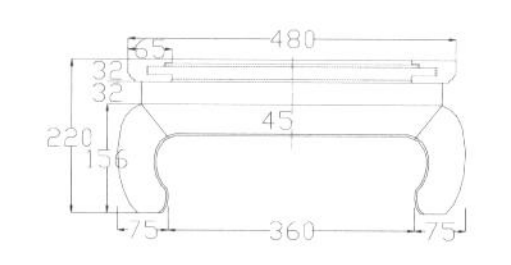

炕桌－左视图

注：此两件套中罗汉床为 1 件，炕桌为 1 件。

清式卷草纹罗汉床两件套

材质：老红木

年款：清代（清宫旧藏）

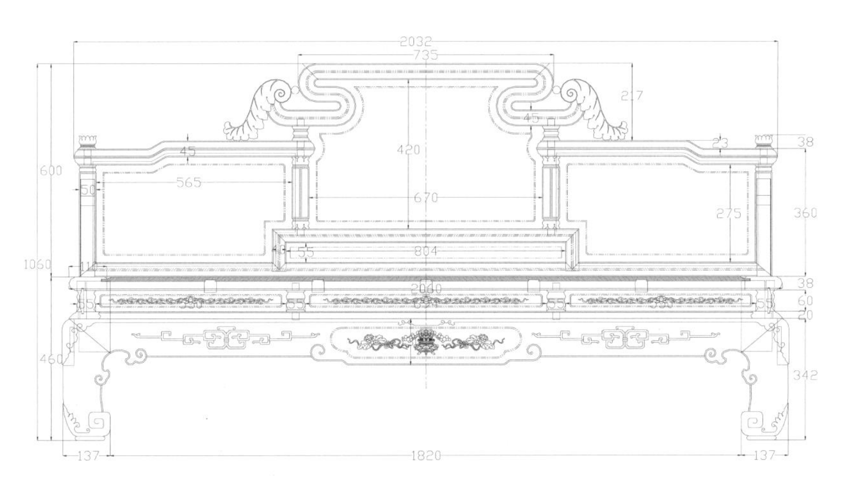

罗汉床－主视图

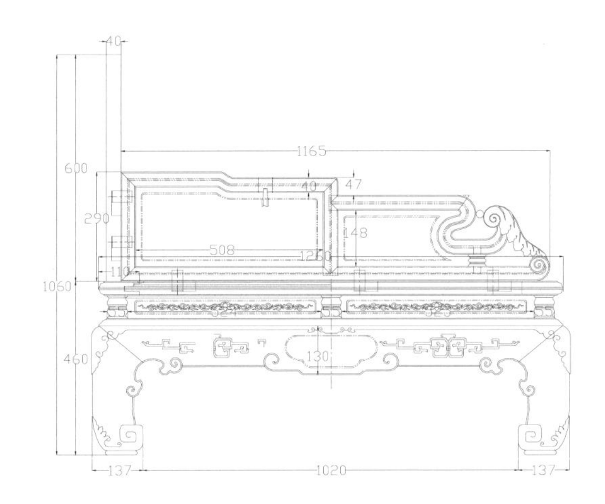

罗汉床－左视图

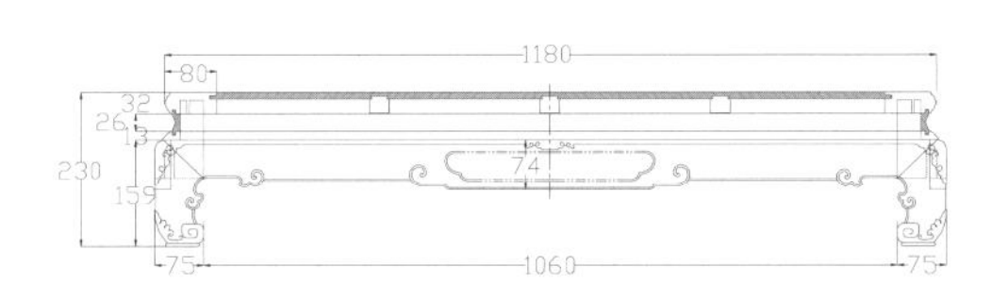

炕桌－主视图

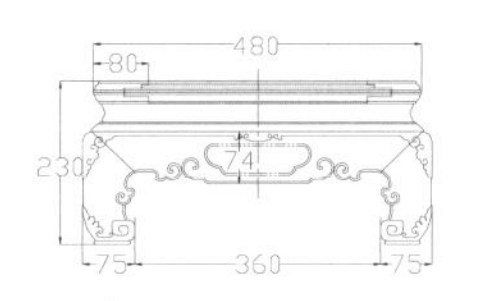

炕桌－左视图

图版清单（清式卷草纹罗汉床两件套）：
罗汉床—主视图
罗汉床—左视图
炕桌—主视图
炕桌—左视图

注：此两件套中罗汉床为 1 件，炕桌为 1 件。

清式海棠形开光罗汉床两件套

材质：老红木

年款：清代（清宫旧藏）

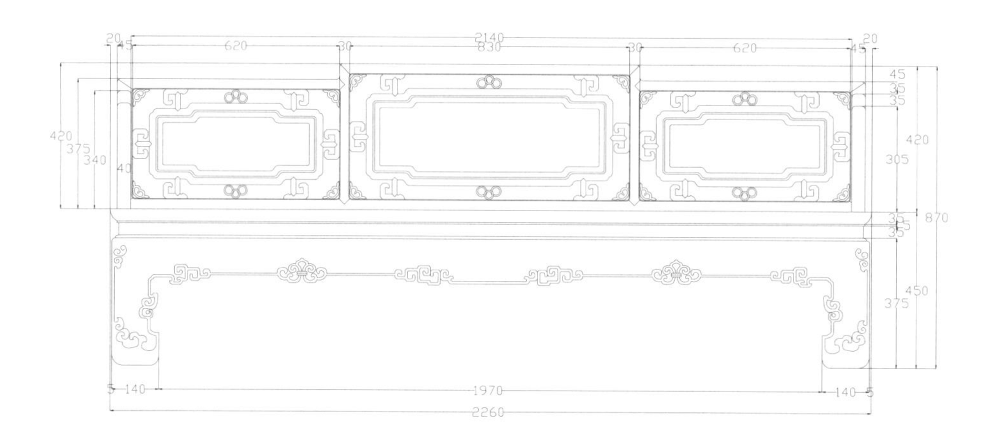

罗汉床－主视图

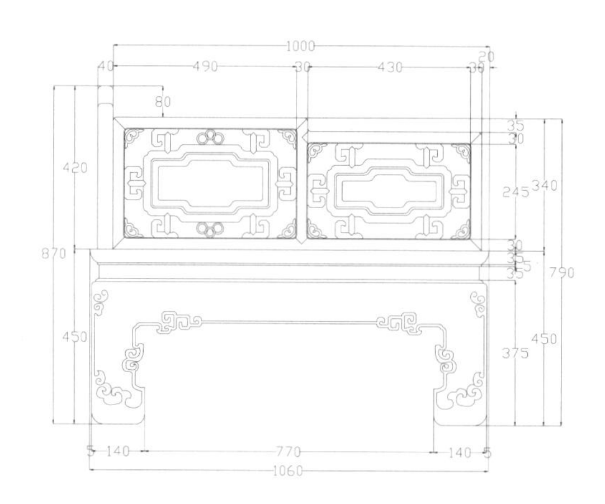

罗汉床－左视图

注：此两件套中罗汉床为 1 件，炕桌为 1 件。

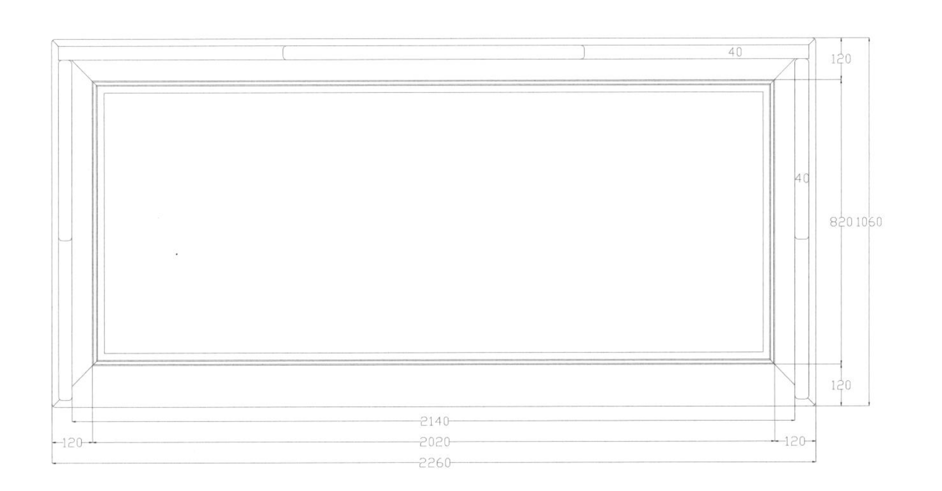

罗汉床－俯视图

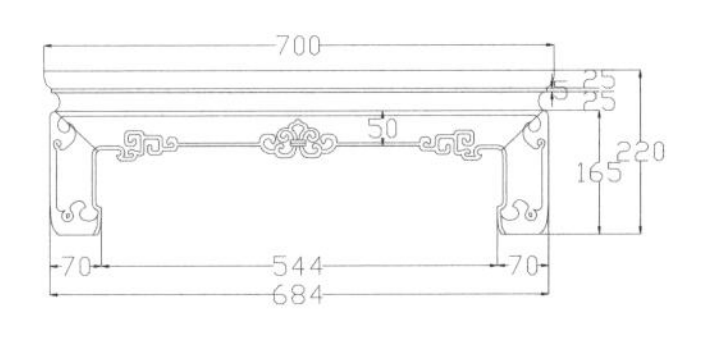

炕桌－主视图

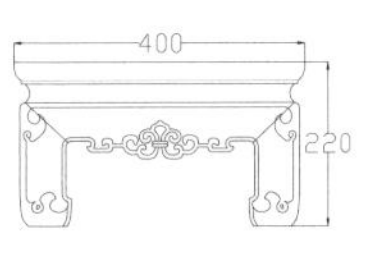

炕桌－左视图

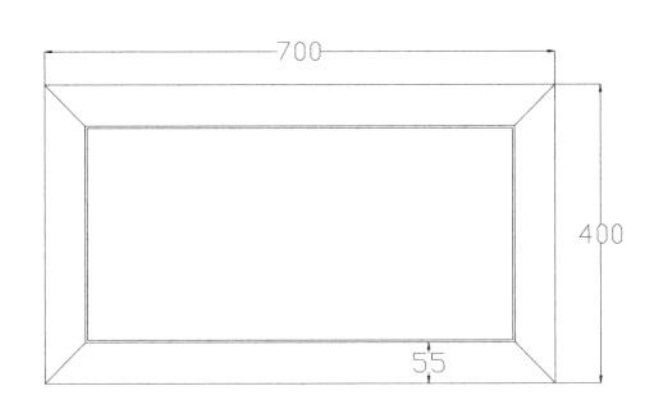

炕桌－俯视图

图版清单（清式海棠形开光罗汉床两件套）：

罗汉床—主视图

罗汉床—左视图

罗汉床—俯视图

炕桌—主视图

炕桌—左视图

炕桌—俯视图

清式玉璧纹罗汉床两件套

材质：黄花梨

年款：清代（清宫旧藏）

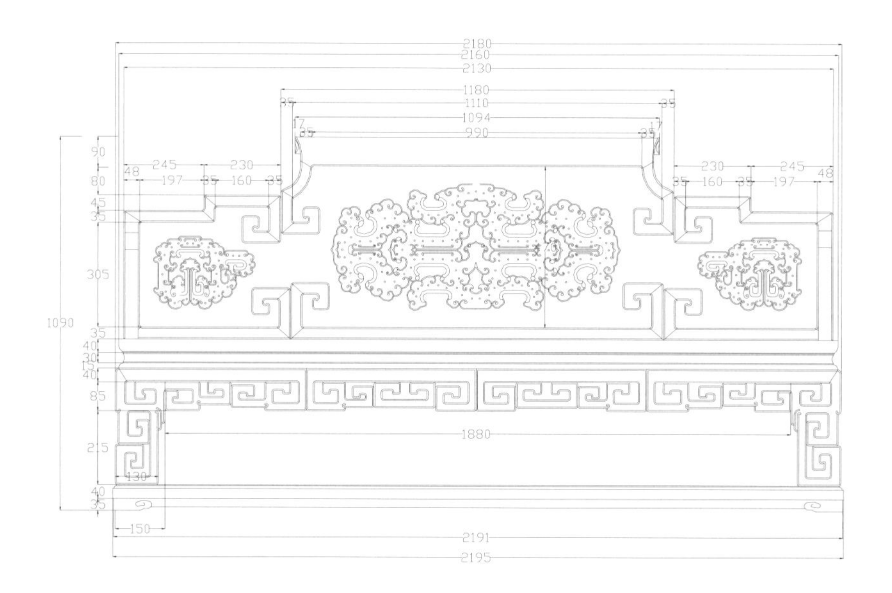

罗汉床－主视图

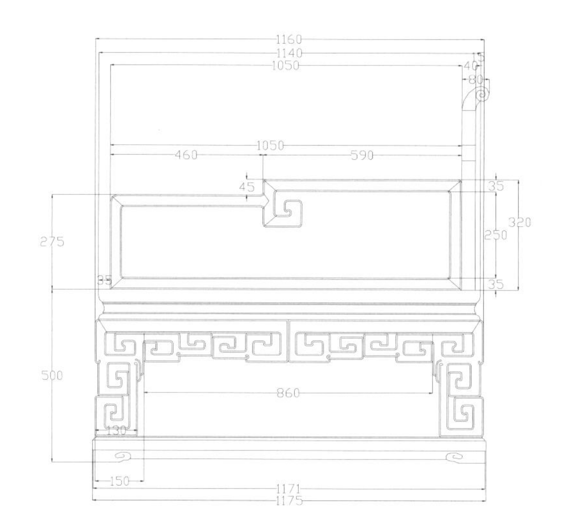

罗汉床－右视图

注：此两件套中罗汉床为 1 件，炕桌为 1 件。

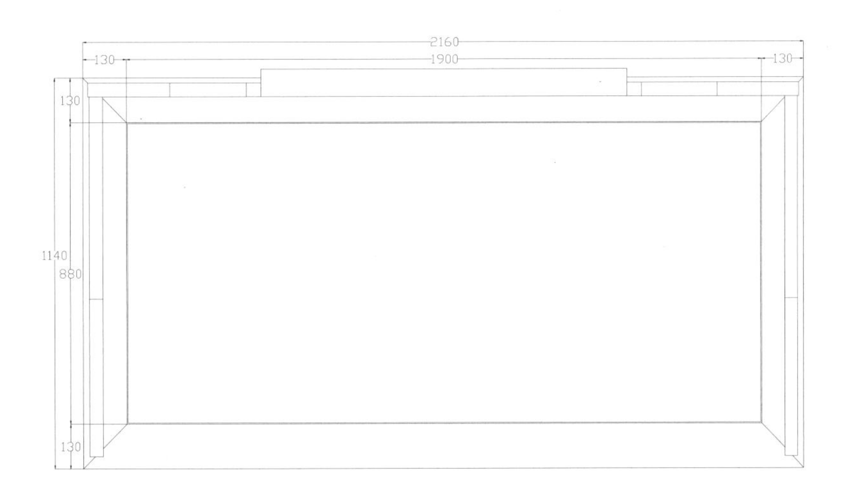

罗汉床–俯视图

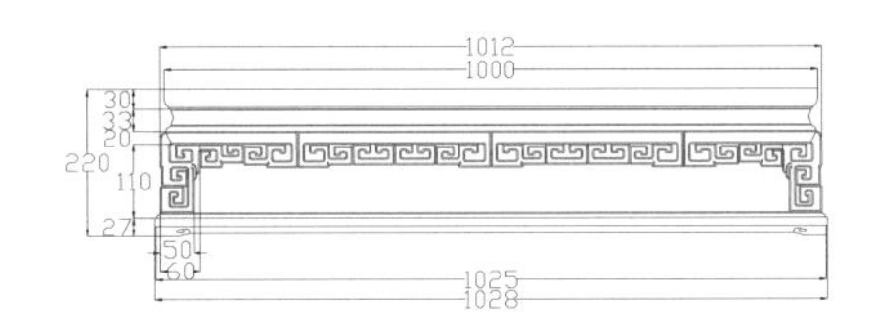

炕桌–主视图

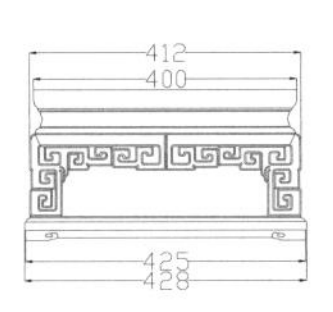

炕桌–右视图

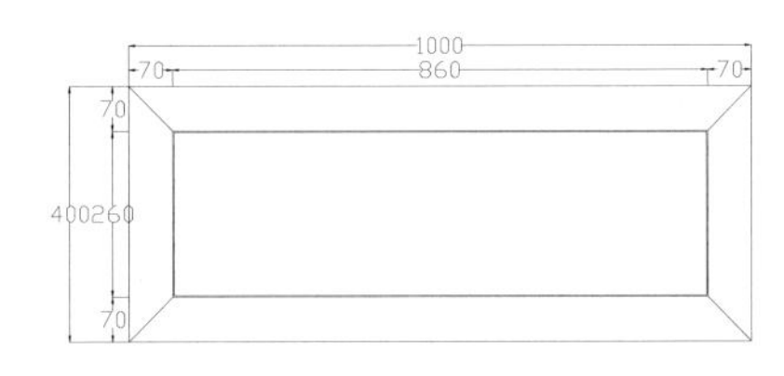

炕桌–俯视图

图版清单（清式玉璧纹罗汉床两件套）：

罗汉床—主视图

罗汉床—右视图

罗汉床—俯视图

炕桌—主视图

炕桌—右视图

炕桌—俯视图

清式卷云纹搭脑罗汉床三件套

材质：紫檀

年款：清代（清宫旧藏）

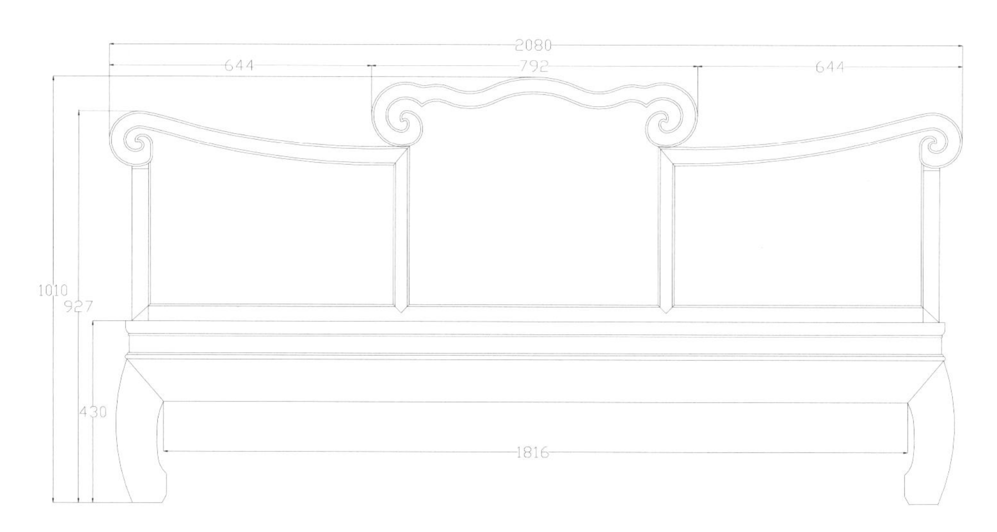

罗汉床－主视图

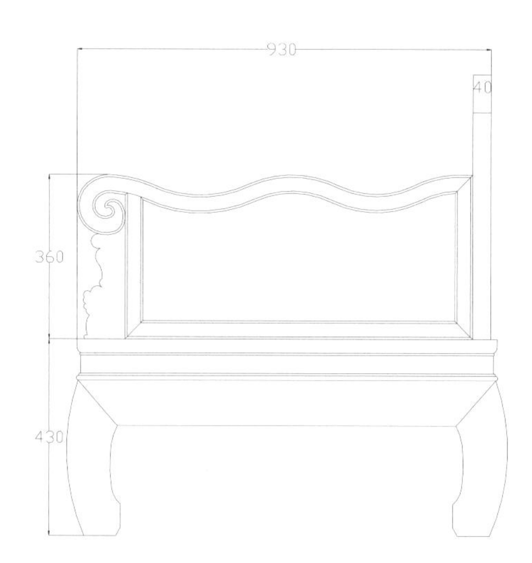

罗汉床－右视图

注：此三件套中罗汉床为 1 件，炕桌为 1 件，脚踏为 1 件。

炕桌－主视图

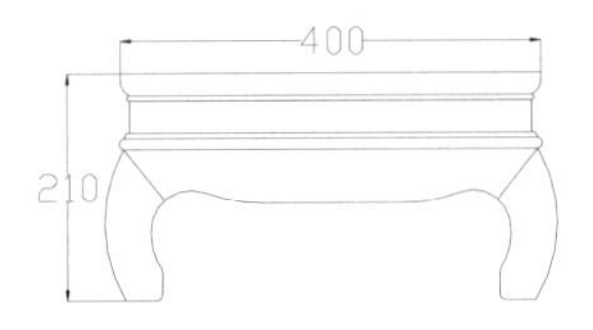

炕桌－左视图

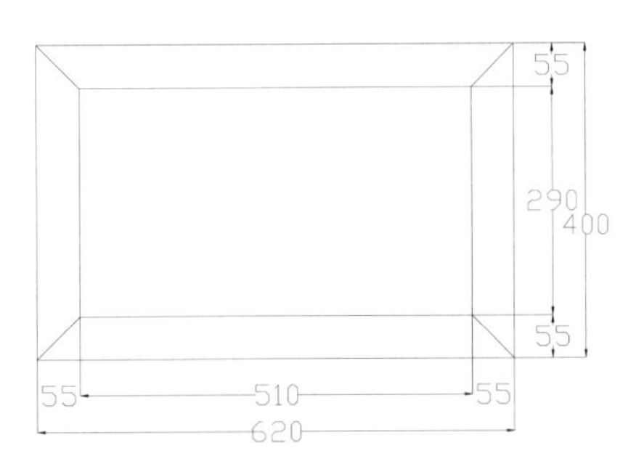

炕桌－俯视图

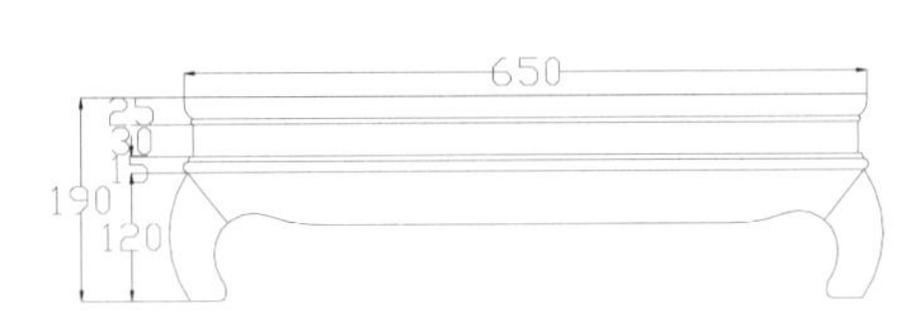

脚踏－主视图

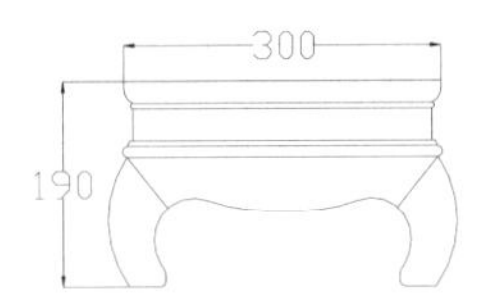

脚踏－左视图

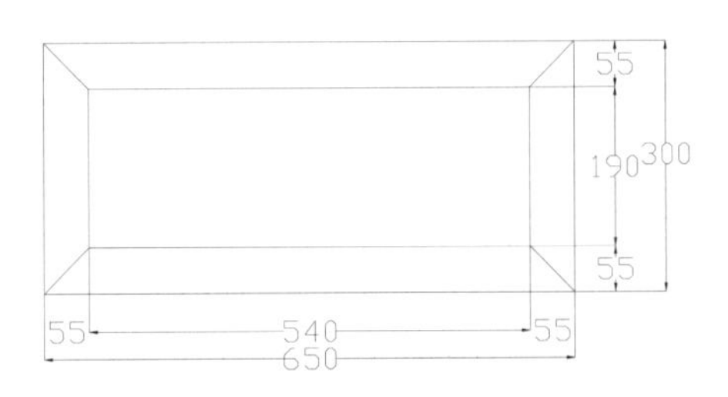

脚踏－俯视图

图版清单（清式卷云纹搭脑罗汉床三件套）：

罗汉床－主视图
罗汉床－右视图
炕桌－主视图
炕桌－左视图
炕桌－俯视图
脚踏－主视图
脚踏－左视图
脚踏－俯视图

清式三弯腿罗汉床三件套

材质：花梨木

年款：清代（清宫旧藏）

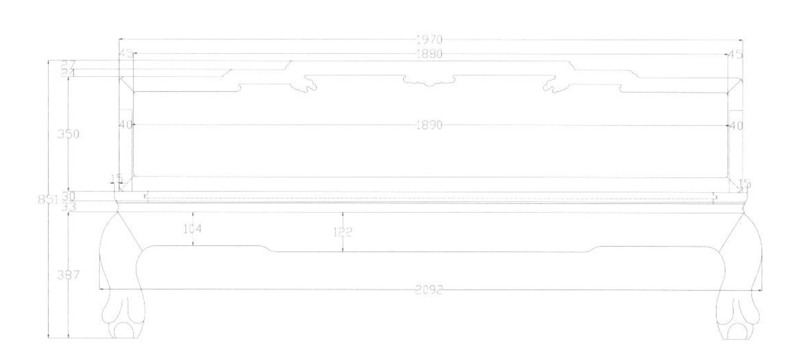

罗汉床－主视图

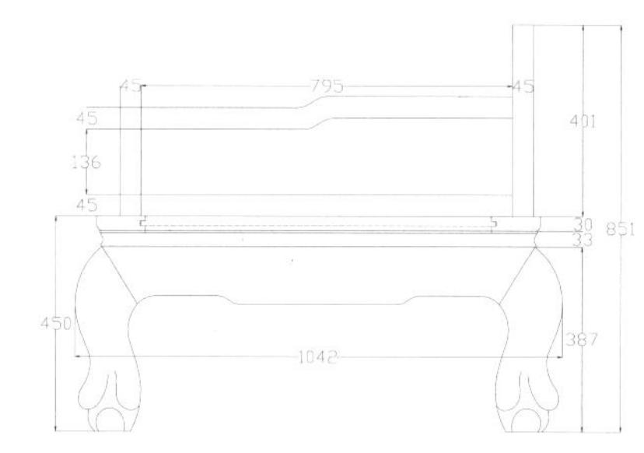

罗汉床－右视图

罗汉床－俯视图

注：此三件套中罗汉床为 1 件，炕桌为 1 件，脚踏为 1 件。

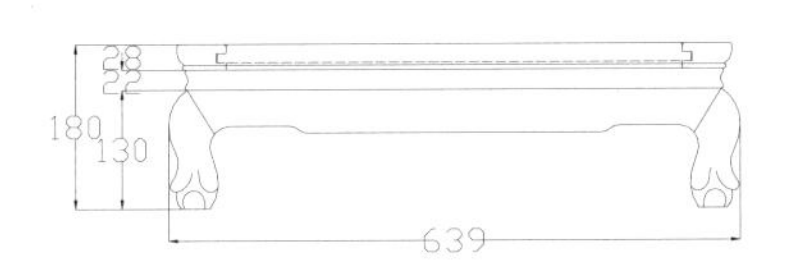

炕桌－主视图

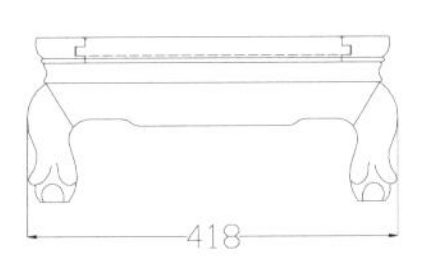

炕桌－左视图

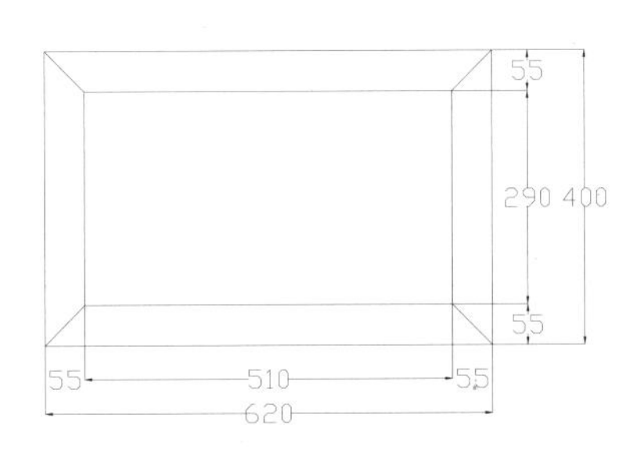

炕桌－俯视图

脚踏－主视图

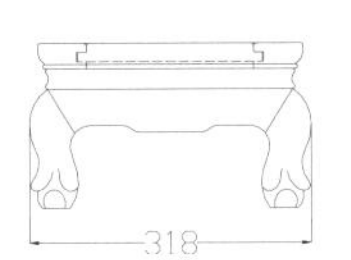

脚踏－左视图

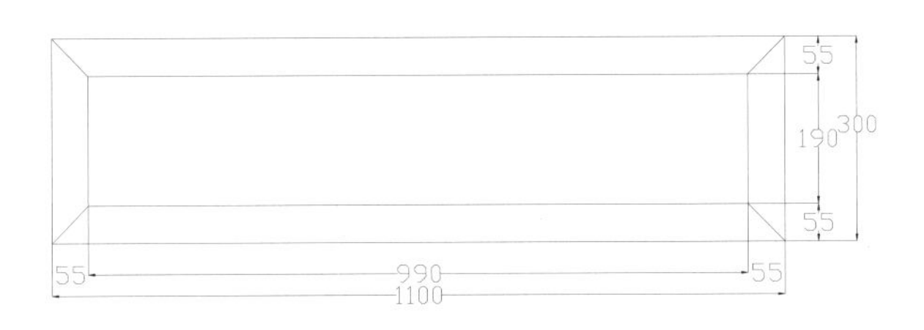

脚踏－俯视图

图版清单（清式三弯腿罗汉床三件套）：
罗汉床—主视图
罗汉床—右视图
罗汉床—俯视图
炕桌—主视图
炕桌—左视图
炕桌—俯视图
脚踏—主视图
脚踏—左视图
脚踏—俯视图

清式团龙纹结子花罗汉床三件套

材质：紫檀

年款：清代（清宫旧藏）

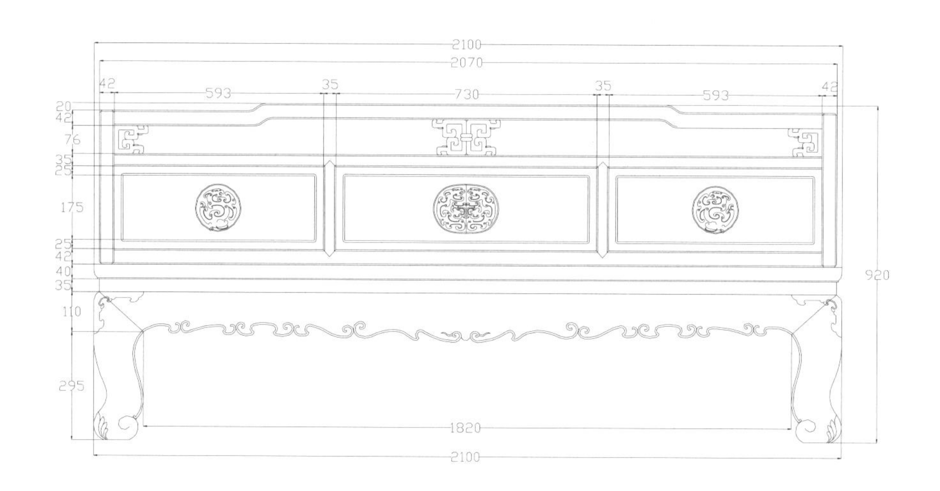

罗汉床－主视图

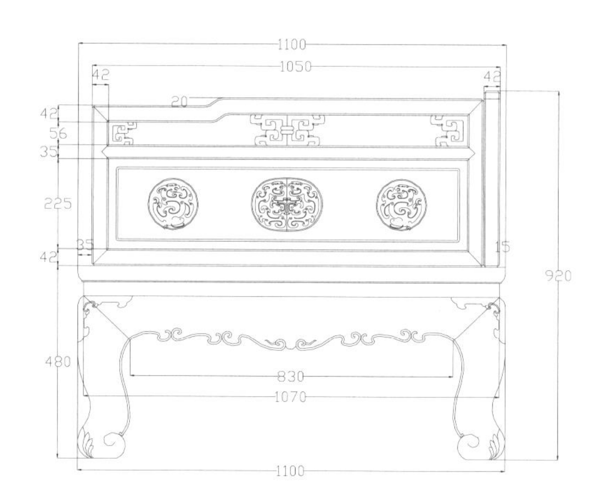

罗汉床－右视图

注：此三件套中罗汉床为 1 件，炕桌为 1 件，脚踏为 1 件。

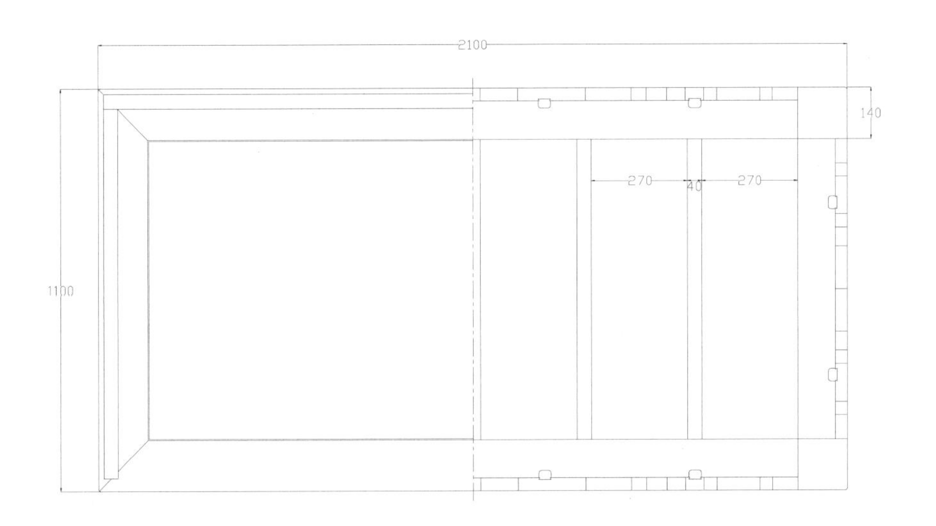

罗汉床－俯视图

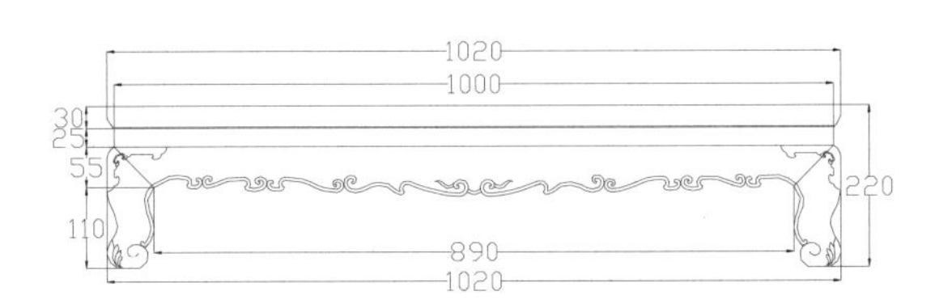

炕桌－主视图

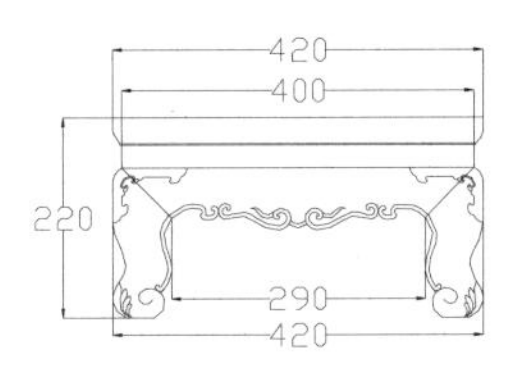

炕桌－右视图

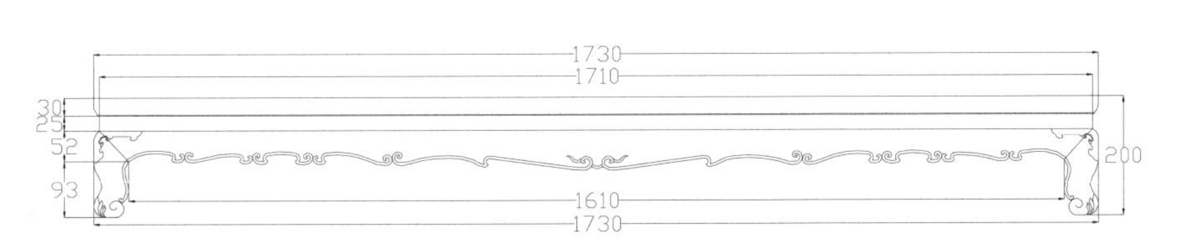

脚踏－主视图

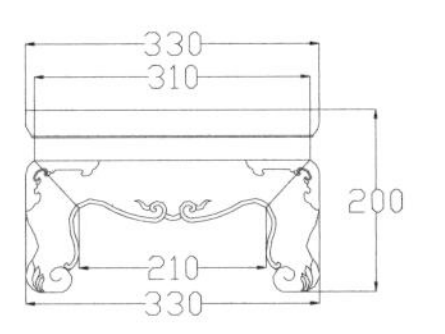

脚踏－右视图

图版清单（清式团龙纹结子花罗汉床三件套）：
罗汉床—主视图
罗汉床—右视图
罗汉床—俯视图
炕桌—主视图
炕桌—右视图
脚踏—主视图
脚踏—右视图

清式七屏式罗汉床三件套

材质：紫檀

年款：清代（清宫旧藏）

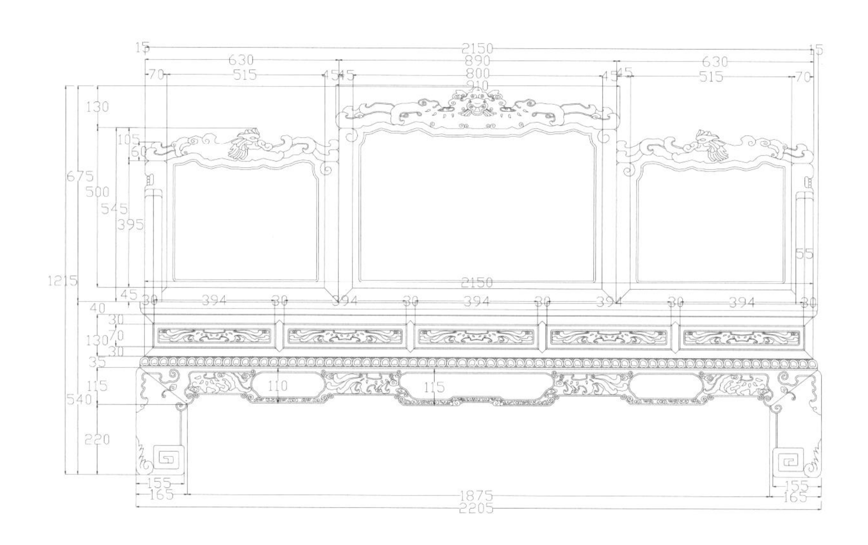

罗汉床－主视图

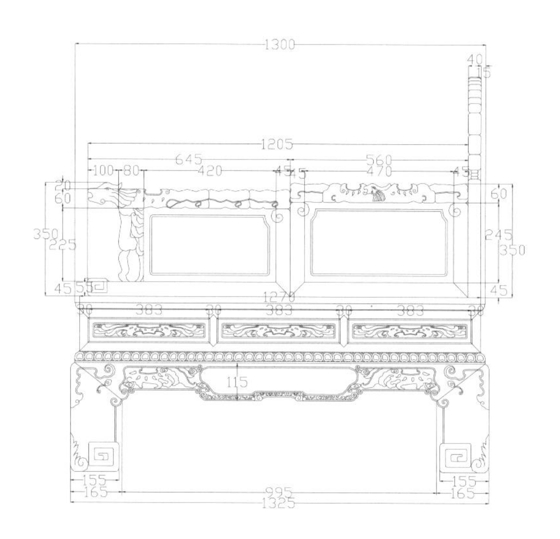

罗汉床－右视图

注：此三件套中罗汉床为 1 件，炕桌为 1 件，脚踏为 1 件。

罗汉床－俯视图

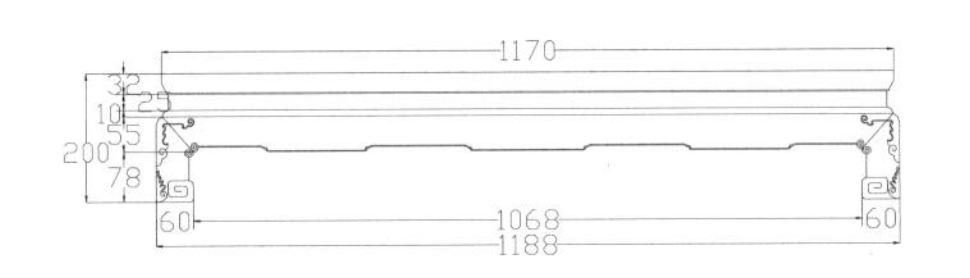

炕桌－主视图

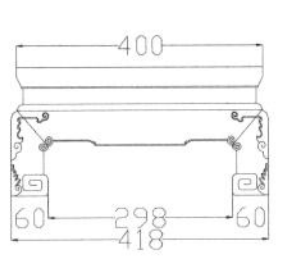

炕桌－右视图

炕桌－俯视图

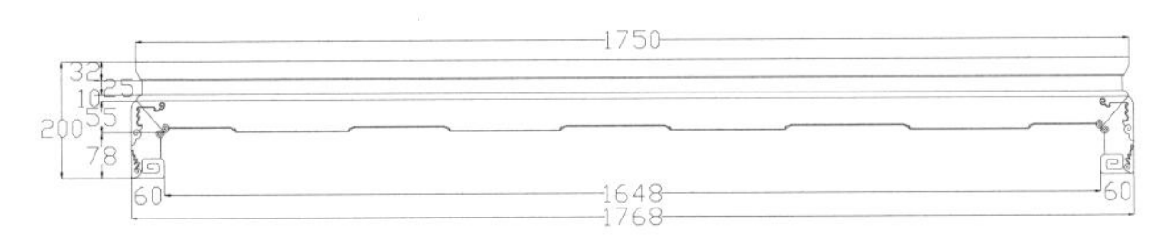

脚踏－主视图

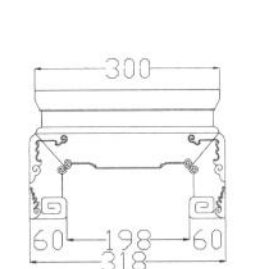

脚踏－右视图

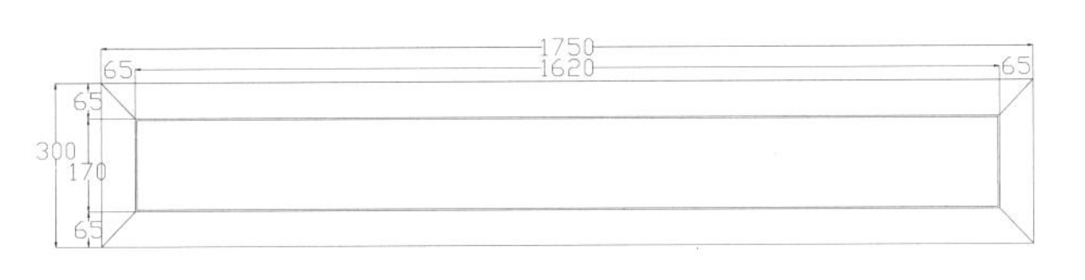

脚踏－俯视图

图版清单（清式七屏式罗汉床三件套）：

罗汉床—主视图

罗汉床—右视图

罗汉床—俯视图

炕桌—主视图

炕桌—右视图

炕桌—俯视图

脚踏—主视图

脚踏—右视图

脚踏—俯视图

清式百子图罗汉床三件套

材质：紫檀

年款：清代（清宫旧藏）

罗汉床－主视图

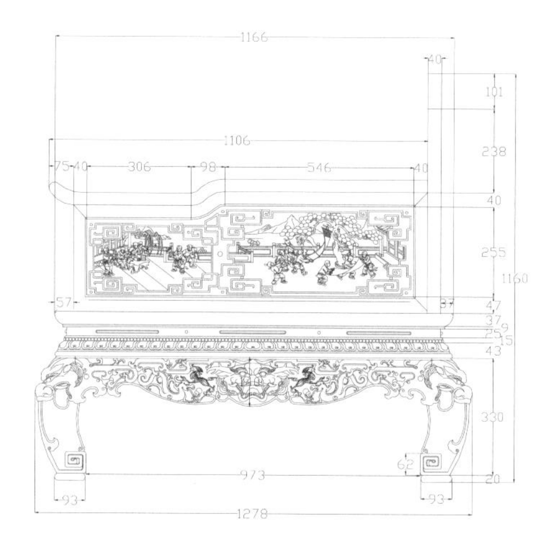

罗汉床－右视图

注：此三件套中罗汉床为 1 件，炕桌为 1 件，脚踏为 1 件。

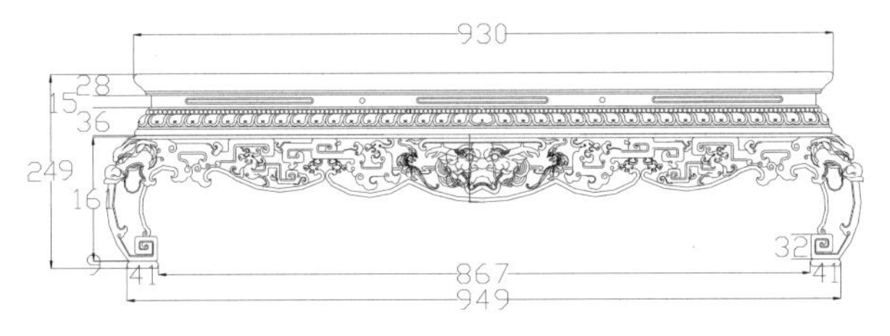

炕桌－主视图

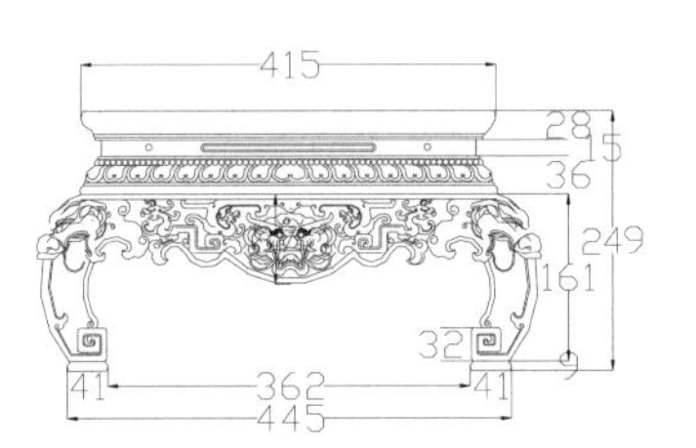

炕桌－右视图

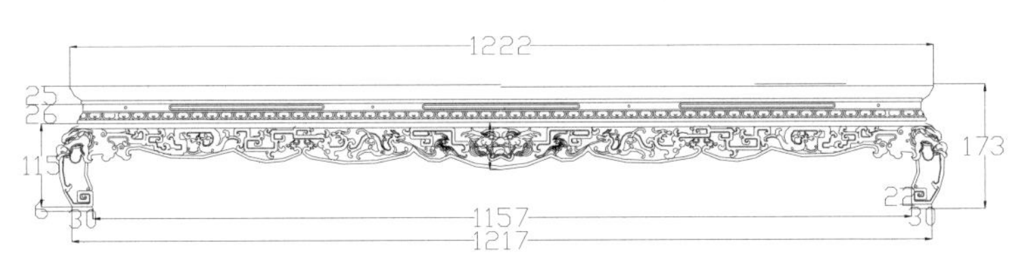

脚踏－主视图

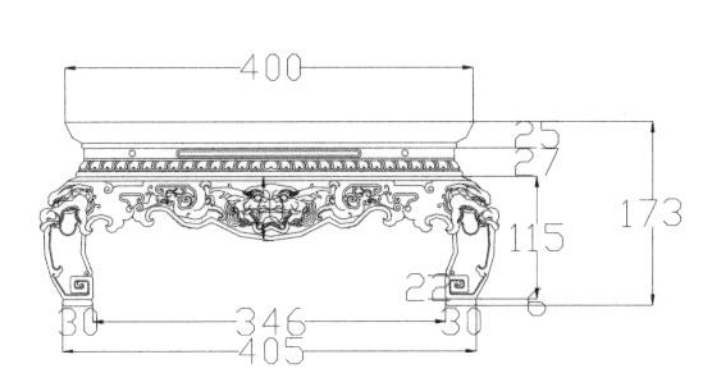

脚踏－右视图

图版清单（清式百子图罗汉床三件套）：

罗汉床—主视图

罗汉床—右视图

炕桌—主视图

炕桌—右视图

脚踏—主视图

脚踏—右视图

清式暗八仙纹罗汉床三件套

材质：紫檀

年款：清代（清宫旧藏）

罗汉床－主视图

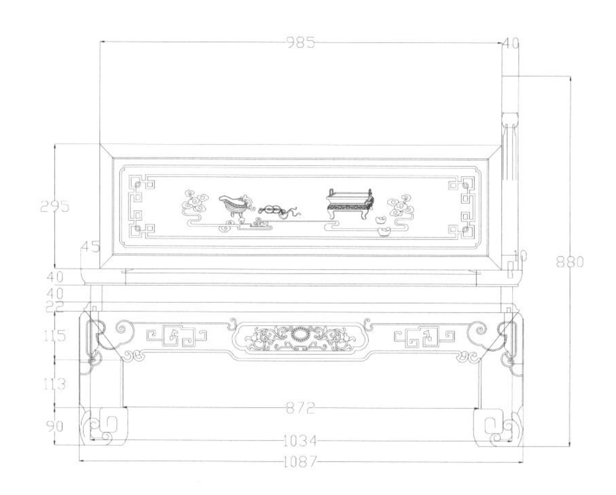

罗汉床－右视图

注：此三件套中罗汉床为1件，炕桌为1件，脚踏为1件。

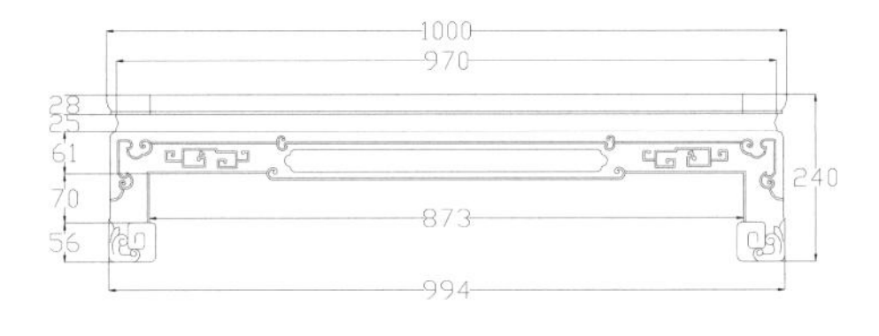

炕桌－主视图

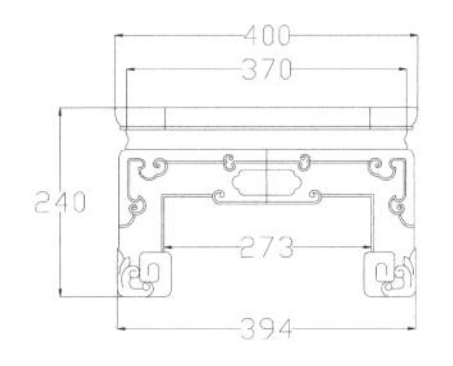

炕桌－右视图

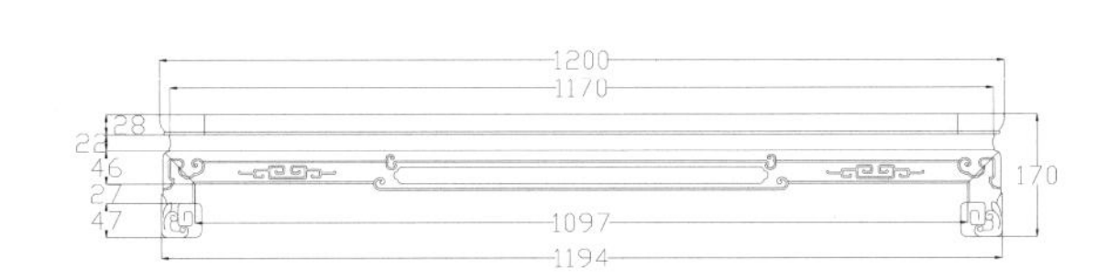

脚踏－主视图

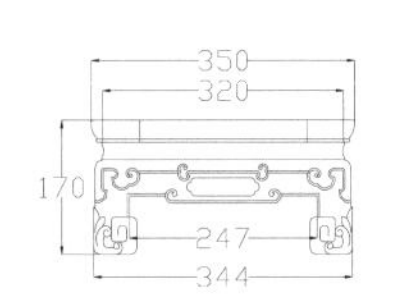

脚踏－右视图

图版清单（清式暗八仙纹罗汉床三件套）：

罗汉床—主视图
罗汉床—右视图
炕桌—主视图
炕桌—右视图
脚踏—主视图
脚踏—右视图

清式螭龙纹罗汉床三件套

材质：紫檀

年款：清代（清宫旧藏）

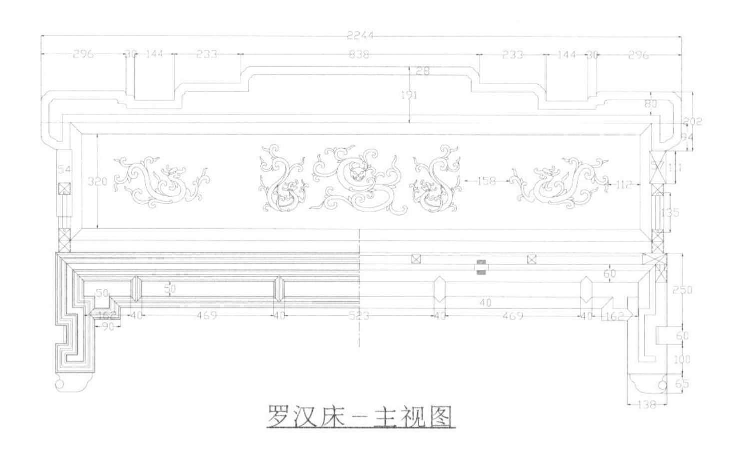

罗汉床－主视图

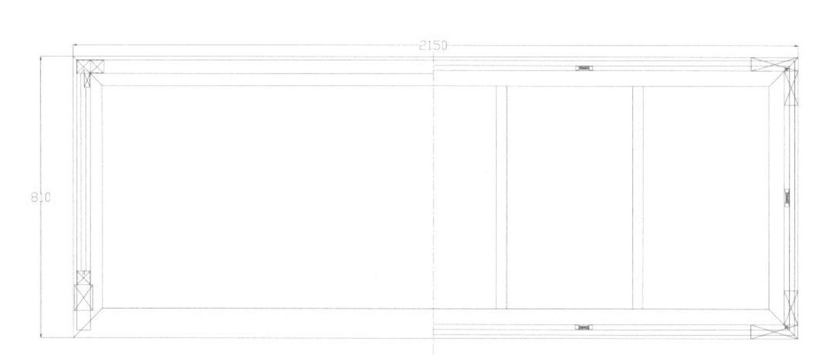

罗汉床－俯视图

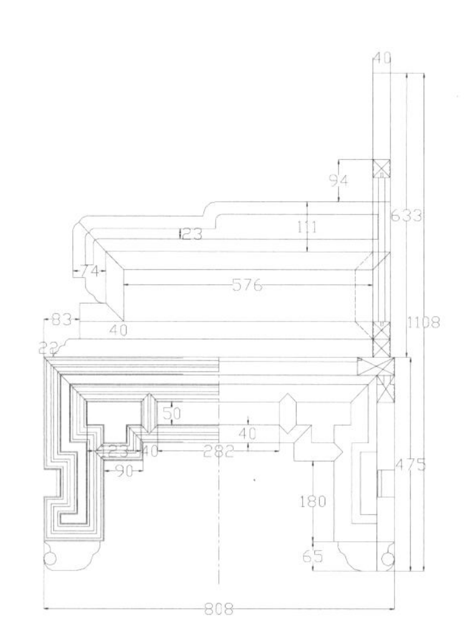

罗汉床－右视图

注：此三件套中罗汉床为 1 件，炕桌为 1 件，脚踏为 1 件。

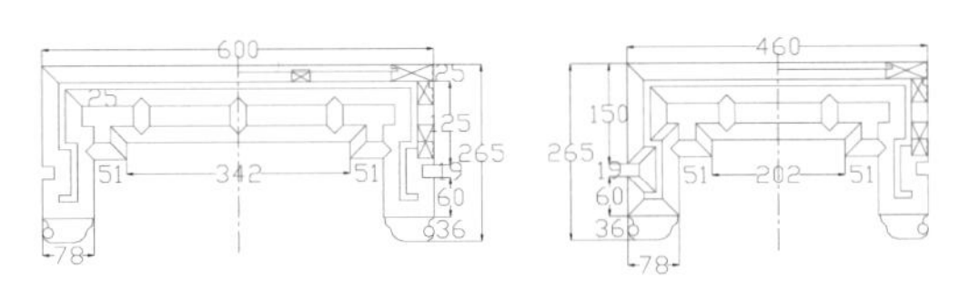

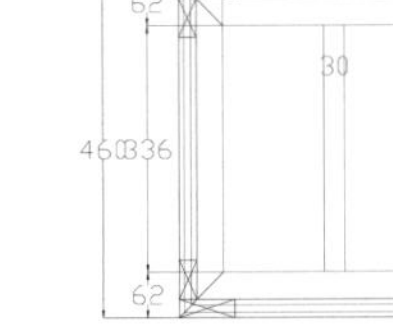

炕桌－主视图　　炕桌－右视图　　炕桌－俯视图

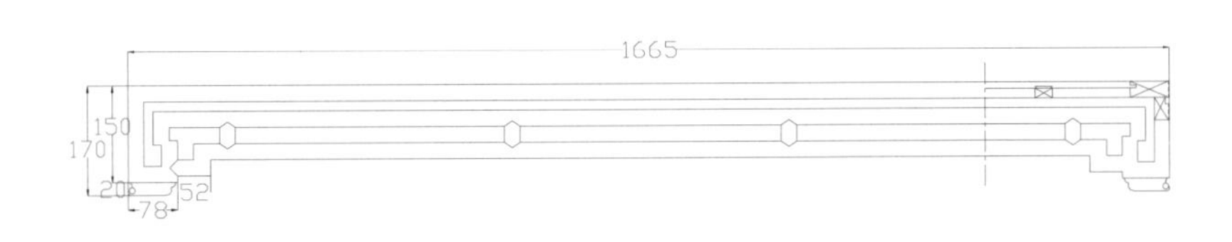

脚踏－主视图

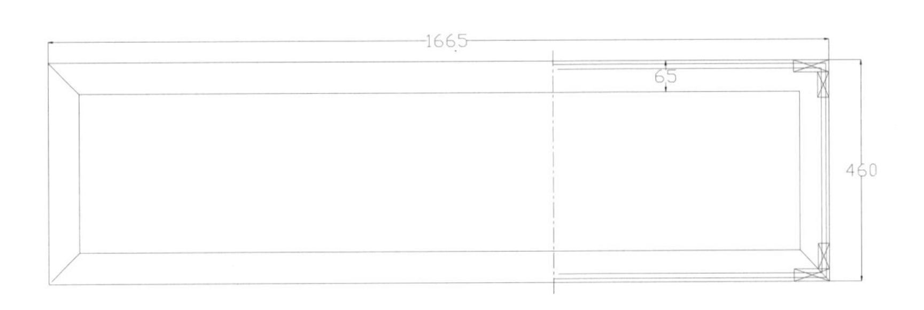

脚踏－俯视图

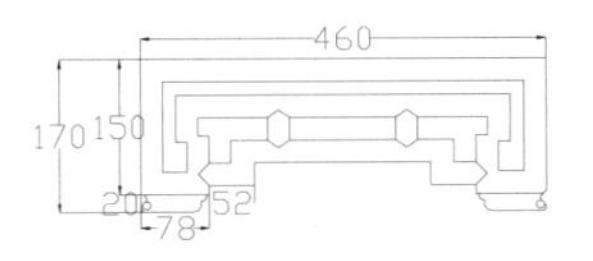

脚踏－右视图

图版清单（清式螭龙纹罗汉床三件套）：

罗汉床－主视图

罗汉床－俯视图

罗汉床－右视图

炕桌－主视图

炕桌－右视图

炕桌－俯视图

脚踏－主视图

脚踏－俯视图

脚踏－右视图

清式山水人物图月洞式门罩架子床

材质：紫檀

年款：清代（清宫旧藏）

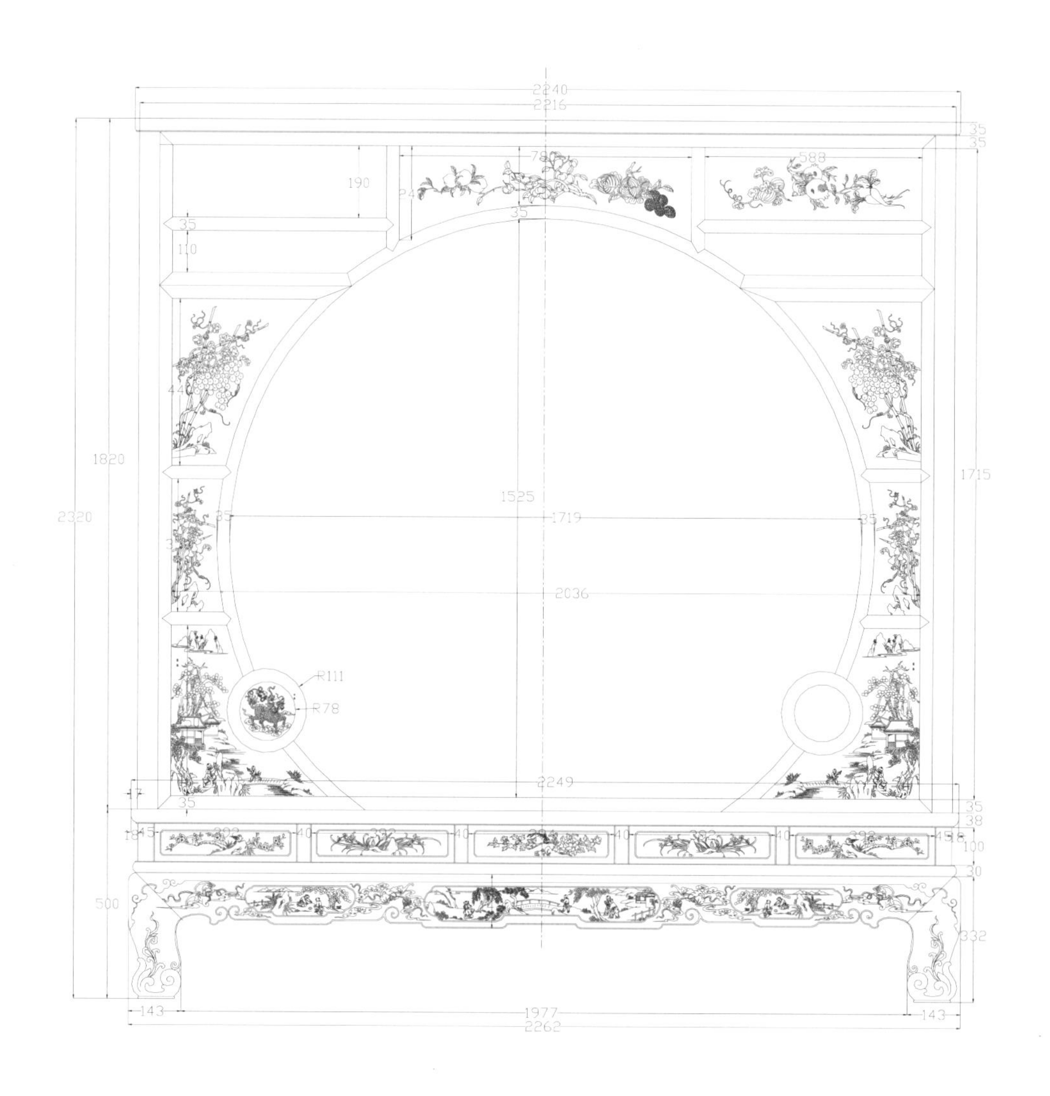

主视图

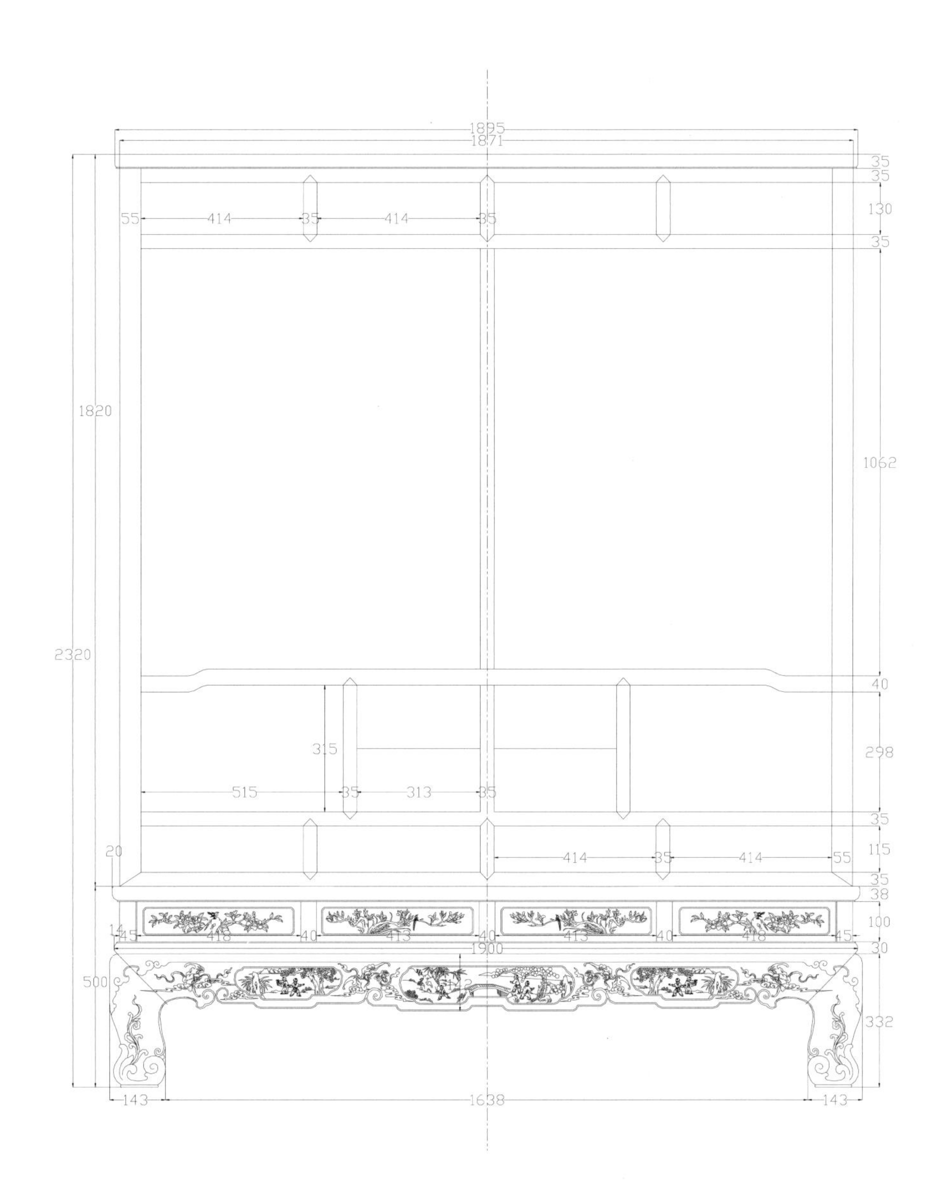

左视图

图版清单（清式山水人物图月洞式门罩架子床）：
主视图
左视图

清式攒棂格架子床

材质：黄花梨

年款：清代（清宫旧藏）

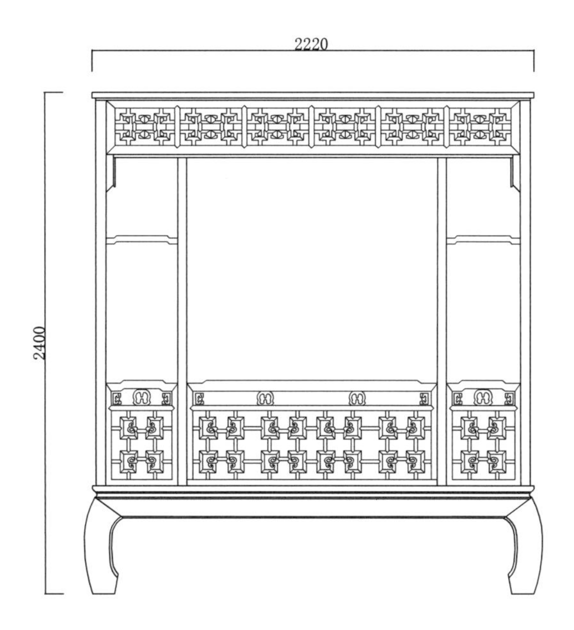

主视图

1550

2400

左视图

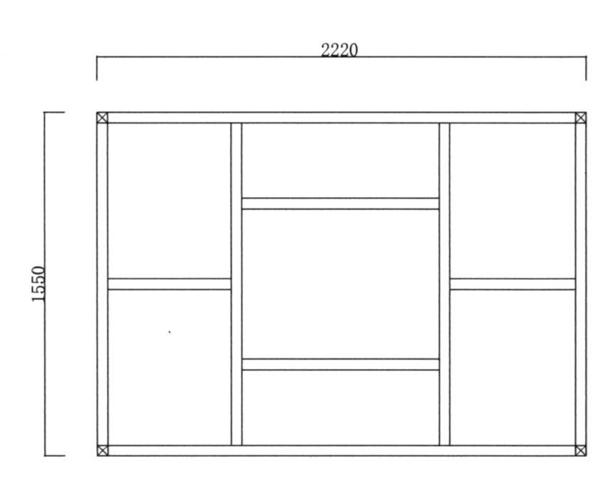

俯视图

图版清单（清式攒棂格架子床）：
主视图
左视图
俯视图

注：俯视图为床顶部分。

清式葫芦万代纹架子床

材质：紫檀

年款：清代（清宫旧藏）

主视图

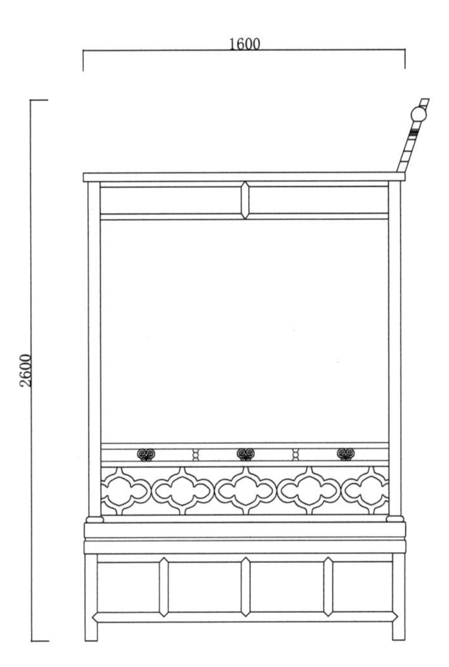

左视图

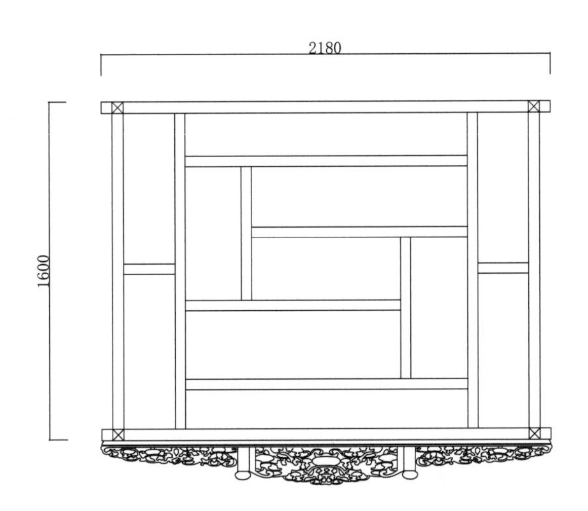

俯视图

图版清单（清式葫芦万代纹架子床）：
主视图
左视图
俯视图

清式四簇云纹月洞式门罩架子床

材质：黄花梨

年款：清代（清宫旧藏）

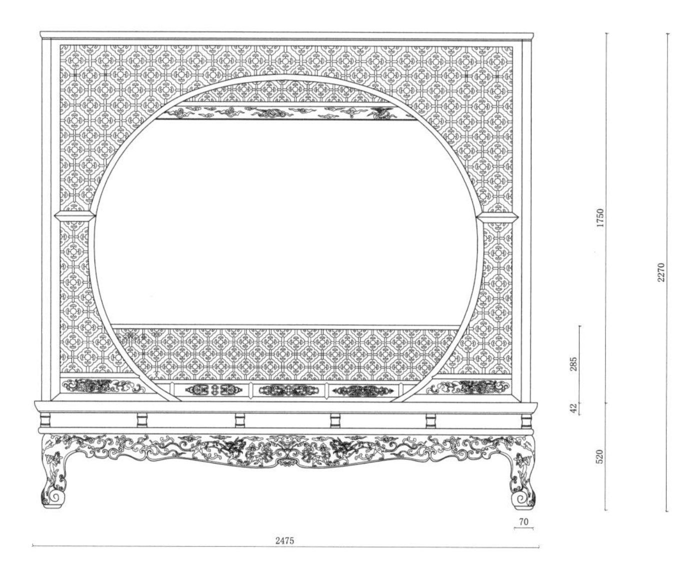

主视图

左视图

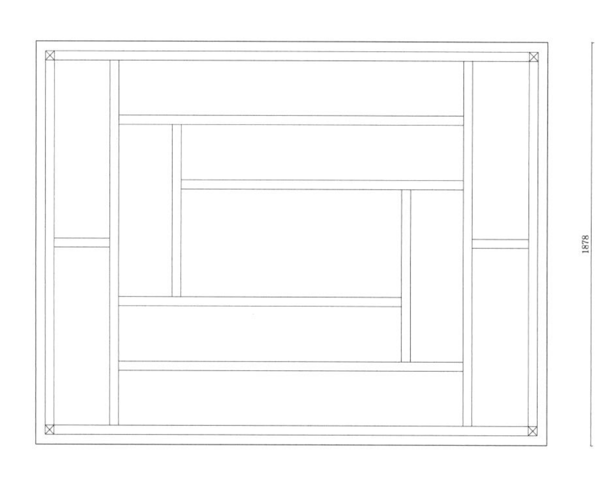

俯视图

图版清单（清式四簇云纹月洞式门罩架子床）：
主视图
左视图
俯视图

清式扇面卷轴架子床

材质：老红木

年款：清代（清宫旧藏）

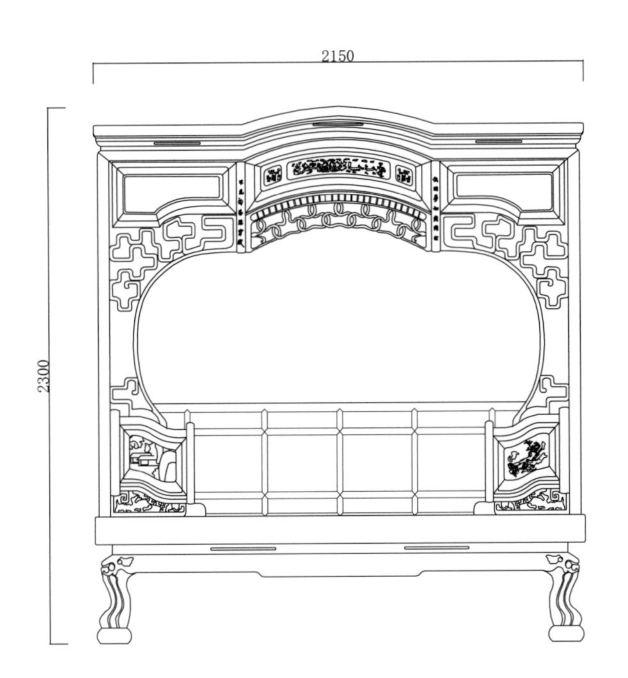

主视图

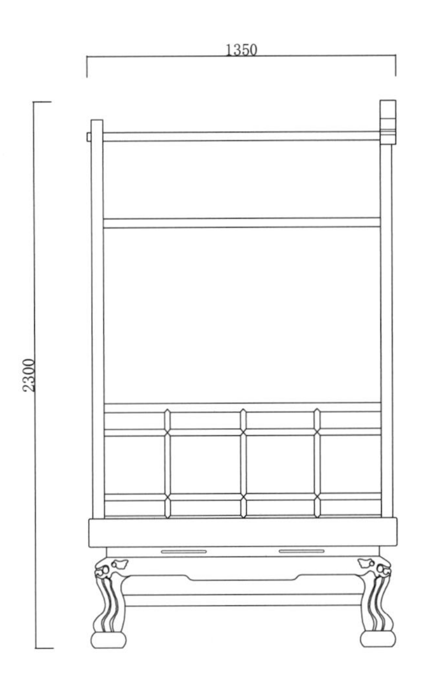

左视图

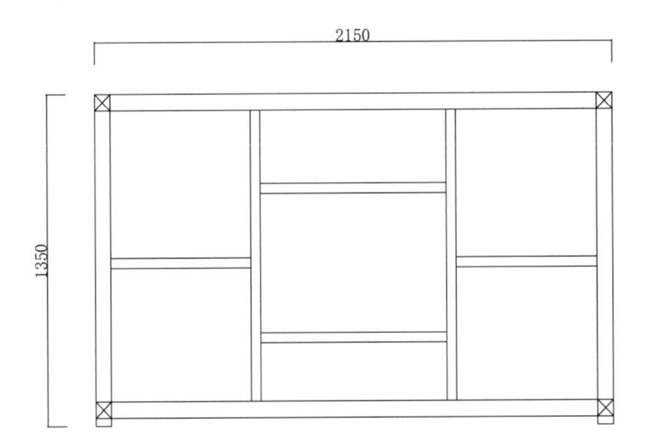

俯视图

图版清单（清式扇面卷轴架子床）：
主视图
左视图
俯视图

清式毗卢帽架子床

材质：老红木

年款：清代（清宫旧藏）

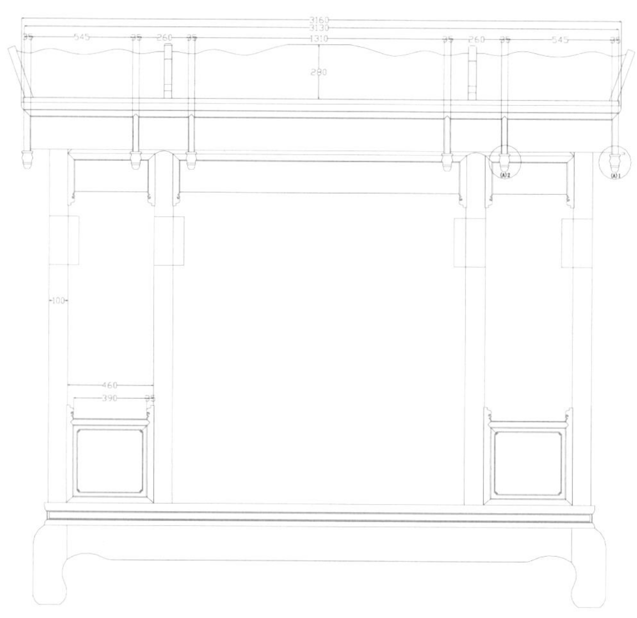

主视图

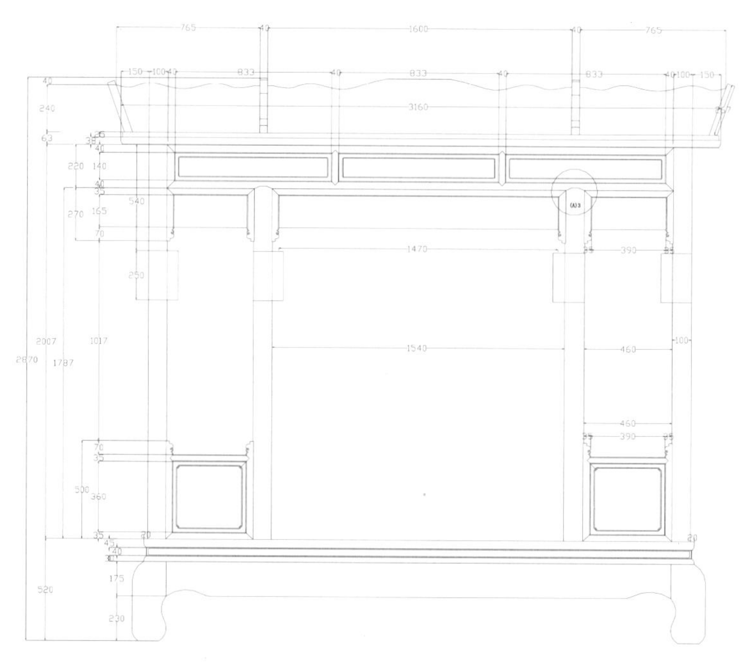

剖视图

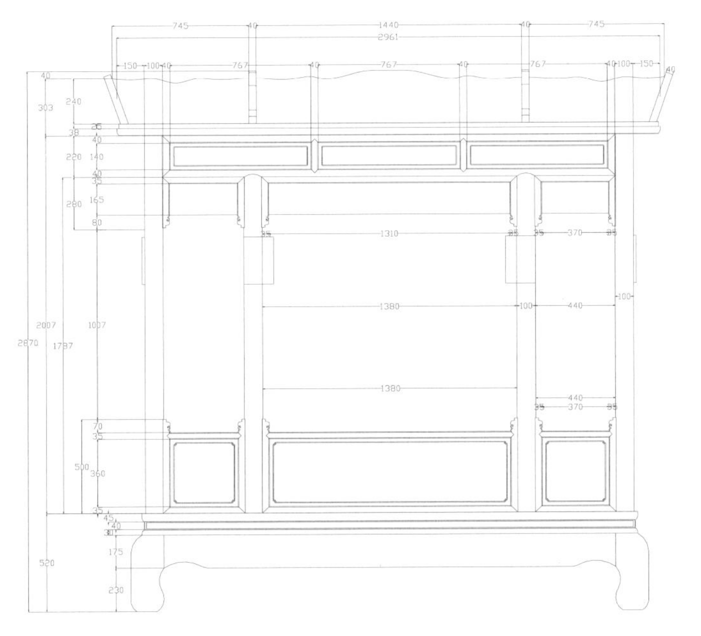

后视图

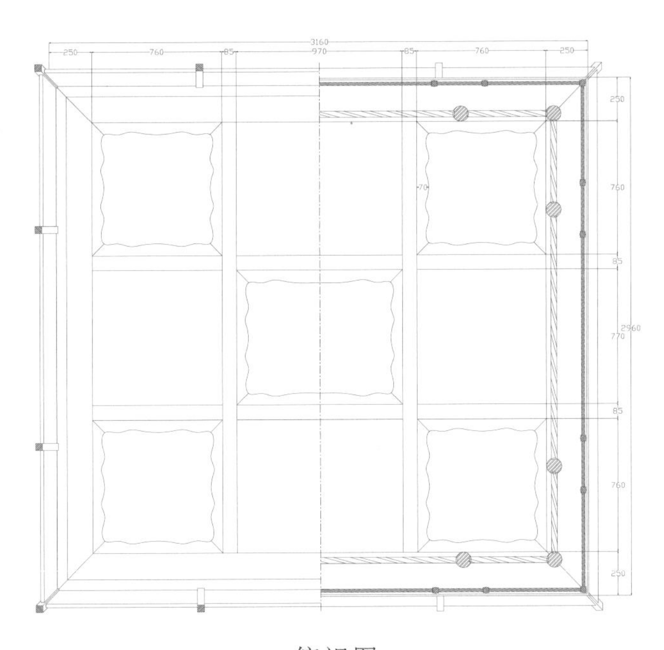

俯视图

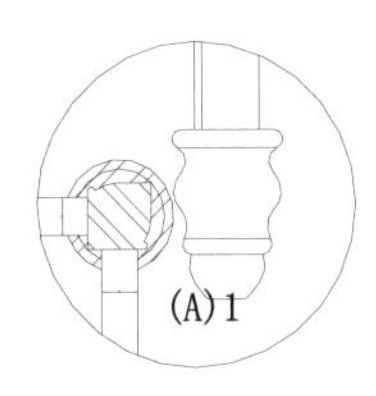

(A)2

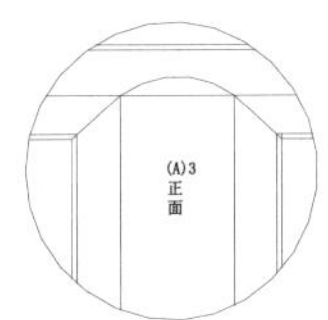

(A)3
侧面

细节图 1

细节图 2

图版清单（清式毗卢帽架子床）：
主视图
剖视图
后视图
俯视图
细节图 1
细节图 2

清式博古纹月洞式门罩架子床

材质：黄花梨

年款：清代（清宫旧藏）

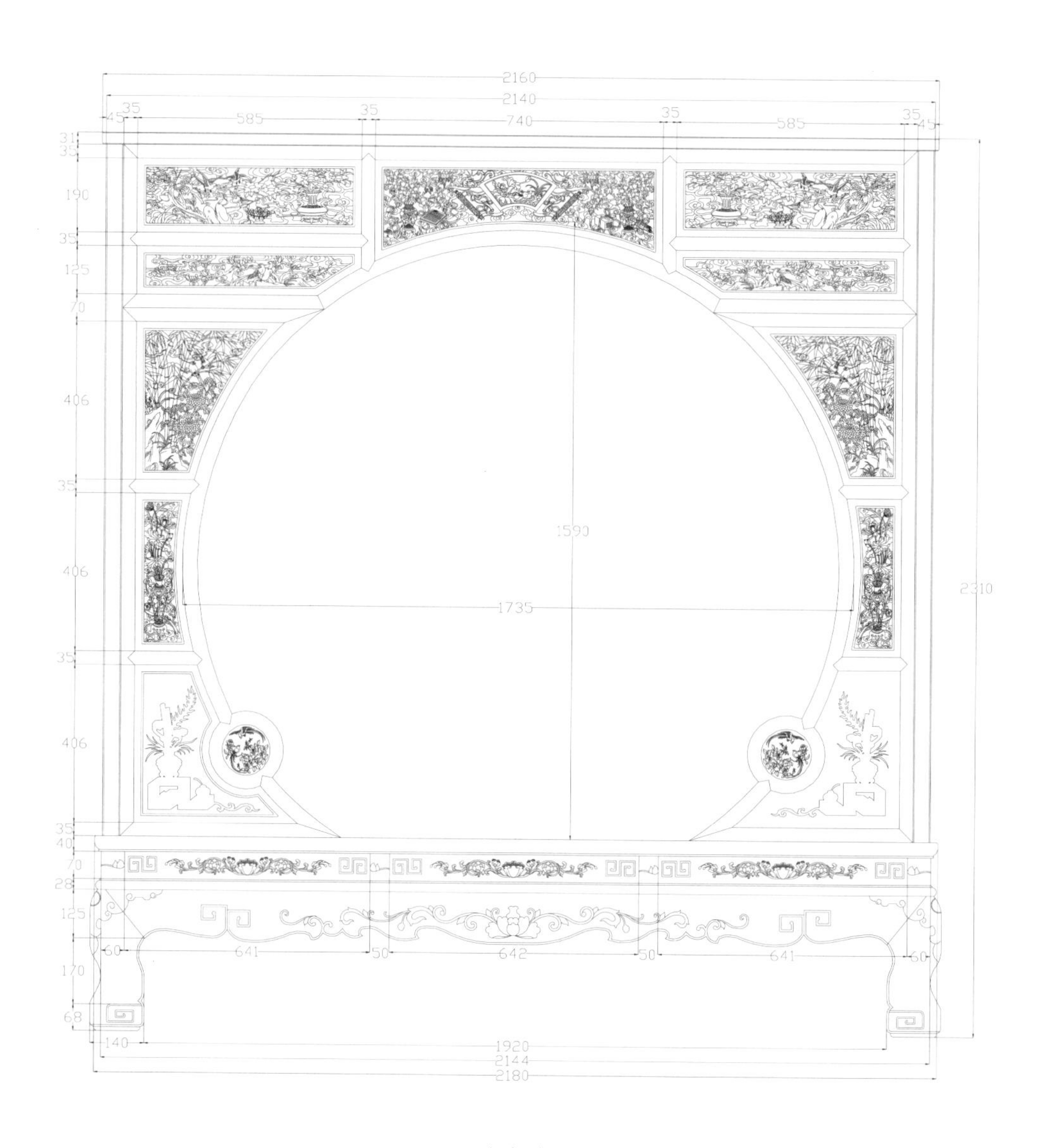

主视图

左视图

图版清单（清式博古纹月洞式门罩架子床）：
主视图
左视图

清式攒万字纹围子架子床

材质：黄花梨

年款：清代（清宫旧藏）

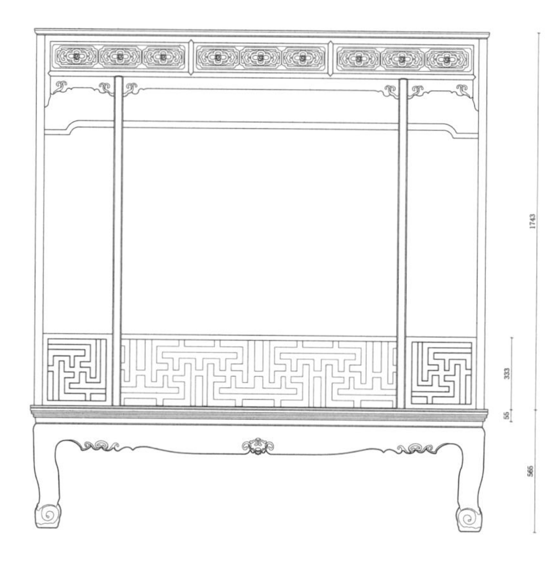

主视图

左视图

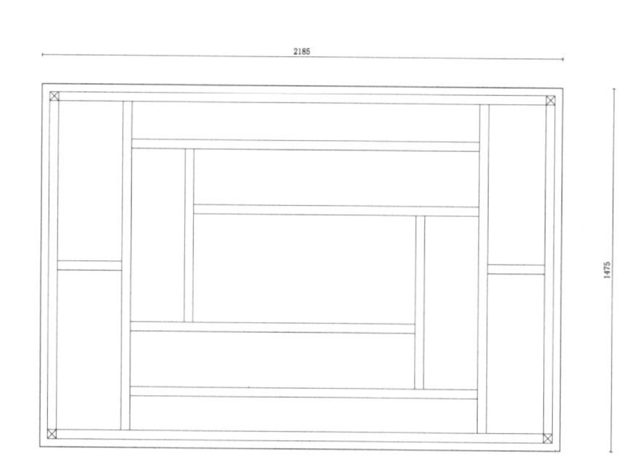

俯视图

图版清单（清式攒万字纹围子架子床）：

主视图

左视图

俯视图

清式六柱架子床

材质：紫檀

年款：清代（清宫旧藏）

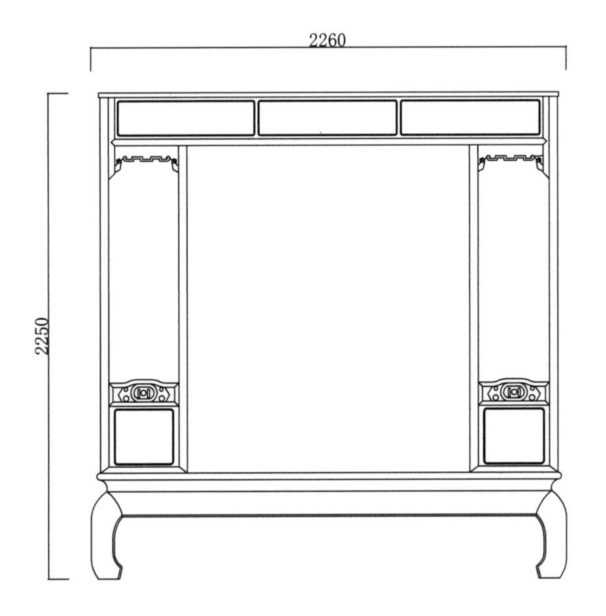

主视图

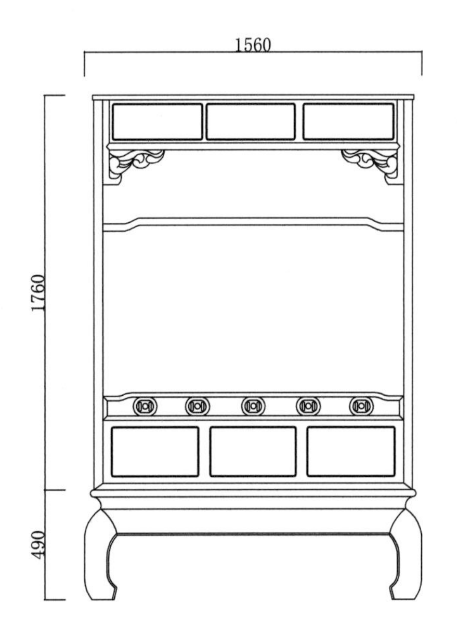

左视图

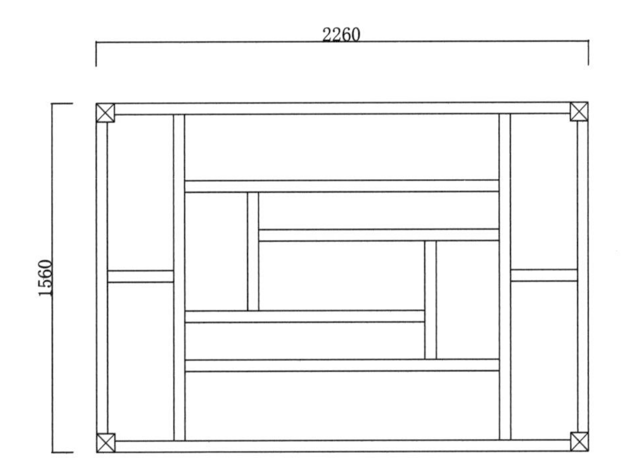

俯视图

图版清单（清式六柱架子床）：
主视图
左视图
俯视图

清式雕花带玻璃镜架子床

材质：老红木

年款：清代（清宫旧藏）

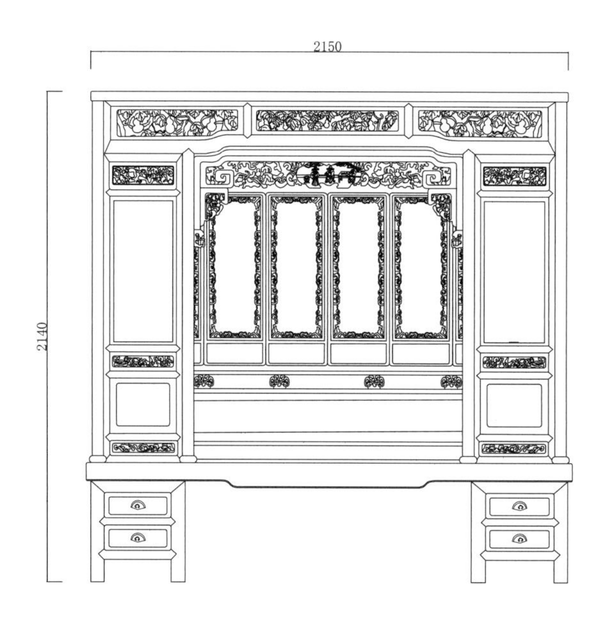

主视图

左视图

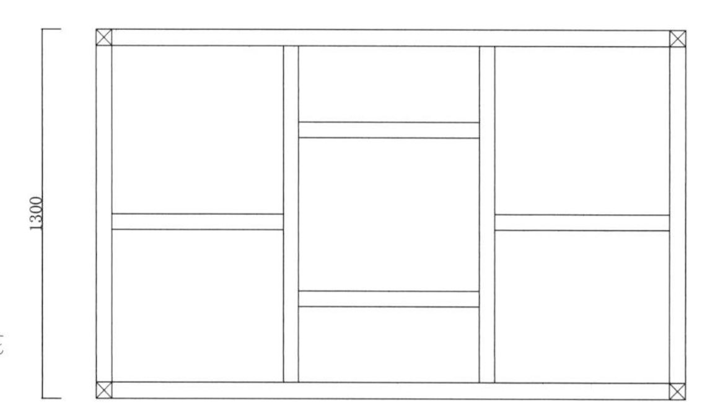

俯视图

图版清单（清式雕花带玻璃镜架子床）：
主视图
左视图
俯视图

清式带帽檐镶玻璃拔步床

材质：老红木

年款：清代（清宫旧藏）

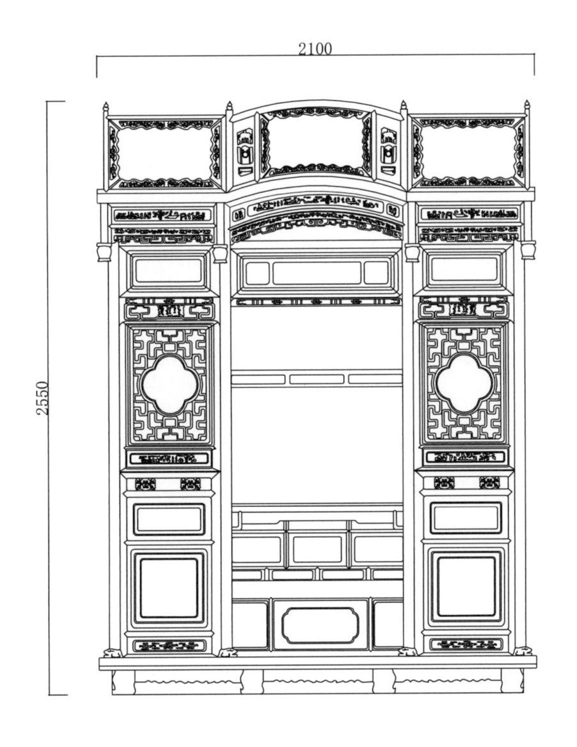

主视图

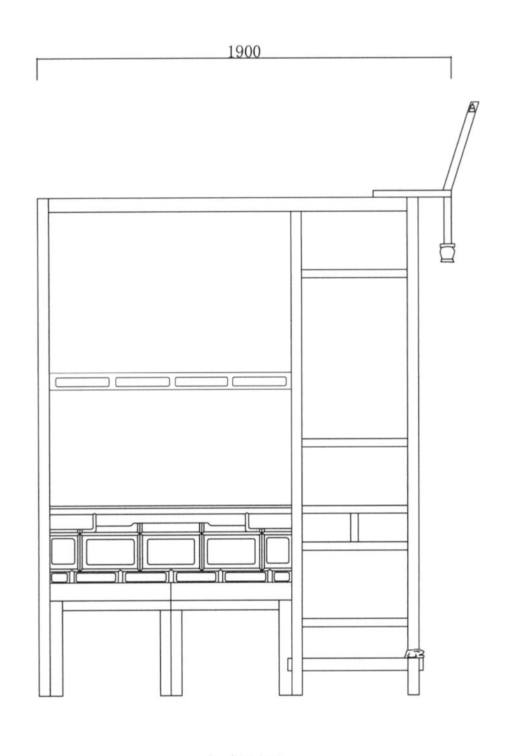

左视图

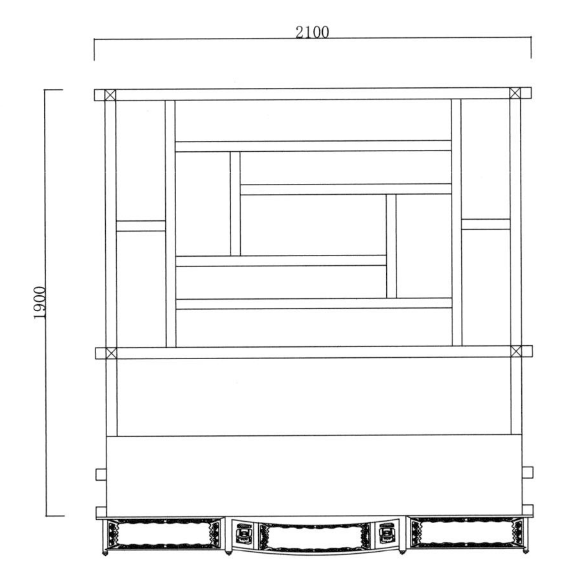

俯视图

图版清单（清式带帽檐镶玻璃拔步床）：
主视图
左视图
俯视图

现代中式大床三件套

材质：老红木

丰款：现代

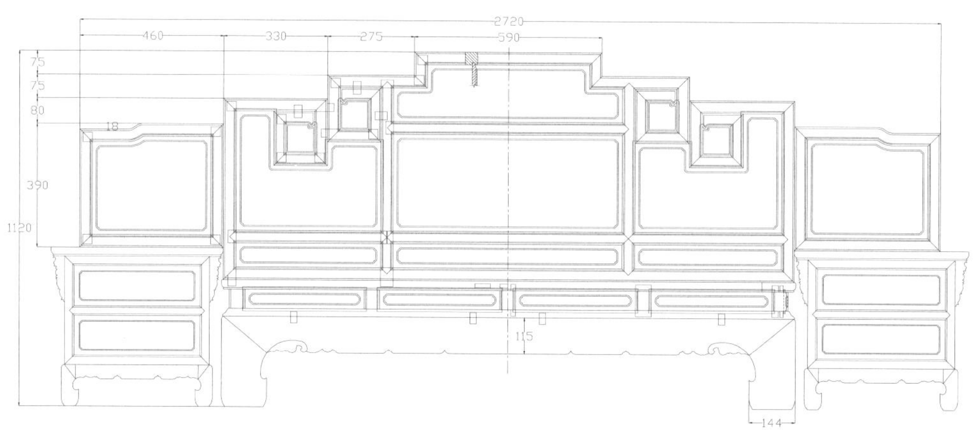

大床－主视图

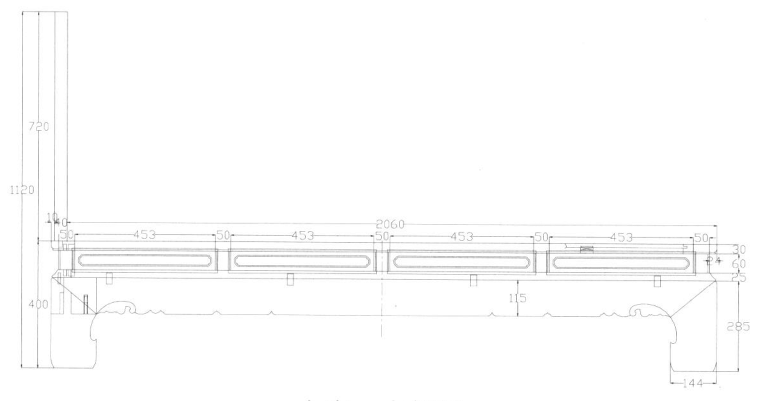

大床－左视图

图版清单（现代中式大床三件套）：
大床—主视图
大床—左视图
床头柜—主视图
床头柜—左视图
床头柜—俯视图

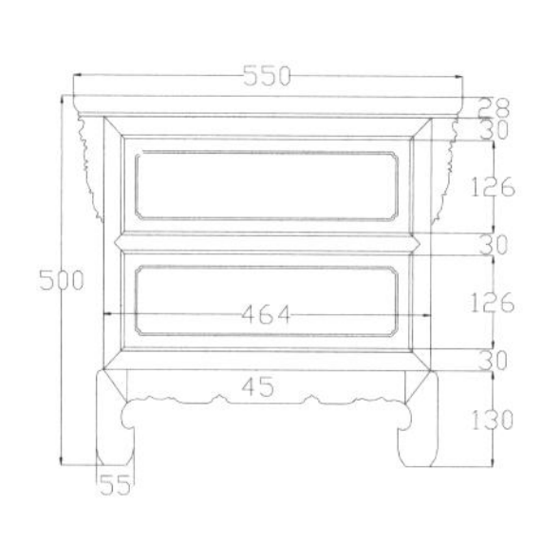

床头柜－主视图

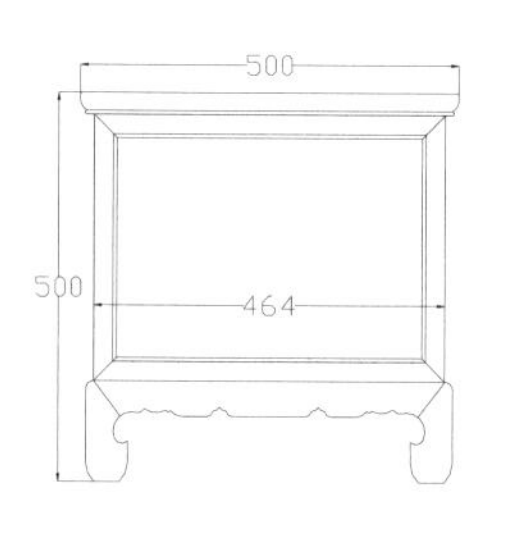

床头柜－左视图

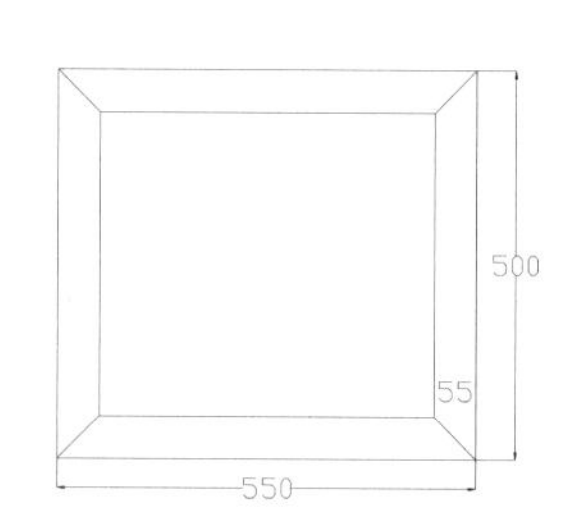

床头柜－俯视图

注：此三件套中大床为 1 件，床头柜为 2 件。

现代中式暗八仙纹大床三件套

材质：老红木

年款：现代

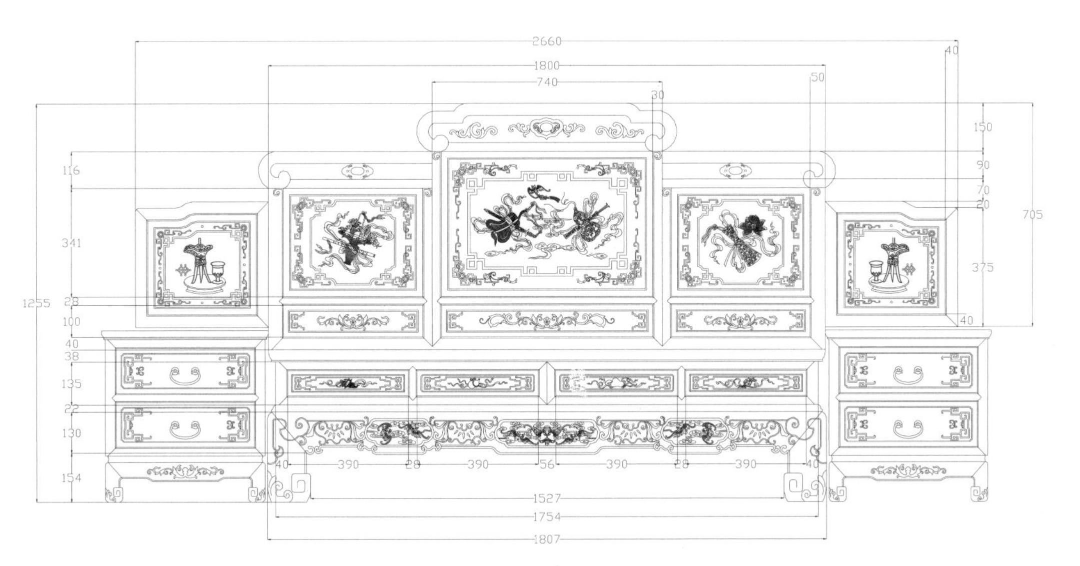

大床－主视图

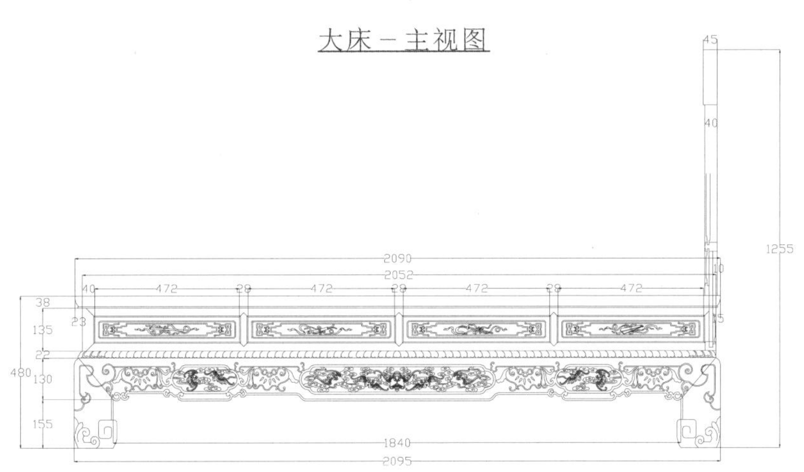

大床－右视图

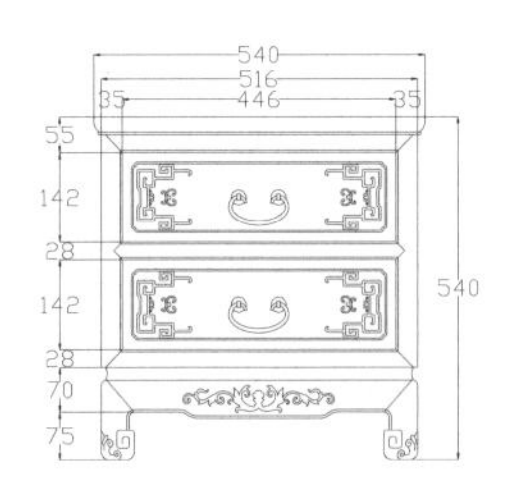

床头柜－主视图

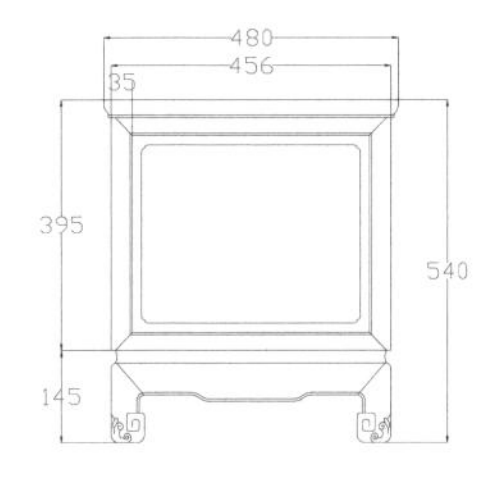

床头柜－左视图

图版清单（现代中式暗八仙纹大床三件套）：

大床—主视图

大床—右视图

床头柜—主视图

床头柜—左视图

注：此三件套中大床为 1 件，床头柜为 2 件。

现代中式明韵凉榻两件套

材质：缅甸花梨

年款：现代

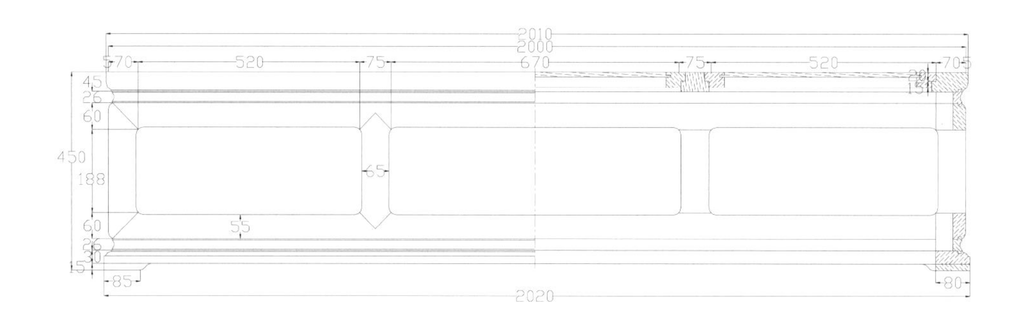

凉榻－主视图

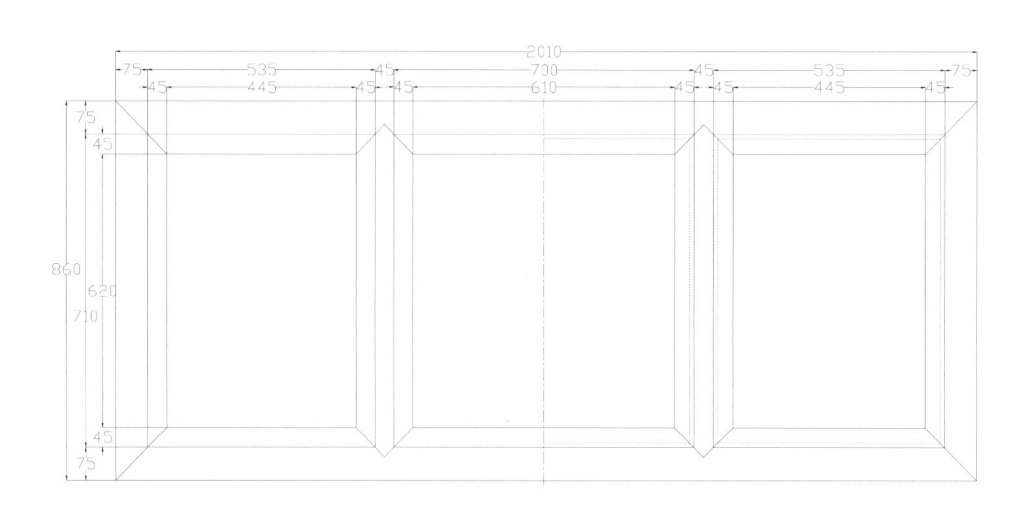

凉榻－俯视图

注：此两件套中凉榻为 1 件，炕桌为 1 件。

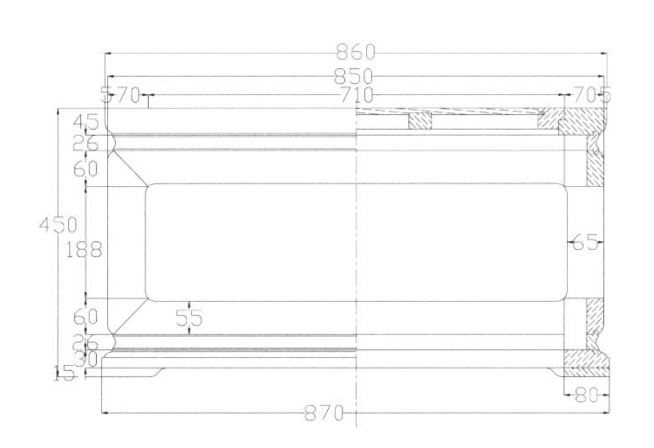

凉榻－左视图

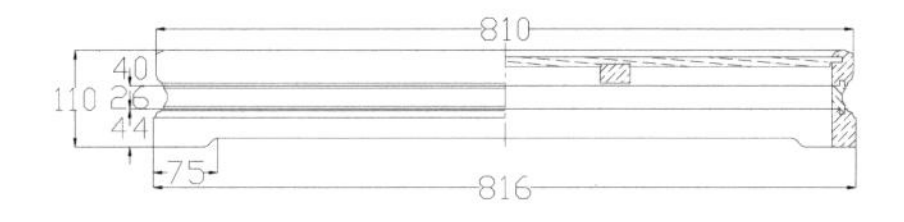

炕桌－主视图

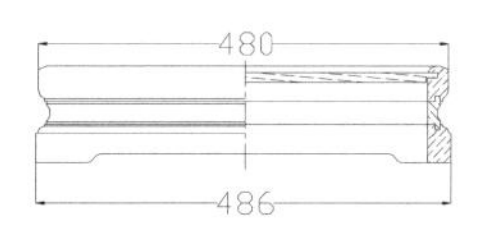

炕桌－左视图

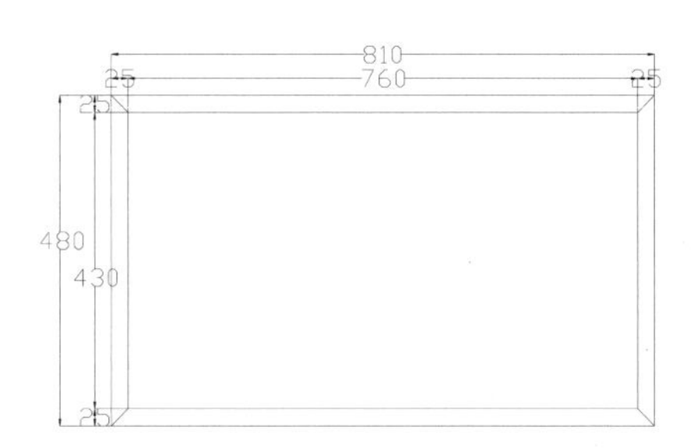

炕桌－俯视图

现代中式喜上眉梢美人榻

材质：白酸枝

年款：现代

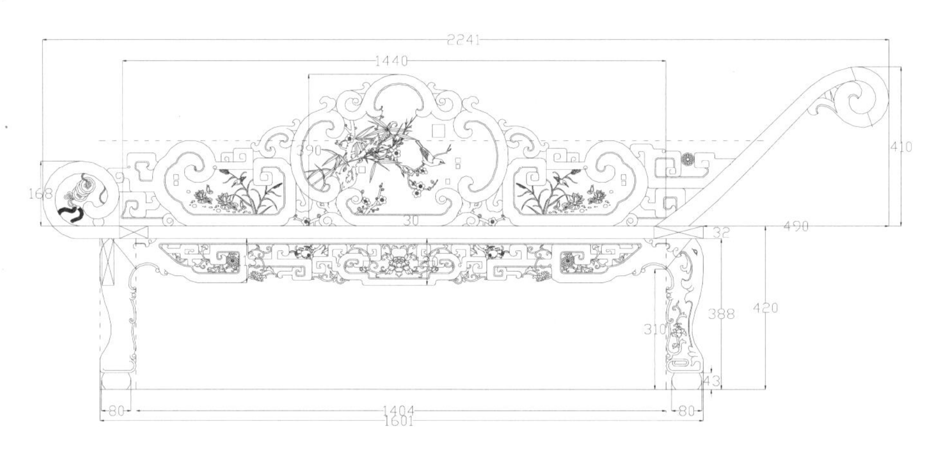

主视图

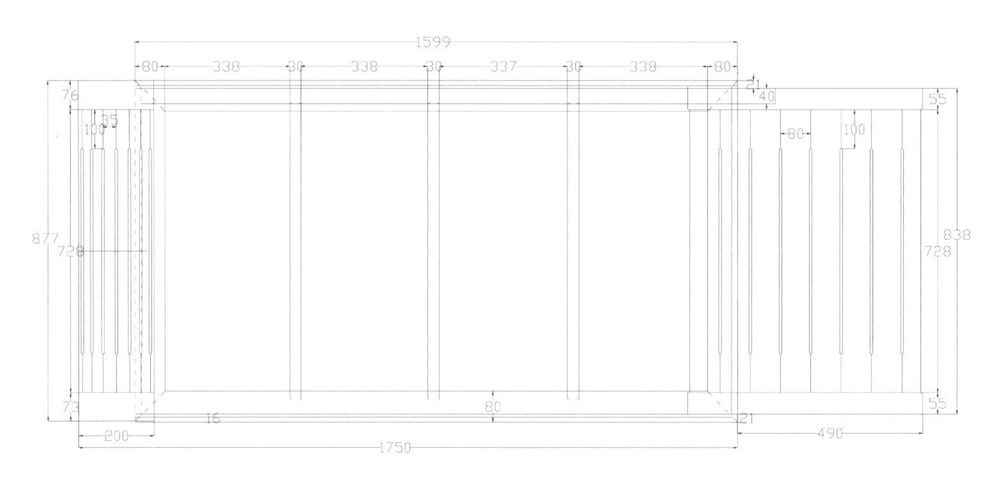

俯视图

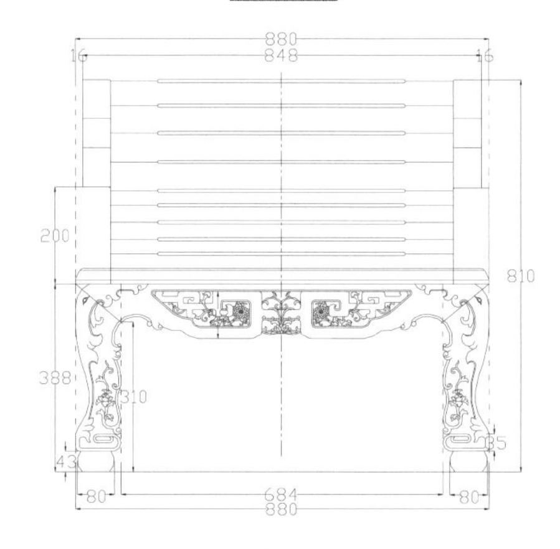

左视图

图版清单（现代中式喜上眉梢美人榻）：
主视图
俯视图
左视图

现代中式富贵美人榻三件套

材质：缅甸花梨

年款：现代

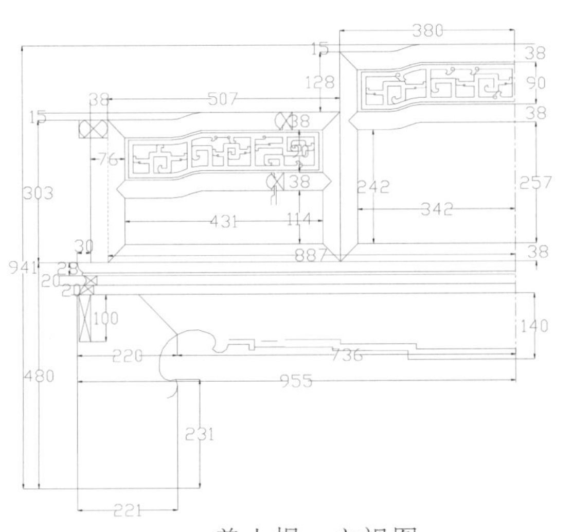

美人榻－主视图

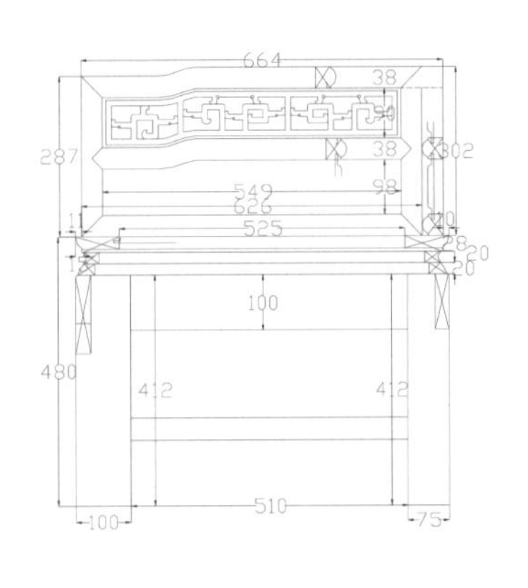

美人榻－左视图

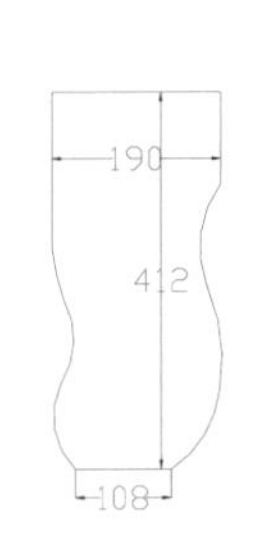

美人榻－细节图

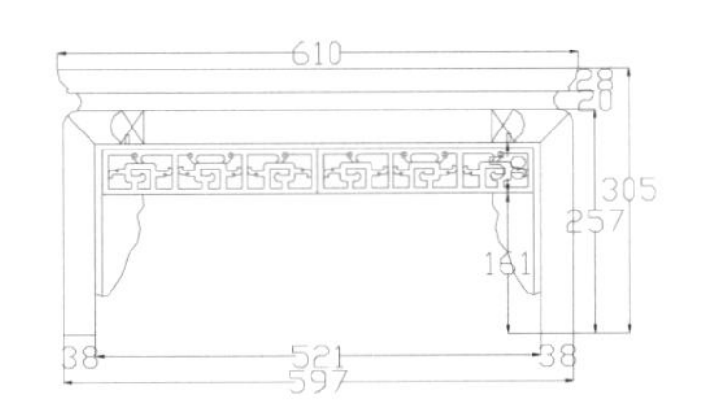

炕桌－主视图

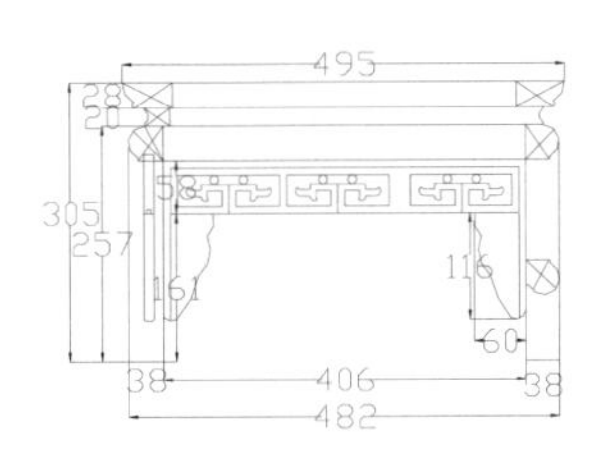

炕桌－左视图

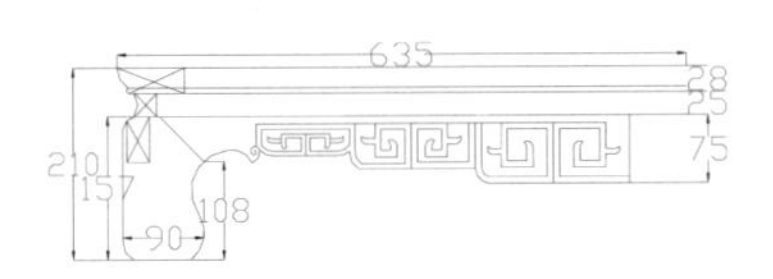

脚踏－主视图

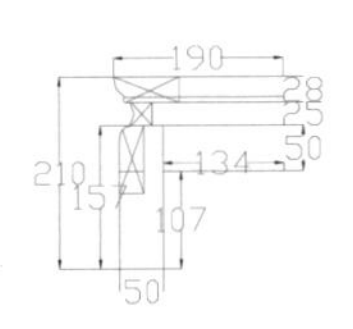

脚踏－左视图

图版清单（现代中式富贵美人榻三件套）：
美人榻—主视图
美人榻—左视图
美人榻—细节图
炕桌—主视图
炕桌—左视图
脚踏—主视图
脚踏—左视图

注：此三件套中美人榻为 1 件，炕桌为 1 件，脚踏为 1 件。部分视图轴对称，仅画出一半。

现代中式山水人物图贵妃榻

材质：缅甸花梨

年款：现代

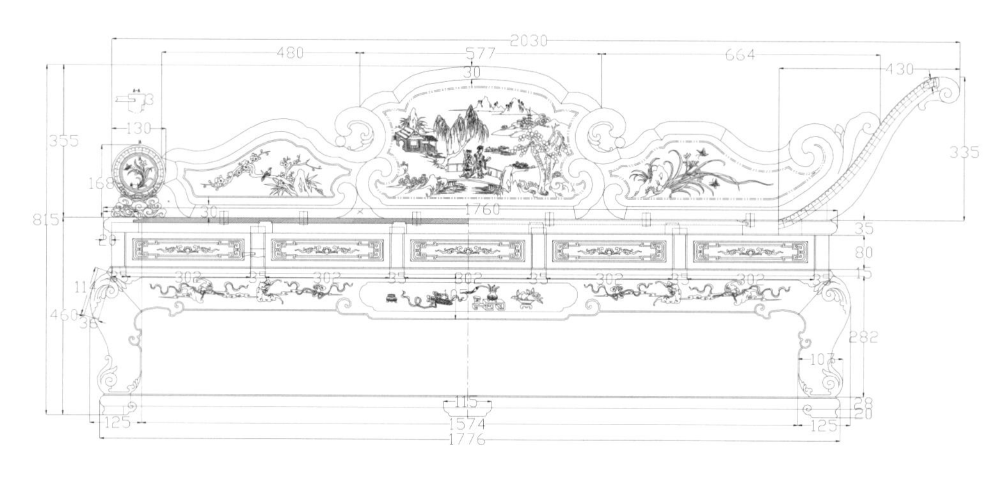

主视图

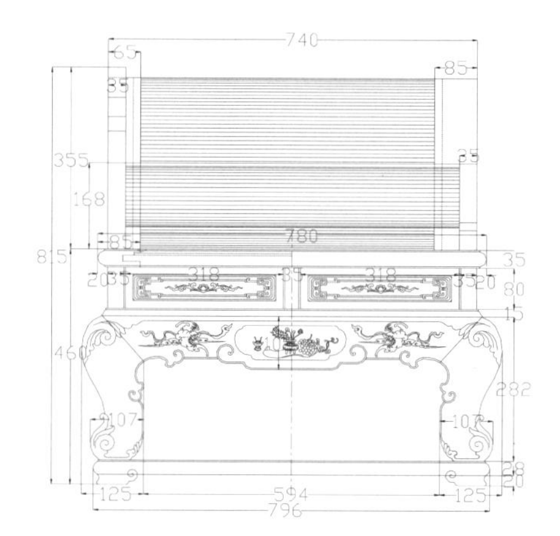

左视图

图版清单（现代中式山水人物图贵妃榻）：
主视图
左视图

现代中式外翻马蹄足贵妃榻两件套

材质：缅甸花梨

年款：现代

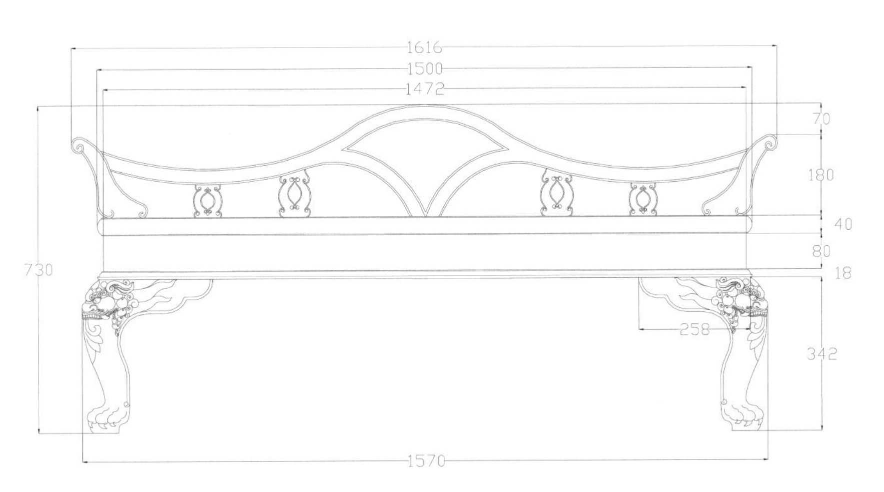

贵妃榻－主视图

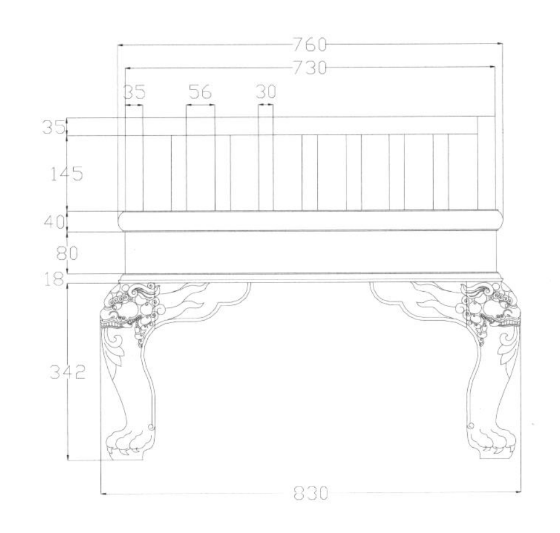

贵妃榻－左视图

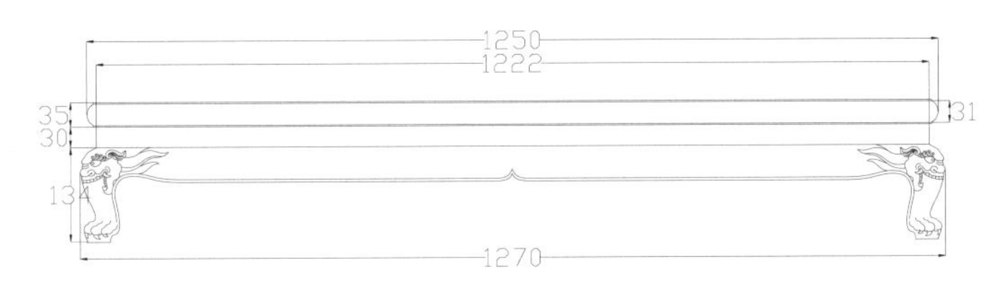

脚踏－主视图

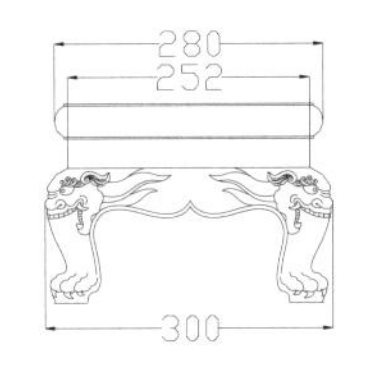

脚踏－左视图

注：此两件套中贵妃榻为 1 件，脚踏为 1 件。

现代中式仿竹节果实累累贵妃床

材质：非洲酸枝

年款：现代

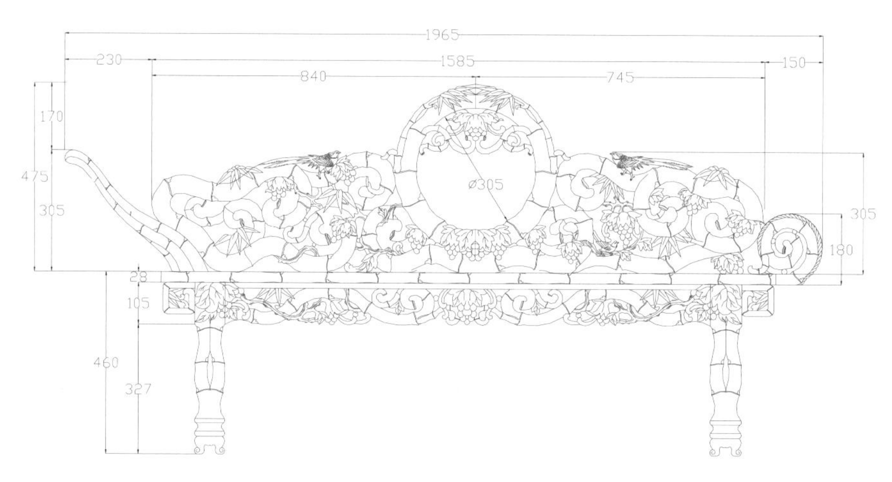

主视图

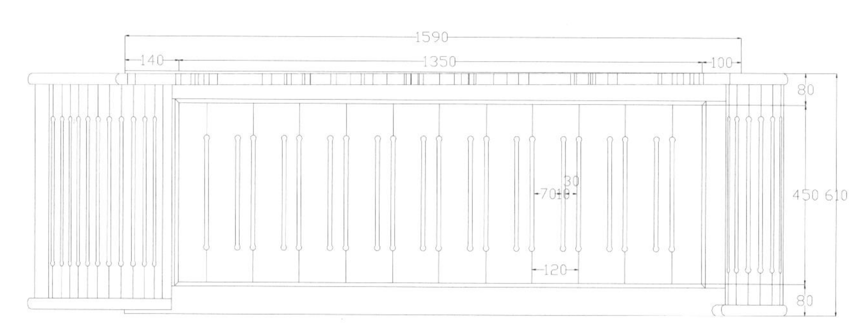

俯视图

图版清单（现代中式仿竹节果实累累贵妃床）：
主视图
俯视图
左视图
右视图

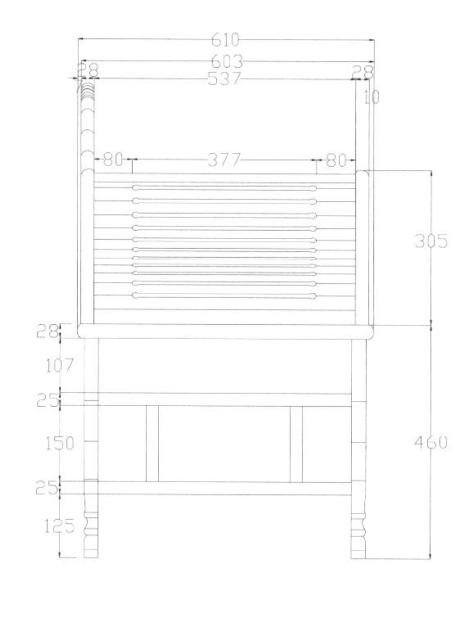

左视图

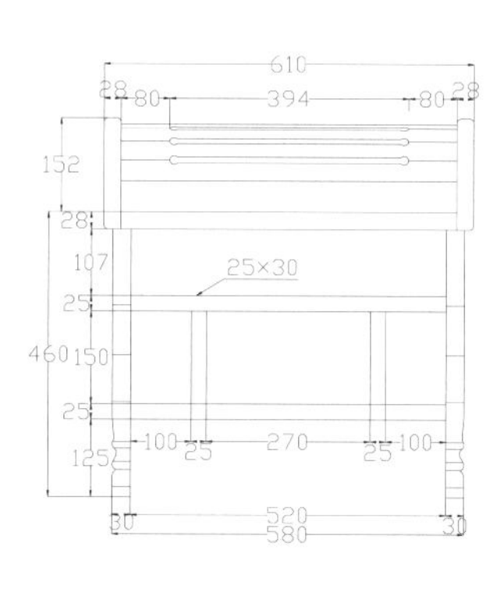

右视图

现代中式竹节纹大床

材质：老红木

年款：现代

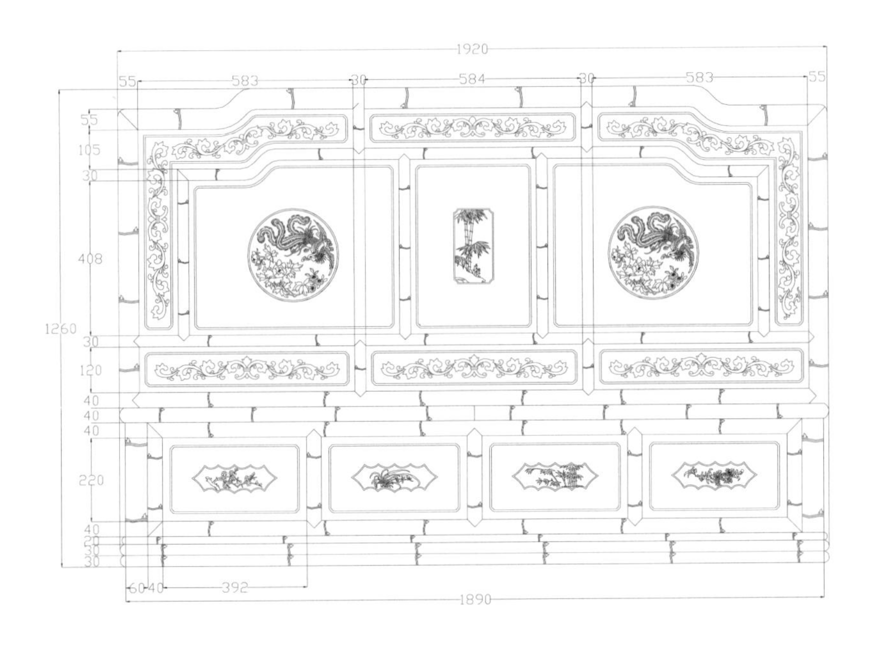

主视图

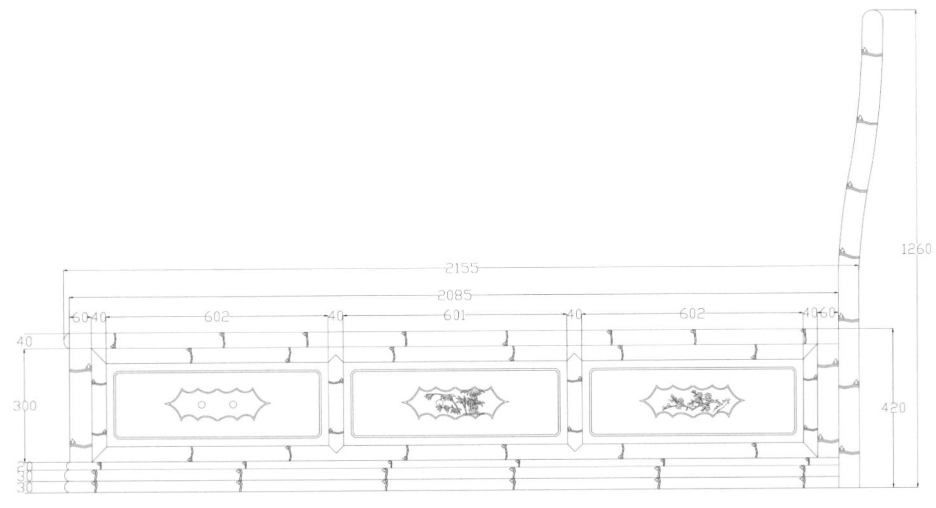

右视图

图版清单（现代中式竹节纹大床）：
主视图
右视图

现代中式岁朝图大床三件套

材质：老红木

年款：现代

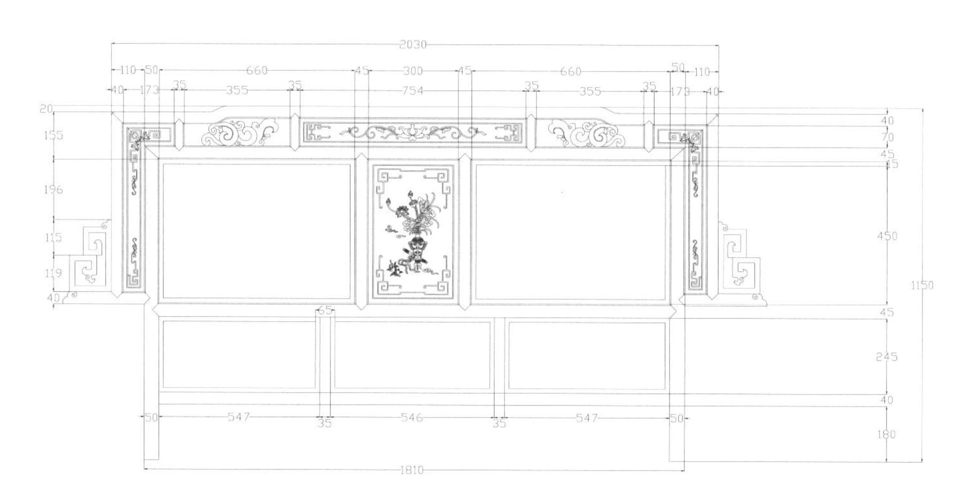

床头－主视图

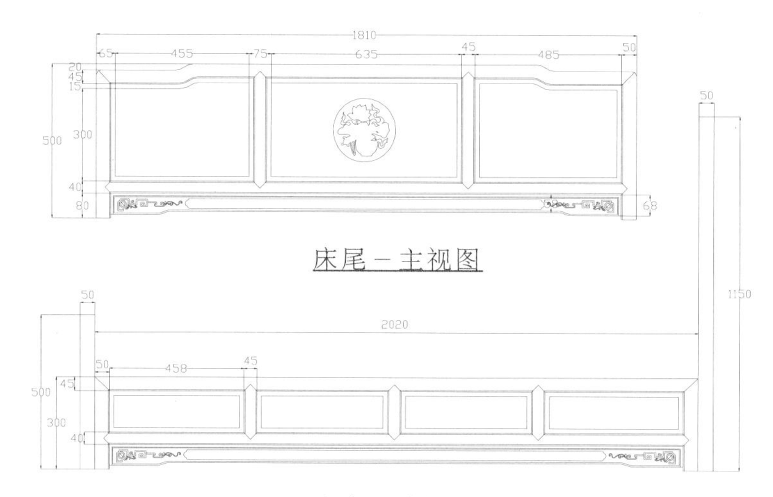

床尾－主视图

大床－右视图

图版清单（现代中式岁朝图大床三件套）：

床头—主视图

床尾—主视图

大床—右视图

床头柜—主视图

床头柜—左视图

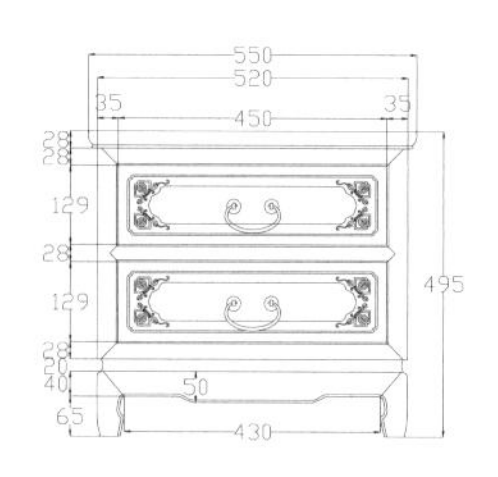

床头柜－主视图

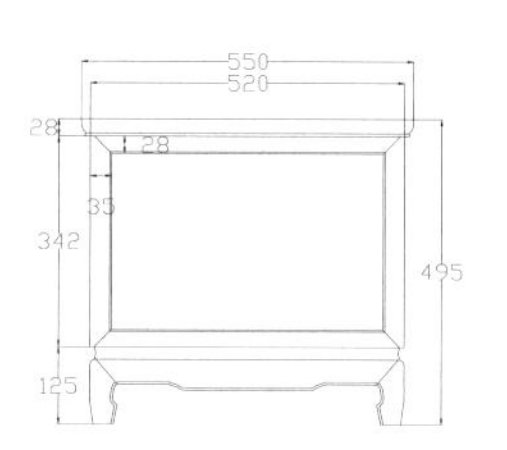

床头柜－左视图

注：此三件套中大床为 1 件，床头柜为 2 件。

现代中式云龙纹大床三件套

材质：老红木

年款：现代

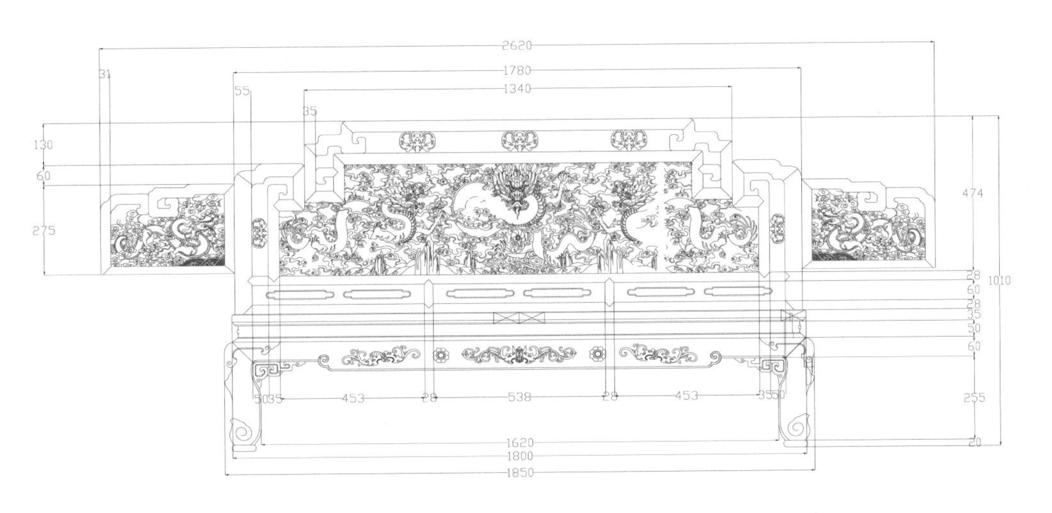

大床－主视图

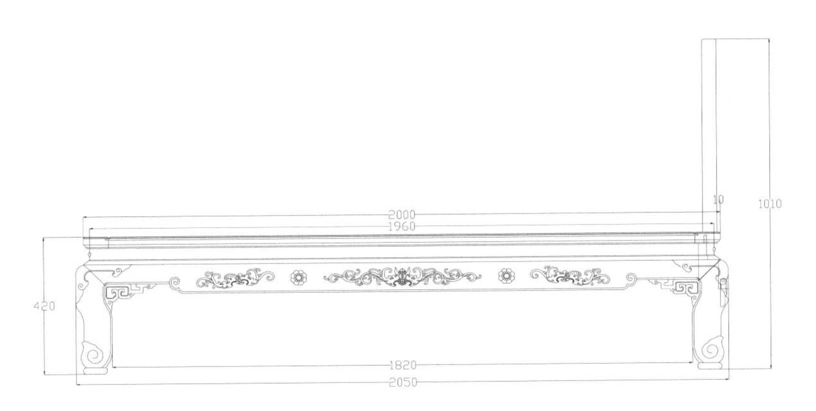

大床－右视图

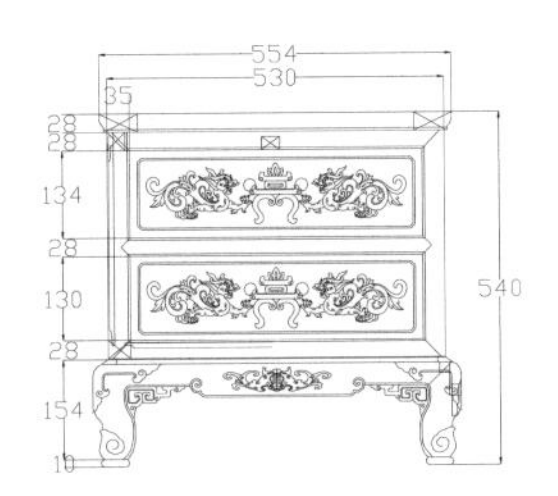

床头柜－主视图

图版清单（现代中式云龙纹大床三件套）：

大床—主视图

大床—右视图

床头柜—主视图

注：此三件套件中大床为 1 件，床头柜为 2 件。

现代中式拐子纹大床三件套

材质：老红木

年款：现代

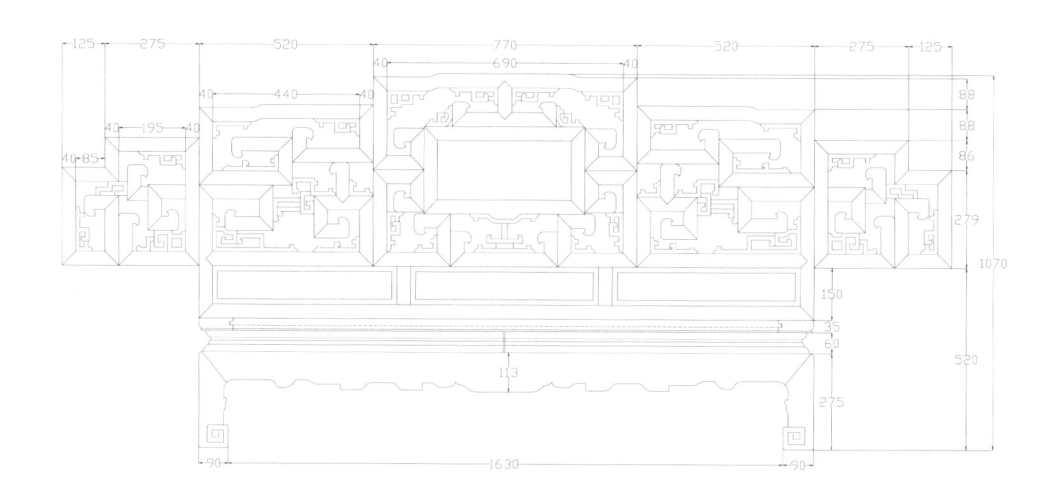

大床－主视图

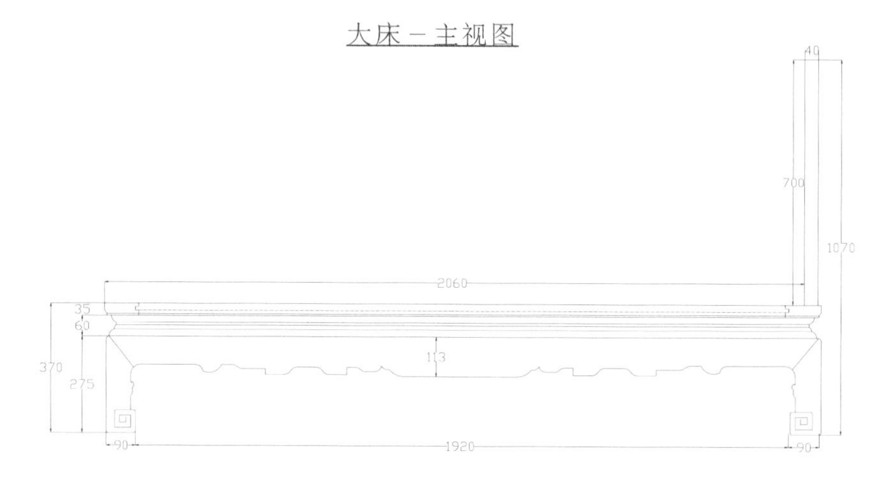

大床－右视图

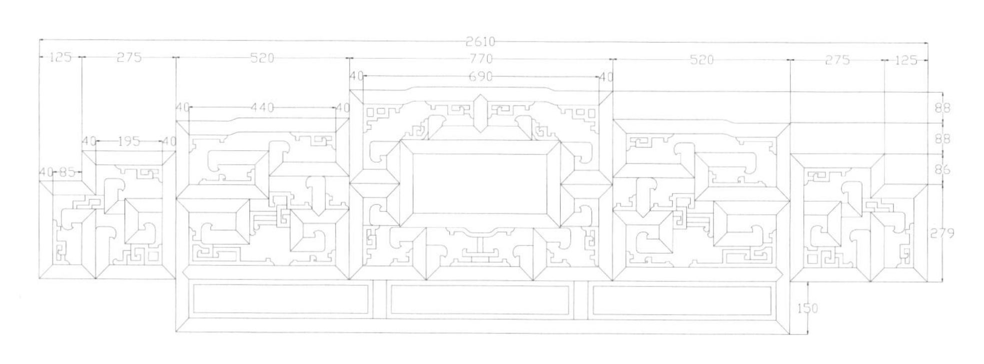

床头－主视图

注：此三件套中大床为 1 件，床头柜为 2 件。

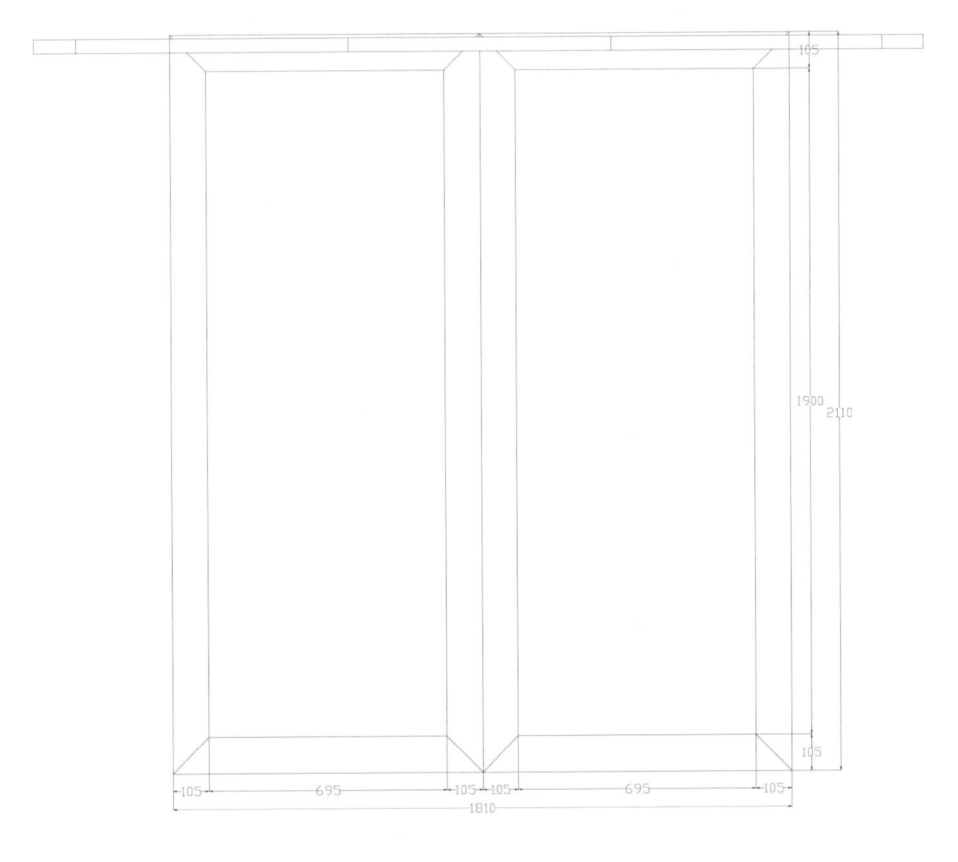

大床－俯视图

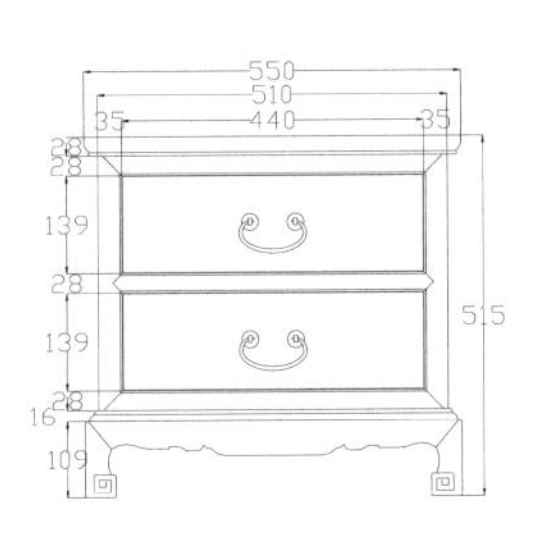

床头柜－主视图

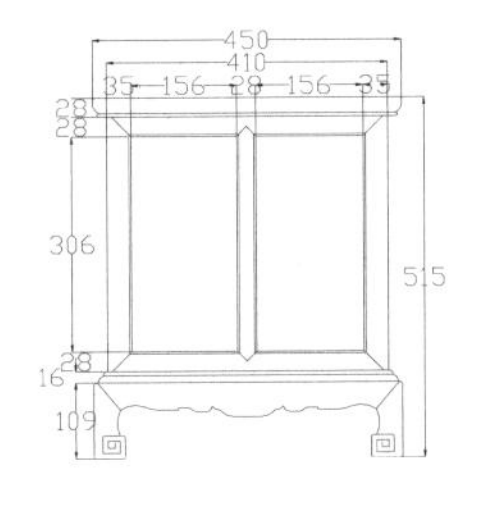

床头柜－左视图

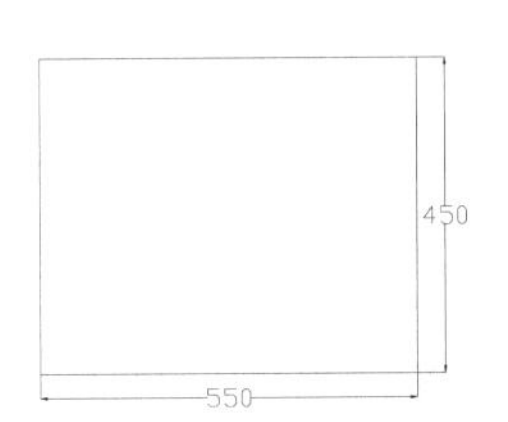

床头柜－俯视图

图版清单（现代中式拐子纹大床三件套）：
大床—主视图
大床—右视图
床头—主视图
大床—俯视图
床头柜—主视图
床头柜—左视图
床头柜—俯视图

现代中式回纹大床三件套

材质：老红木

年款：现代

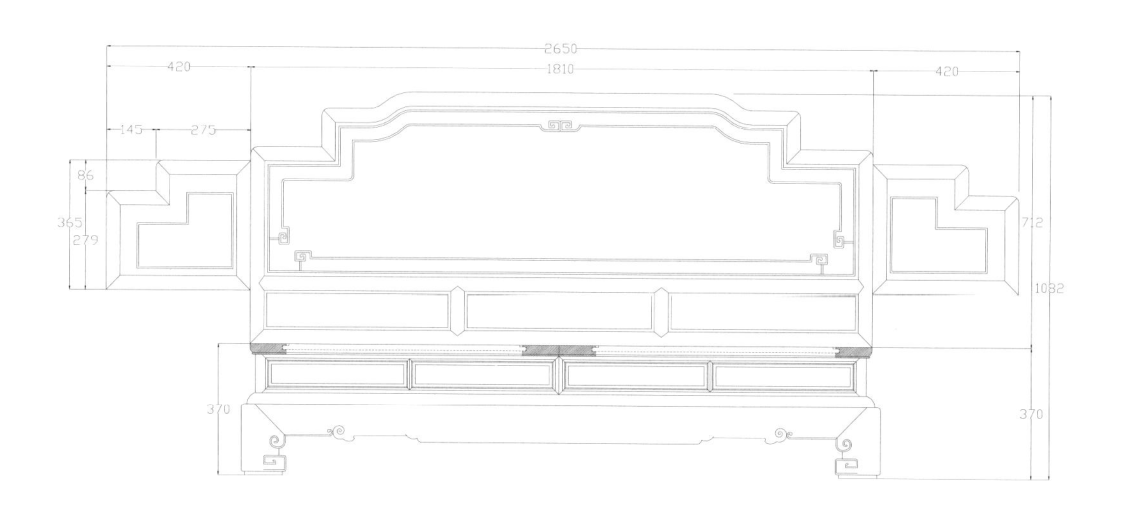

大床－主视图

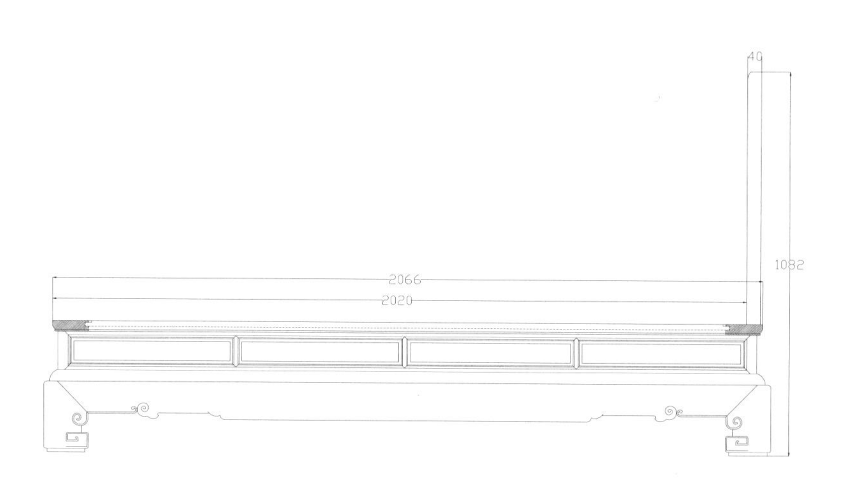

大床－右视图

注：此三件套中大床为 1 件，床头柜为 2 件。

床身－俯视图

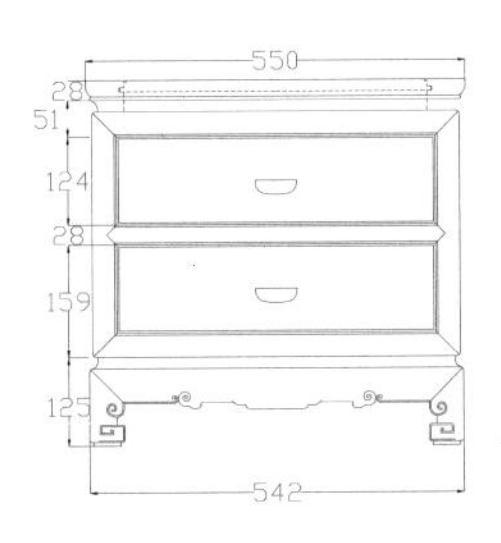

床头柜－主视图

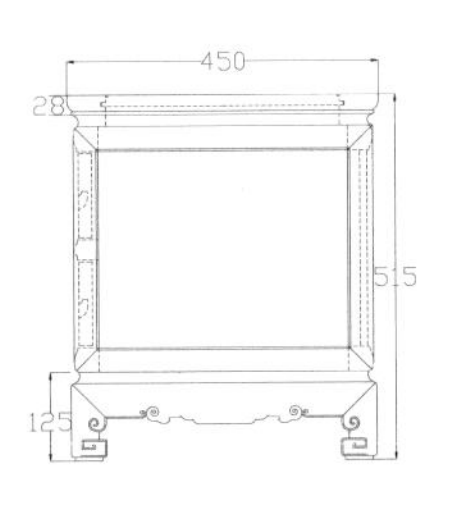

床头柜－右视图

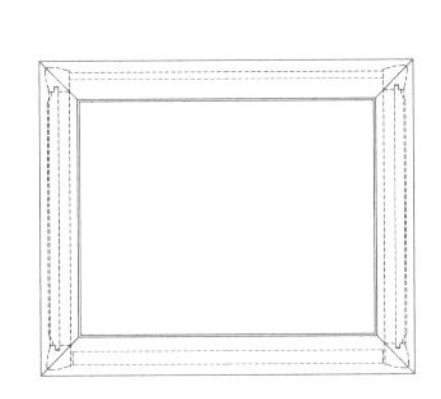

床头柜－俯视图

图版清单（现代中式回纹大床三件套）：

大床—主视图
大床—右视图
床身—俯视图
床头柜—主视图
床头柜—右视图
床头柜—俯视图

现代中式拐子纹大床三件套

材质：花梨木

年款：现代

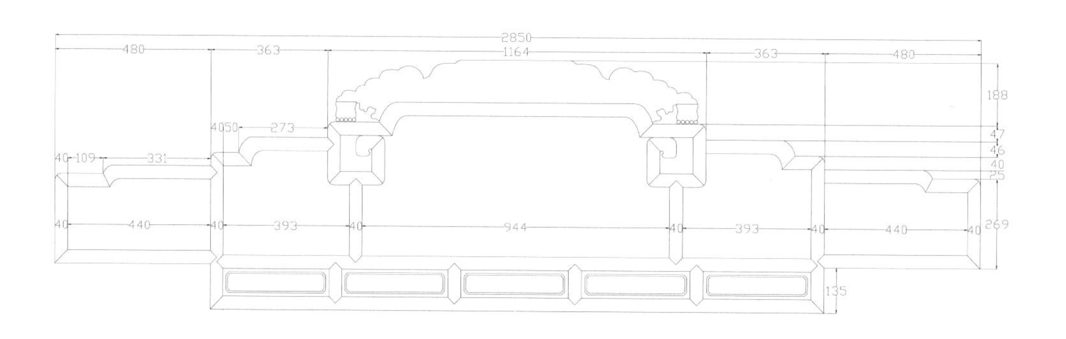

床头－主视图

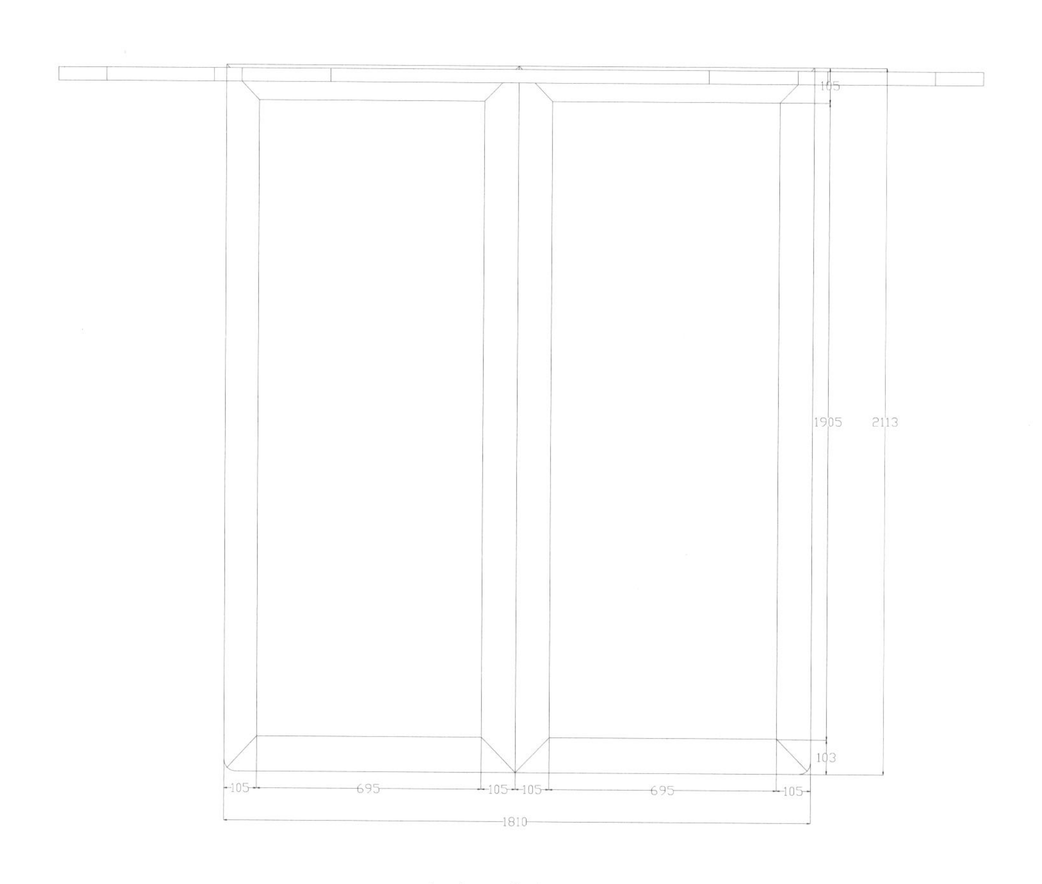

大床－俯视图

注：此三件套中大床为 1 件，床头柜为 2 件。

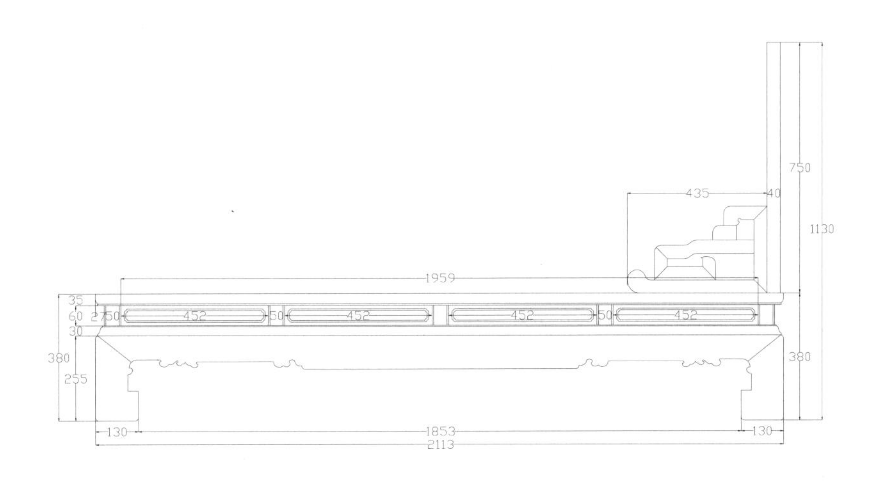

大床－右视图

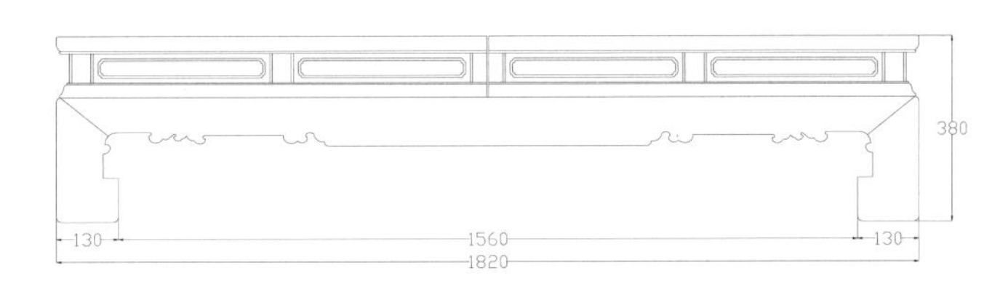

床尾－主视图

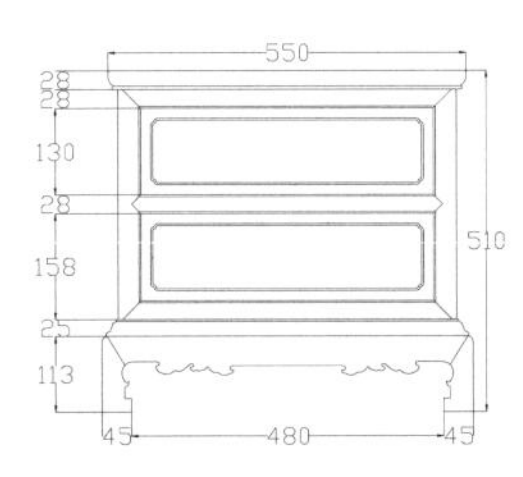

床头柜－主视图

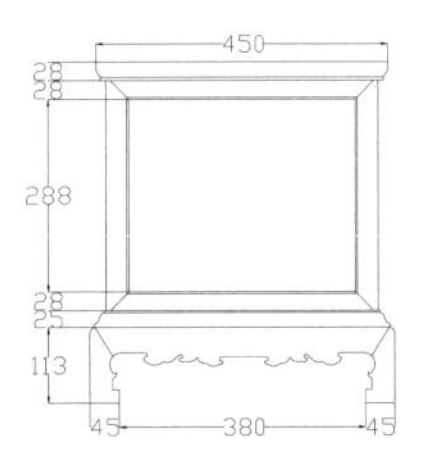

床头柜－左视图

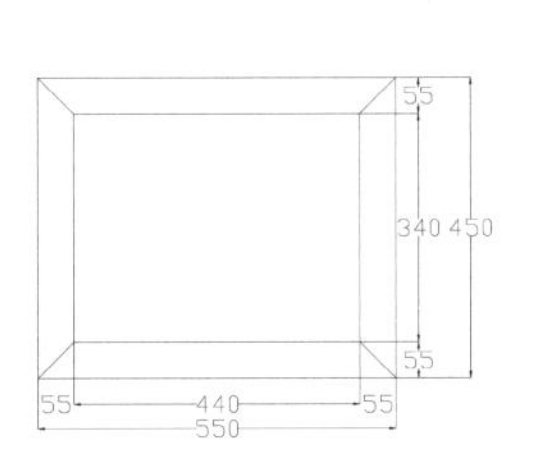

床头柜－俯视图

图版清单（现代中式拐子纹大床三件套）：

床头－主视图

大床－俯视图

大床－右视图

床尾－主视图

床头柜－主视图

床头柜－左视图

床头柜－俯视图

现代中式旭日系列大床三件套

材质：花梨木

年款：现代

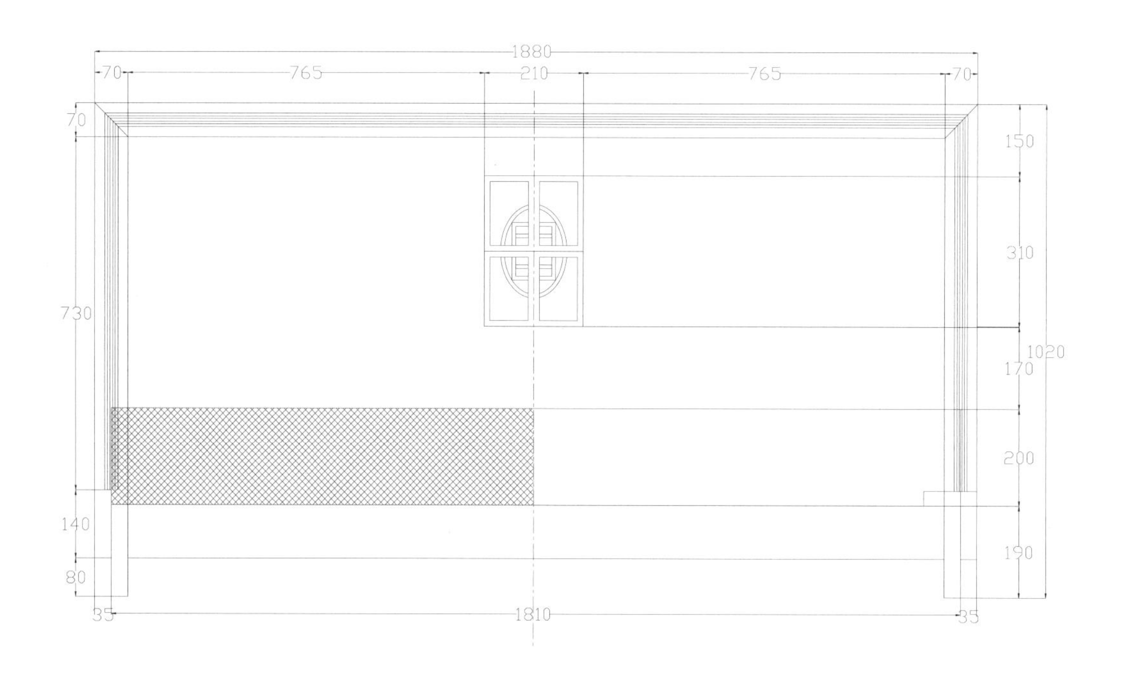

大床－主视图

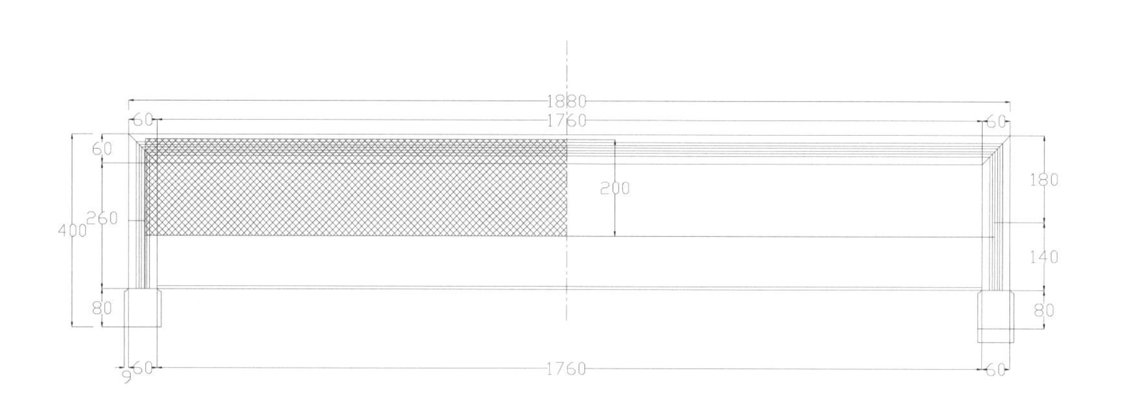

床尾－主视图

注：此三件套中大床为 1 件，床头柜为 2 件。

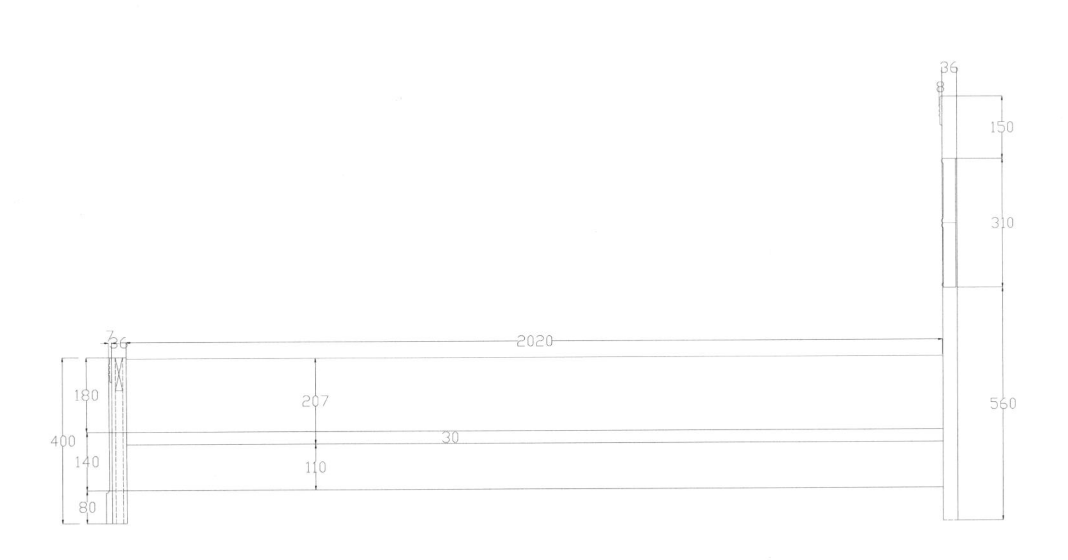

大床－右视图

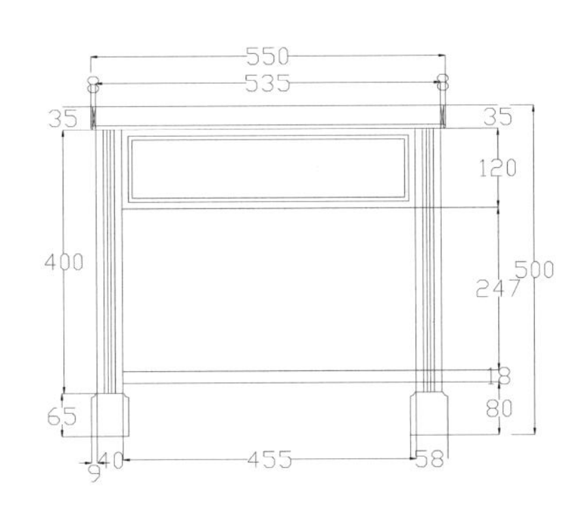

床头柜－主视图

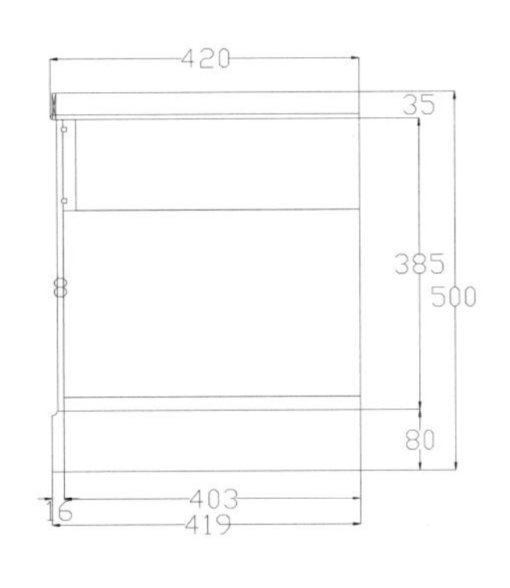

床头柜－右视图

图版清单（现代中式旭日系列大床三件套）：

大床—主视图

床尾—主视图

大床—右视图

床头柜—主视图

床头柜—右视图

现代中式西番莲纹大床三件套

材质：花梨木

年款：现代

大床－主视图

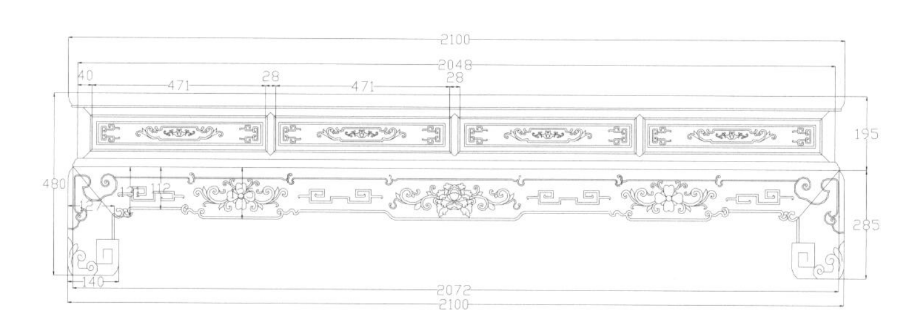

床身－左视图

图版清单（现代中式西番莲纹大床三件套）：

大床—主视图

床身—左视图

床头柜—主视图

床头柜—左视图

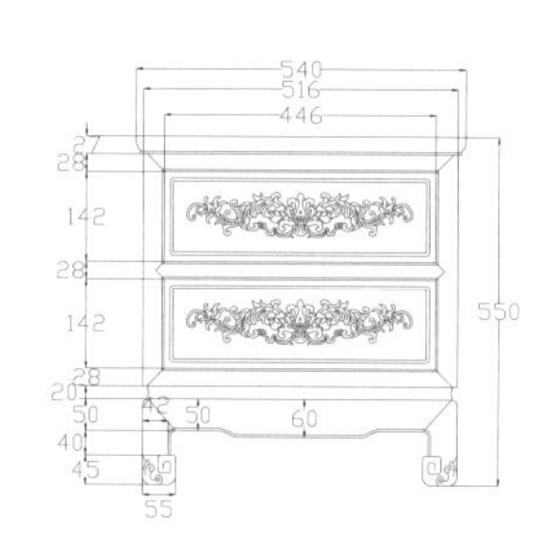

床头柜－主视图

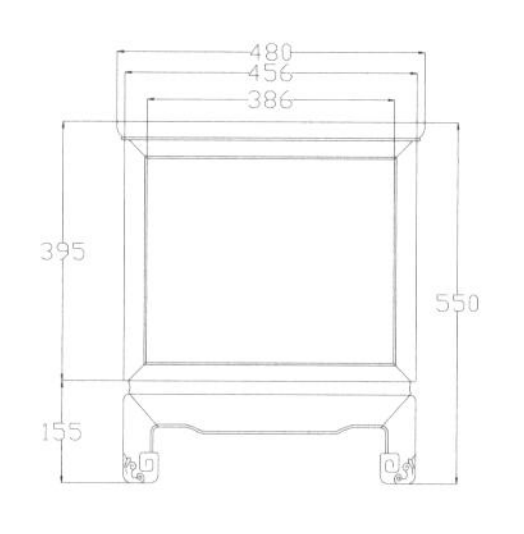

床头柜－左视图

注：此三件套中大床为 1 件，床头柜为 2 件。

现代中式松鹤延年图大床三件套

材质：花梨木

年款：现代

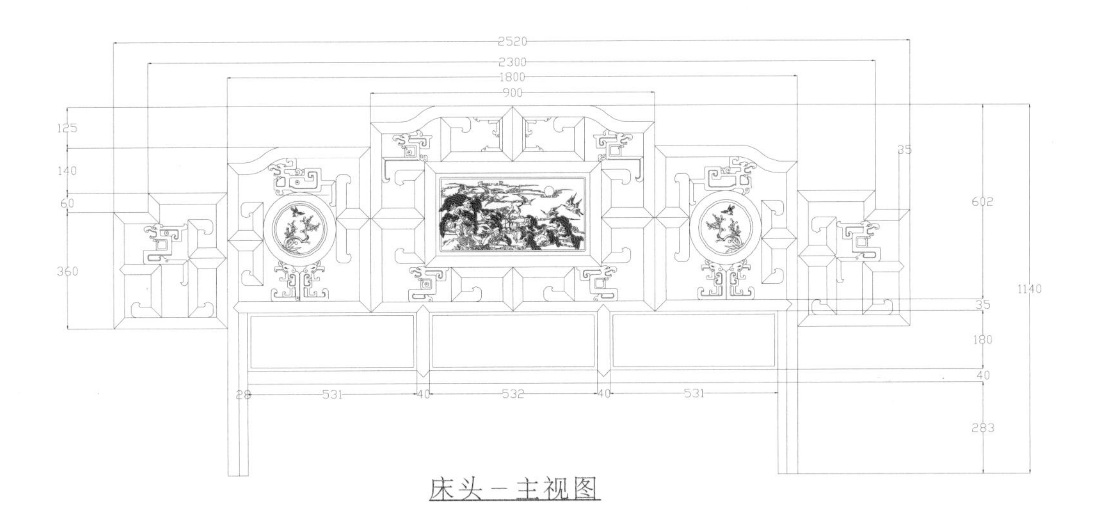

床头－主视图

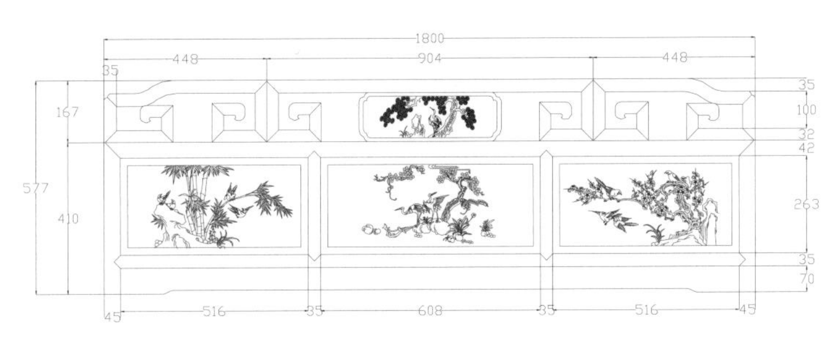

床尾－主视图

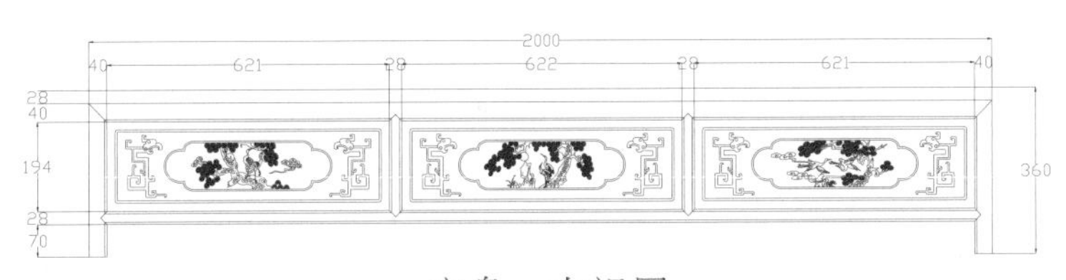

床身－右视图

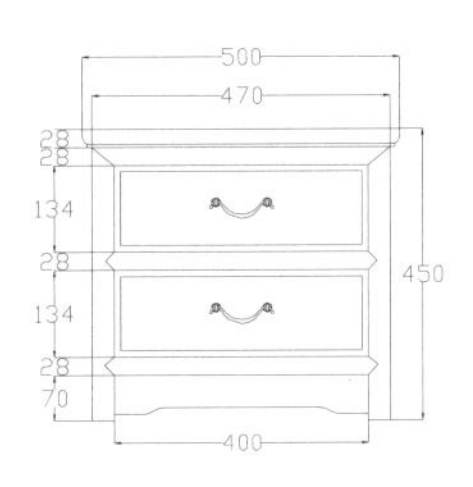

床头柜－主视图

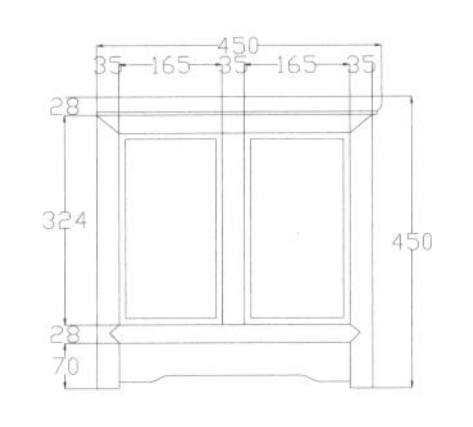

床头柜－左视图

图版清单（现代中式松鹤延年图大床三件套）：

床头—主视图

床尾—主视图

床身—右视图

床头柜—主视图

床头柜—左视图

注：此三件套中大床为 1 件，床头柜为 2 件。

现代中式如意大床三件套

材质：花梨木

年款：现代

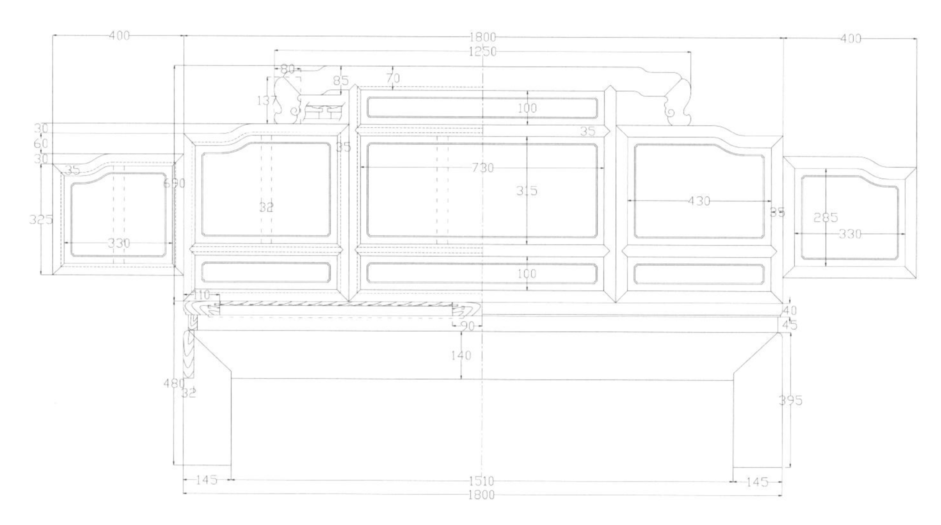

大床－主视图

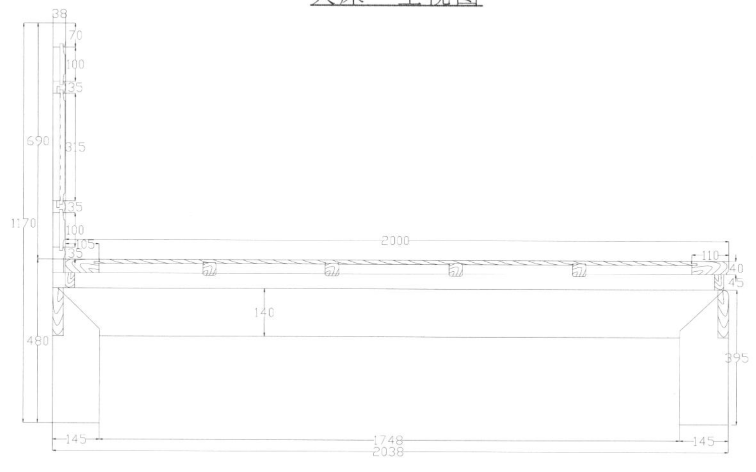

大床－左视图

图版清单（现代中式如意大床三件套）：
大床—主视图
大床—左视图
床头柜—主视图
床头柜—左视图

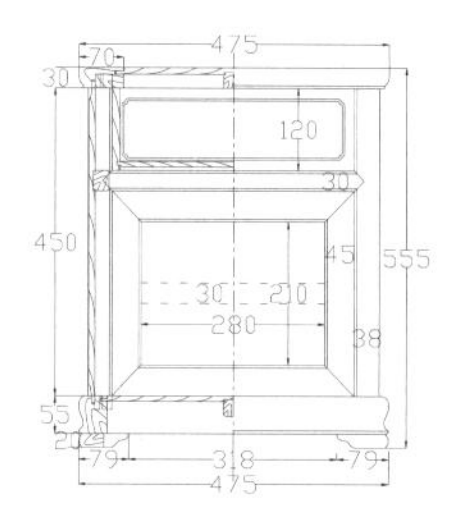

床头柜－主视图

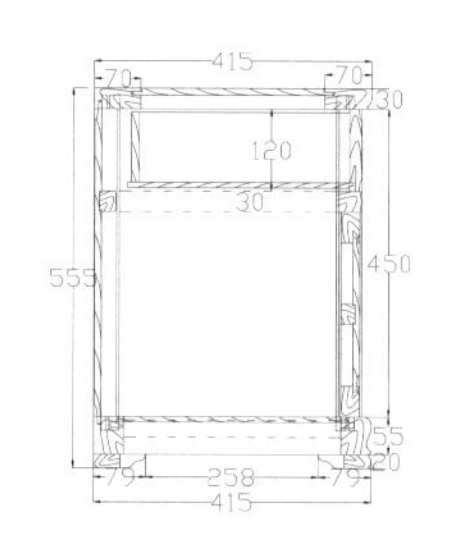

床头柜－左视图

注：此三件套中大床为 1 件，床头柜为 2 件。

现代中式百福岁朝图大床三件套

材质：花梨木

年款：现代

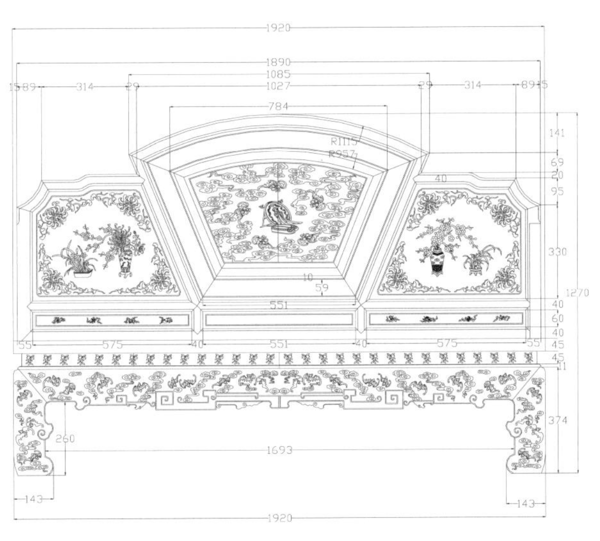

大床－主视图

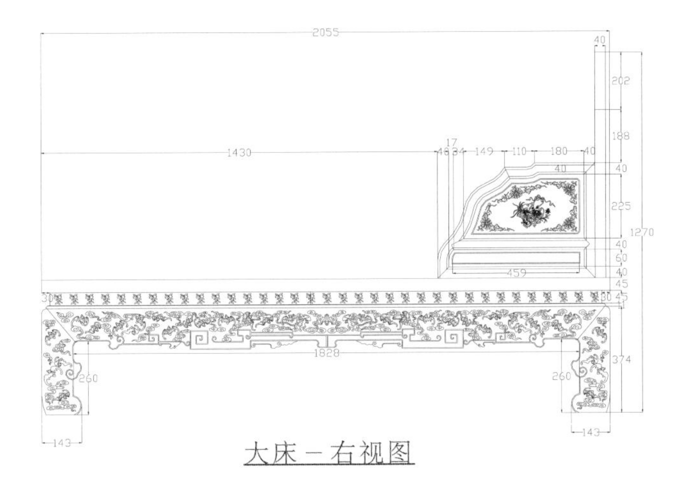

大床－右视图

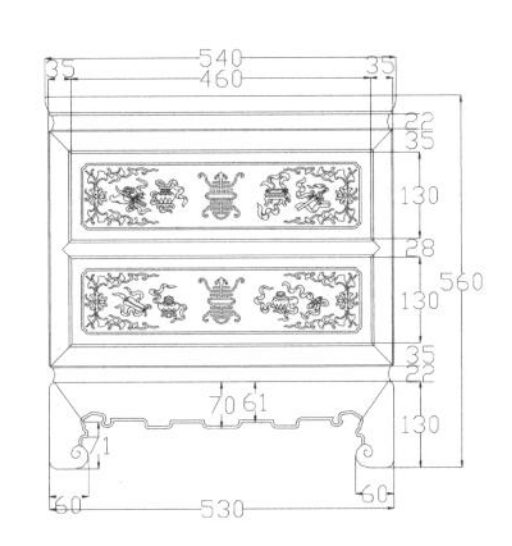

床头柜－主视图

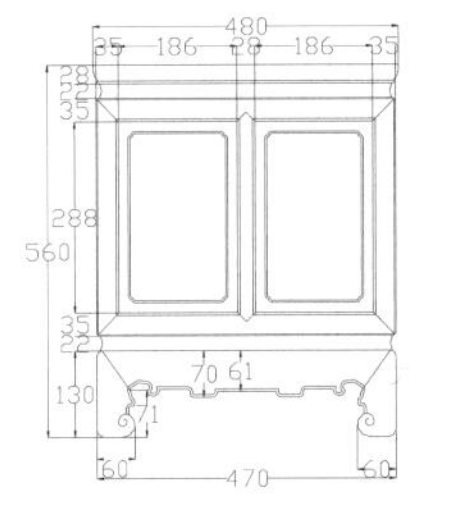

床头柜－左视图

图版清单（现代中式百福岁朝图大床三件套）：

大床—主视图

大床—右视图

床头柜—主视图

床头柜—左视图

注：此三件套中大床为 1 件，床头柜为 2 件。

现代中式卷云盘长拐子纹大床三件套

材质：大红酸枝

年款：现代

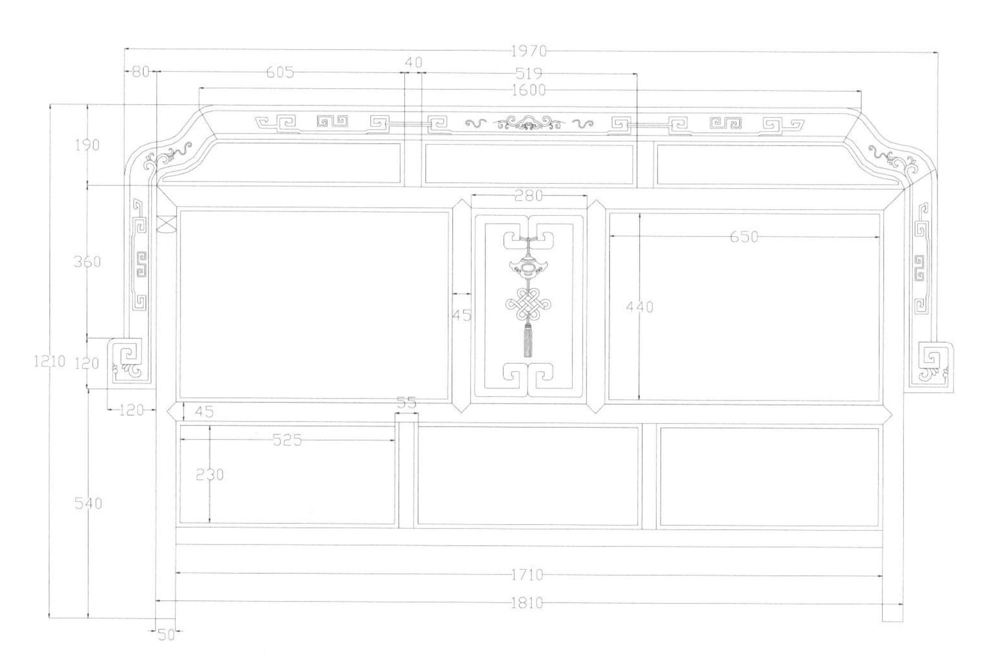

床头－主视图

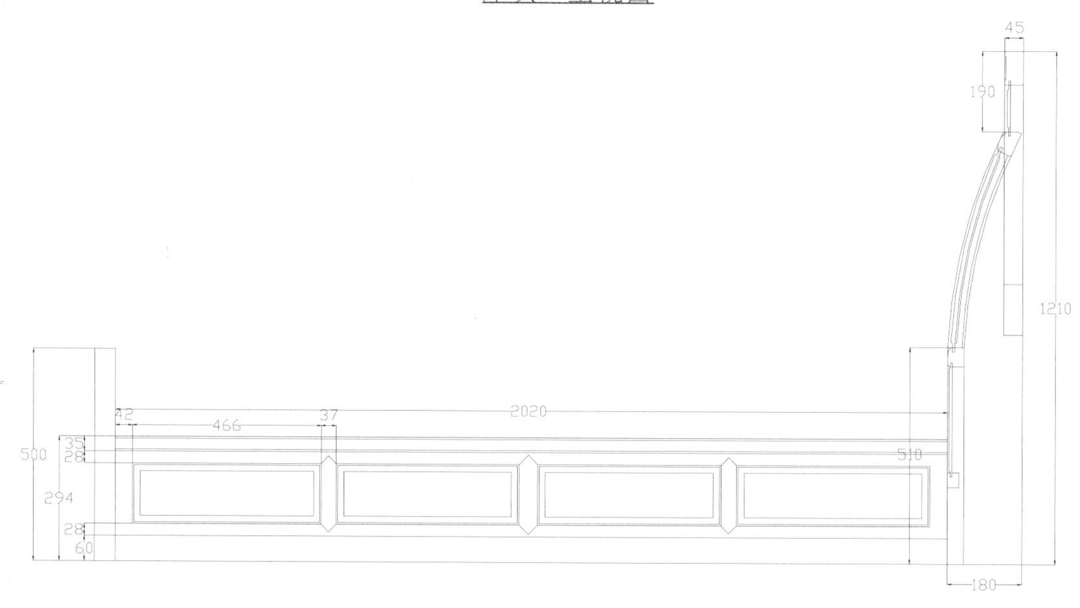

大床－右视图

注：此三件套中大床为 1 件，床头柜为 2 件。

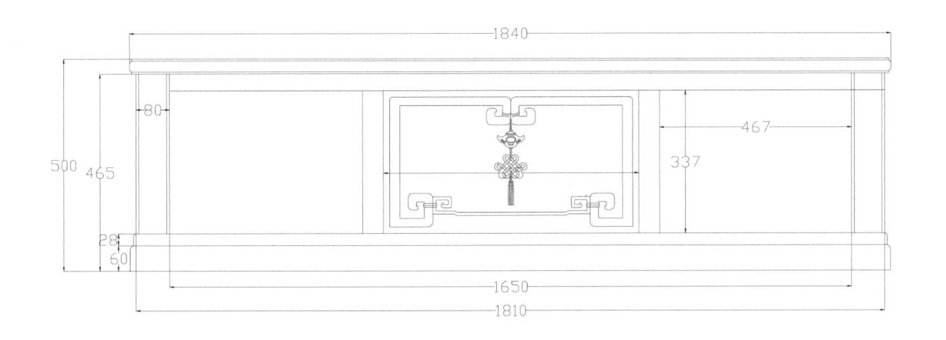

床尾－主视图

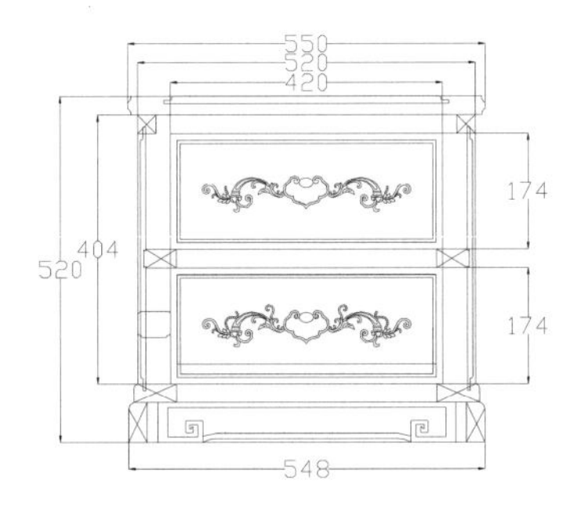

床头柜－主视图

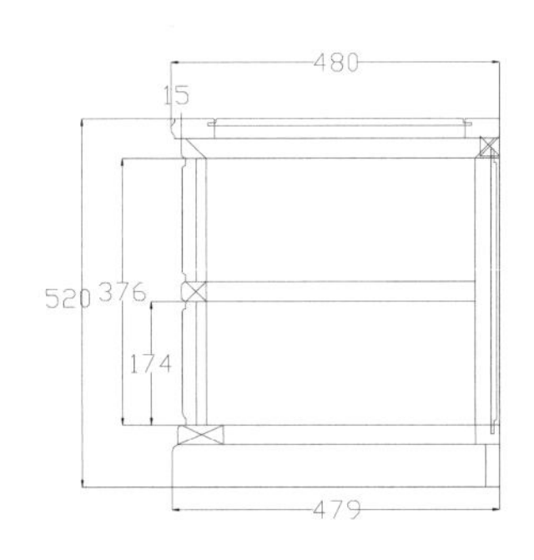

床头柜－右视图

图版清单（现代中式卷云盘长拐子纹大床三件套）：
床头—主视图
大床—右视图
床尾—主视图
床头柜—主视图
床头柜—右视图

现代中式仕女图大床三件套

材质：缅甸花梨

年款：现代

床头－主视图

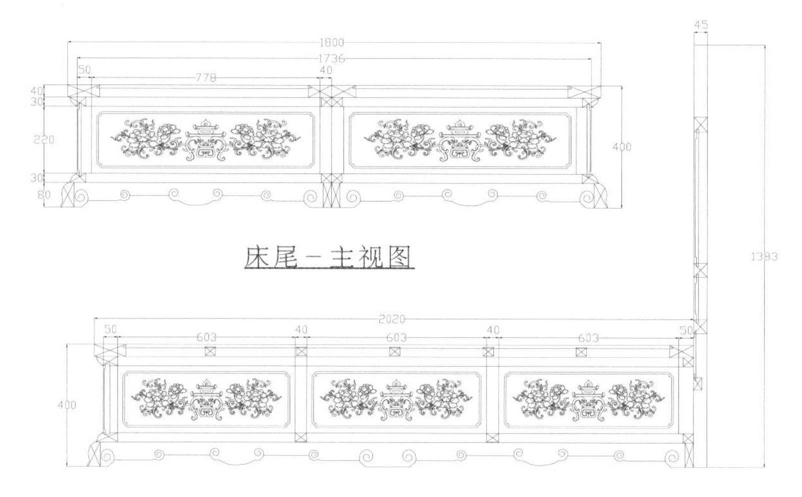

床尾－主视图

大床－右视图

图版清单（现代中式仕女图大床三件套）：

床头－主视图

床尾－主视图

大床－右视图

床头柜－主视图

床头柜－右视图

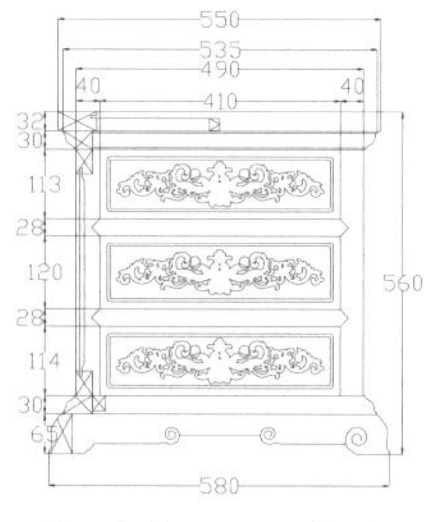

床头柜－主视图

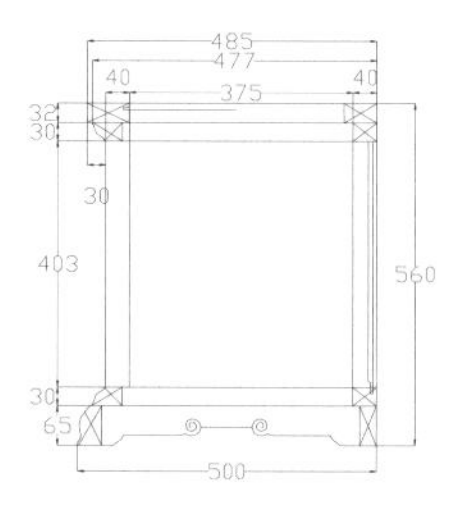

床头柜－右视图

注：此三件套中大床为 1 件，床头柜为 2 件。

现代中式园林湖景图大床三件套

材质：缅甸花梨

年款：现代

床头－主视图

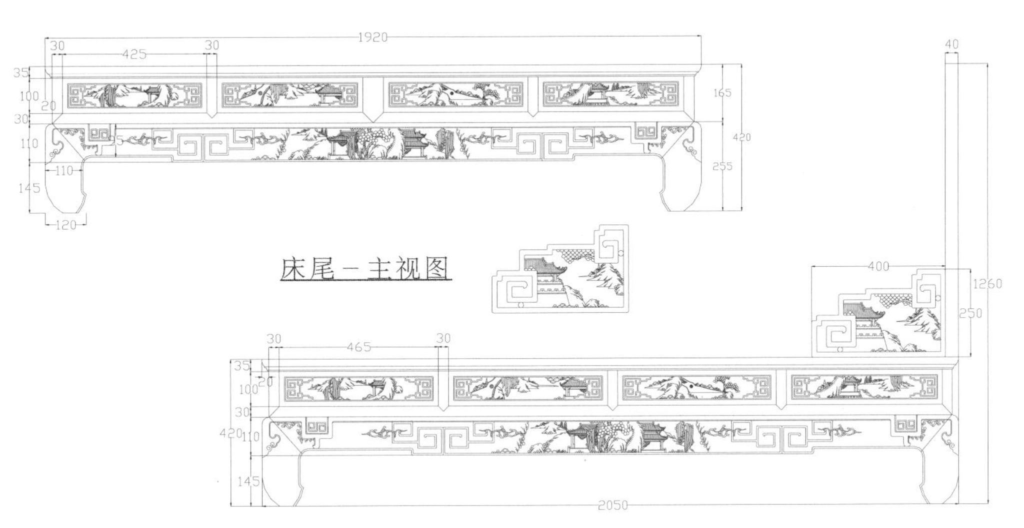

床尾－主视图

大床－右视图

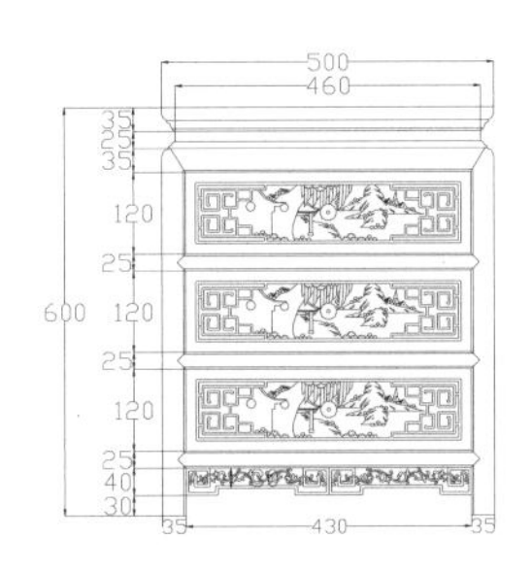

床头柜－主视图

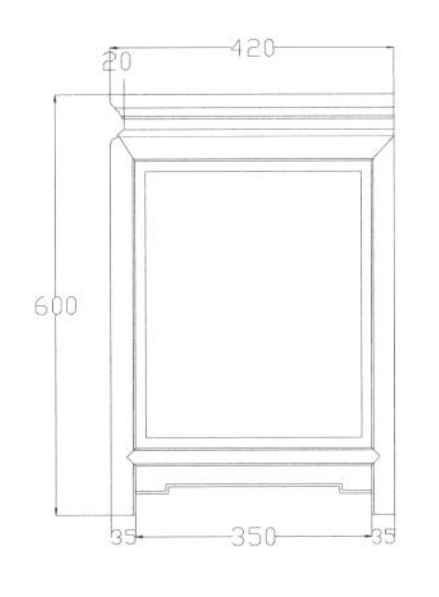

床头柜－右视图

图版清单（现代中式园林湖景图大床三件套）：
床头—主视图
床尾—主视图
大床—右视图
床头柜—主视图
床头柜—右视图

注：此三件套中大床为 1 件，床头柜为 2 件。

现代中式瑞兽花鸟纹大床三件套

材质：缅甸花梨

年款：现代

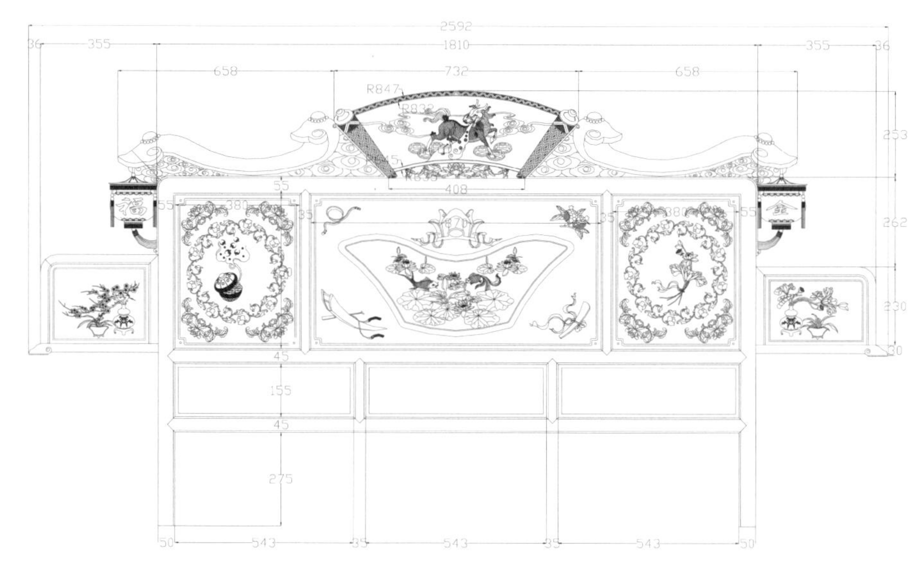

床头－主视图

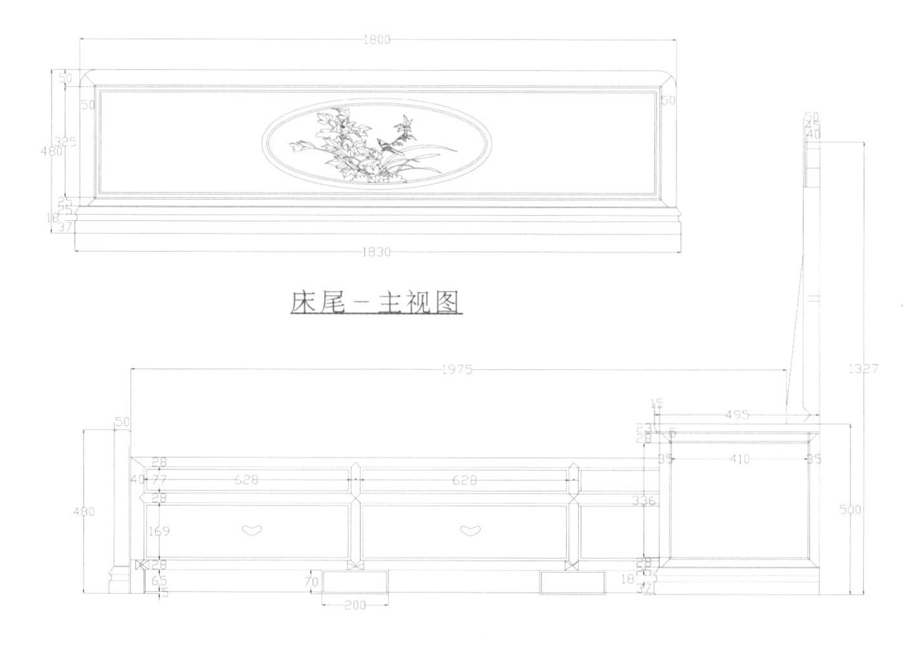

床尾－主视图

大床－右视图

图版清单（现代中式瑞兽花鸟纹大床三件套）：
床头—主视图
床尾—主视图
大床—右视图

注：此三件套中大床为 1 件，床头柜为 2 件。

现代中式鸿运一生大床三件套

材质：缅甸花梨

年款：现代

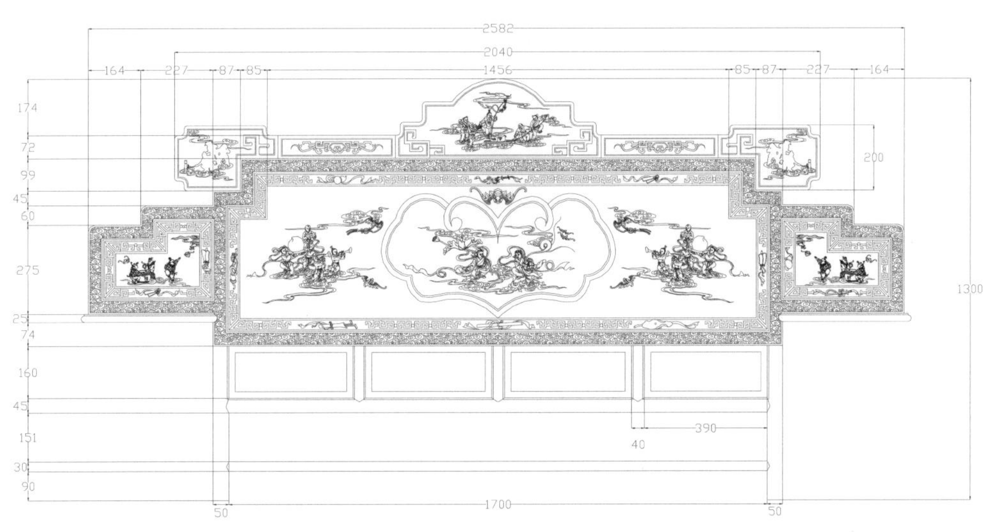

床头－主视图

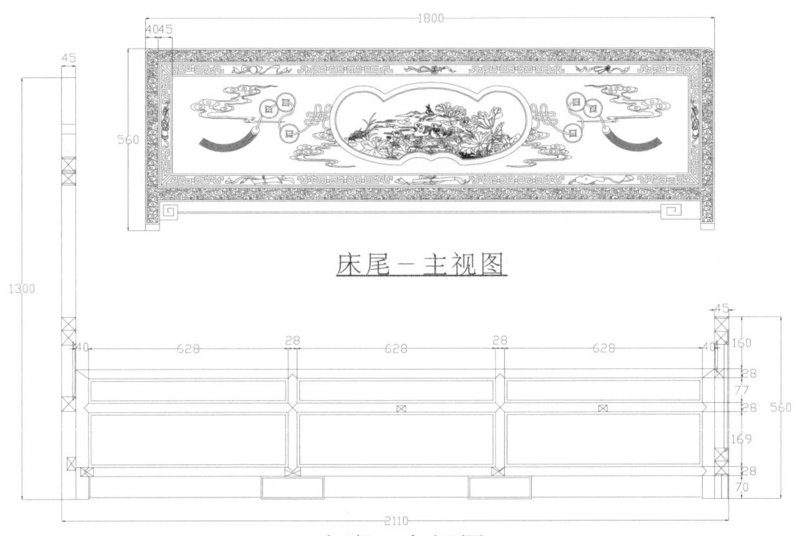

床尾－主视图

大床－左视图

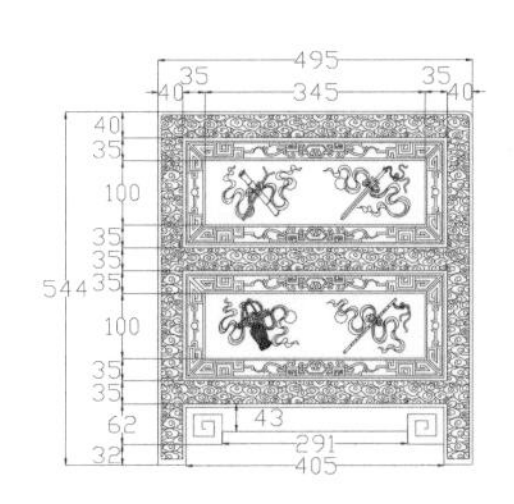

床头柜－主视图

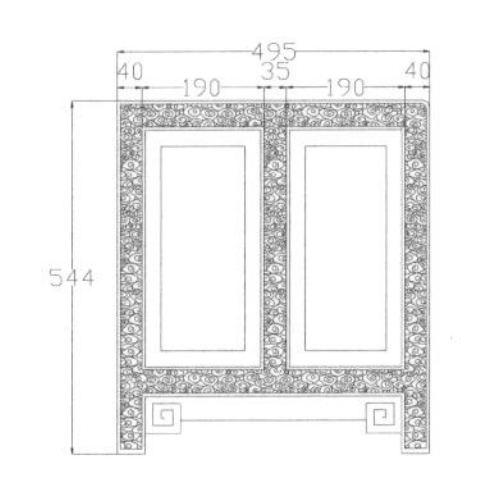

床头柜－左视图

图版清单（现代中式鸿运一生大床三件套）：
床头—主视图
床尾—主视图
大床—左视图
床头柜—主视图
床头柜—左视图

注：此三件套中大床为 1 件，床头柜为 2 件。

现代中式福禄寿大床三件套

材质：缅甸花梨

年款：现代

床头－主视图

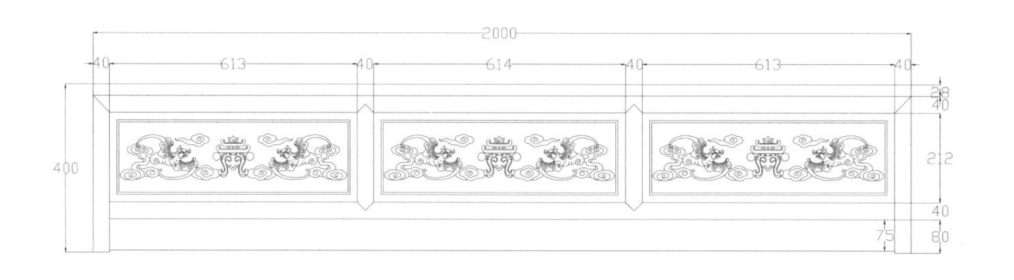

床身－左视图

注：此三件套中大床为 1 件，床头柜为 2 件。

床尾－主视图

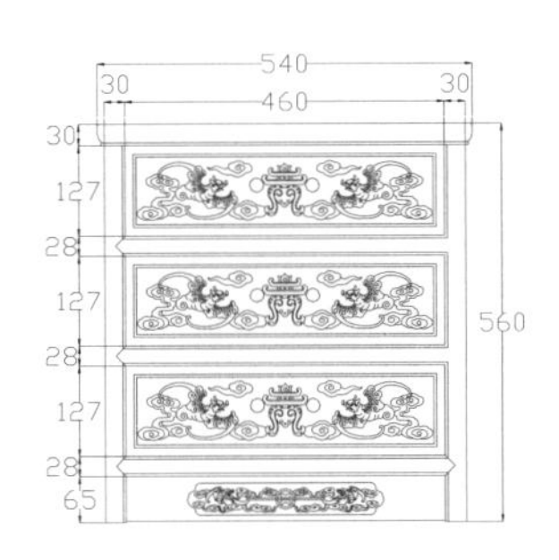

床头柜－主视图

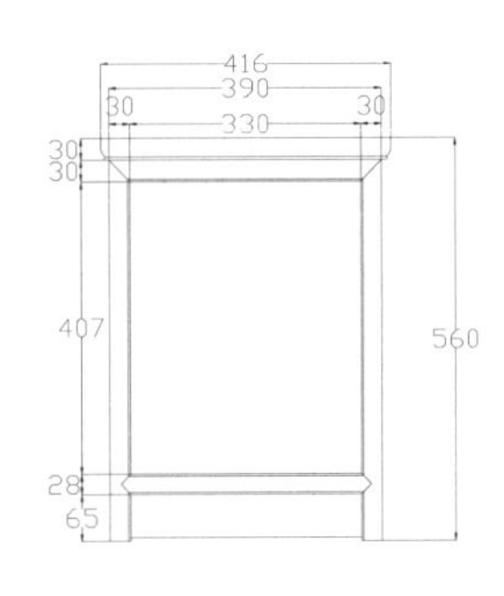

床头柜－左视图

图版清单（现代中式福禄寿大床三件套）：

床头—主视图

床身—左视图

床尾—主视图

床头柜—主视图

床头柜—左视图

现代中式直棂大床三件套

材质：白酸枝

年款：现代

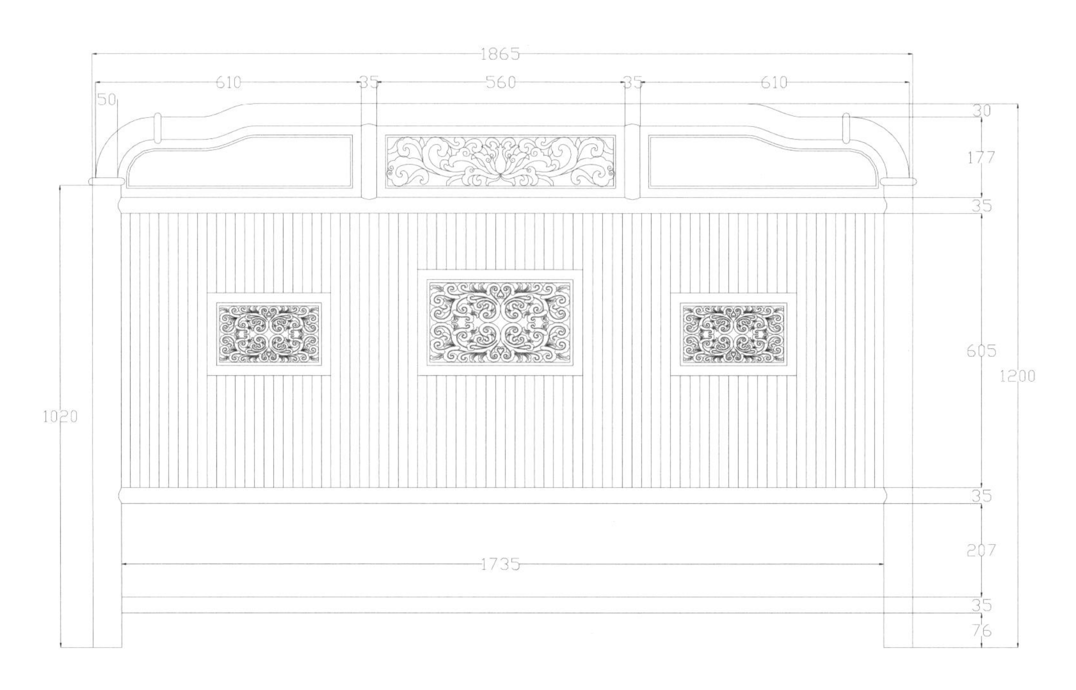

床头－主视图

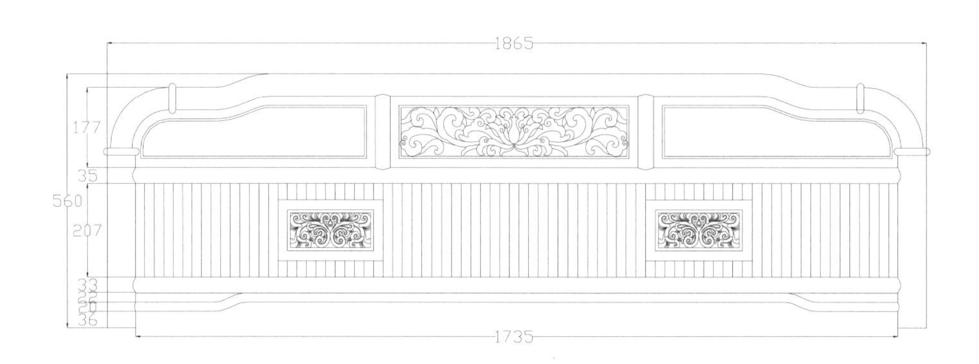

床尾－主视图

注：此三件套中大床为 1 件，床头柜为 2 件。

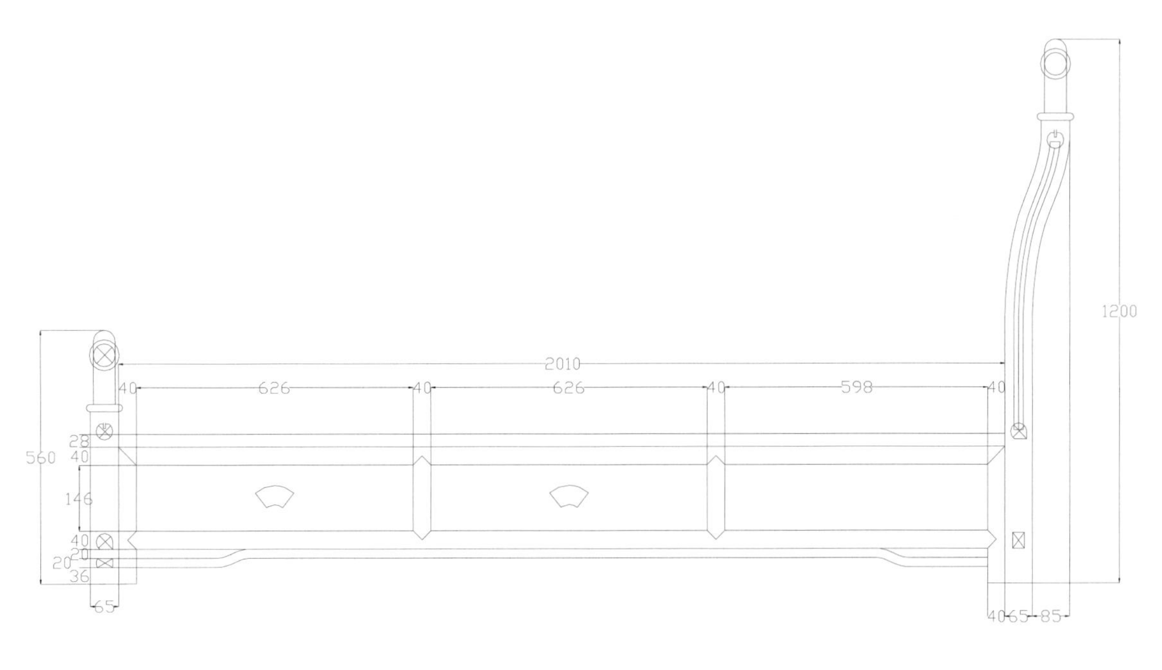

大床－右视图

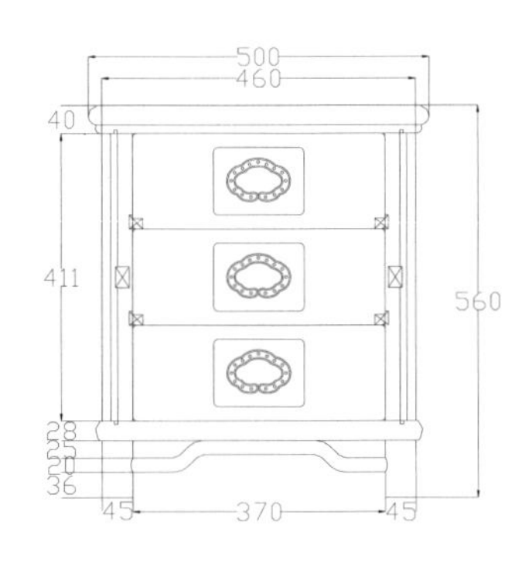

床头柜－主视图

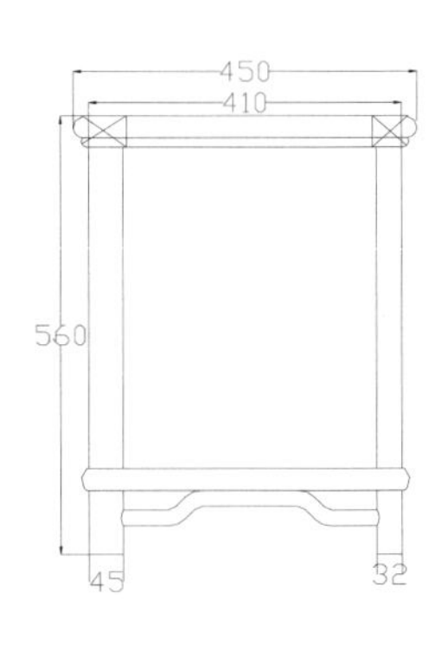

床头柜－左视图

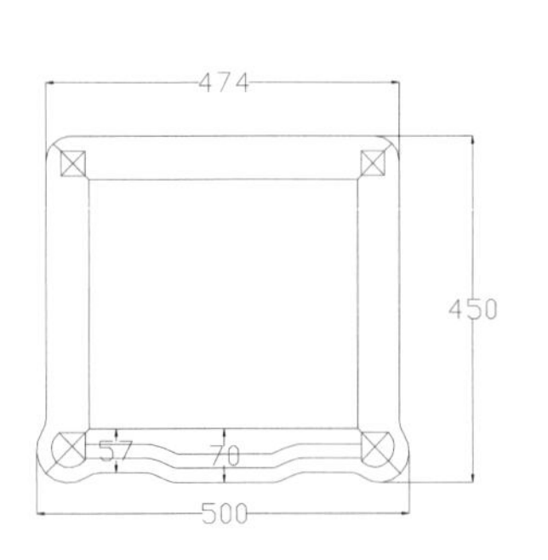

床头柜－俯视图

图版清单（现代中式直棂大床三件套）：

床头—主视图

床尾—主视图

大床—右视图

床头柜—主视图

床头柜—左视图

床头柜—俯视图

现代中式山水人物图大床三件套

材质：缅甸花梨

年款：现代

大床－主视图

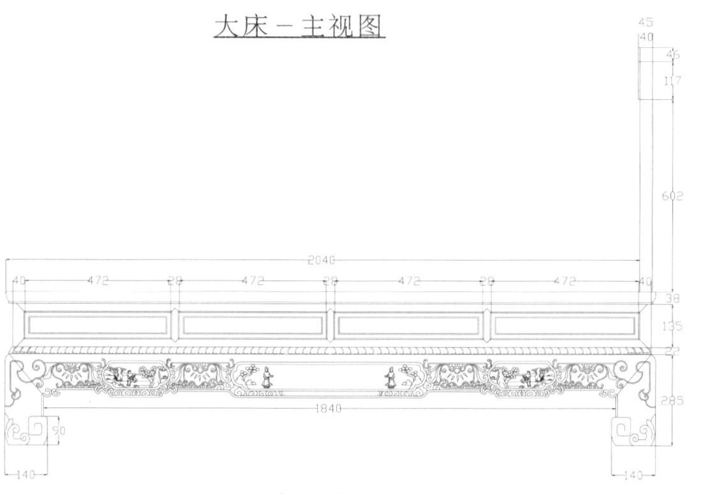

大床－右视图

图版清单（现代中式山水人物图大床三件套）：
大床—主视图
大床—右视图
床头柜—主视图
床头柜—左视图

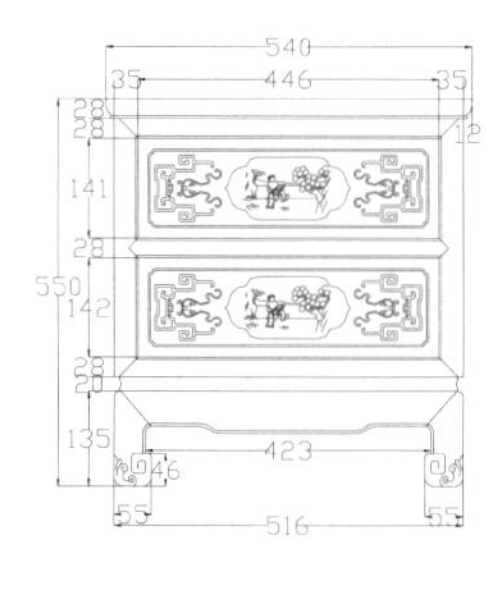

床头柜－主视图

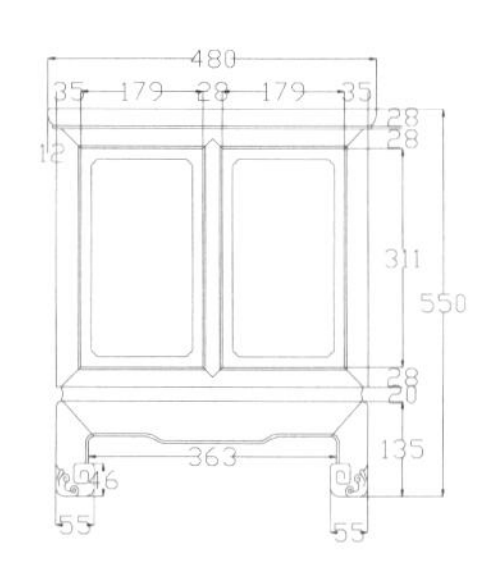

床头柜－左视图

注：此三件套中大床为 1 件，床头柜为 2 件。

现代中式圆合大床三件套

材质：缅甸花梨

年款：现代

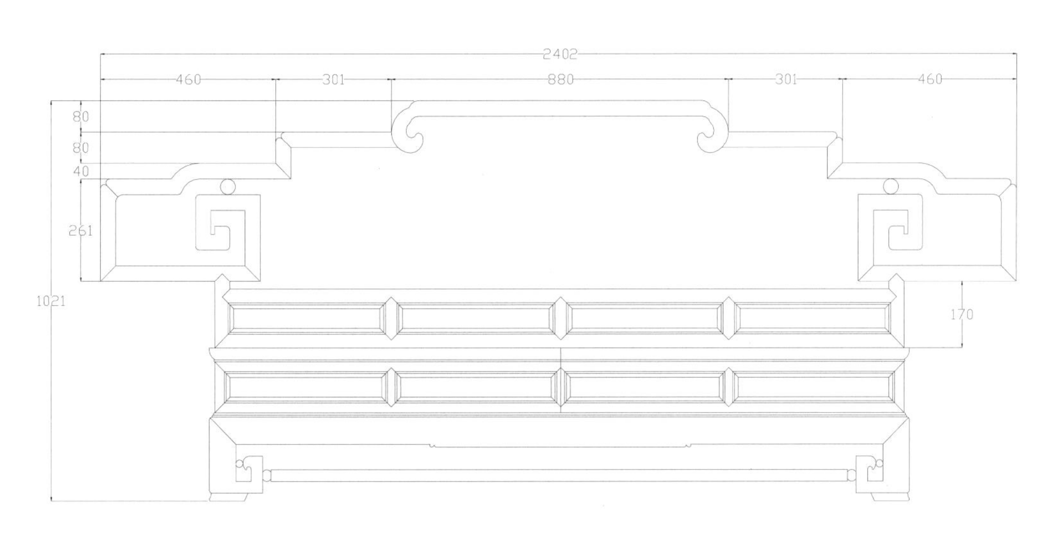

大床－主视图

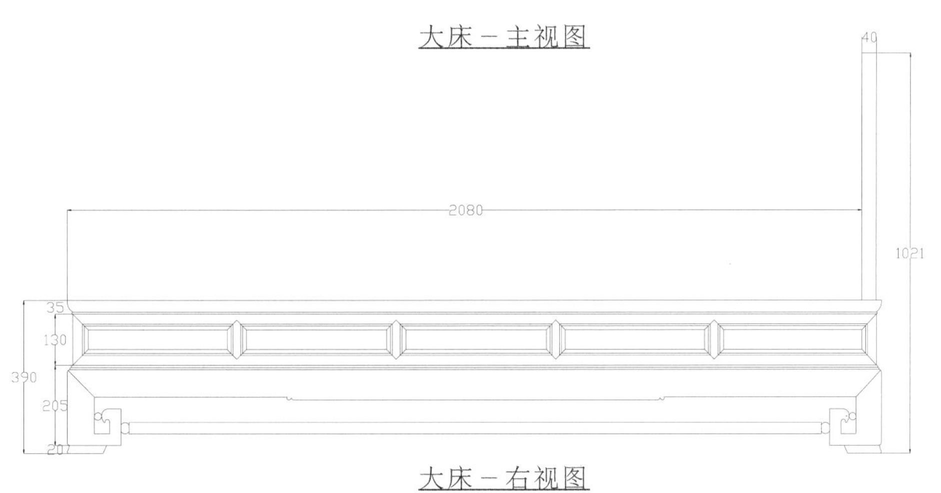

大床－右视图

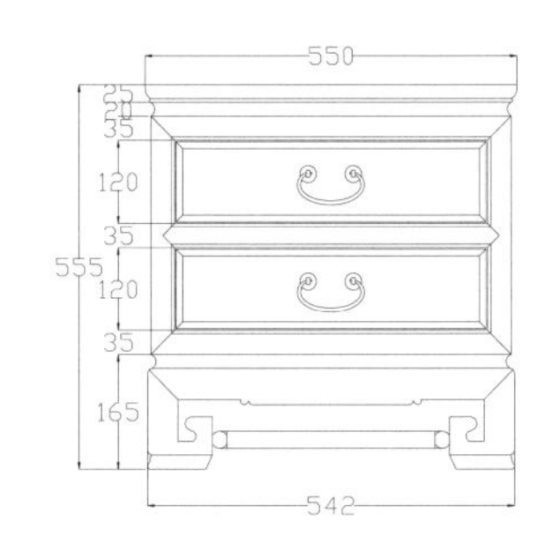

床头柜－主视图

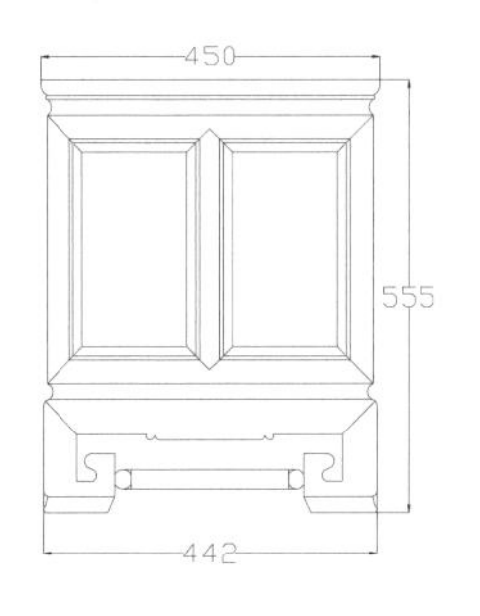

床头柜－左视图

图版清单（现代中式圆合大床三件套）：
大床—主视图
大床—右视图
床头柜—主视图
床头柜—左视图

注：此三件套中大床为 1 件，床头柜为 2 件。

现代中式喜鹊登枝图大床三件套

材质：缅甸花梨

丰款：现代

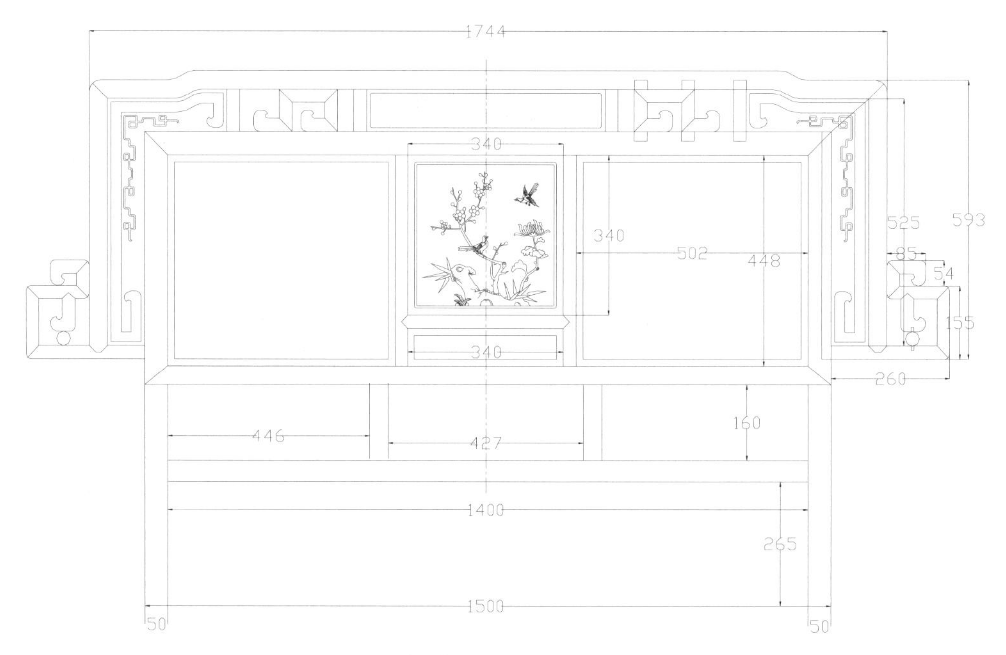

床头－主视图

床尾－主视图

注：此三件套中大床为 1 件，床头柜为 2 件。

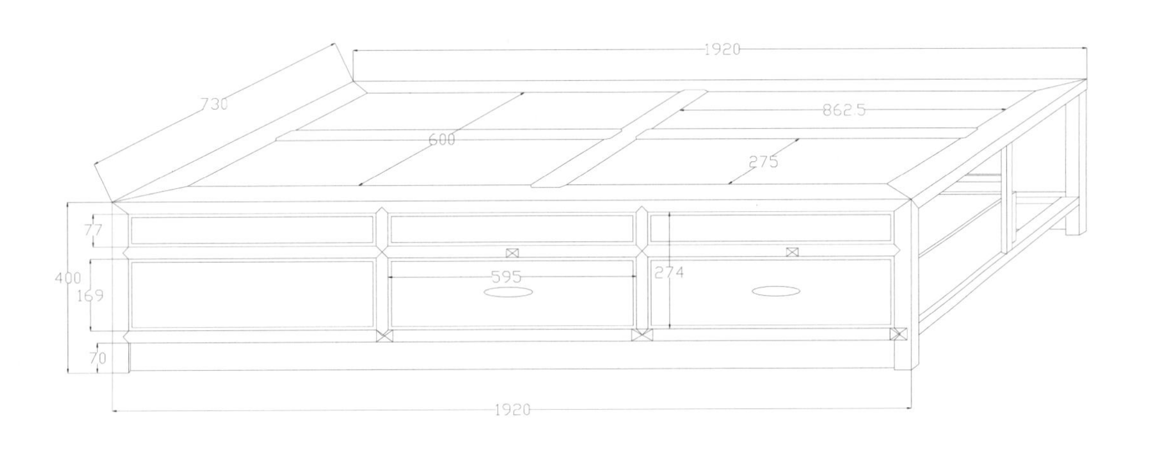

床身－透视图

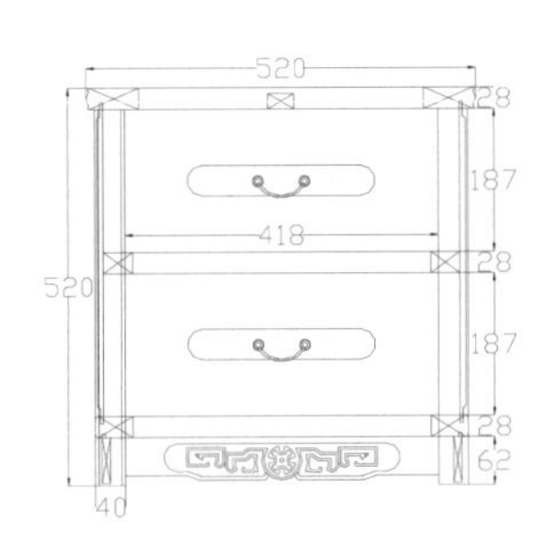

床头柜－主视图

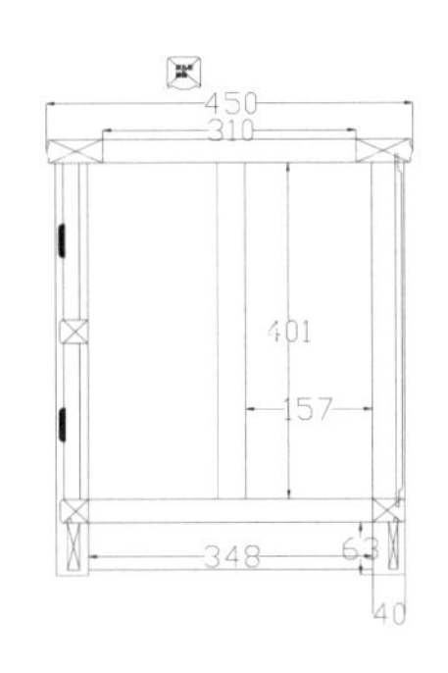

床头柜－右视图

图版清单（现代中式喜鹊登枝图大床三件套）：

床头—主视图

床尾—主视图

床身—透视图

床头柜—主视图

床头柜—右视图

现代中式华韵大床三件套

材质：缅甸花梨

年款：现代

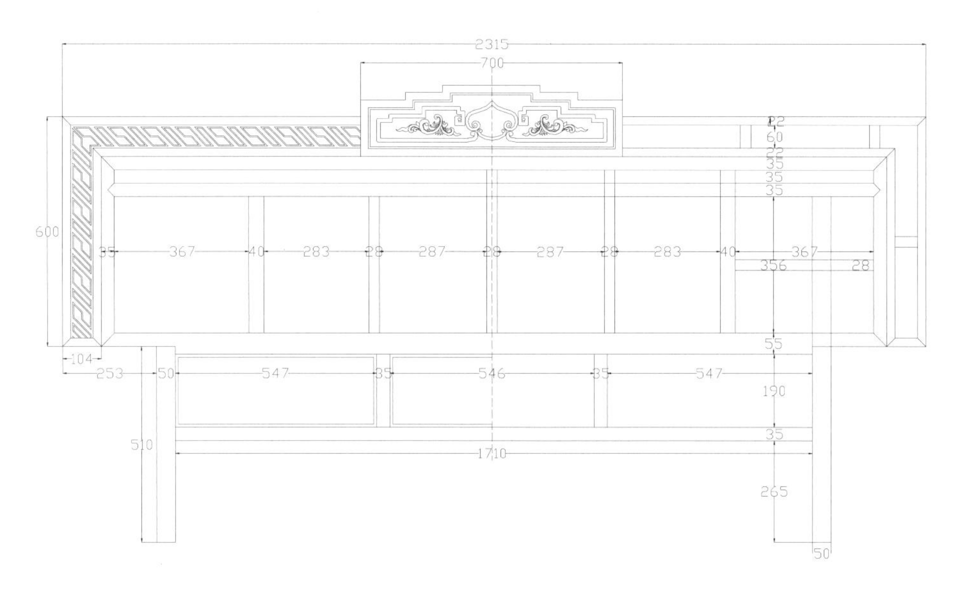

床头－主视图

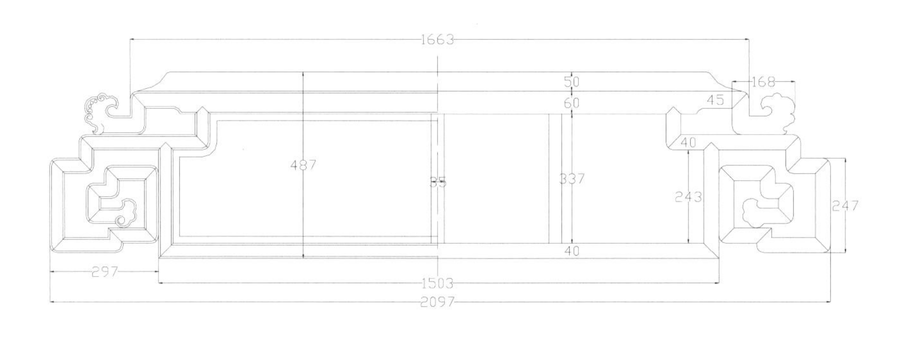

床尾－主视图

注：此三件套中大床为 1 件，床头柜为 2 件。

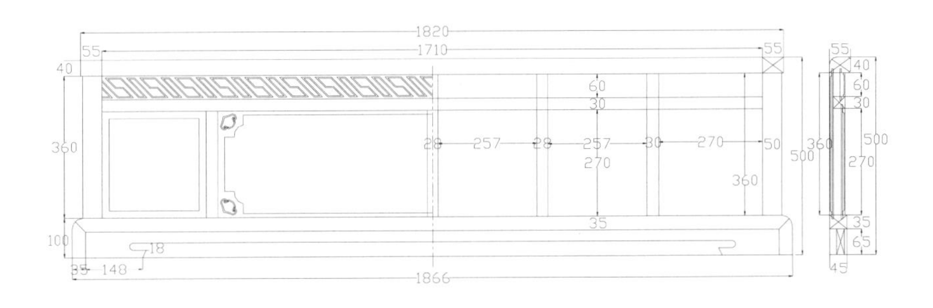
1820
55
1710
55
40
60
30
28
257
28
257
30
270
50
270
360
360
500
35
100
18
35
148
1866
55
40
60
30
360
500
270
35
65
45

床身－左视图

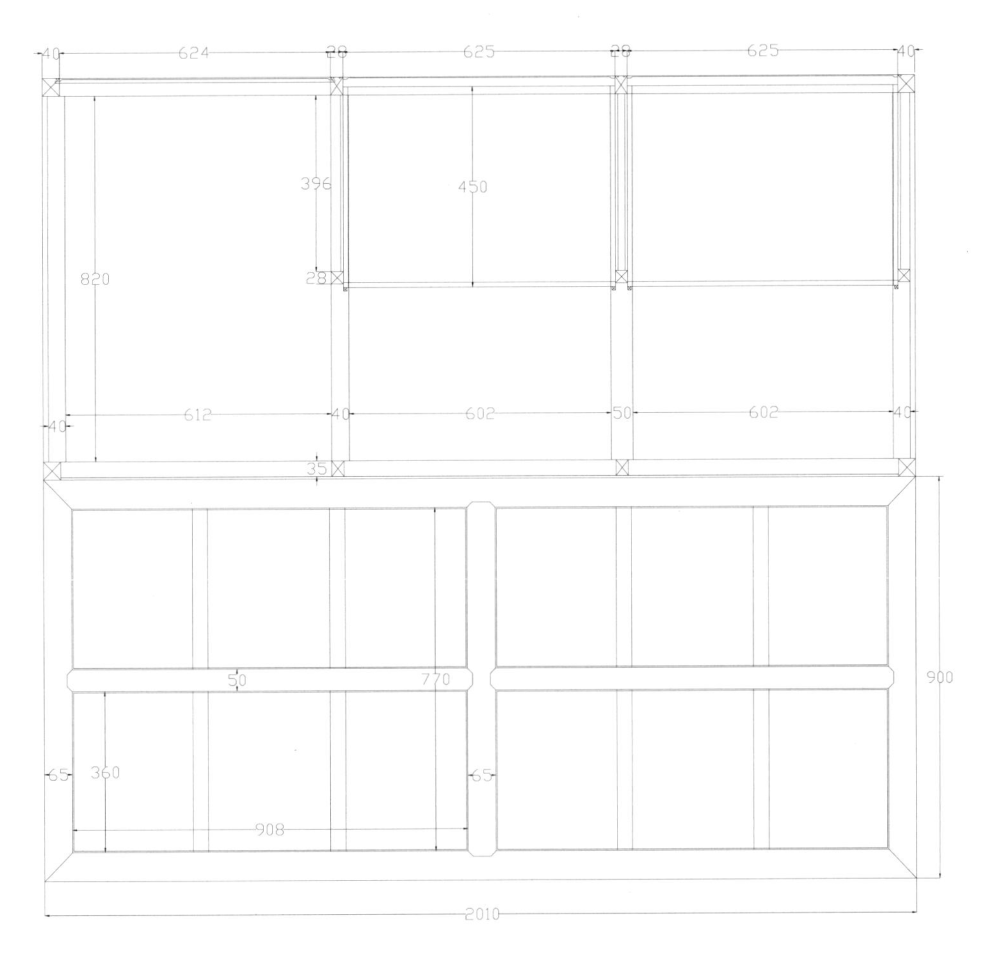
40
624
28
625
28
625
40
396
450
820
28
612
40
602
50
602
40
40
35
50
770
900
65
360
65
908
2010

床身－俯视图

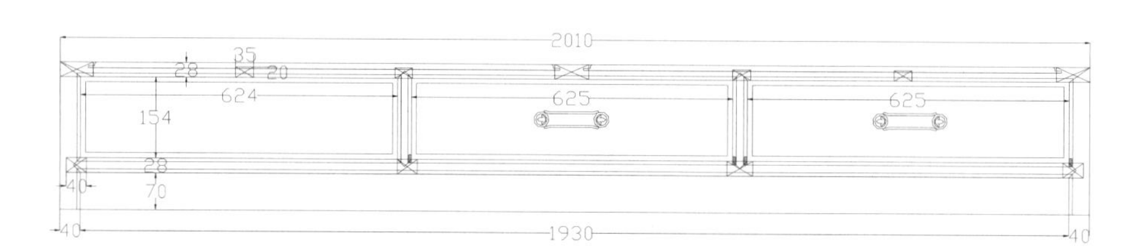

床榻－主视图

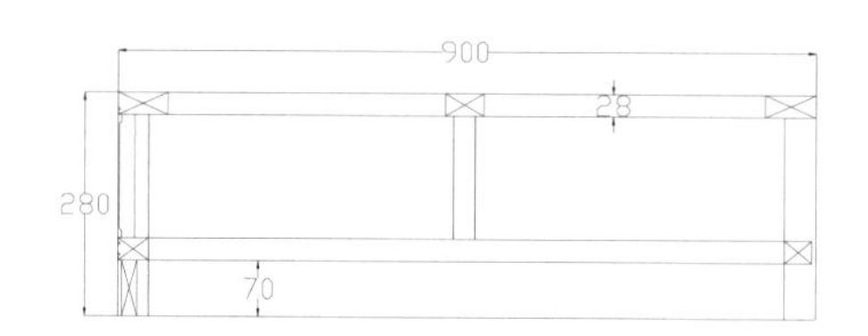

床榻－左视图

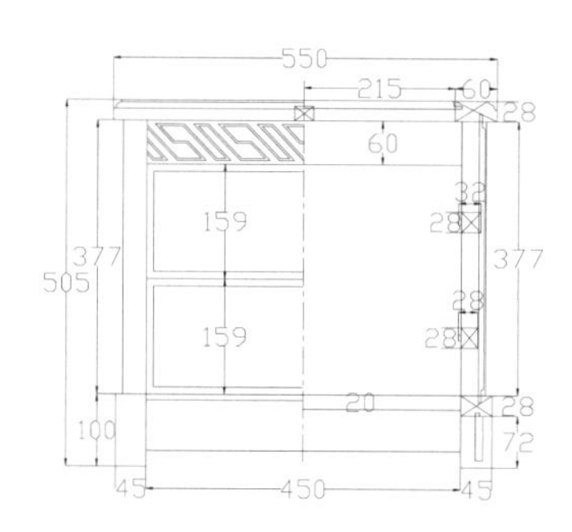

床头柜－主视图

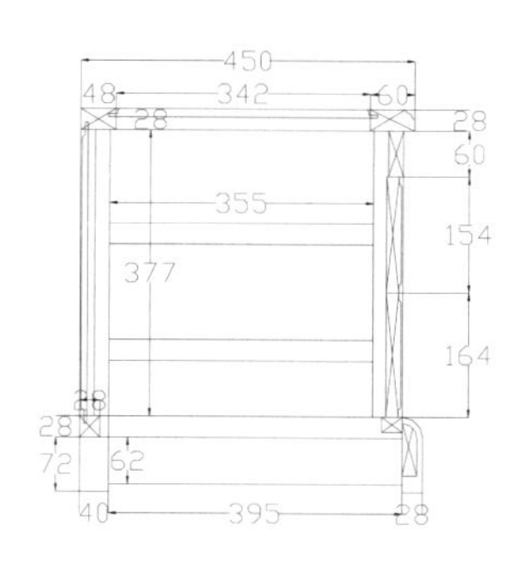

床头柜－左视图

图版清单（现代中式华韵大床三件套）：

床头—主视图

床尾—主视图

床身—左视图

床身—俯视图

床榻—主视图

床榻—左视图

床头柜—主视图

床头柜—左视图

床头柜—俯视图

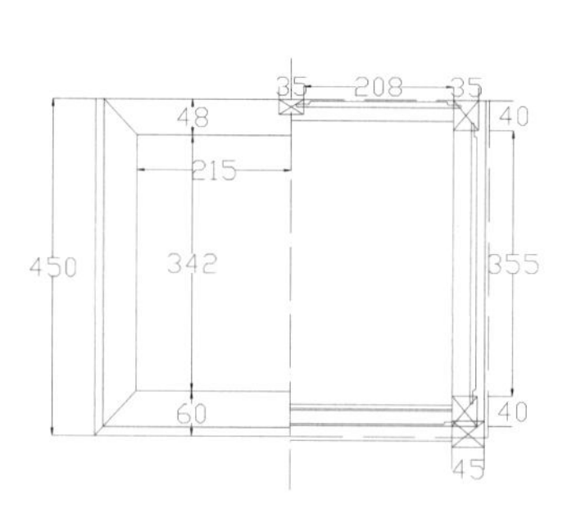

床头柜－俯视图

现代中式殿宇楼阁图大床三件套

材质：缅甸花梨

年款：现代

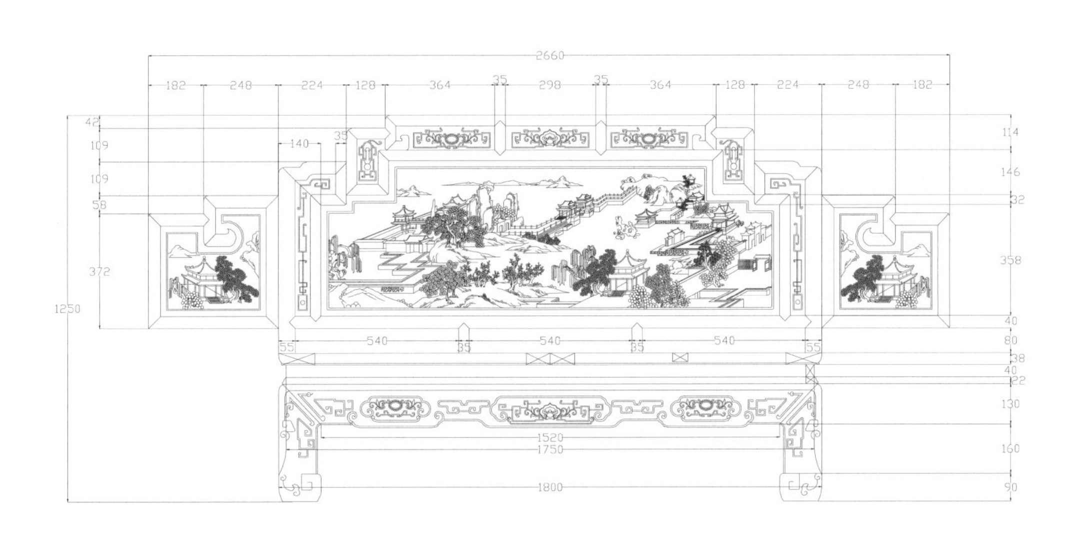

大床－主视图

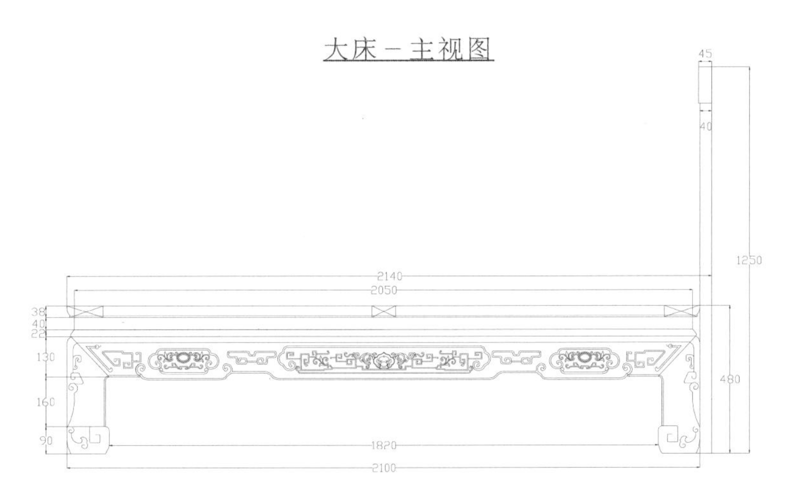

大床－右视图

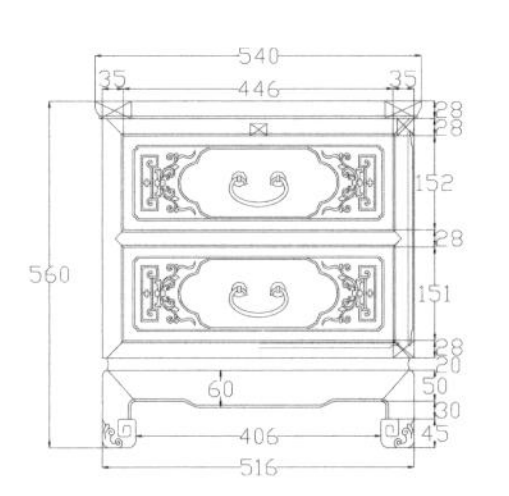

床头柜－主视图

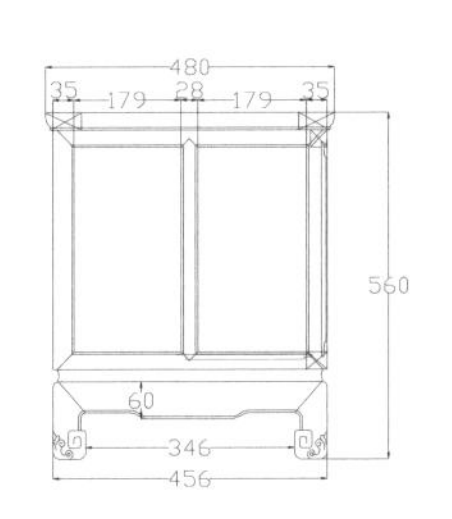

床头柜－左视图

图版清单（现代中式殿宇楼阁图大床三件套）：

大床—主视图

大床—右视图

床头柜—主视图

床头柜—左视图

注：此三件套中大床为 1 件，床头柜为 2 件。

现代中式如意大床三件套

材质：缅甸花梨

年款：现代

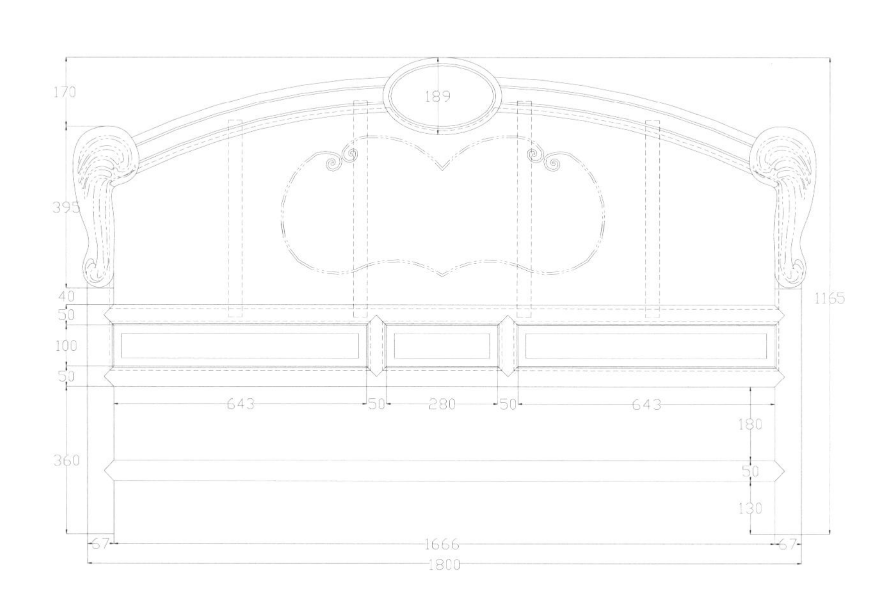

床头－主视图

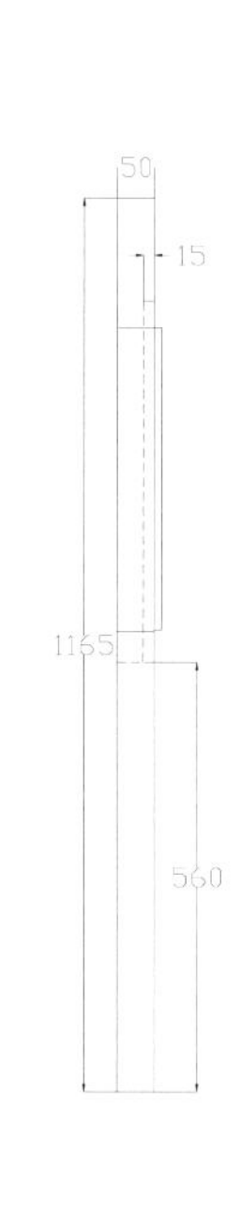

床头－左视图

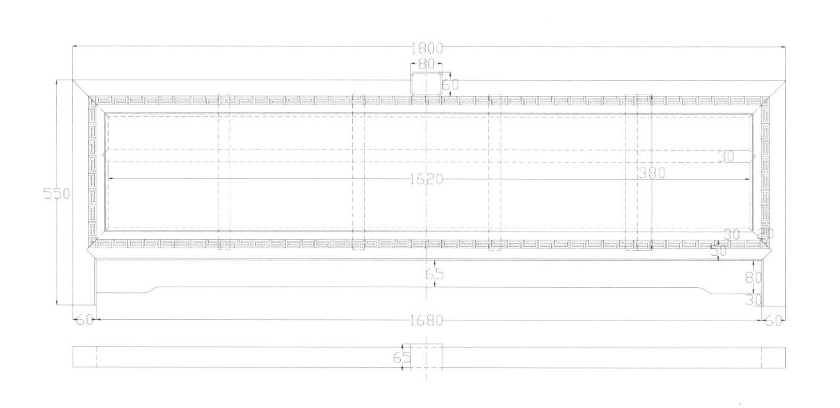

床尾－主视图

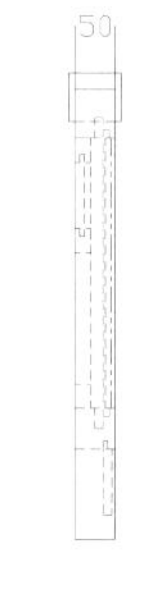

床尾－左视图

注：此三件套中大床为 1 件，床头柜为 2 件。

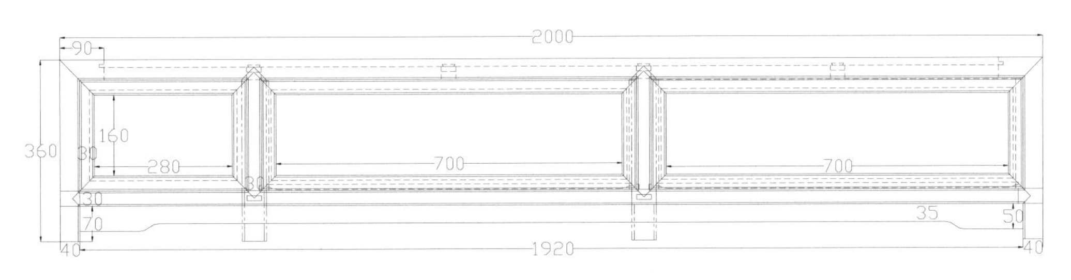

床身－主视图

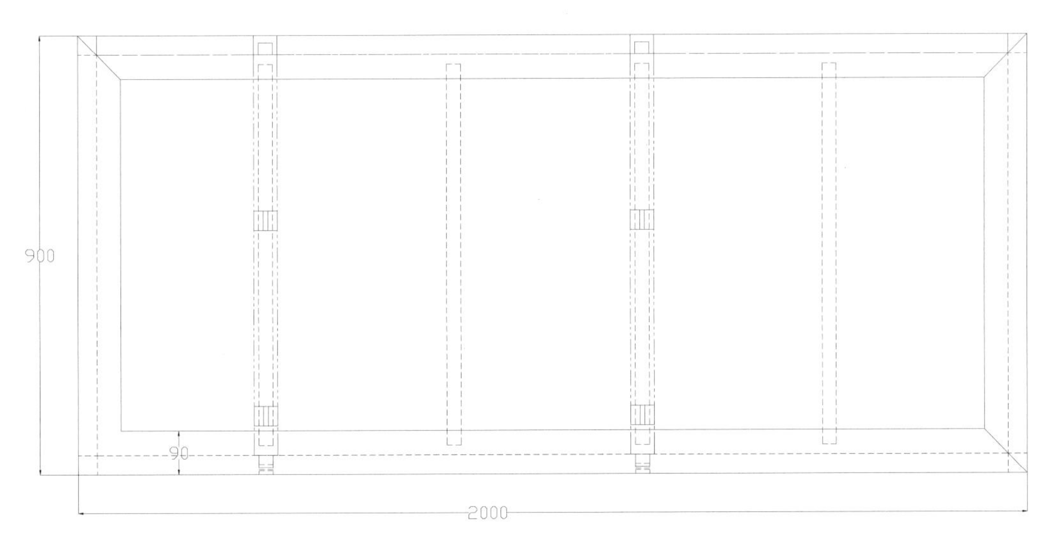

床身－俯视图

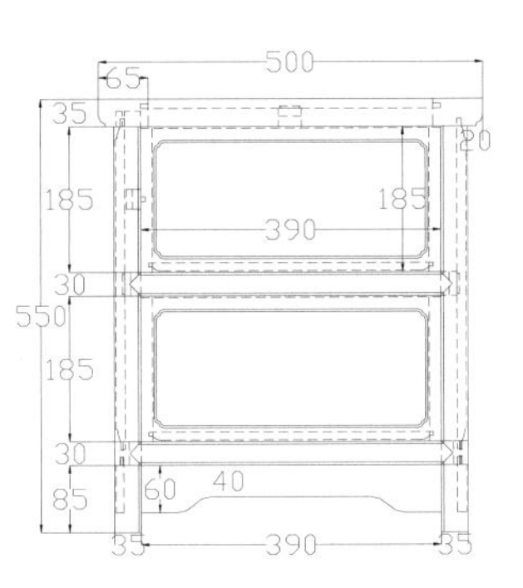

床头柜－主视图

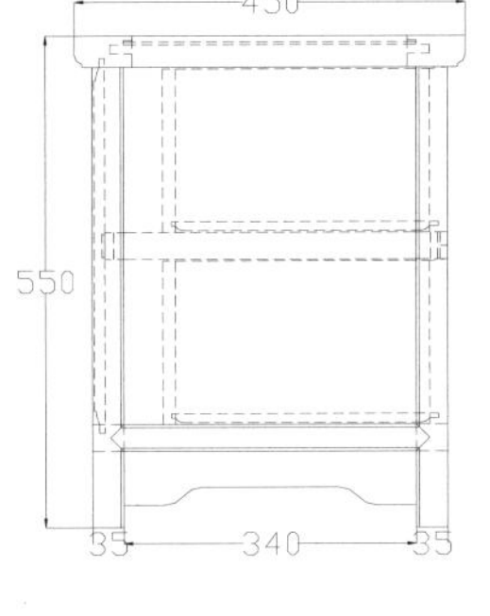

床头柜－左视图

图版清单（现代中式如意大床三件套）：

床头—主视图
床头—左视图
床尾—主视图
床尾—左视图
床身—主视图
床身—俯视图
床头柜—主视图
床头柜—左视图
床头柜—俯视图

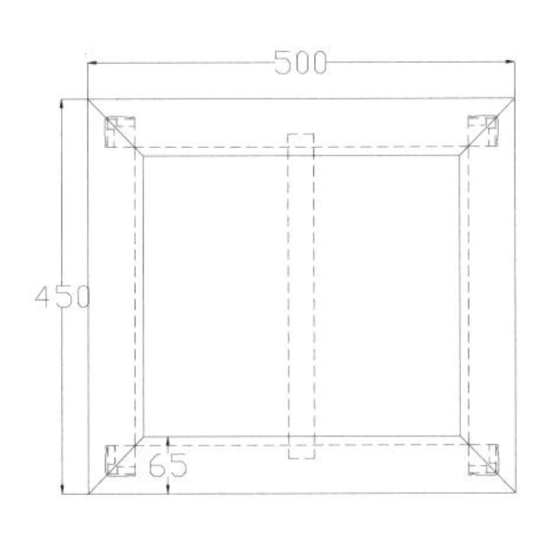

床头柜－俯视图

现代中式百鸟朝凤大床三件套

材质：缅甸花梨

年款：现代

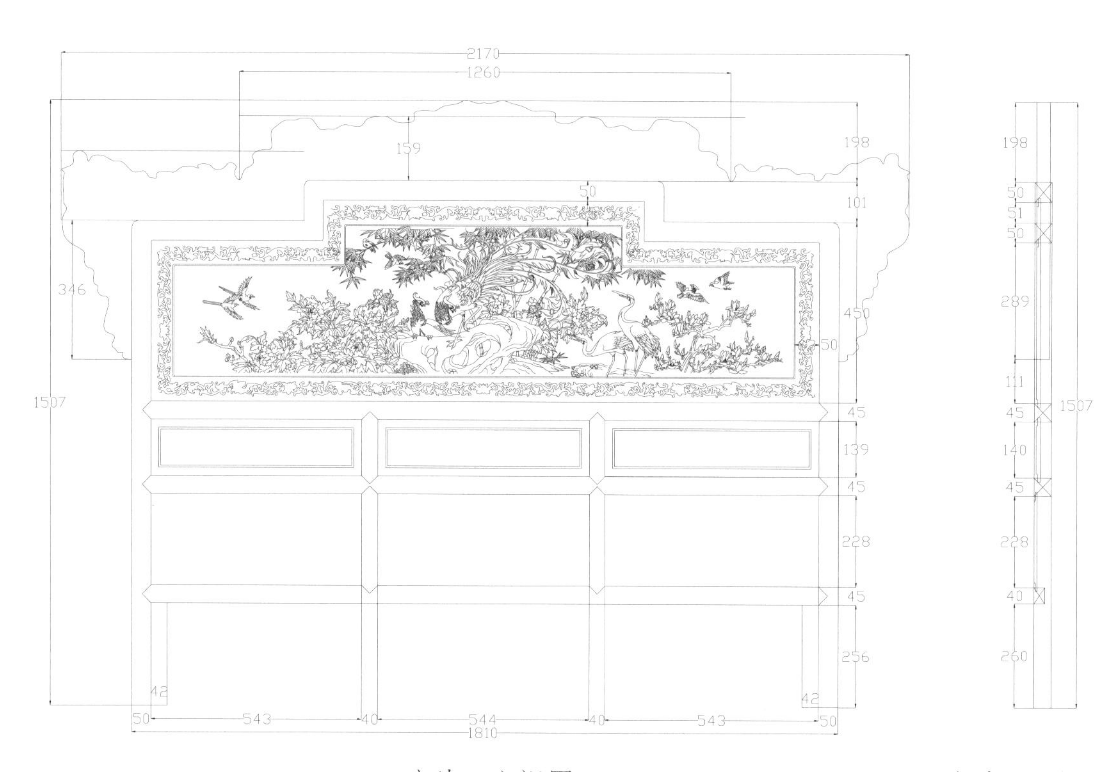

床头－主视图

床头－左视图

床尾－主视图

注：此三件套中大床为 1 件，床头柜为 2 件。

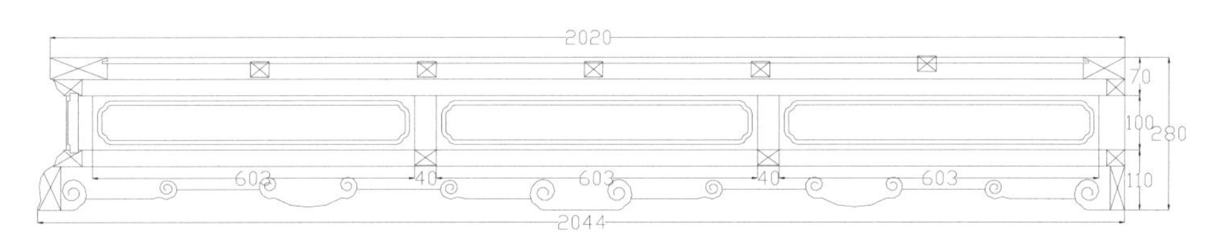

床身－主视图

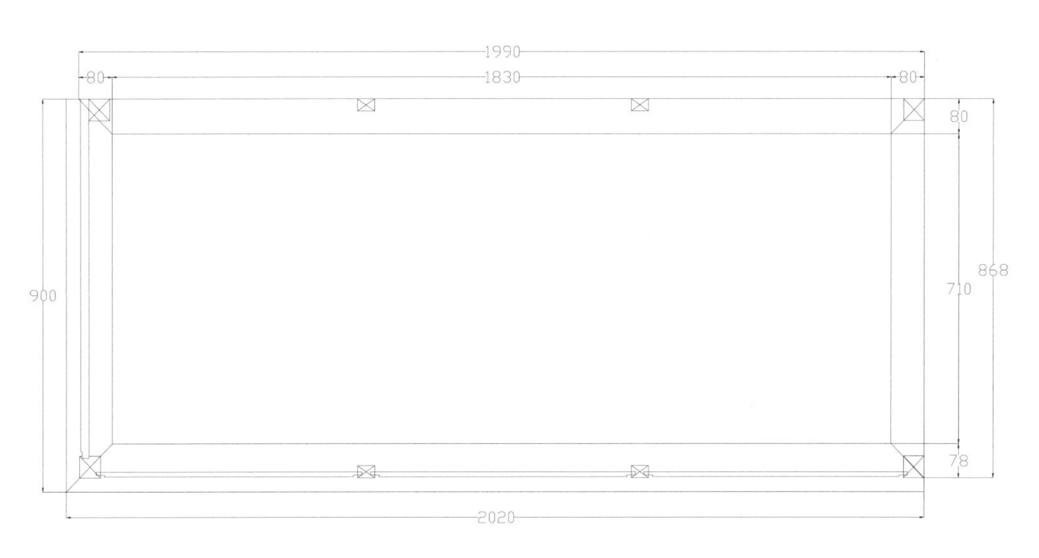

床身－俯视图

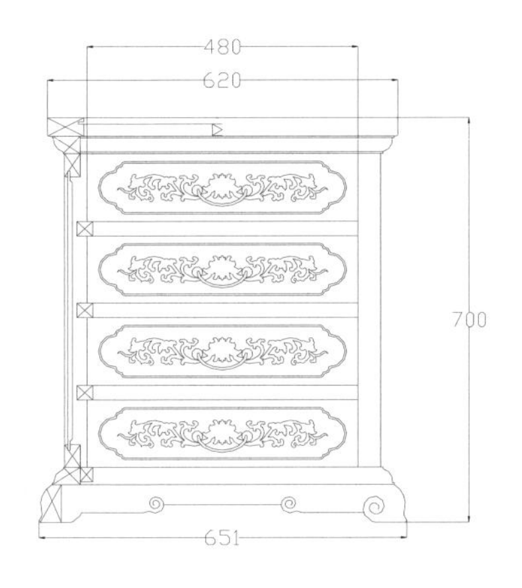

床头柜－主视图

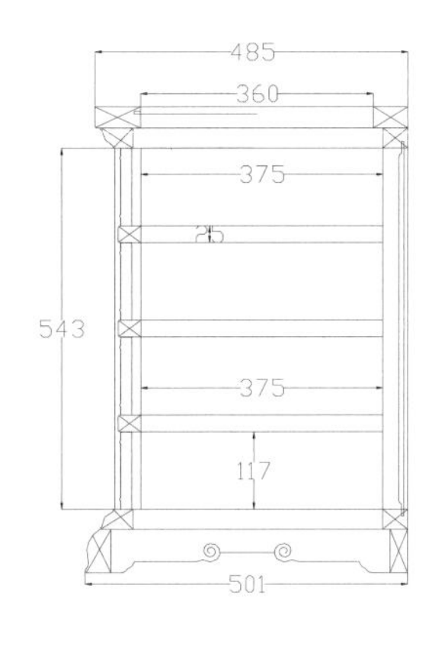

床头柜－左视图

图版清单（现代中式百鸟朝凤大床三件套）：

床头—主视图

床头—左视图

床尾—主视图

床身—主视图

床身—俯视图

床头柜—主视图

床头柜—左视图

现代中式山水园林图大床三件套

材质：缅甸花梨

年款：现代

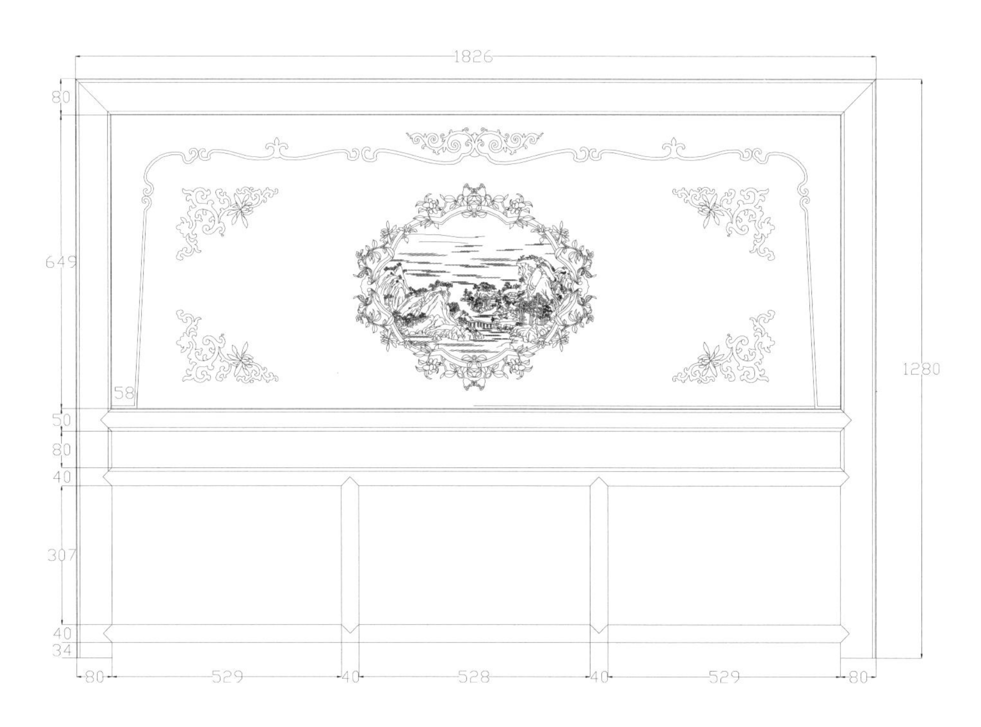

床头－主视图

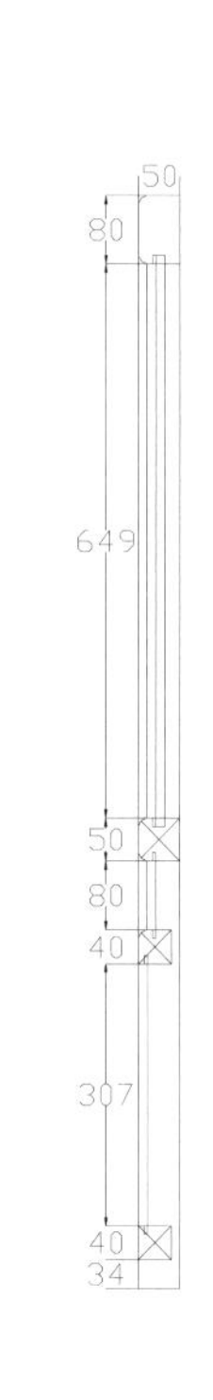

床头－左视图

床尾－主视图

注：此三件套中大床为 1 件，床头柜为 2 件。

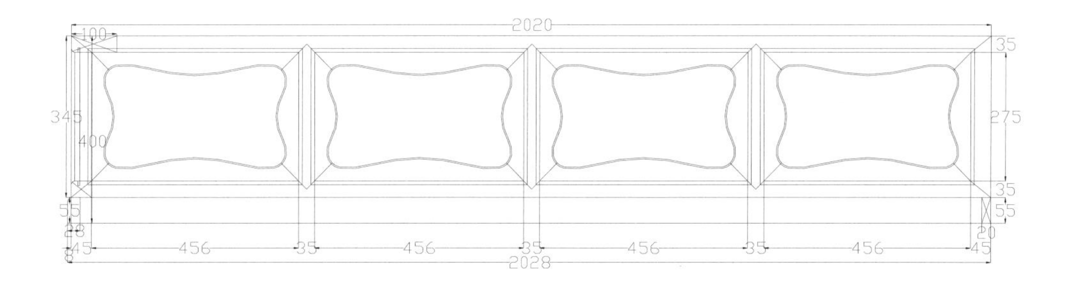

床身－左视图

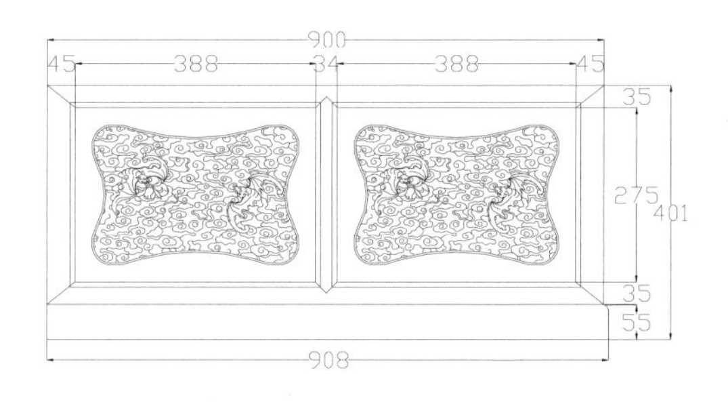

床身－细部雕刻图

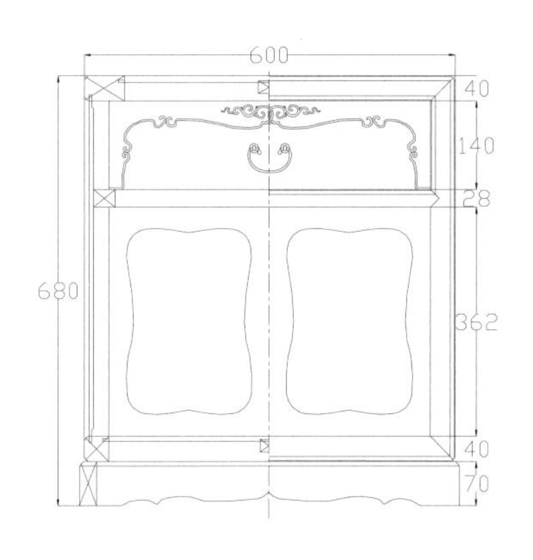

床头柜－主视图

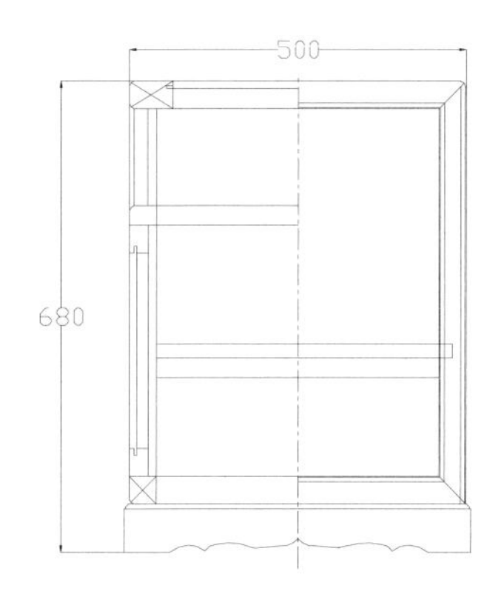

床头柜－右视图

图版清单（现代中式山水园林图大床三件套）：
床头—主视图
床头—左视图
床尾—主视图
床身—左视图
床身—细部雕刻图
床头柜—主视图
床头柜—右视图

现代中式团寿拐子纹大床三件套

材质：缅甸花梨

年款：现代

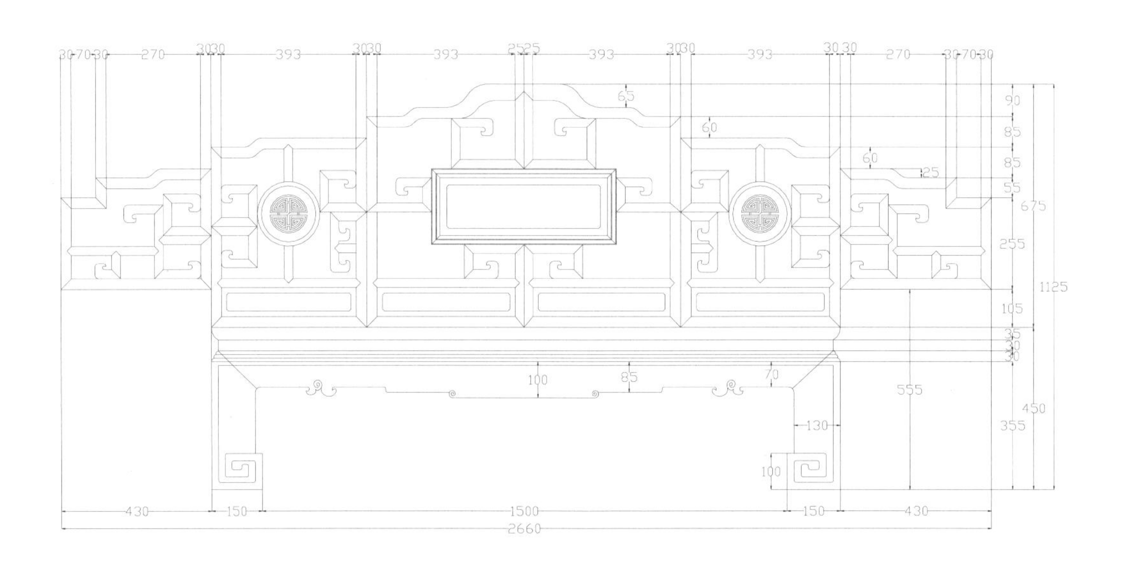

大床－主视图

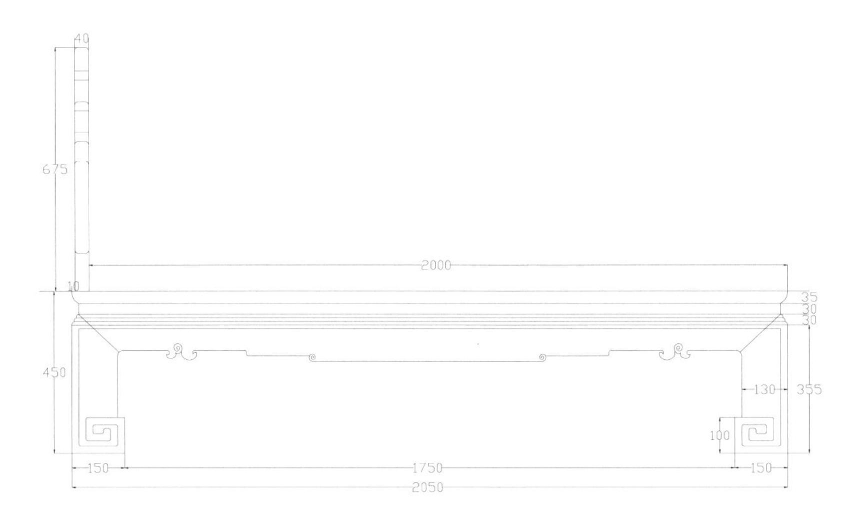

大床－左视图

注：此三件套中大床为 1 件，床头柜为 2 件。

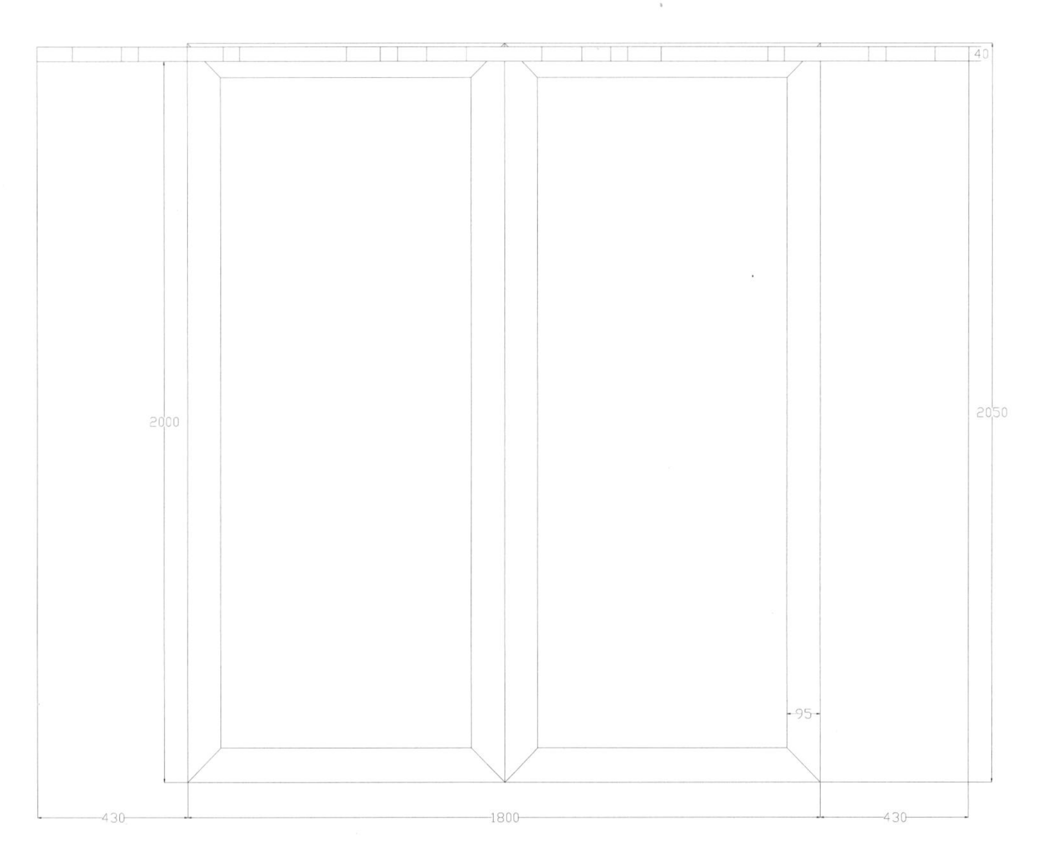

大床－俯视图

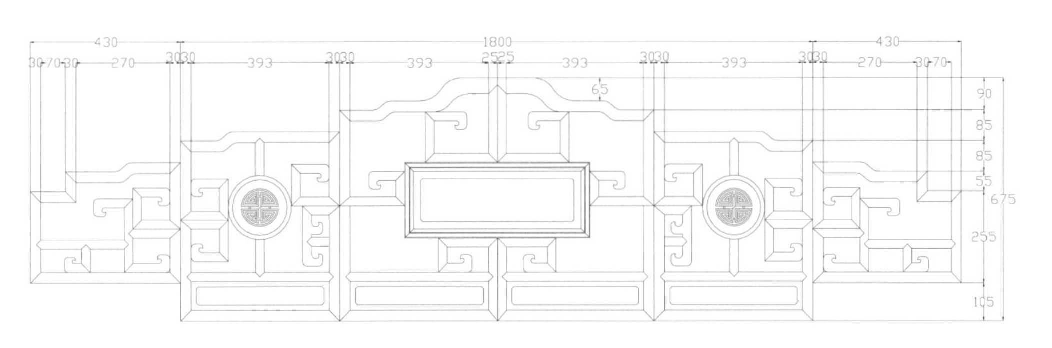

床头－主视图

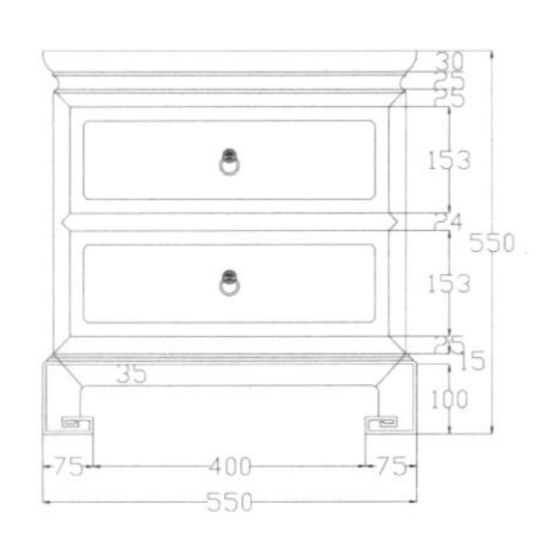

床头柜－主视图

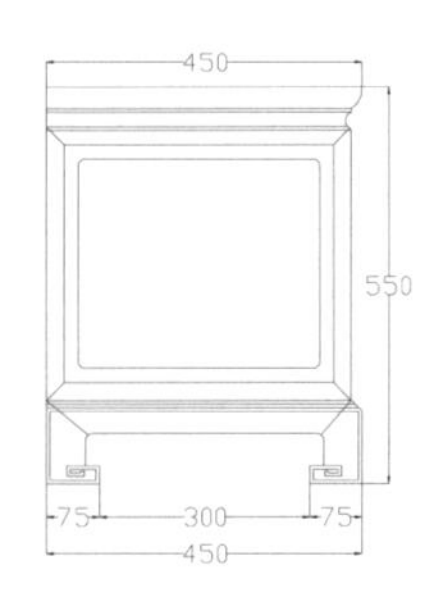

床头柜－左视图

图版清单（现代中式团寿拐子纹大床三件套）：

大床—主视图

大床—左视图

大床—俯视图

床头—主视图

床头柜—主视图

床头柜—左视图

现代中式大床三件套

材质：刺猬紫檀

年款：现代

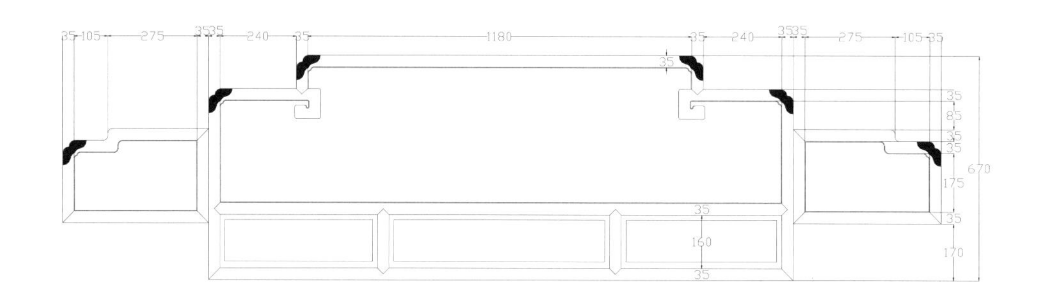

床头－主视图

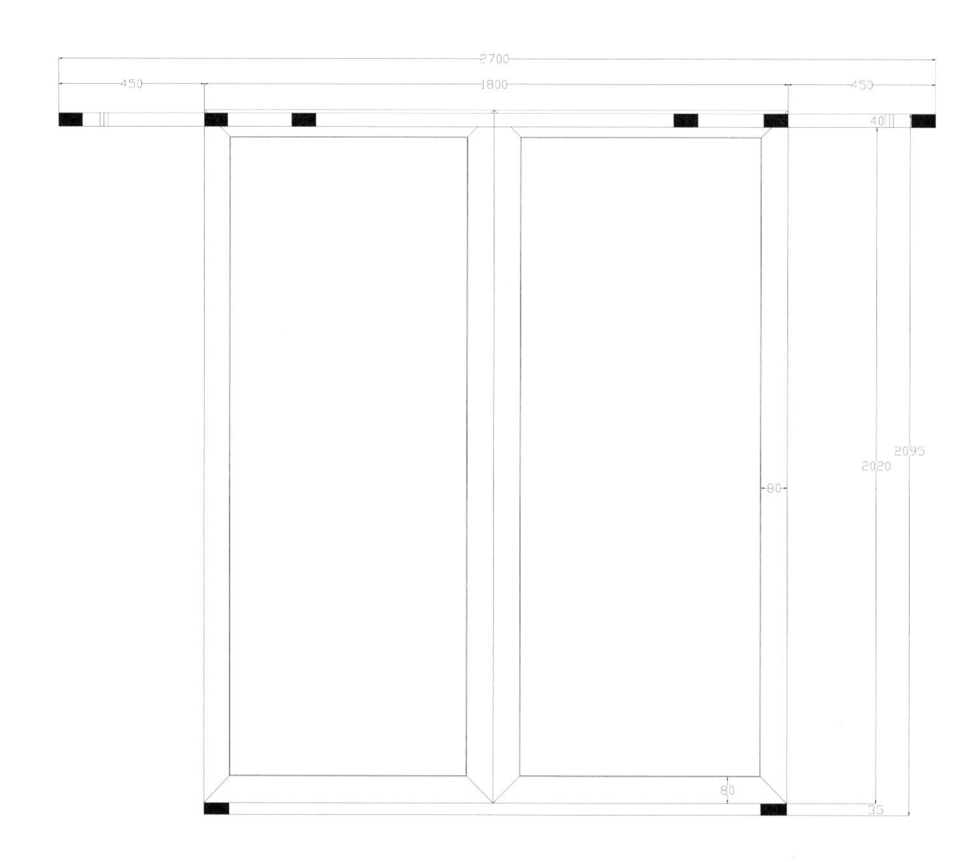

大床－俯视图

注：此三件套中大床为 1 件，床头柜为 2 件。

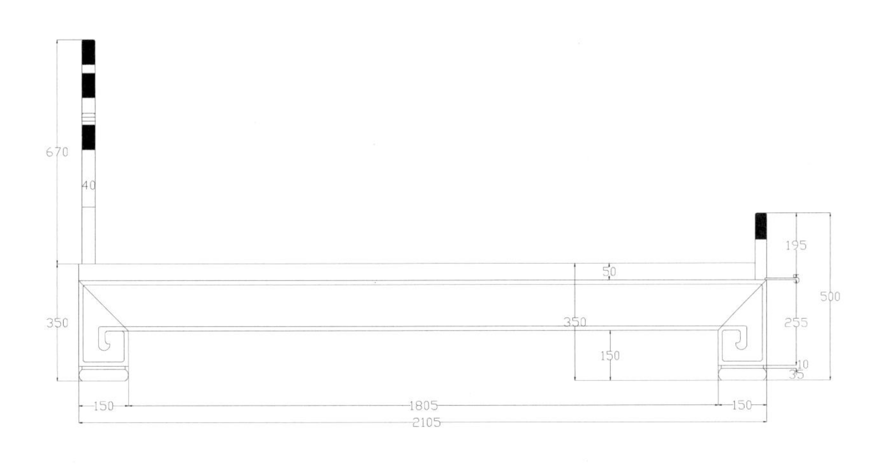

大床－左视图

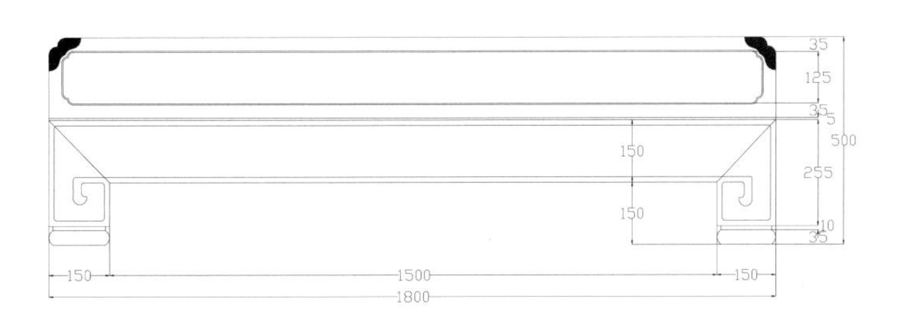

床尾－主视图

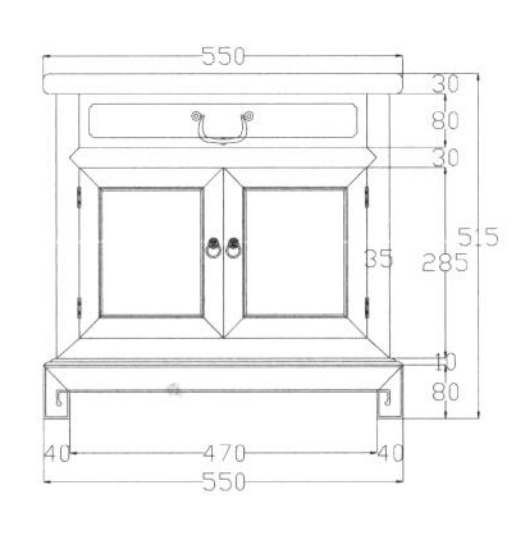

床头柜－主视图

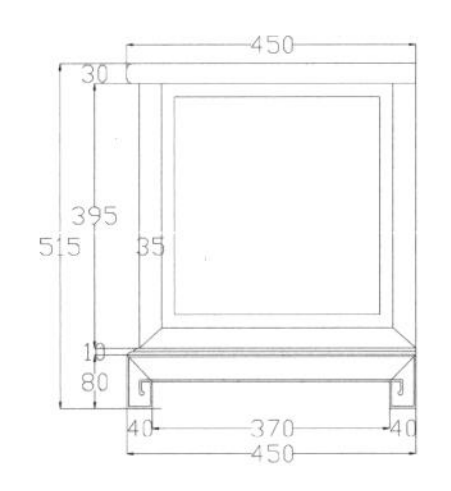

床头柜－左视图

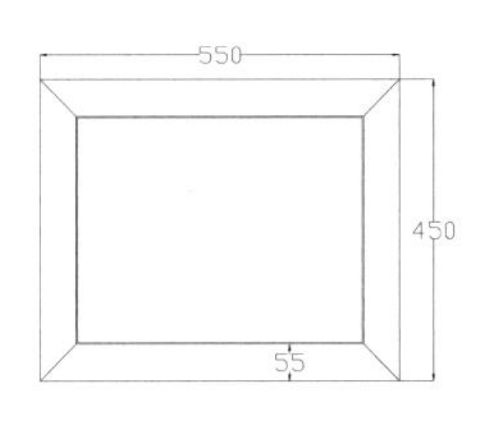

床头柜－俯视图

图版清单（现代中式大床三件套）：

床头—主视图

大床—俯视图

大床—左视图

床尾—主视图

床头柜—主视图

床头柜—左视图

床头柜—俯视图

现代中式山水人物图大床三件套

材质：缅甸花梨

年款：现代

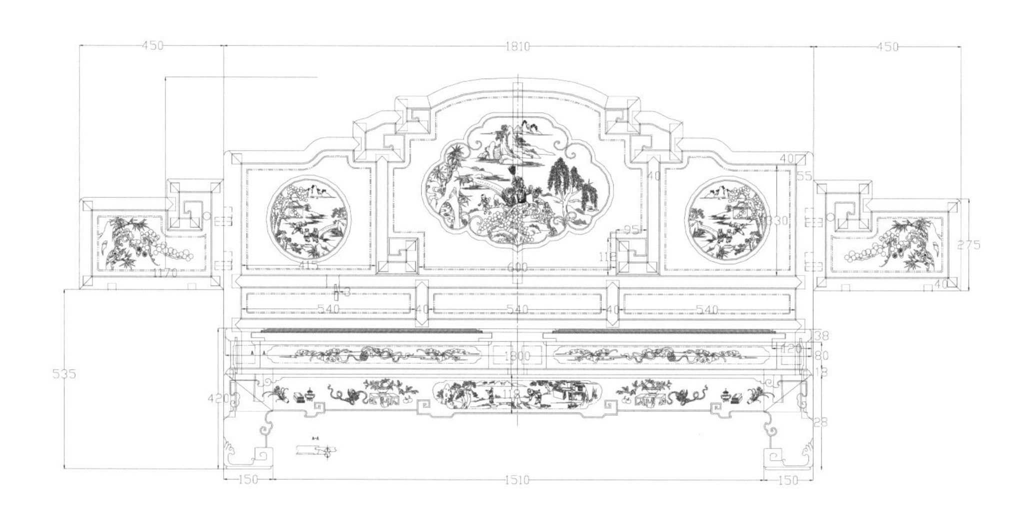

大床－主视图

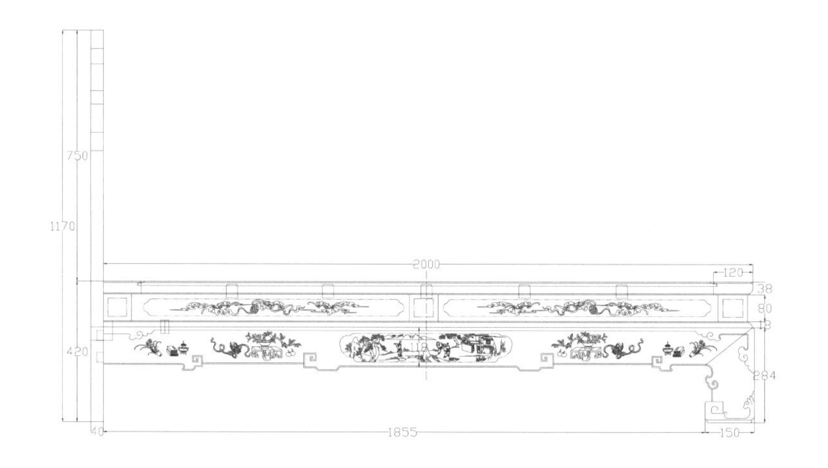

大床－左视图

注：此三件套中大床为 1 件，床头柜为 2 件。

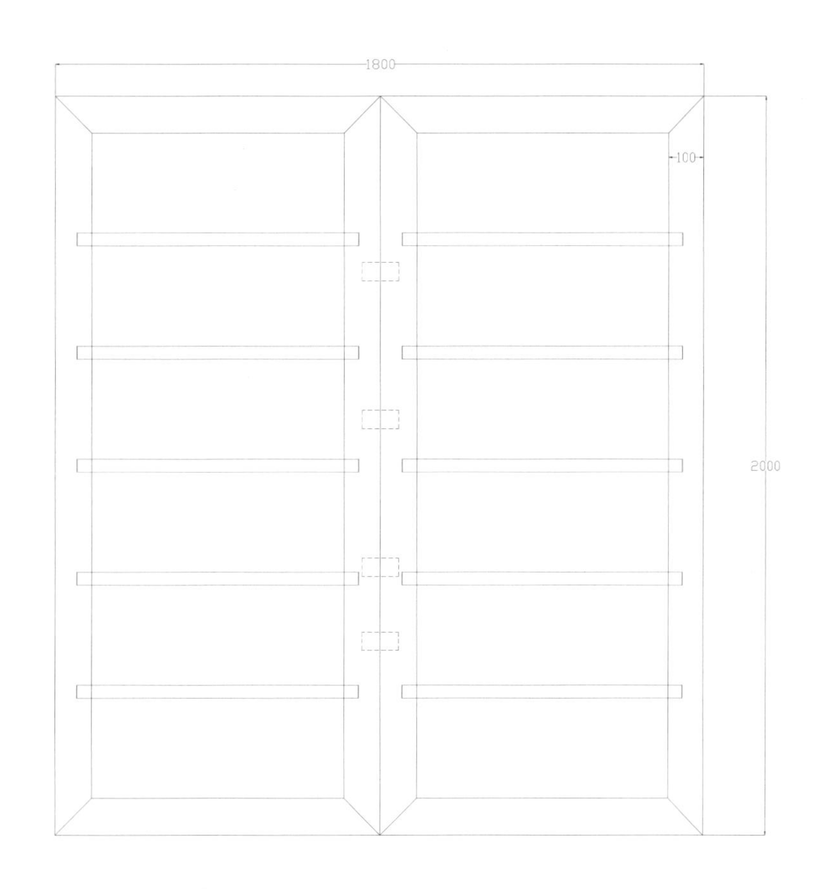

床身－俯视图

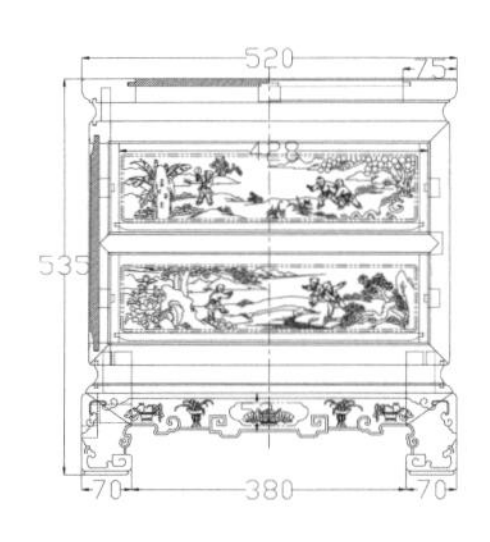

床头柜－主视图

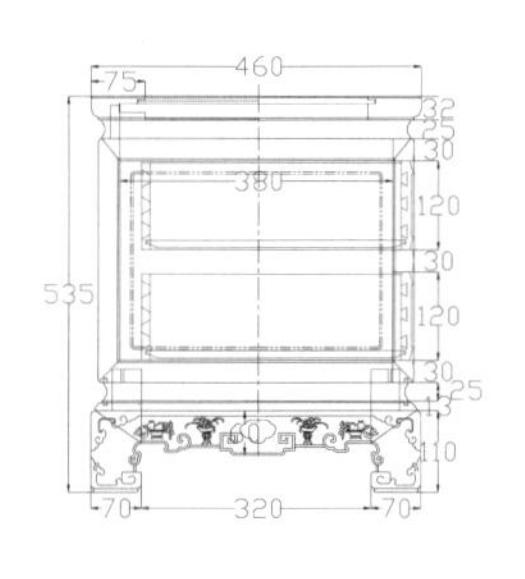

床头柜－左视图

图版清单（现代中式山水人物图大床三件套）：

大床—主视图

大床—左视图

床身—俯视图

床头柜—主视图

床头柜—左视图

现代中式攒拐子纹大床三件套

材质：缅甸花梨

年款：现代

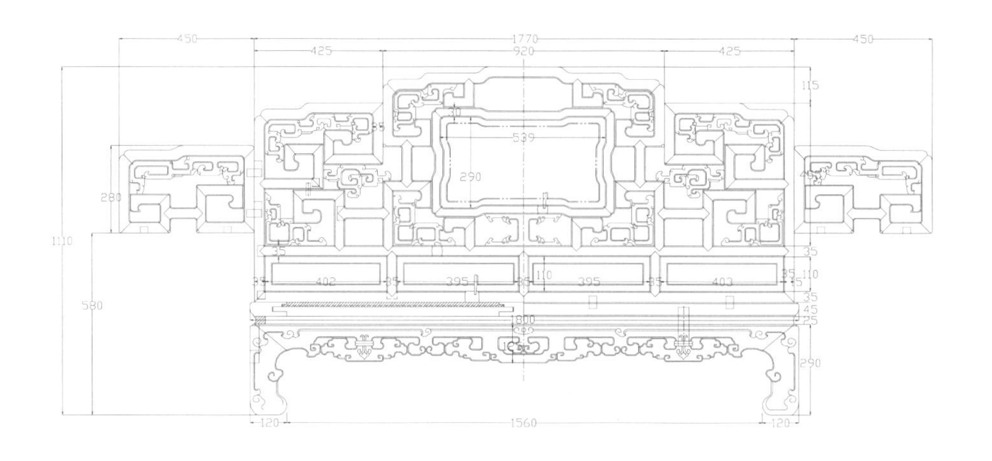

大床－主视图

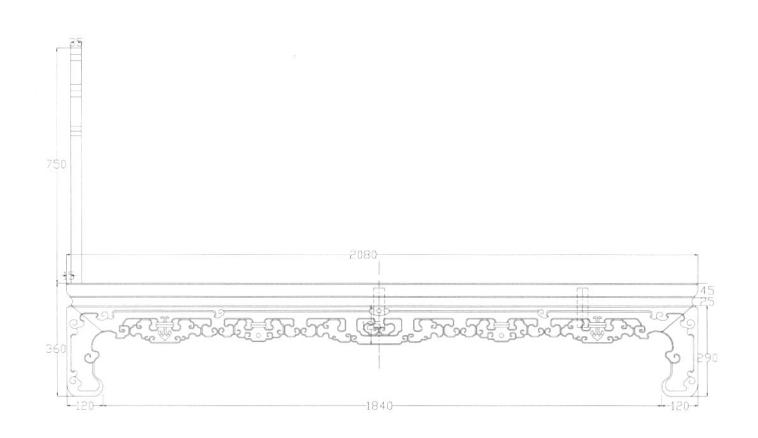

大床－左视图

注：此三件套中大床为 1 件，床头柜为 2 件。

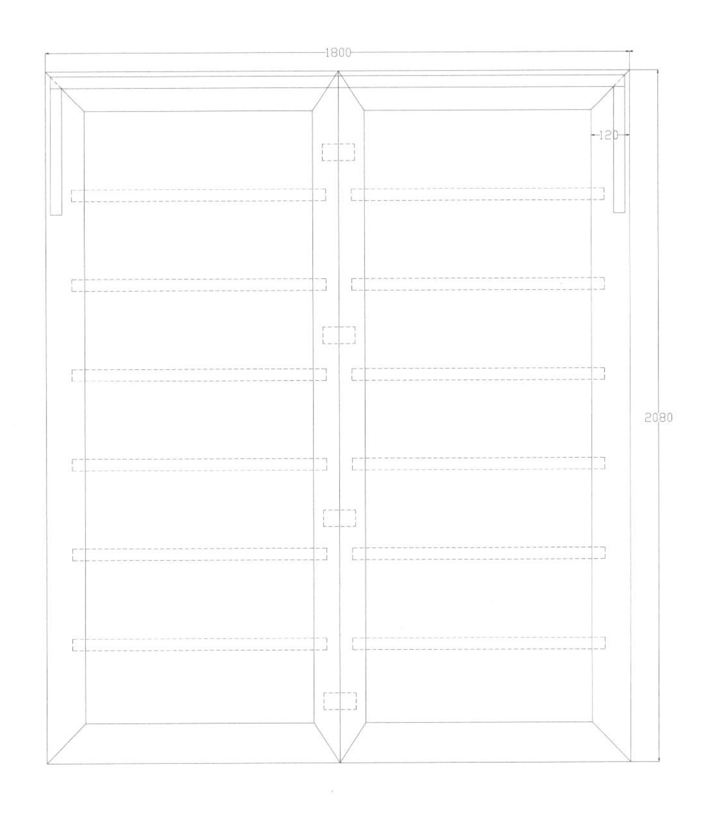

床身－俯视图

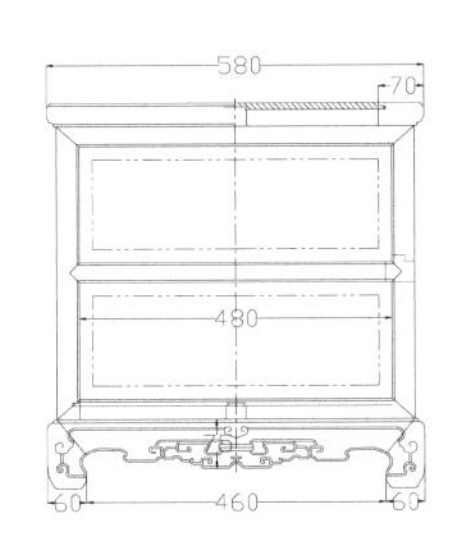

床头柜－主视图

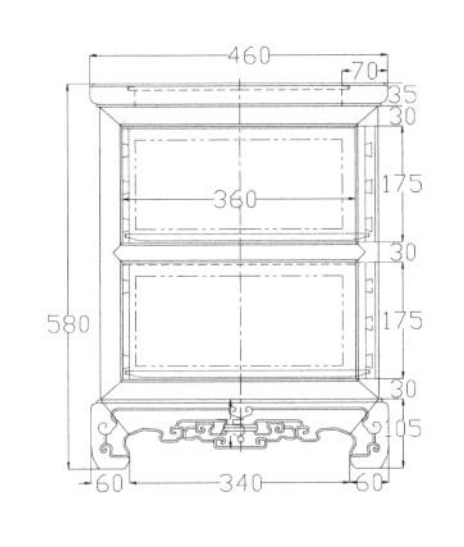

床头柜－左视图

图版清单（现代中式攒拐子纹大床三件套）：
大床—主视图
大床—左视图
床身—俯视图
床头柜—主视图
床头柜—左视图

现代中式富贵花鸟图大床三件套

材质：大红酸枝

年款：现代

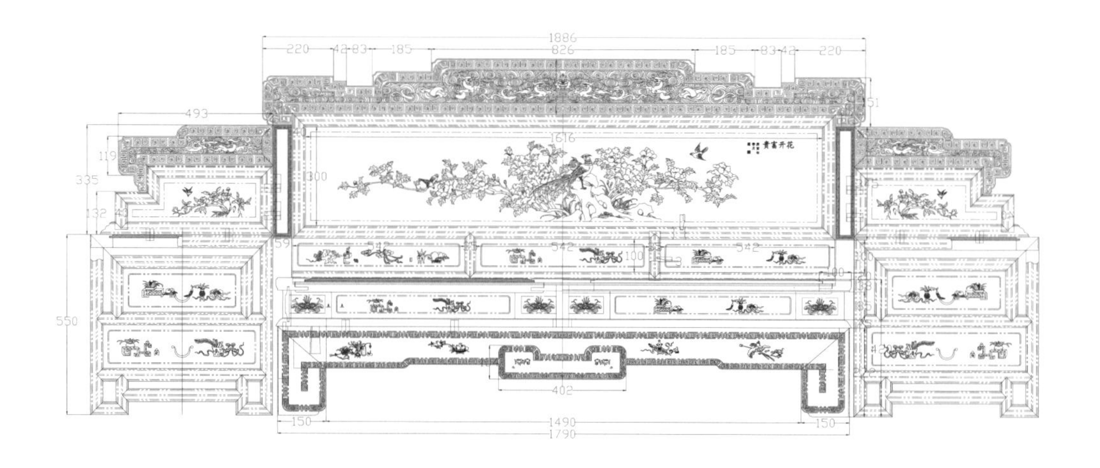

大床－主视图

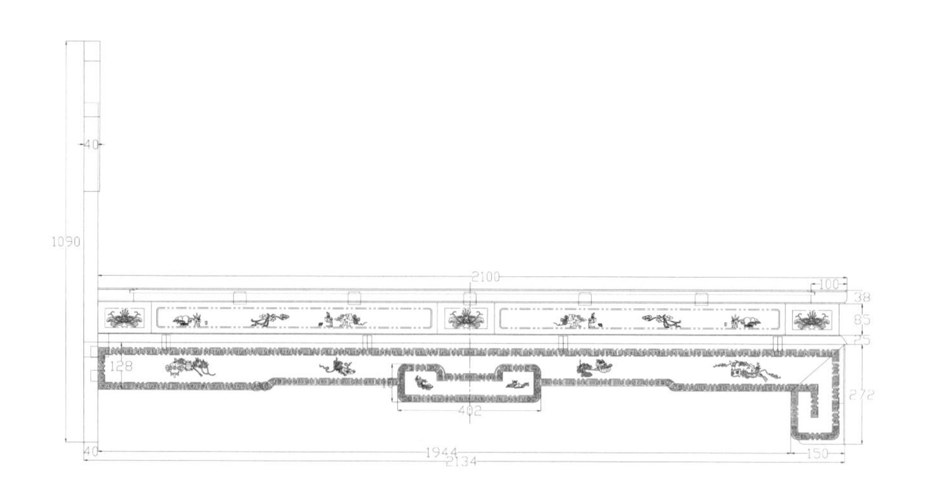

大床－左视图

注：此三件套中大床为 1 件，床头柜为 2 件。

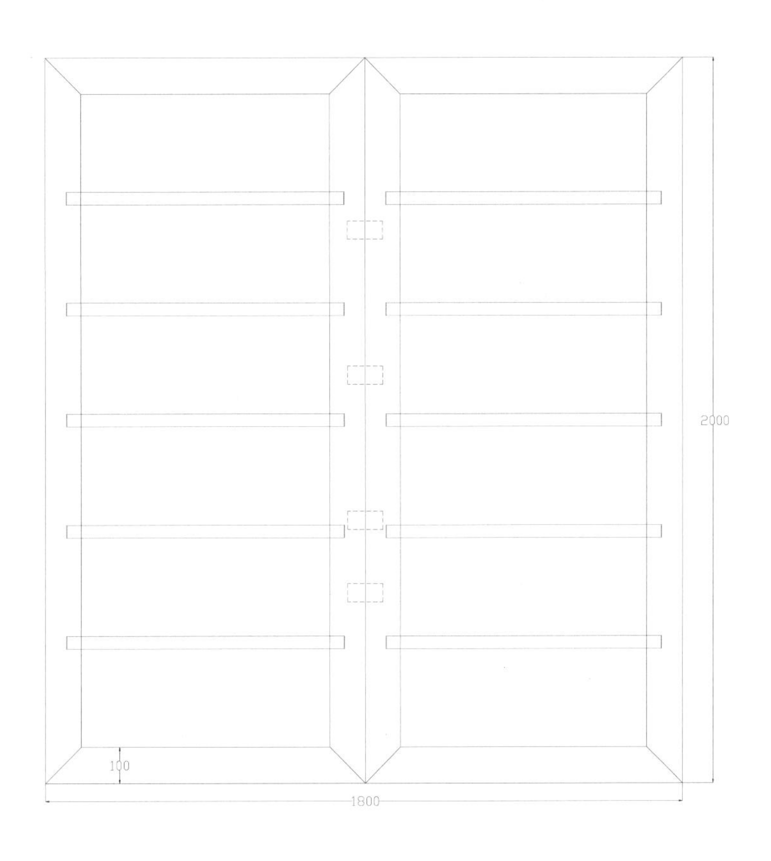

床身－俯视图

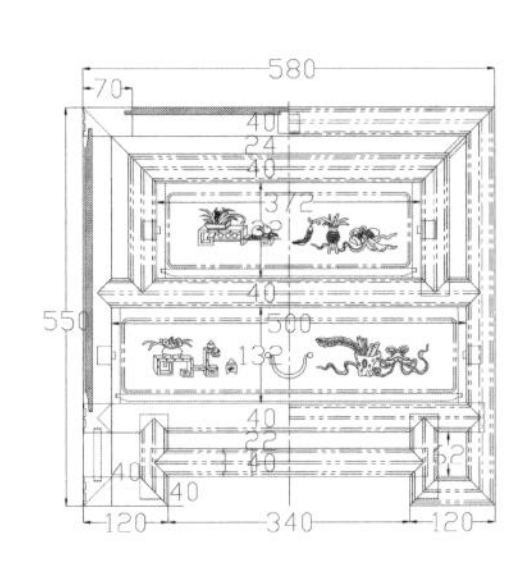

床头柜－主视图

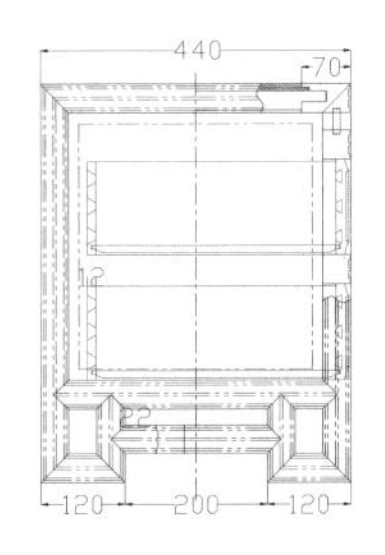

床头柜－左视图

图版清单（现代中式富贵花鸟图大床三件套）：

大床—主视图

大床—左视图

床身—俯视图

床头柜—主视图

床头柜—左视图

现代中式笔管直棂大床四件套

材质：染料紫檀

年款：现代

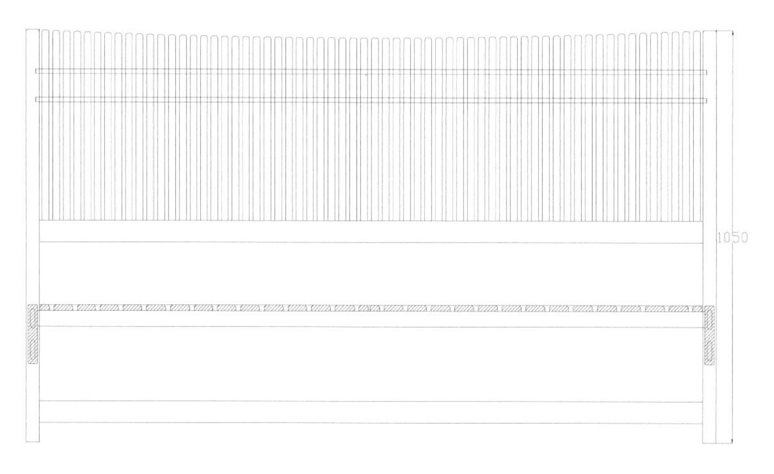

床头－主视图

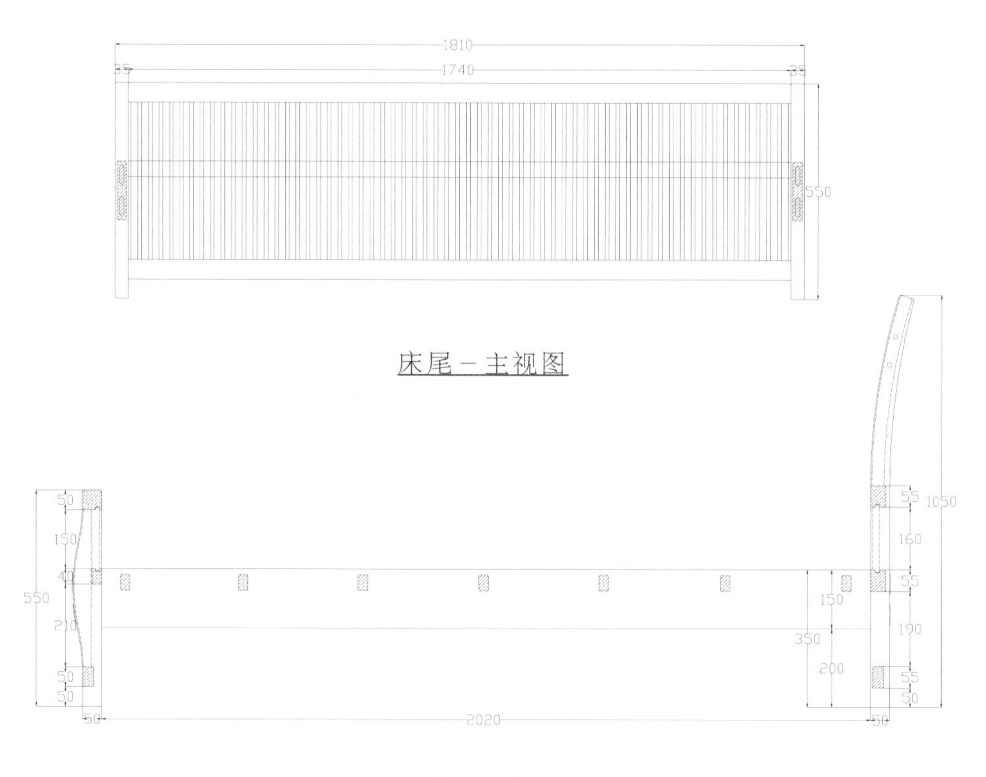

床尾－主视图

大床－右视图

注：此四件套中大床为 1 件，榻为 1 件，床头柜为 2 件。

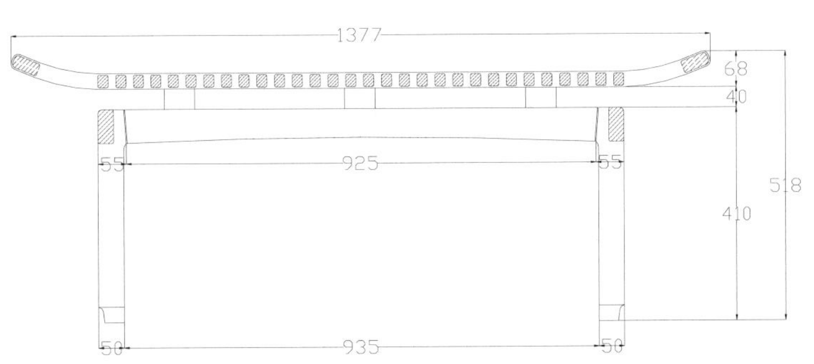

榻－主视图

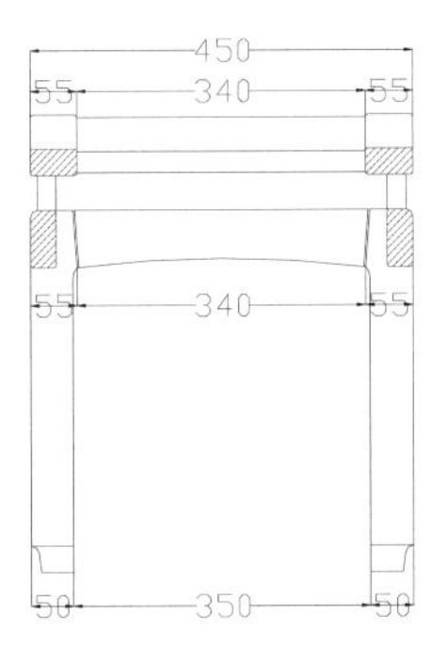

榻－左视图

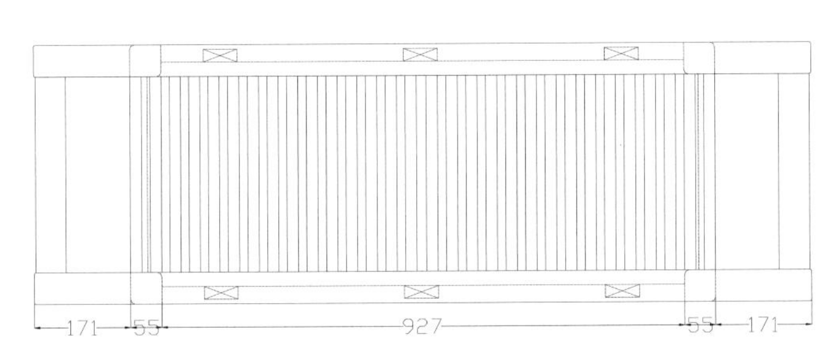

榻－俯视图

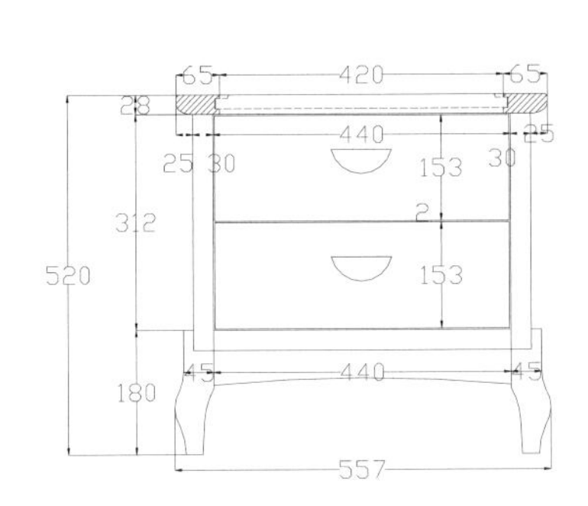

床头柜－主视图

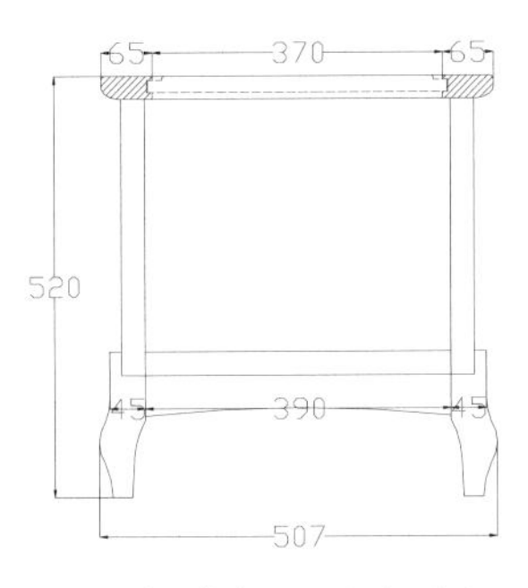

床头柜－左视图

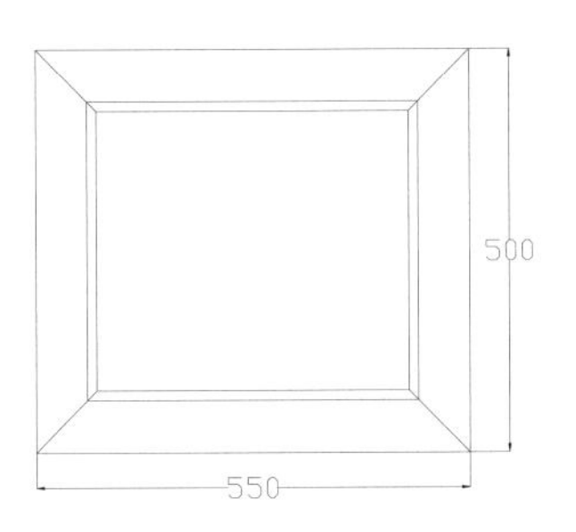

床头柜－俯视图

图版清单（现代中式笔管直棂大床四件套）：

床头—主视图
床尾—主视图
大床—右视图
榻—主视图
榻—左视图
榻—俯视图
床头柜—主视图
床头柜—左视图
床头柜—俯视图

现代中式五福如意加长沙发四件套

材质：缅甸花梨

年款：现代

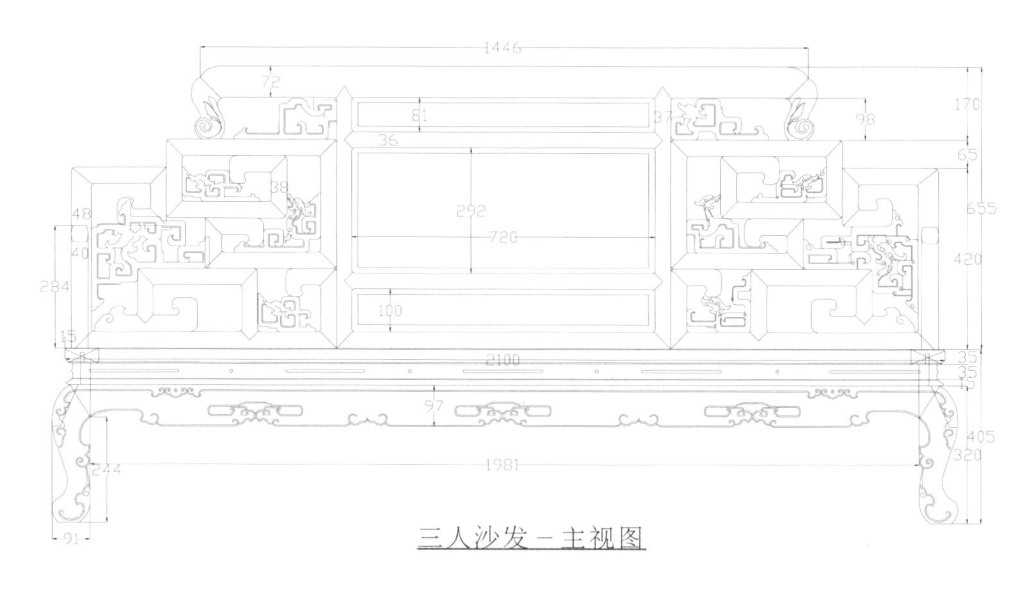

三人沙发－主视图

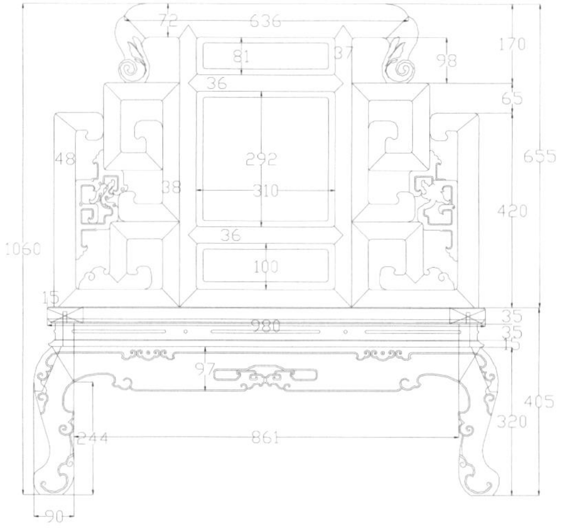

单人沙发－主视图

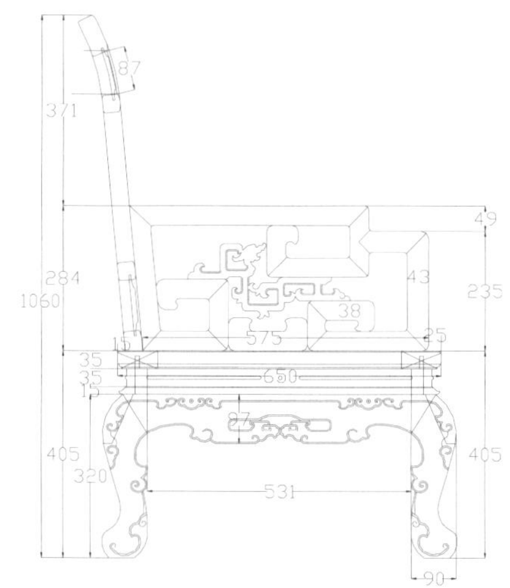

单人沙发－左视图

图版清单（现代中式五福如意加长沙发四件套）：
三人沙发—主视图
单人沙发—主视图
单人沙发—左视图
炕桌—主视图
炕桌—左视图

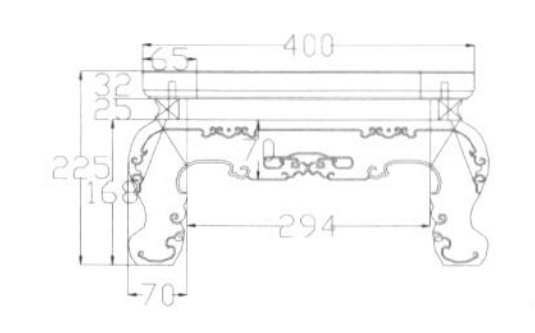

炕桌－主视图

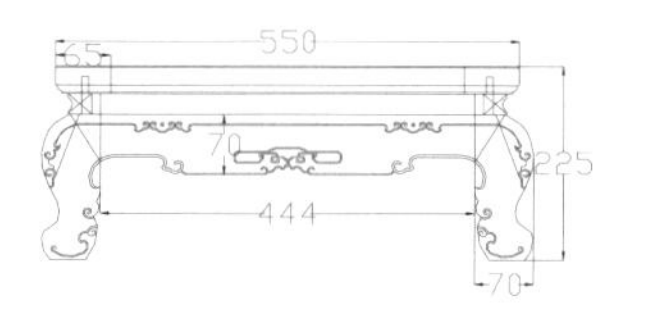

炕桌－左视图

注：此四件套中三人沙发为 1 件，单人沙发为 2 件，炕桌为 1 件。

现代中式海棠纹开光沙发四件套

材质：缅甸花梨

年款：现代

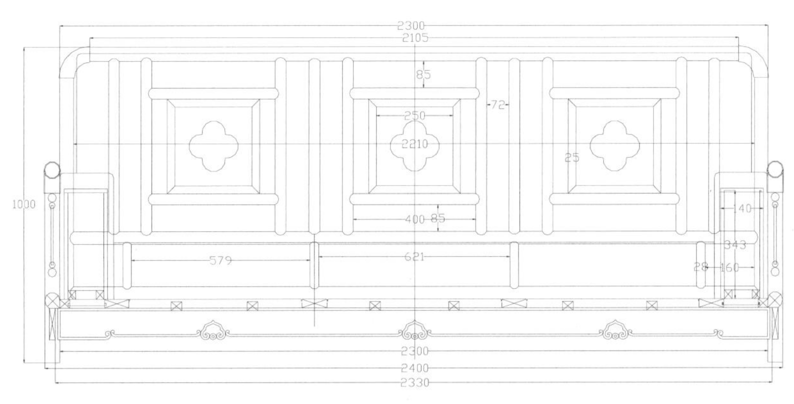

三人沙发－主视图

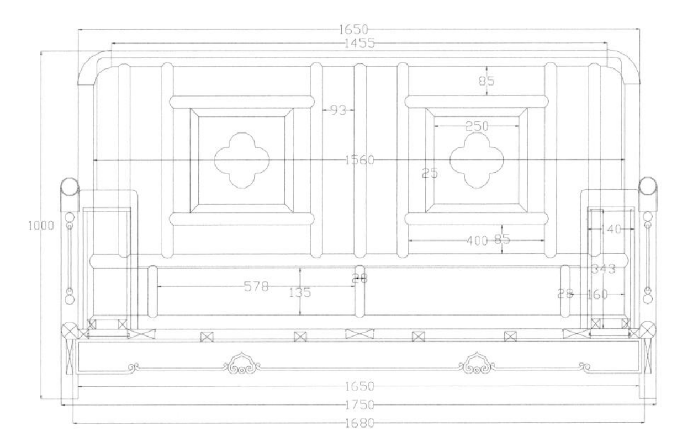

双人沙发－主视图

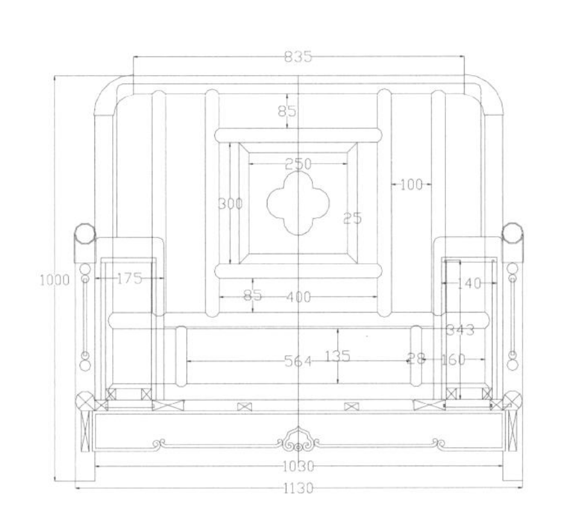

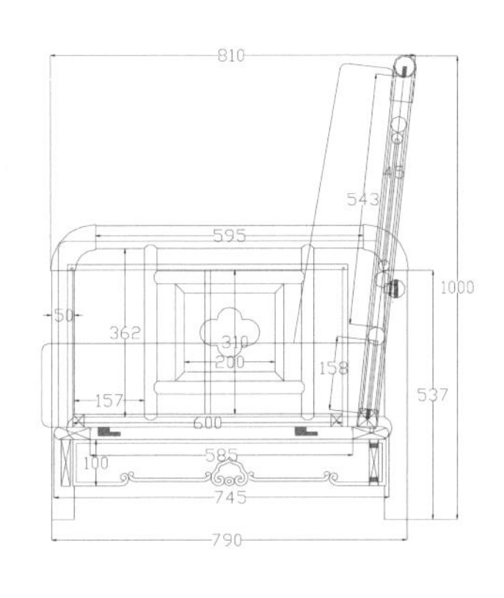

单人沙发－主视图　　单人沙发－右视图

图版清单（现代中式海棠纹开光沙发四件套）：

三人沙发—主视图

双人沙发—主视图

单人沙发—主视图

单人沙发—右视图

注：此四件套中三人沙发为 1 件，双人沙发为 1 件，单人沙发为 2 件。

现代中式兰亭沙发四件套

材质：缅甸花梨

年款：现代

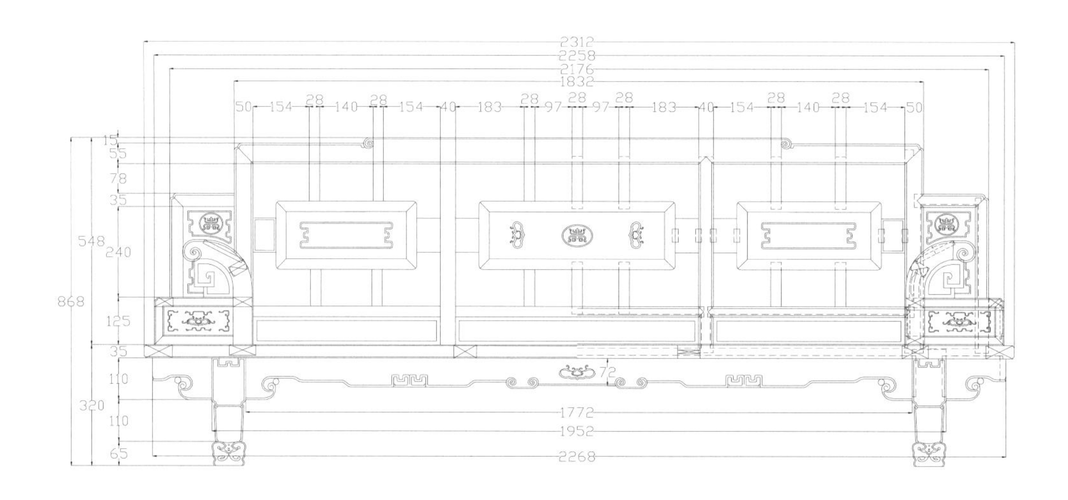

三人沙发－主视图

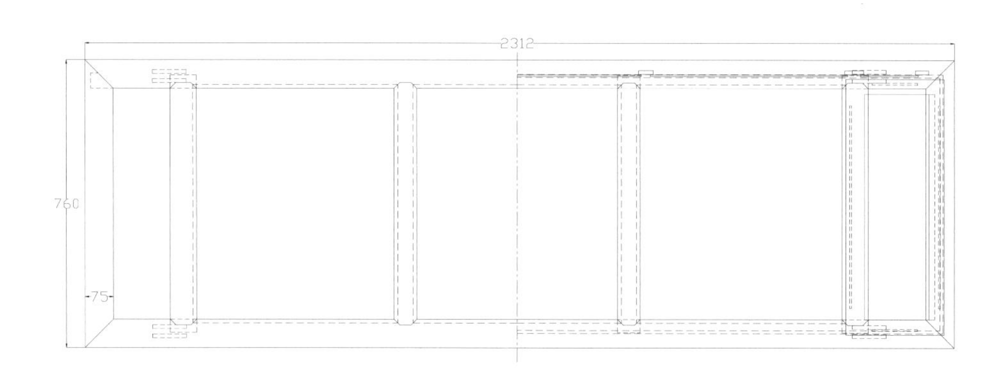

三人沙发－俯视图

注：此四件套中三人沙发为 1 件，单人沙发为 2 件，茶几为 1 件。

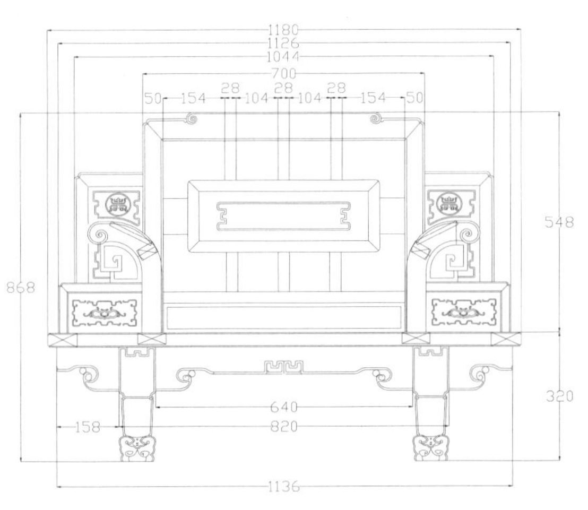

单人沙发－主视图

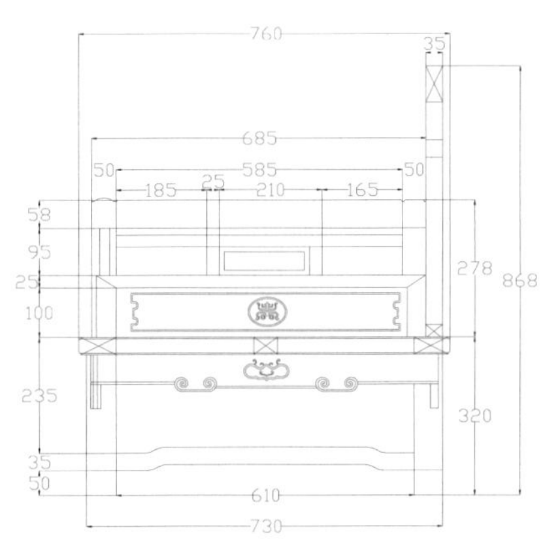

单人沙发－右视图

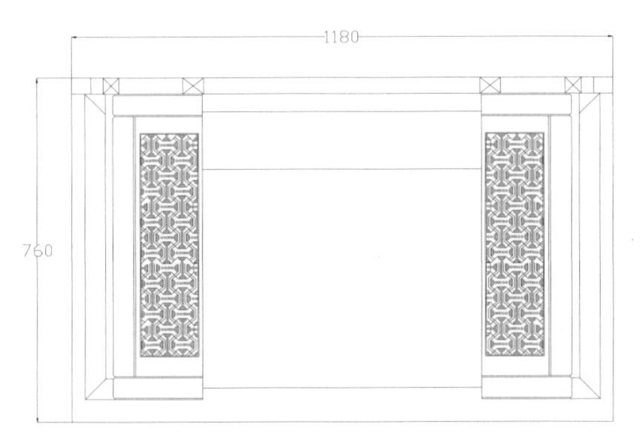

单人沙发－俯视图

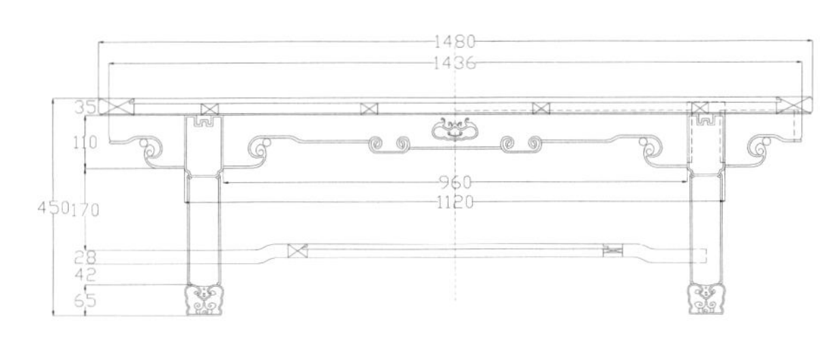

茶几－主视图

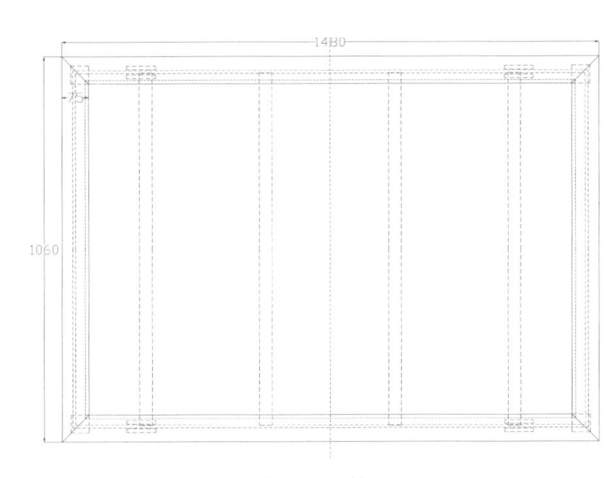

茶几－俯视图

图版清单（现代中式兰亭沙发四件套）：

三人沙发—主视图

三人沙发—俯视图

单人沙发—主视图

单人沙发—右视图

单人沙发—俯视图

茶几—主视图

茶几—俯视图

现代中式高靠背博古图沙发六件套

材质：大红酸枝

年款：现代

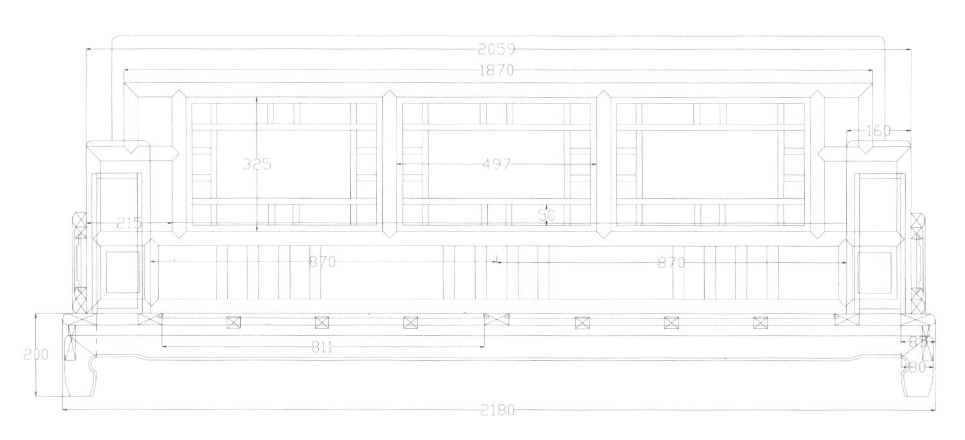

三人沙发－主视图

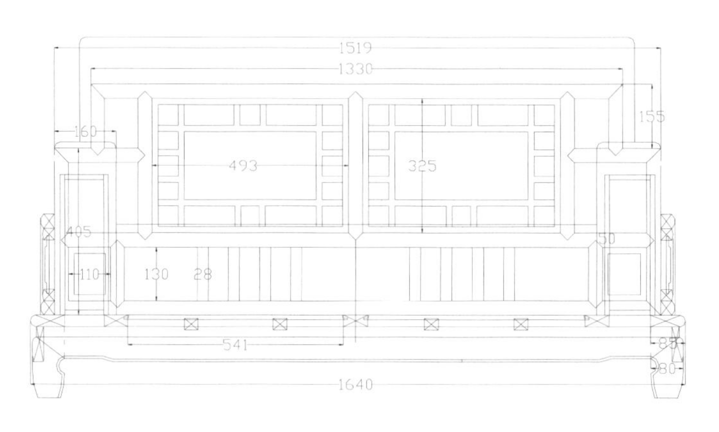

双人沙发－主视图

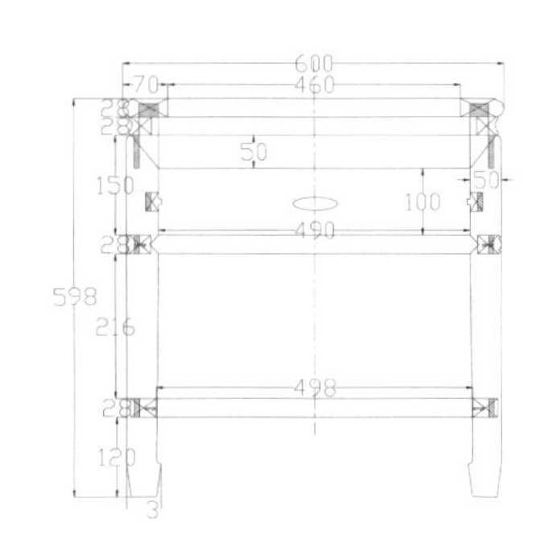

小几－主视图

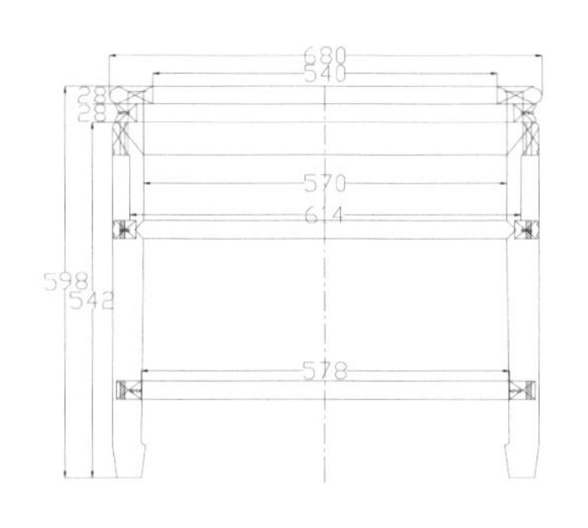

小几－右视图

注：此六件套中三人沙发为 1 件，双人沙发为 1 件，单人沙发为 2 件，茶几为 1 件，小几为 1 件。

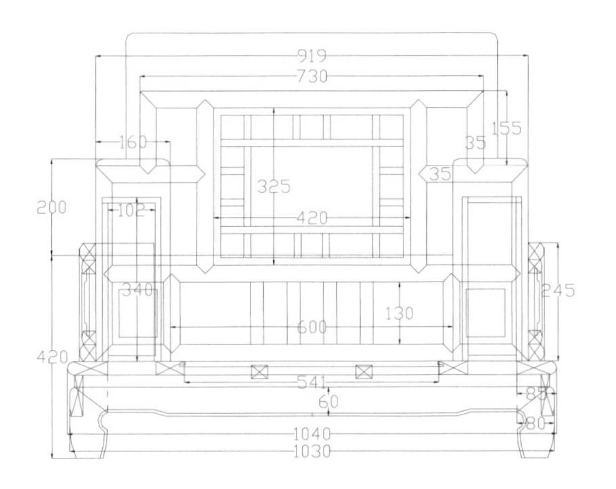

单人沙发－主视图

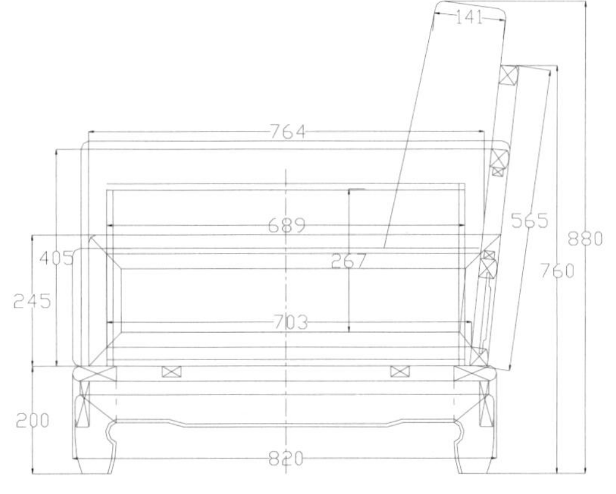

单人沙发－右视图

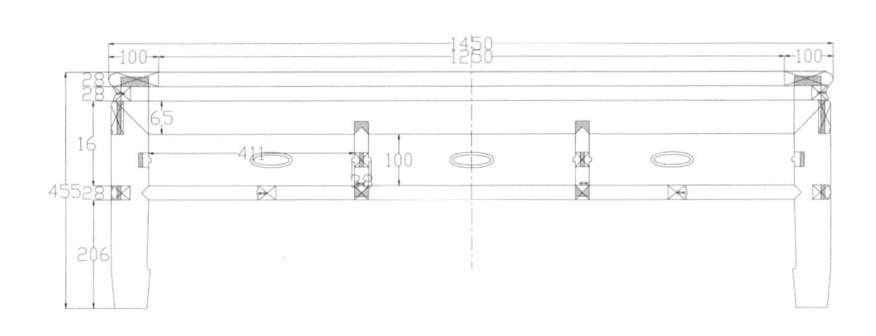

茶几－主视图

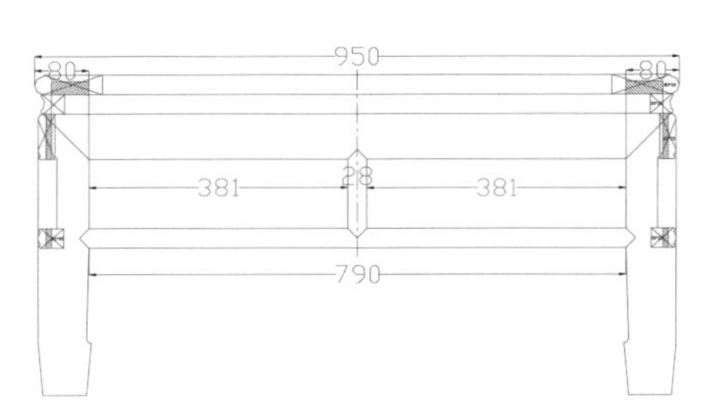

茶几－右视图

图版清单（现代中式高靠背博古图沙发六件套）：

三人沙发—主视图

双人沙发—主视图

小几—主视图

小几—右视图

单人沙发—主视图

单人沙发—右视图

茶几—主视图

茶几—右视图

现代中式拐子回纹沙发六件套

材质：刺猬紫檀

年款：现代

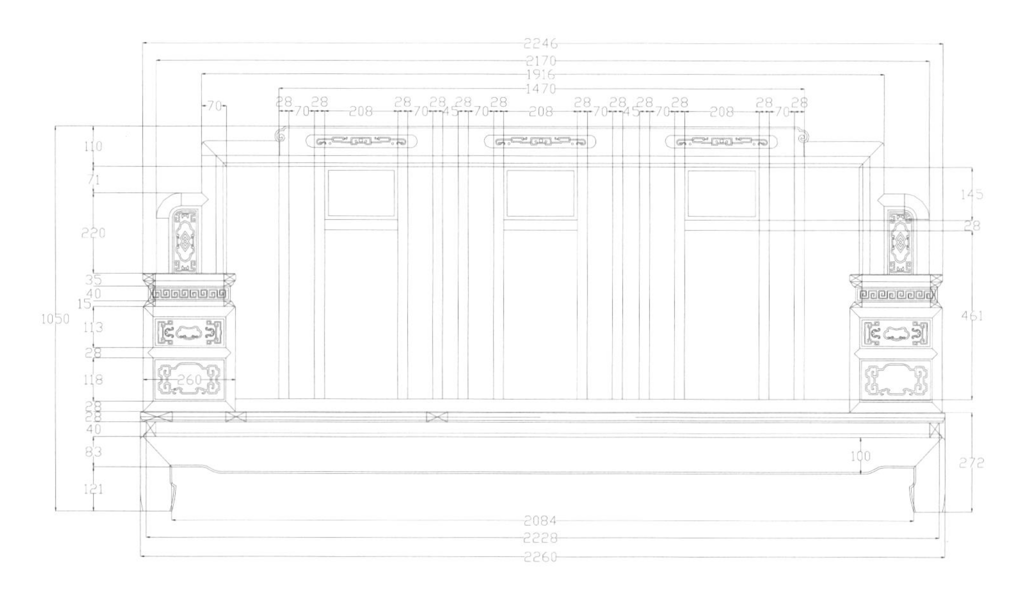

三人沙发－主视图

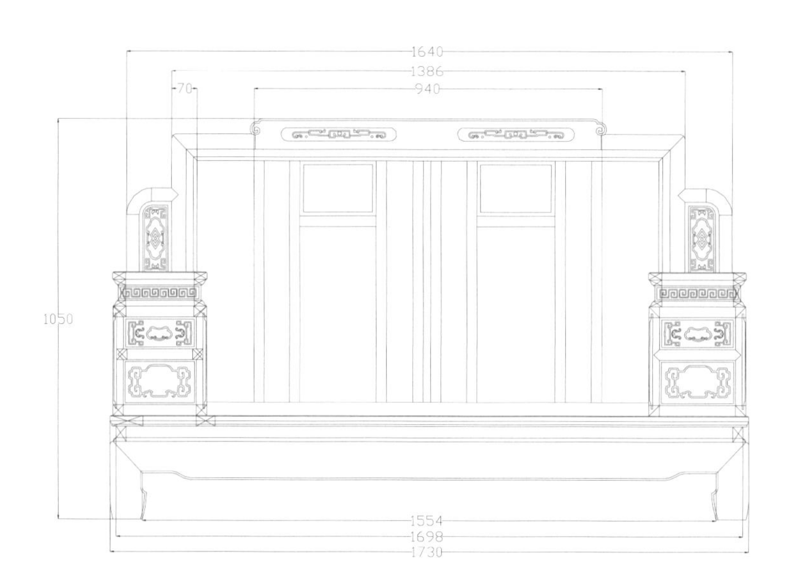

双人沙发－主视图

注：此六件套中三人沙发为 1 件，双人沙发为 1 件，单人沙发为 2 件，茶几为 1 件，小几为 1 件。

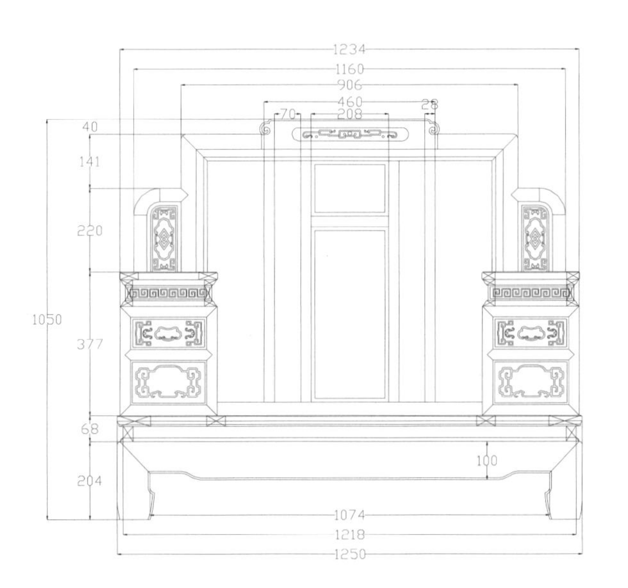

单人沙发－主视图

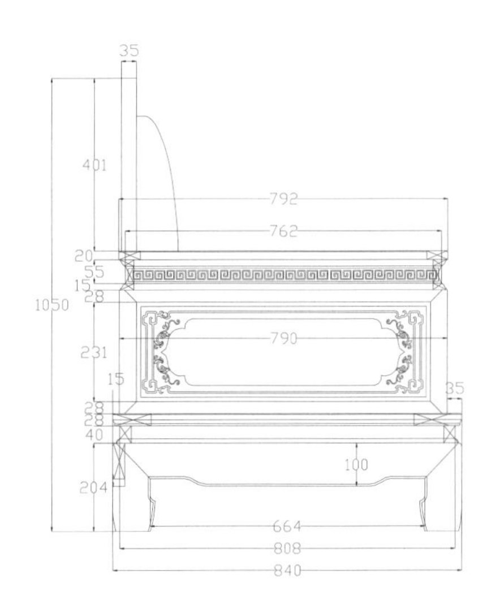

单人沙发－左视图

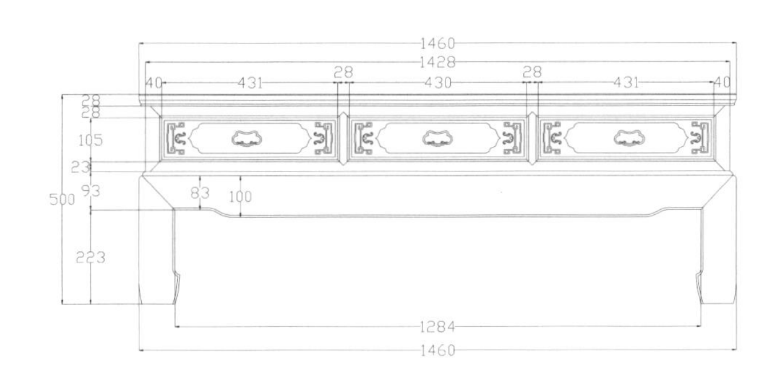

茶几－主视图

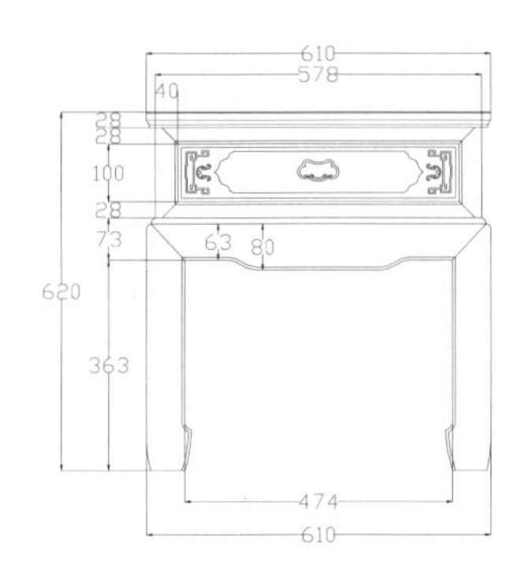

小几－主视图

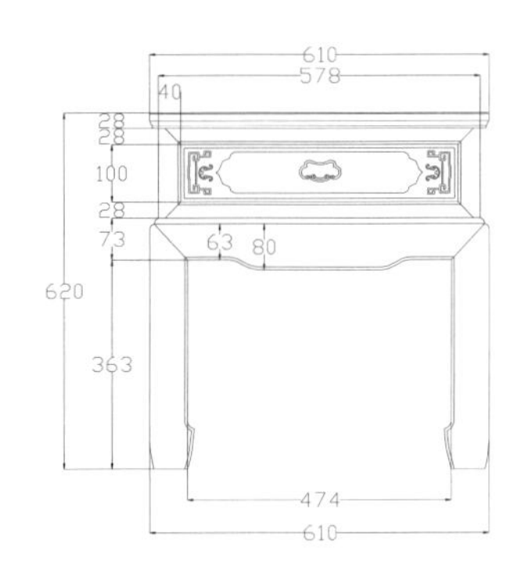

小几－左视图

图版清单（现代中式拐子回纹沙发六件套）：

三人沙发—主视图

双人沙发—主视图

单人沙发—主视图

单人沙发—左视图

茶几—主视图

小几—主视图

小几—左视图

现代中式玉璧福磬纹沙发六件套

材质：缅甸花梨

年款：现代

三人沙发－主视图

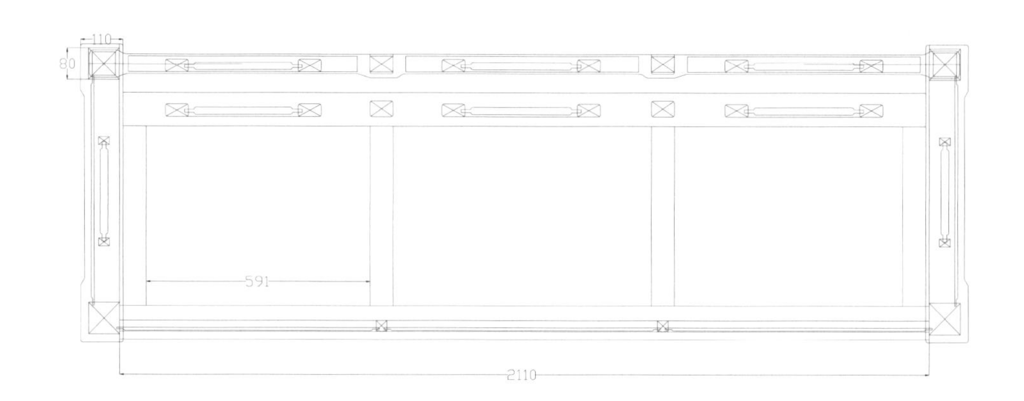

三人沙发－俯视图

注：此六件套中三人沙发为 1 件，单人沙发为 4 件，茶几为 1 件。

单人沙发－主视图

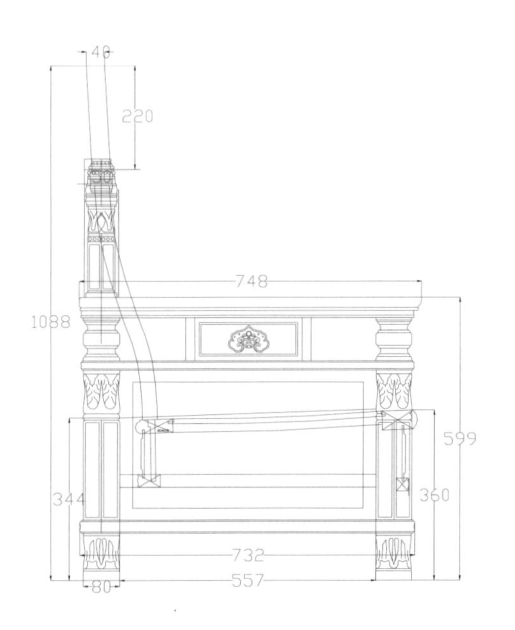

单人沙发－左视图

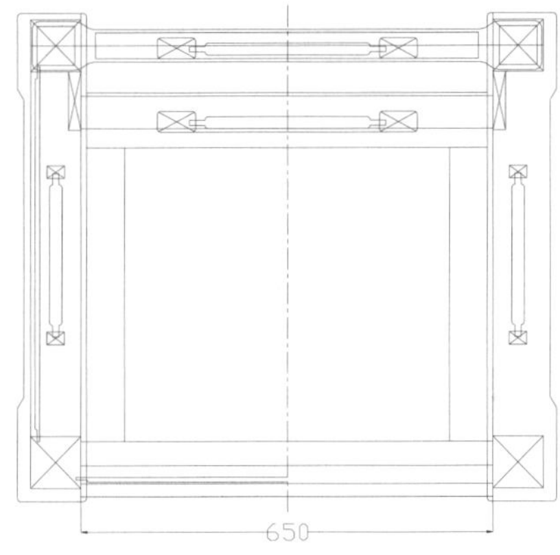
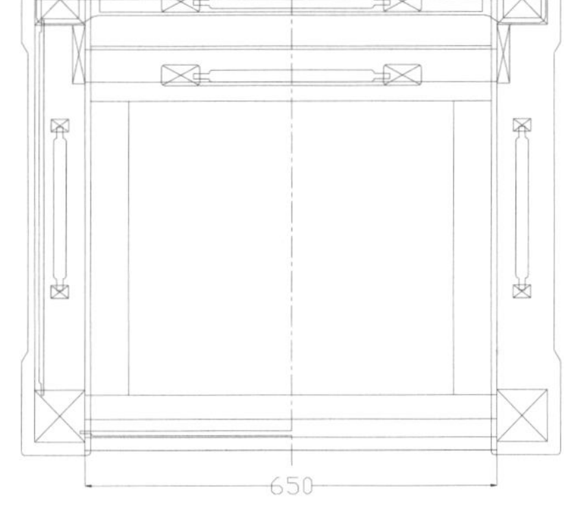

单人沙发－俯视图

茶几－主视图

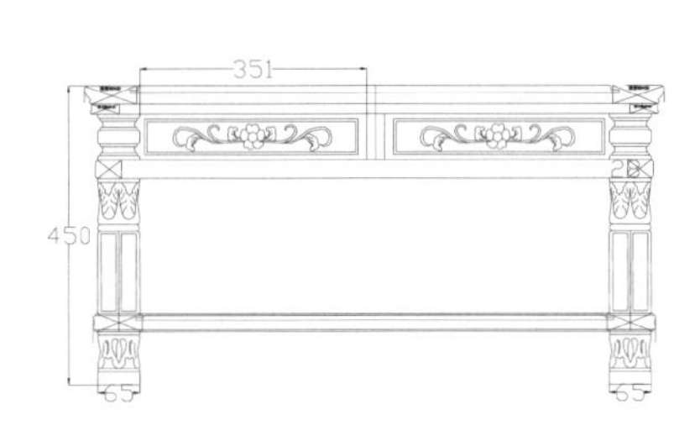

茶几－左视图

图版清单（现代中式玉璧福磬纹沙发六件套）：

三人沙发—主视图

三人沙发—俯视图

单人沙发—主视图

单人沙发—左视图

单人沙发—俯视图

茶几—主视图

茶几—左视图

现代中式龙行连渡纹沙发八件套

材质：白酸枝

年款：现代

三人沙发－主视图

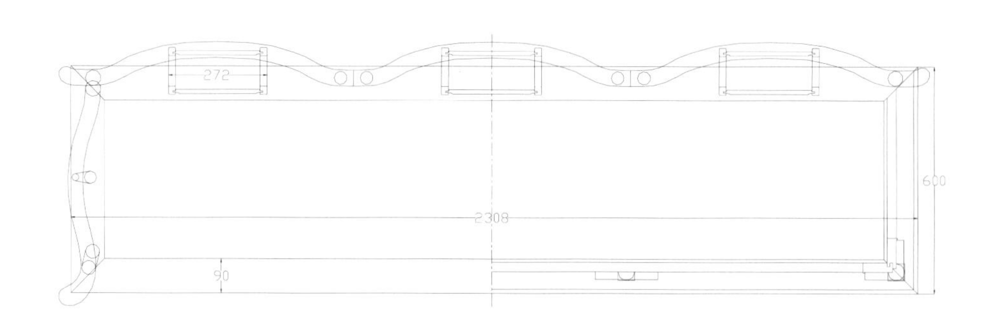

三人沙发－俯视图

注：此八件套中三人沙发为 1 件，单人沙发为 4 件，茶几为 1 件，小几为 2 件。

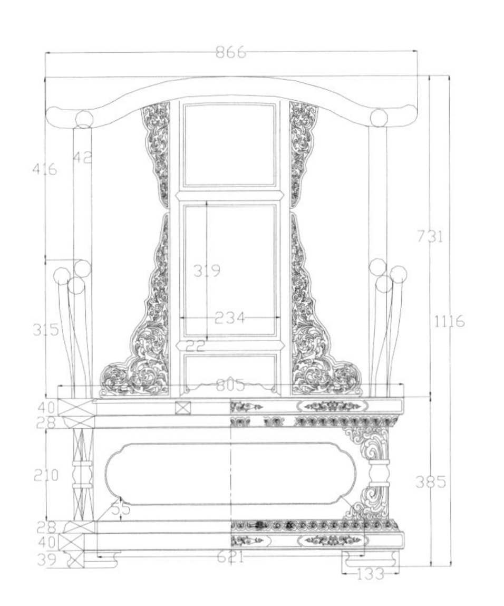

单人沙发－主视图

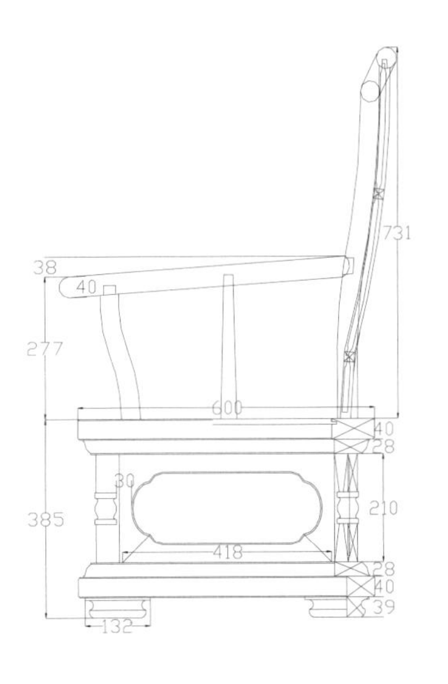

单人沙发－右视图

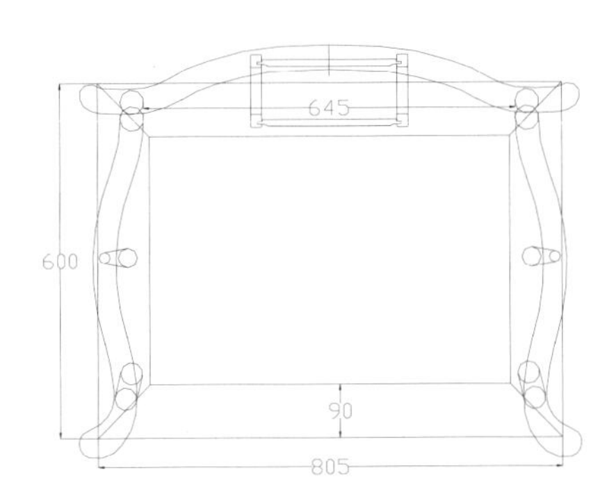

单人沙发－俯视图

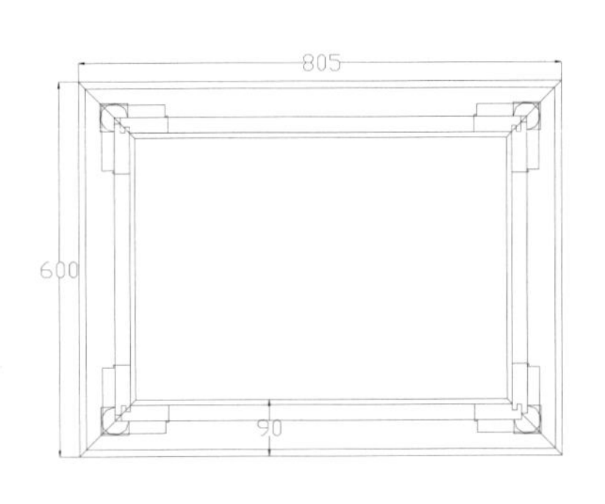

单人沙发－剖视图

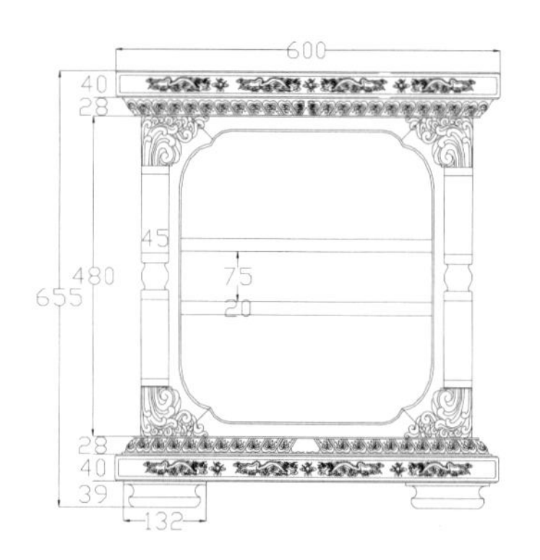

小几－主视图

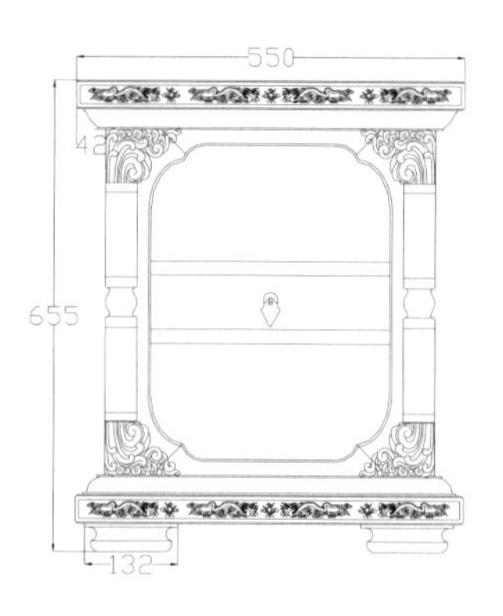

小几－左视图

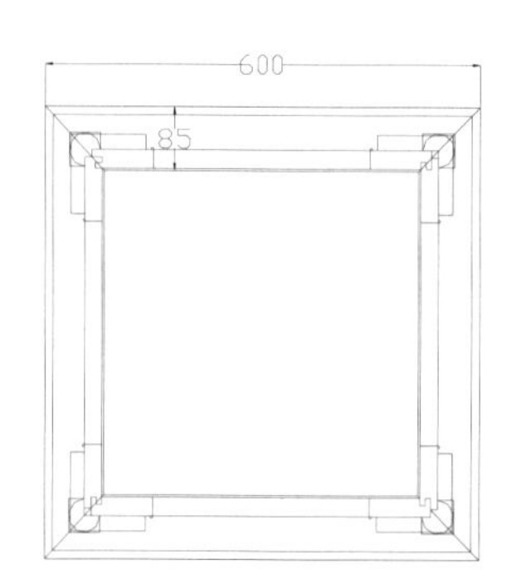

小几－俯视图

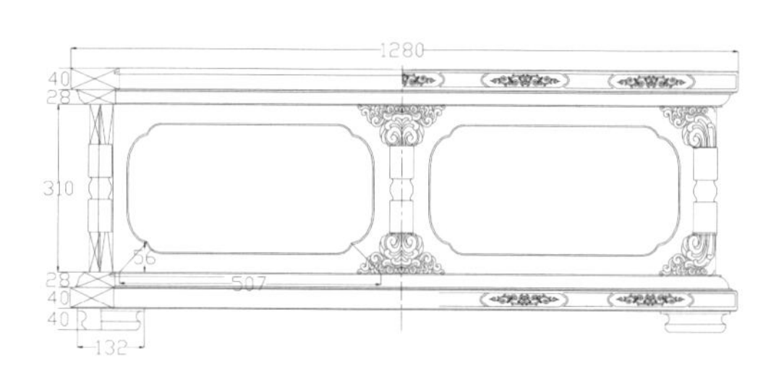

茶几－主视图

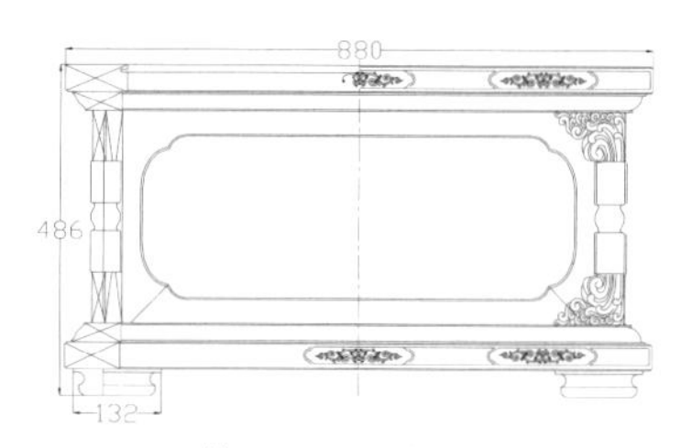

茶几－左视图

图版清单（现代中式龙行连渡纹沙发八件套）：

三人沙发—主视图

三人沙发—俯视图

单人沙发—主视图

单人沙发—右视图

单人沙发—俯视图

单人沙发—剖视图

小几—主视图

小几—左视图

小几—俯视图

茶几—主视图

茶几—左视图

茶几—俯视图

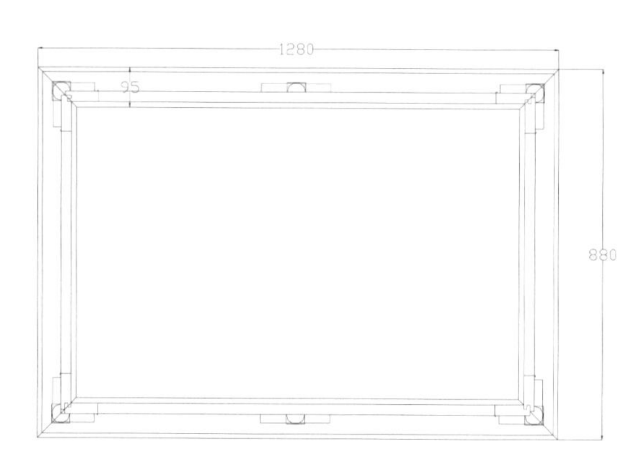

茶几－俯视图

现代中式回纹沙发八件套

材质：大红酸枝

年款：现代

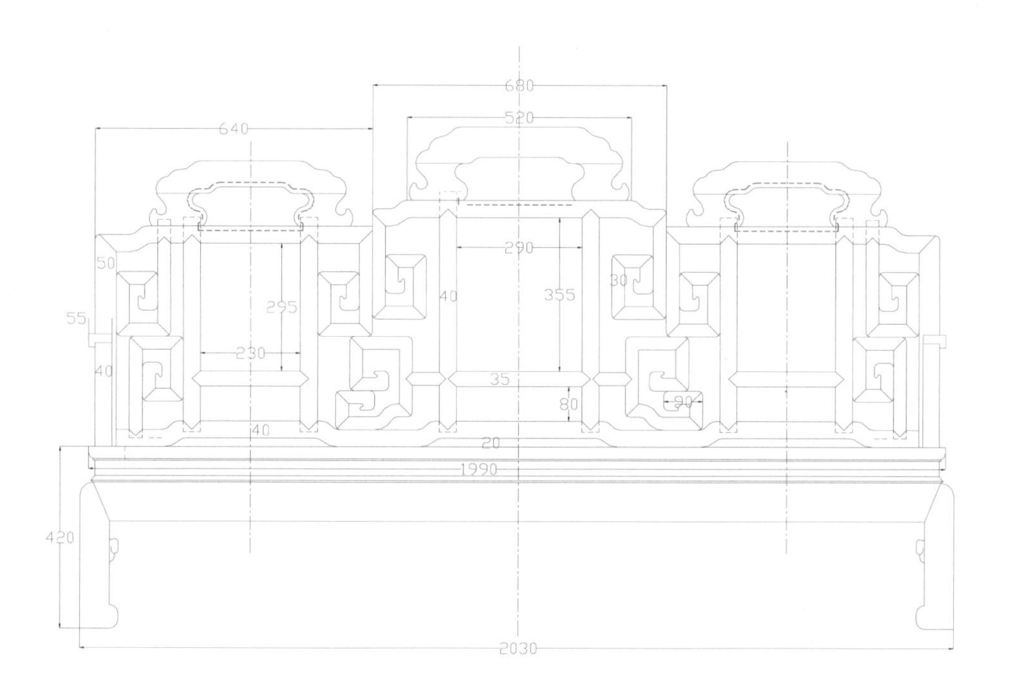

三人沙发－主视图

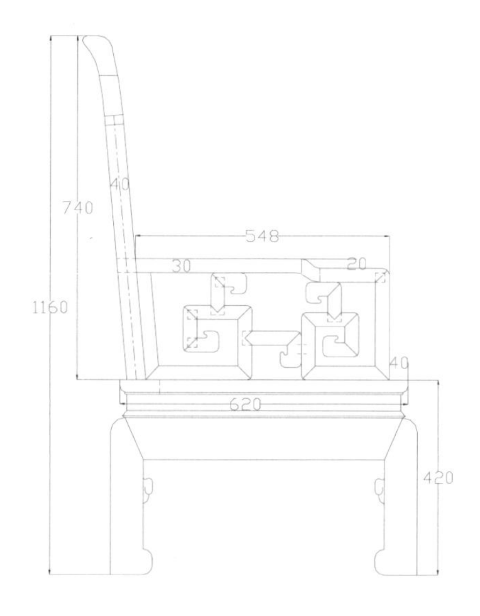

三人沙发－左视图

注：此八件套中三人沙发为 1 件，单人沙发为 4 件，茶几为 1 件，小几为 2 件。

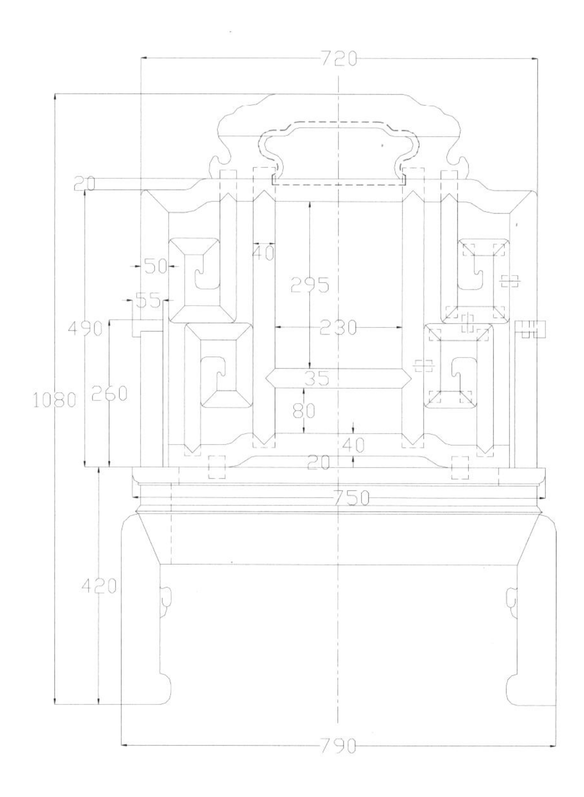

单人沙发－主视图

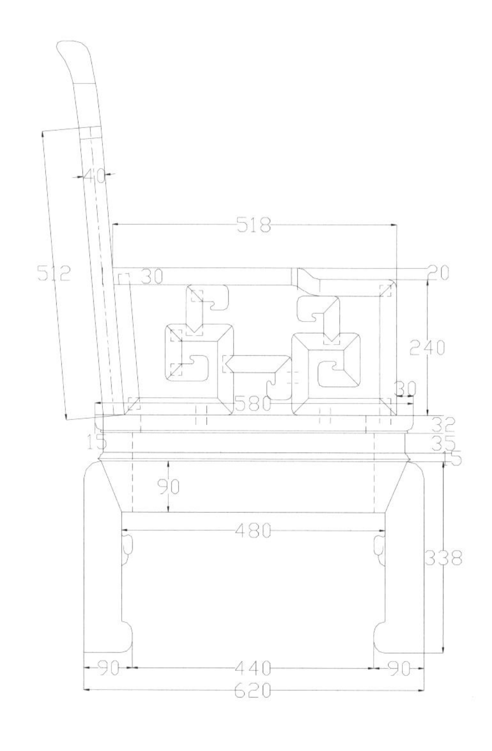

单人沙发－左视图

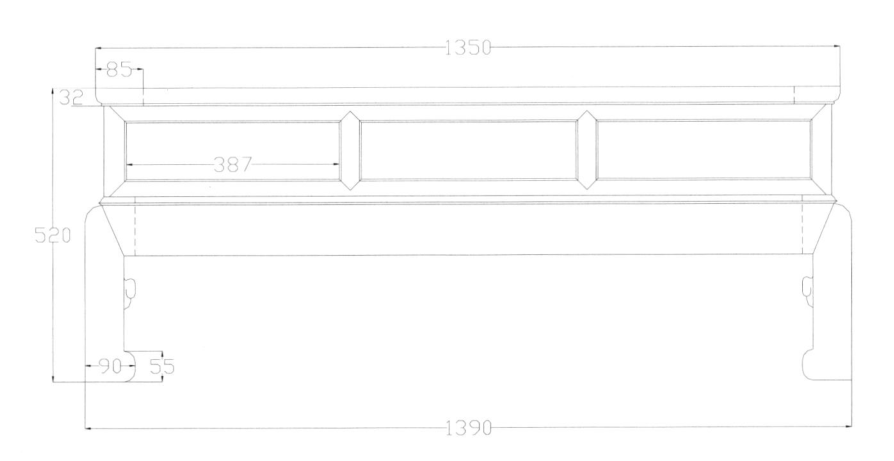

茶几－主视图

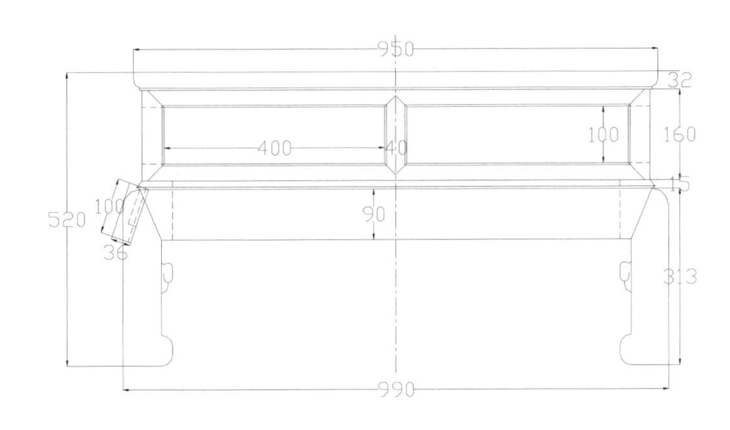

茶几－左视图

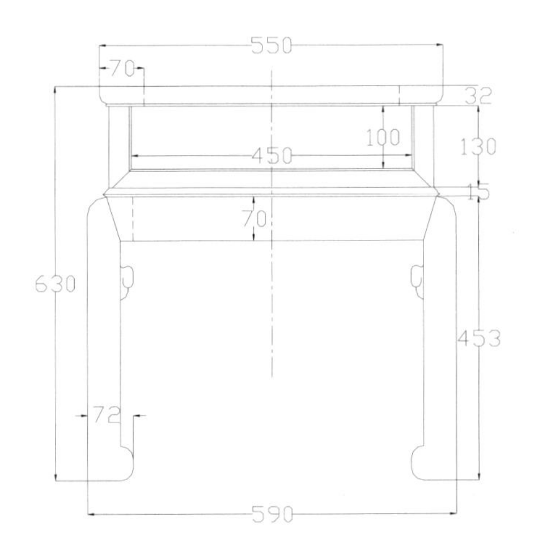

小几－主视图

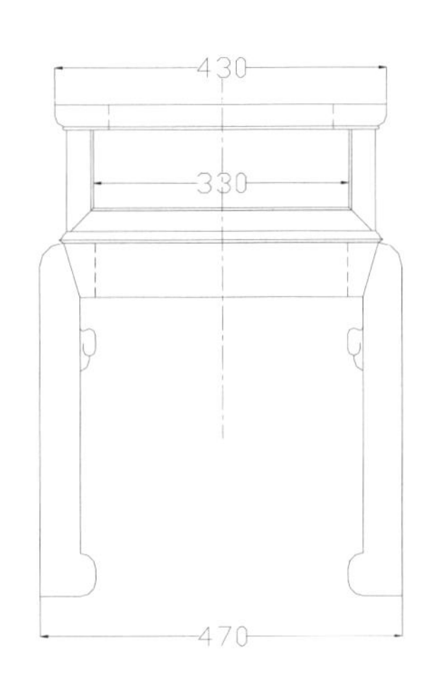

小几－左视图

图版清单（现代中式回纹沙发八件套）：
三人沙发—主视图
三人沙发—左视图
单人沙发—主视图
单人沙发—左视图
茶几—主视图
茶几—左视图
小几—主视图
小几—左视图

现代中式八仙沙发八件套

材质：大红酸枝

年款：现代

三人沙发－主视图

单人沙发－主视图

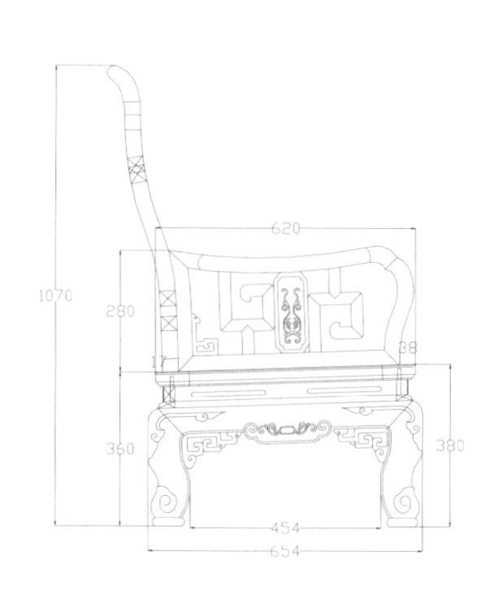

单人沙发－左视图

注：此八件套中三人沙发为 1 件，单人沙发为 4 件，茶几为 1 件，小几为 2 件。

茶几－主视图

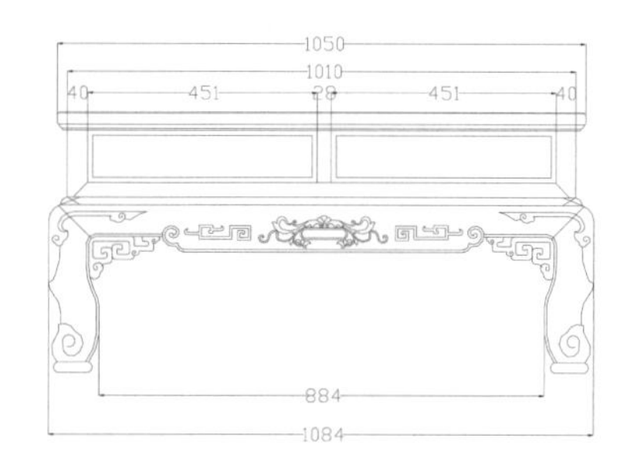

茶几－左视图

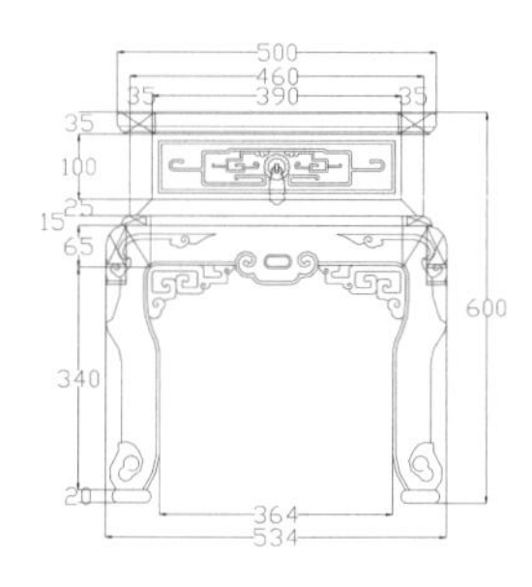

小几－主视图

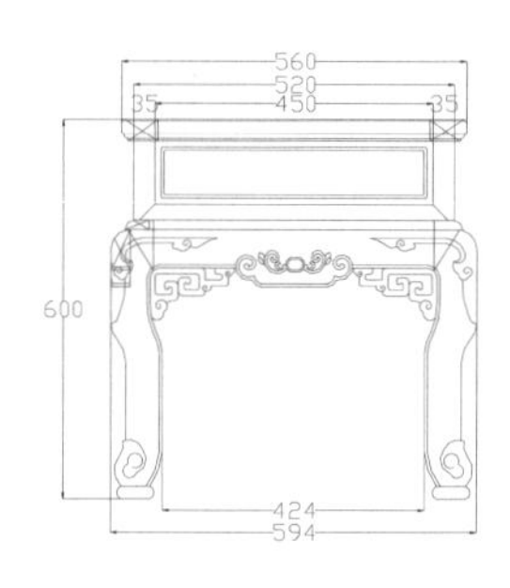

小几－左视图

图版清单（现代中式八仙沙发八件套）：

三人沙发—主视图

单人沙发—主视图

单人沙发—左视图

茶几—主视图

茶几—左视图

小几—主视图

小几—左视图

现代中式百狮如意沙发八件套

材质：缅甸花梨

年款：现代

三人沙发－主视图

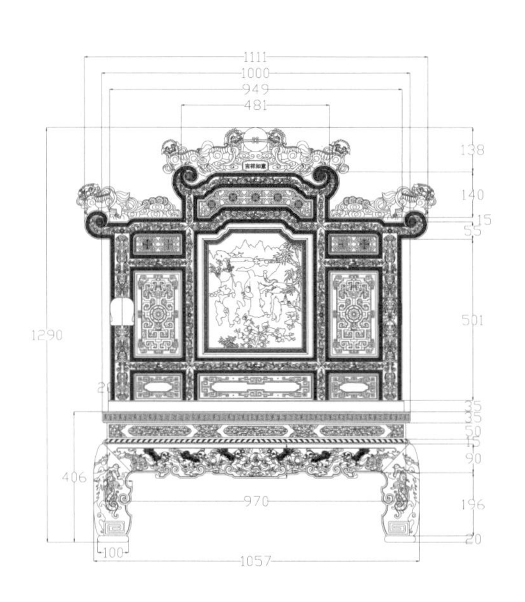

单人沙发－主视图

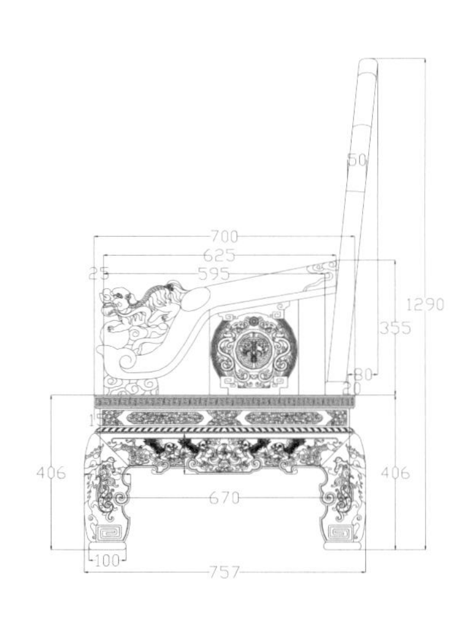

单人沙发－右视图

注：此八件套中三人沙发为 1 件，单人沙发为 4 件，茶几为 1 件，小几为 2 件。

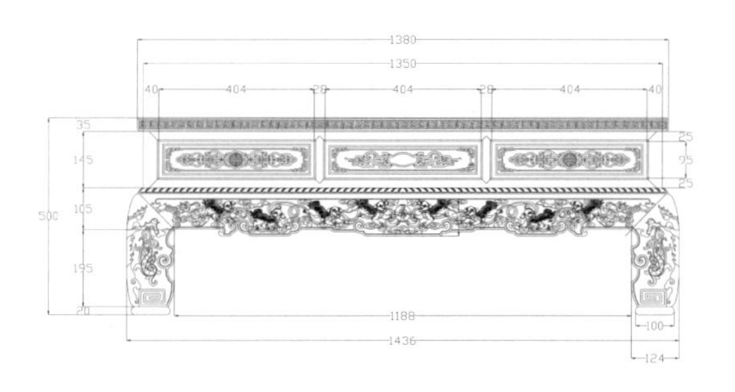

茶几－主视图

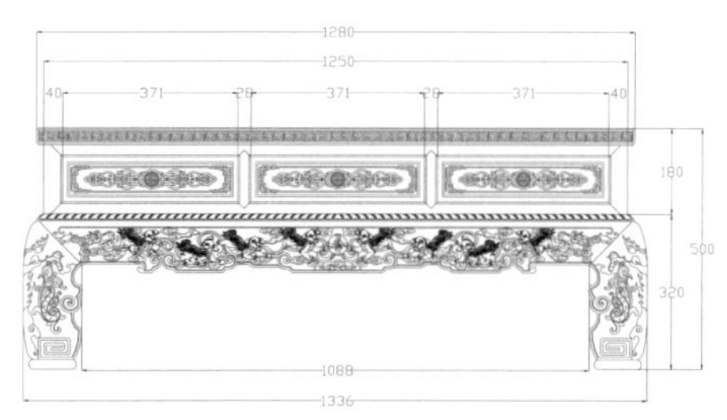

茶几－左视图

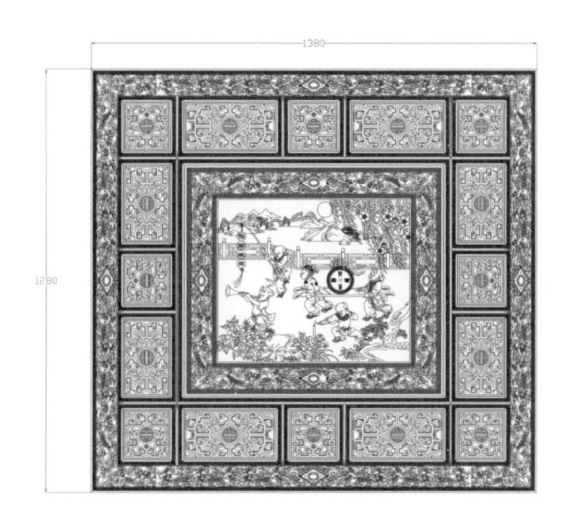

茶几－俯视图

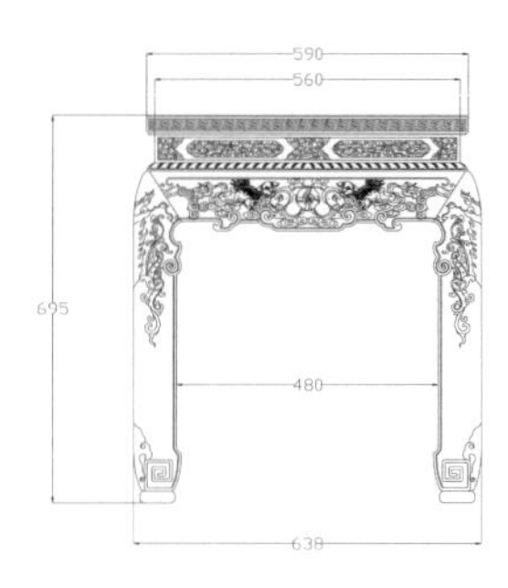

小几－主视图

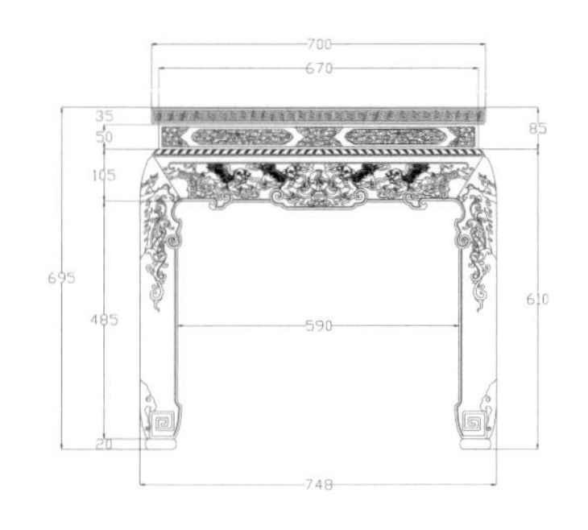

小几－左视图

图版清单（现代中式百狮如意沙发八件套）：
三人沙发—主视图
单人沙发—主视图
单人沙发—右视图
茶几—主视图
茶几—左视图
茶几—俯视图
小几—主视图
小几—左视图

现代中式八骏图沙发八件套

材质：染料紫檀

年款：现代

三人沙发－主视图

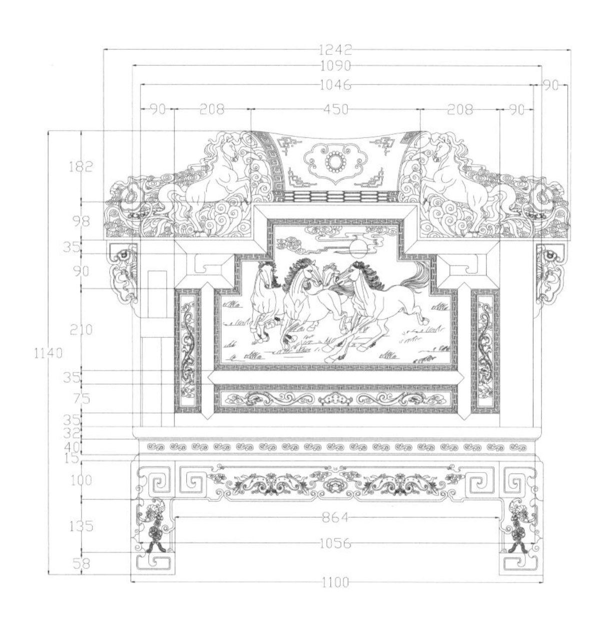

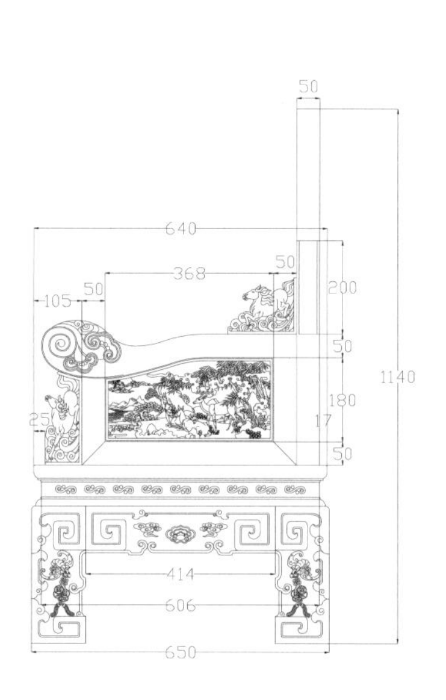

单人沙发－主视图

单人沙发－右视图

注：此八件套中三人沙发为 1 件，单人沙发为 4 件，茶几为 1 件，小几为 2 件。

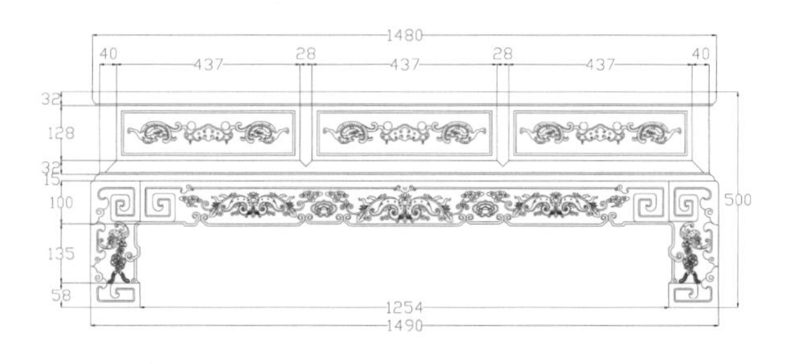

茶几－主视图

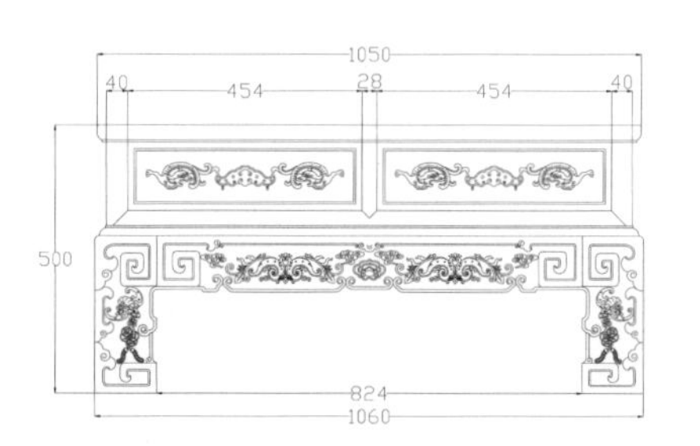

茶几－左视图

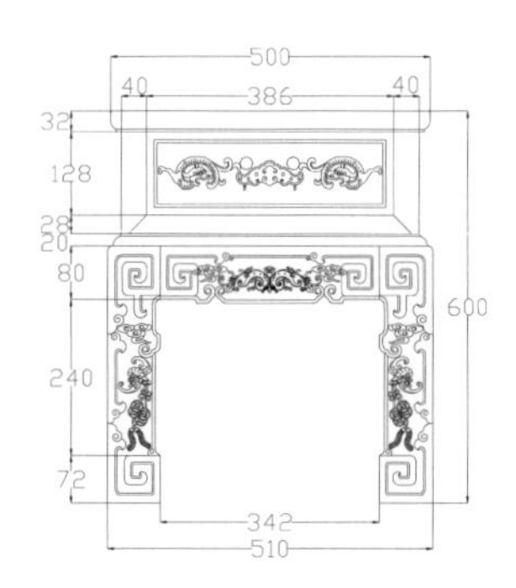

小几－主视图

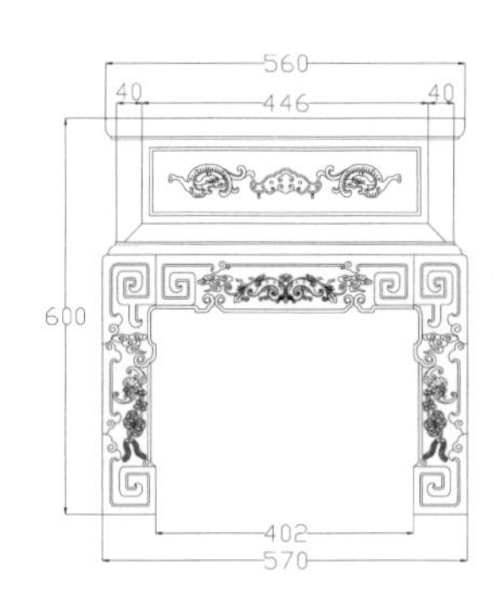

小几－左视图

图版清单（现代中式八骏图沙发八件套）：

三人沙发—主视图

单人沙发—主视图

单人沙发—右视图

茶几—主视图

茶几—左视图

小几—主视图

小几—左视图

现代中式福禄寿沙发八件套

材质：缅甸花梨

年款：现代

三人沙发－主视图

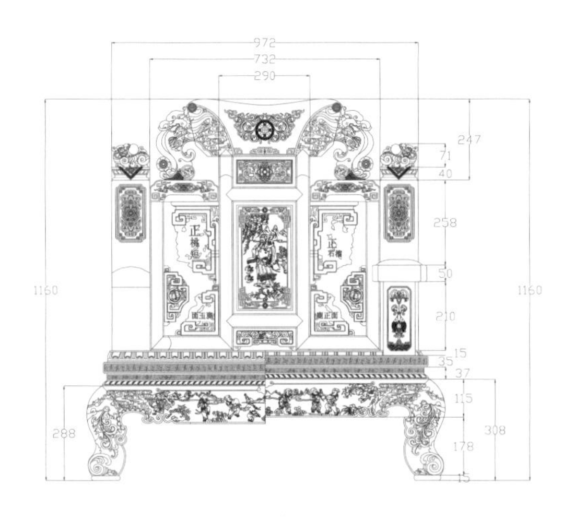

单人沙发－主视图

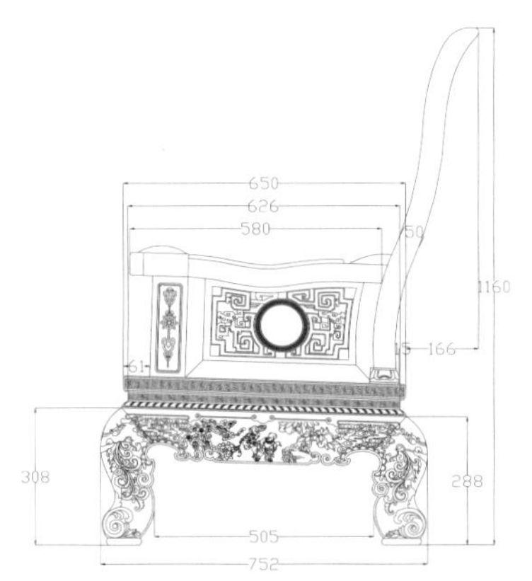

单人沙发－右视图

注：此八件套中三人沙发为 1 件，单人沙发为 4 件，茶几为 1 件，小几为 2 件。

茶几－主视图

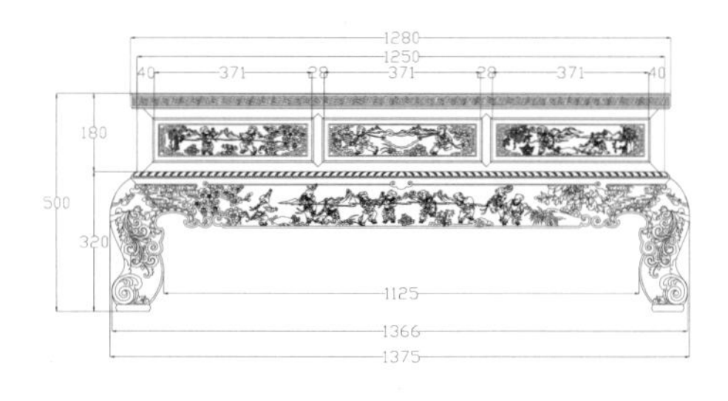

茶几－左视图

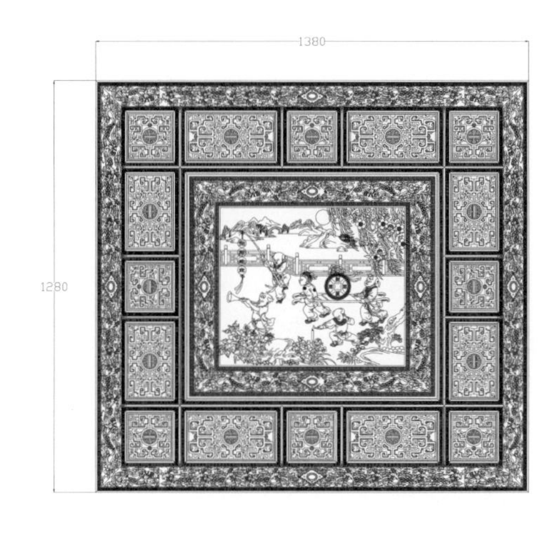

茶几－俯视图

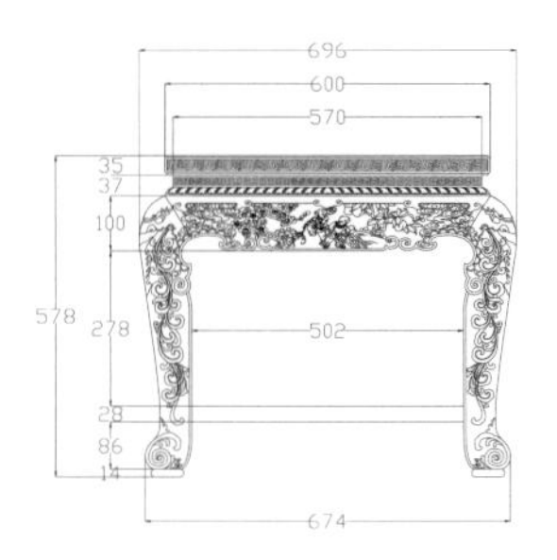

小几－主视图

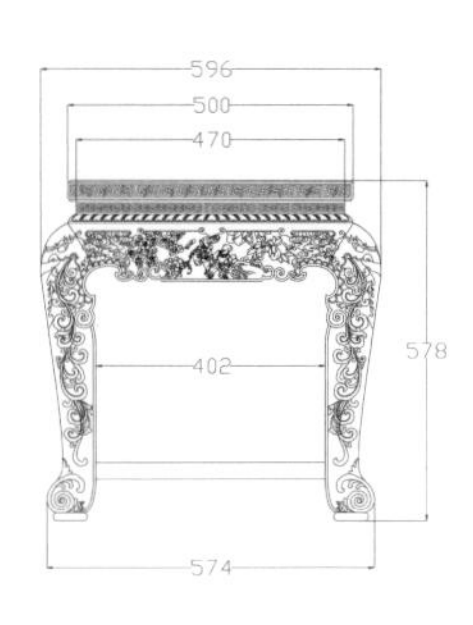

小几－左视图

图版清单（现代中式福禄寿沙发八件套）：
三人沙发—主视图
单人沙发—主视图
单人沙发—右视图
茶几—主视图
茶几—左视图
茶几—俯视图
小几—主视图
小几—左视图

现代中式福在眼前沙发八件套

材质：缅甸花梨

年款：现代

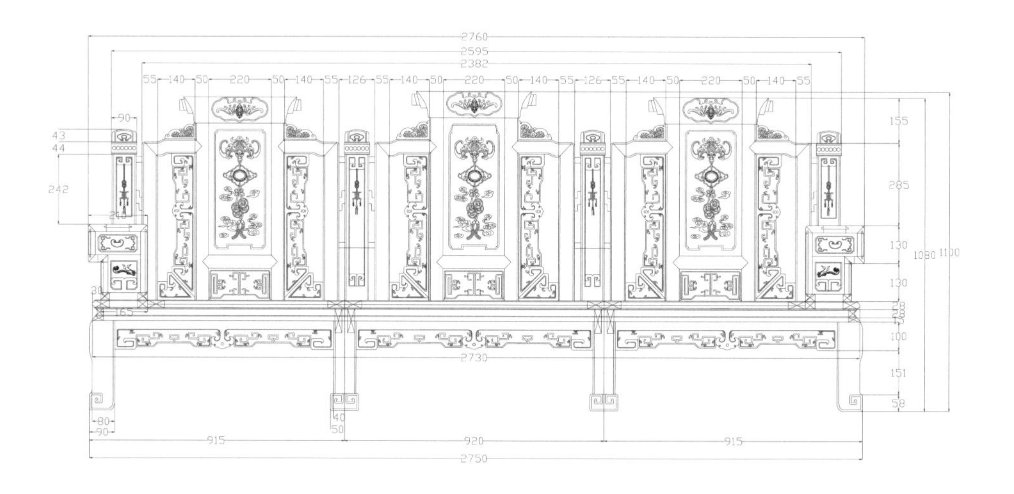

三人沙发－主视图

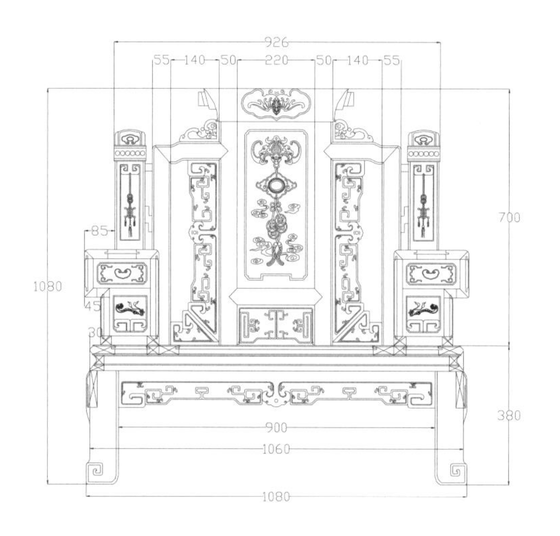

单人沙发－主视图

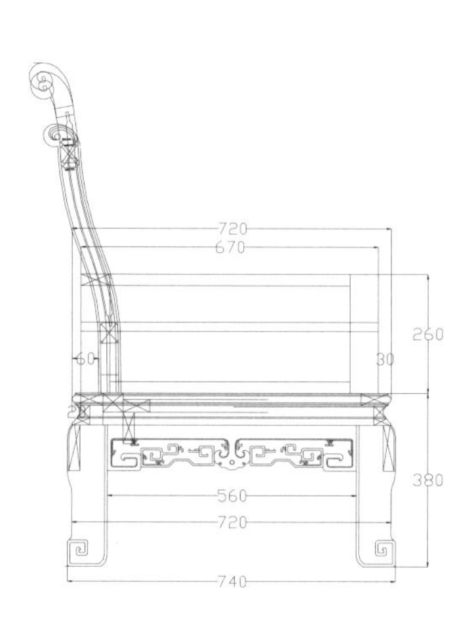

单人沙发－左视图

注：此八件套中三人沙发为 1 件，单人沙发为 4 件，茶几为 1 件，小几为 2 件。

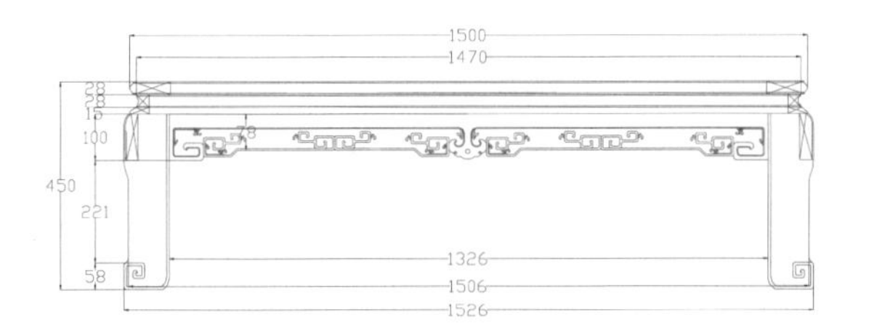

茶几－主视图

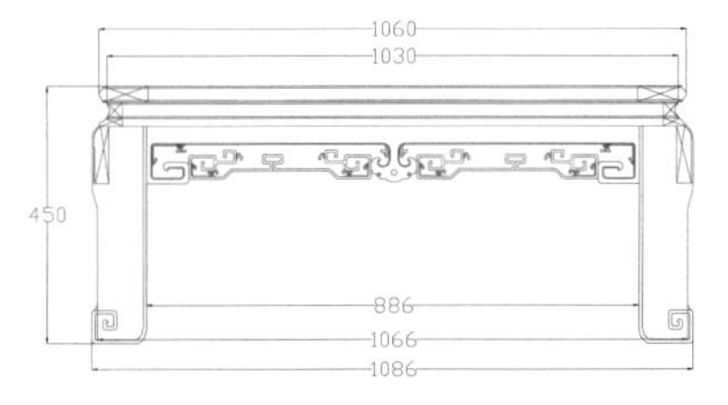

茶几－左视图

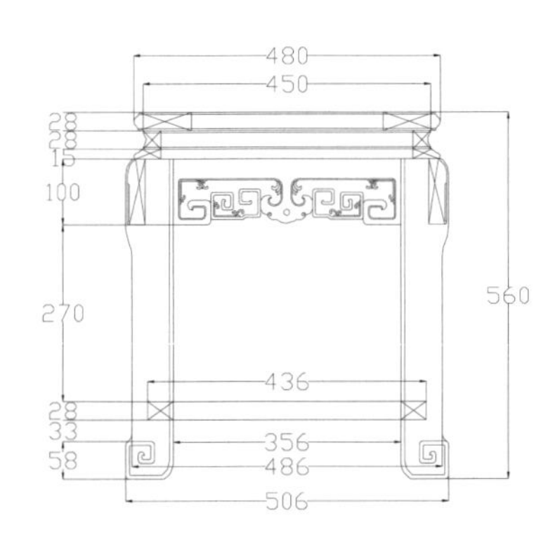

小几－主视图

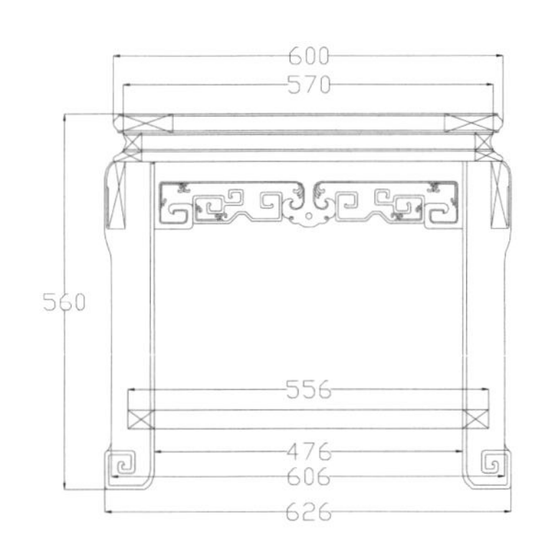

小几－左视图

图版清单（现代中式福在眼前沙发八件套）：
三人沙发—主视图
单人沙发—主视图
单人沙发—左视图
茶几—主视图
茶几—左视图
小几—主视图
小几—左视图

现代中式回纹硕果图沙发八件套

材质：缅甸花梨

年款：现代

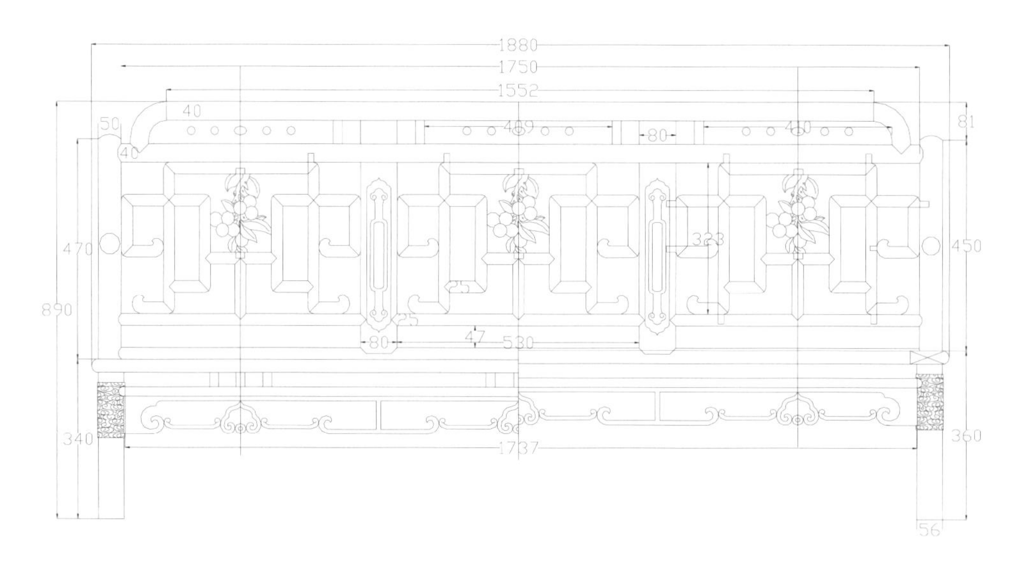

三人沙发－主视图

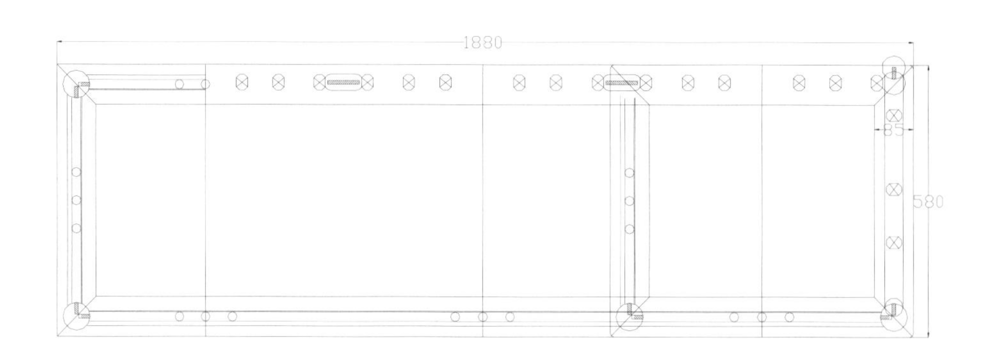

三人沙发－俯视图

注：此八件套中三人沙发为 1 件，单人沙发为 4 件，茶几为 1 件，小几为 2 件。

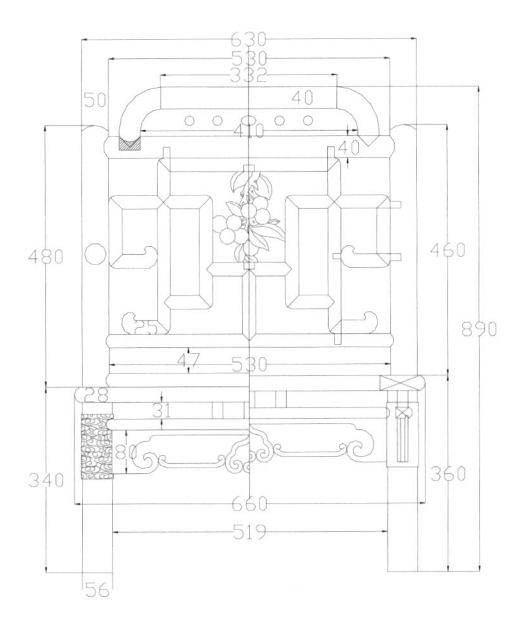

单人沙发－主视图

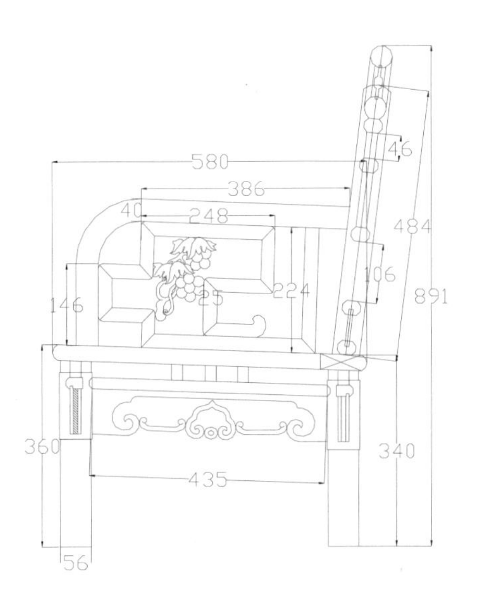

单人沙发－右视图

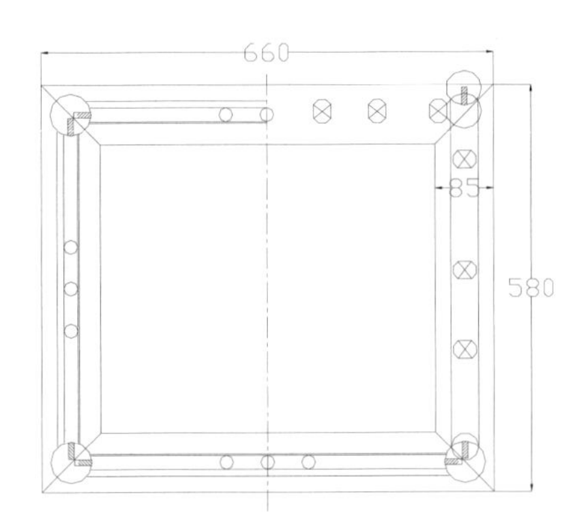

单人沙发－剖视图

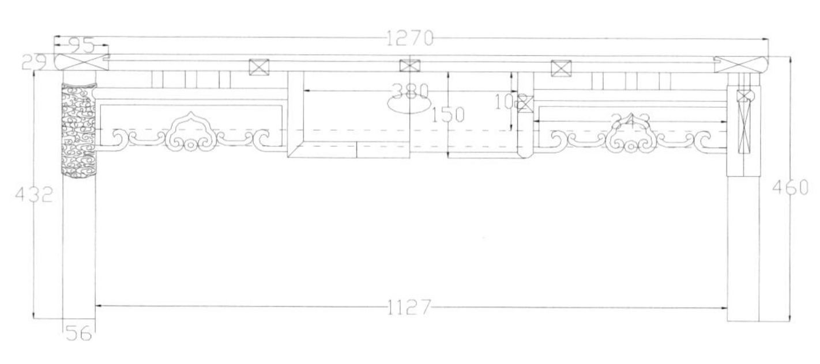

茶几－主视图

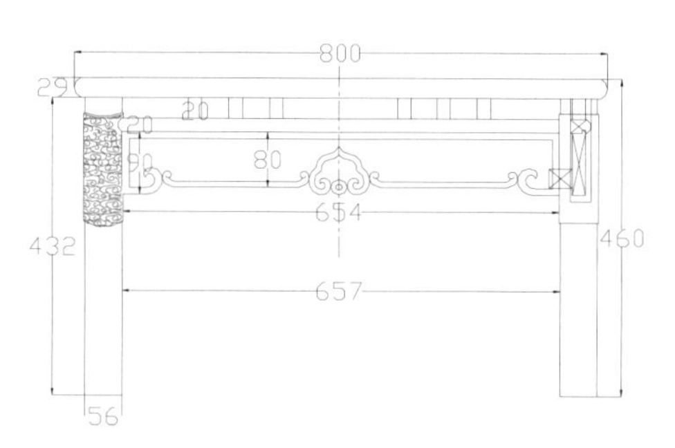

茶几－左视图

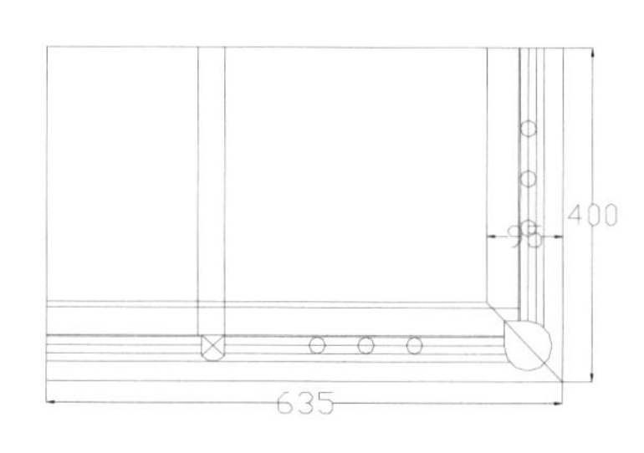

茶几－剖视图

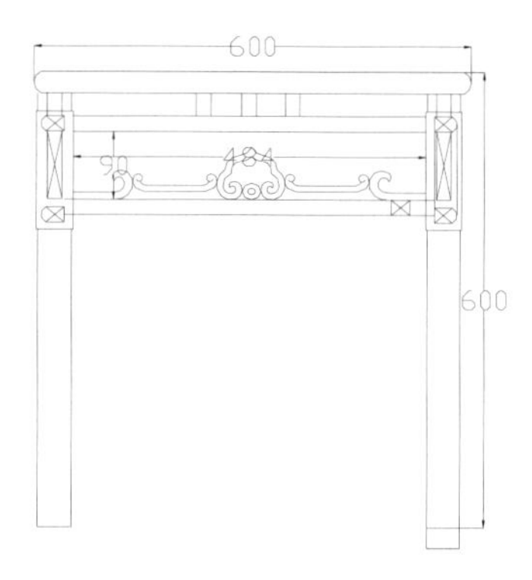

小几－主视图

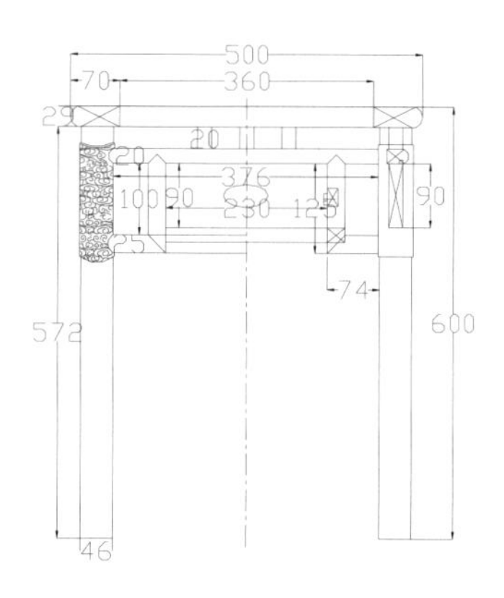

小几－左视图

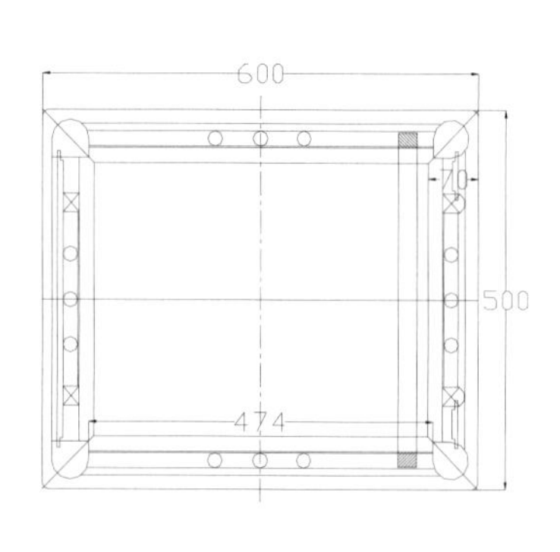

小几－俯视图

图版清单（现代中式回纹硕果图沙发八件套）：

三人沙发—主视图

三人沙发—俯视图

单人沙发—主视图

单人沙发—右视图

单人沙发—剖视图

茶几—主视图

茶几—左视图

茶几—剖视图

小几—主视图

小几—左视图

小几—俯视图

现代中式直棂靠背沙发八件套

材质：白酸枝

年款：现代

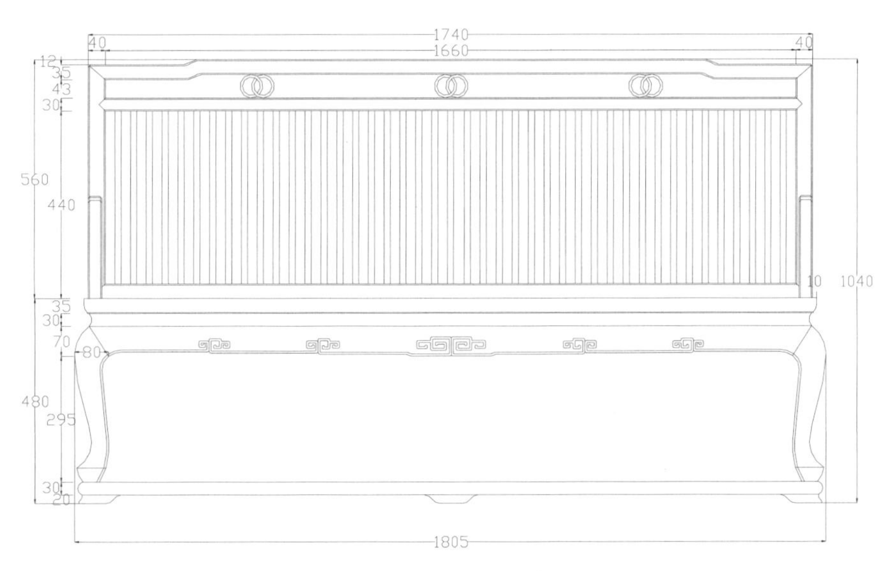

三人沙发－主视图

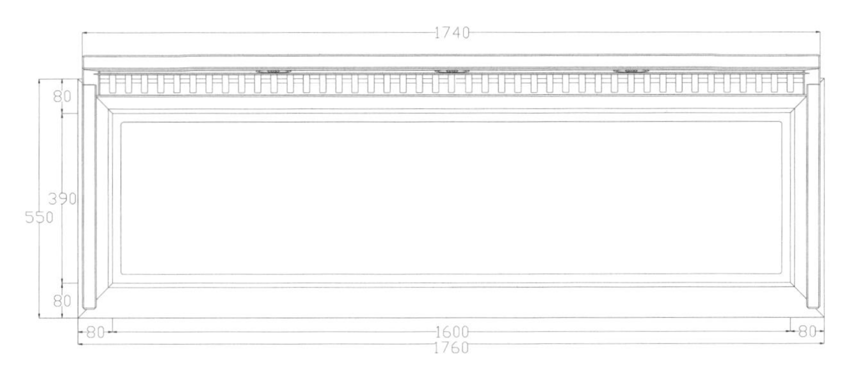

三人沙发－俯视图

三人沙发－剖视图

注：此八件套中三人沙发为 1 件，单人沙发为 4 件，小几为 2 件，茶几为 1 件。

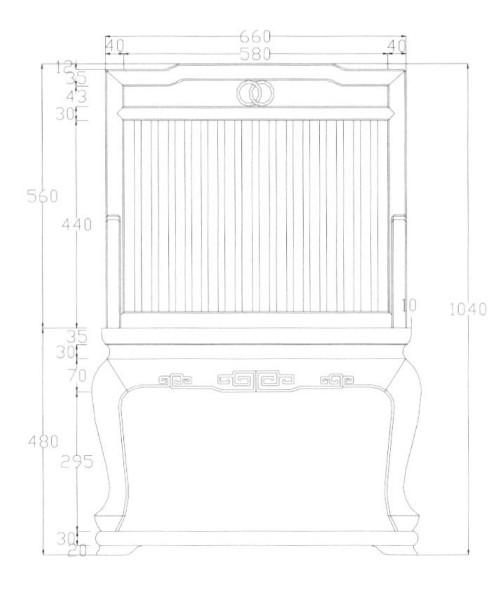

单人沙发－主视图

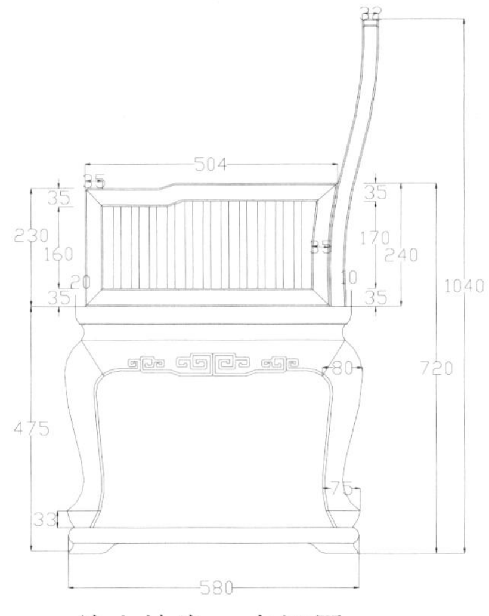

单人沙发－右视图

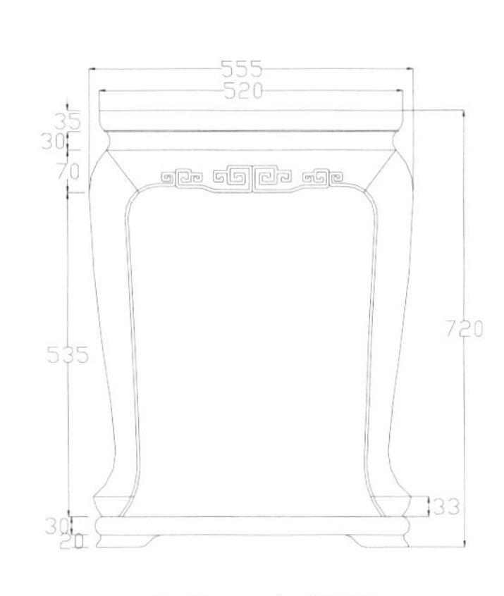

小几－主视图

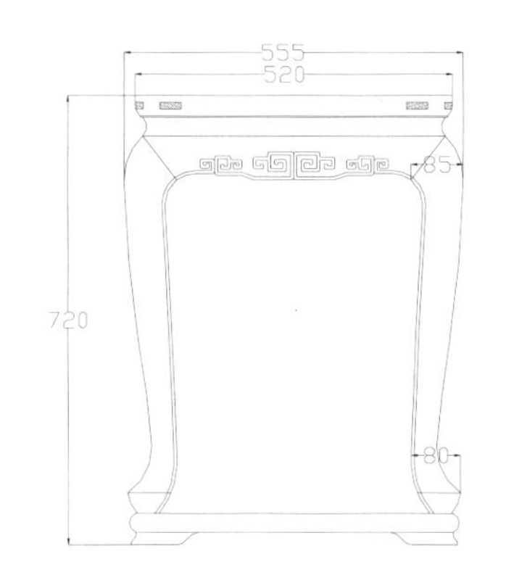

小几－左视图

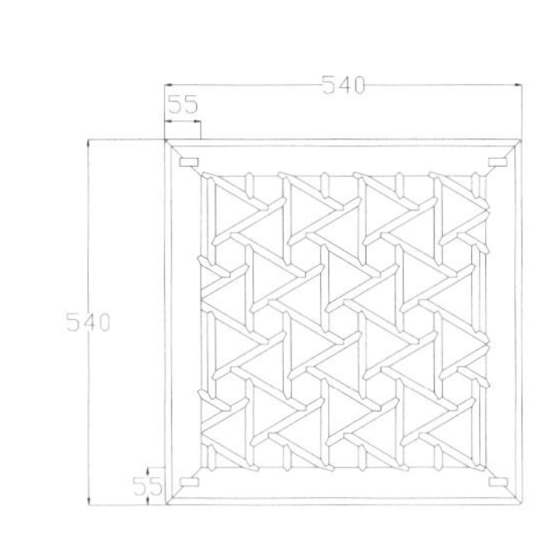

小几（屉板）－俯视图

图版清单（现代中式直棂靠背沙发八件套）：
三人沙发—主视图
三人沙发—俯视图
三人沙发—剖视图
单人沙发—主视图
单人沙发—右视图
小几—主视图
小几—左视图
小几（屉板）—俯视图
茶几—主视图
茶几—左视图
茶几（屉板）—俯视图

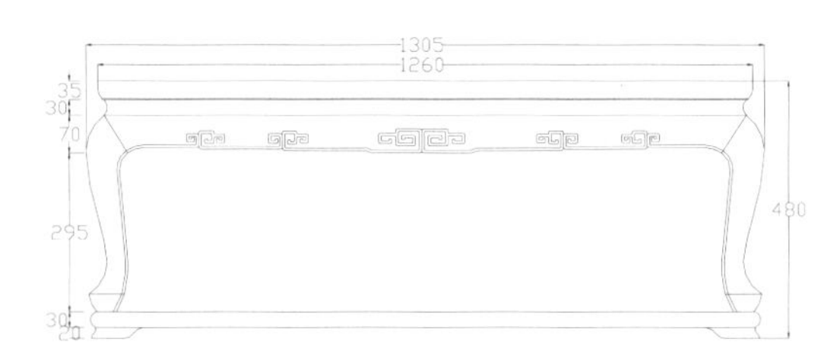

茶几－主视图

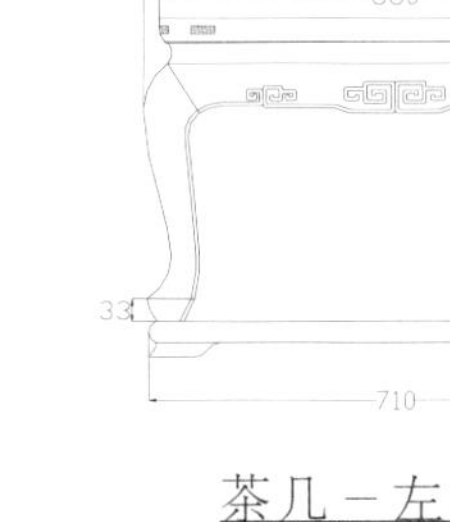

茶几－左视图

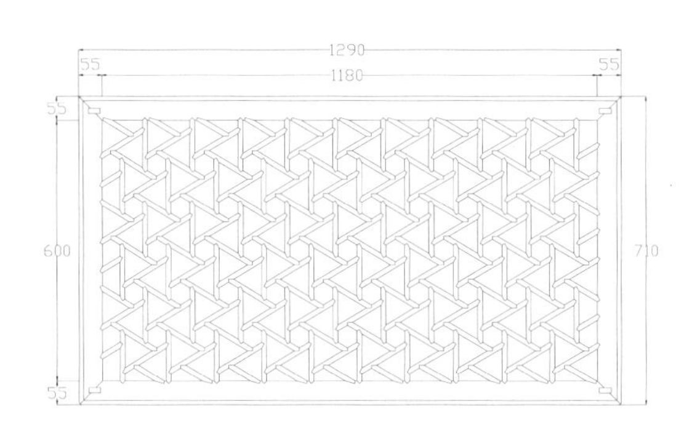

茶几（屉板）－俯视图

现代中式吉象捧书沙发八件套

材质：缅甸花梨

年款：现代

三人沙发－主视图

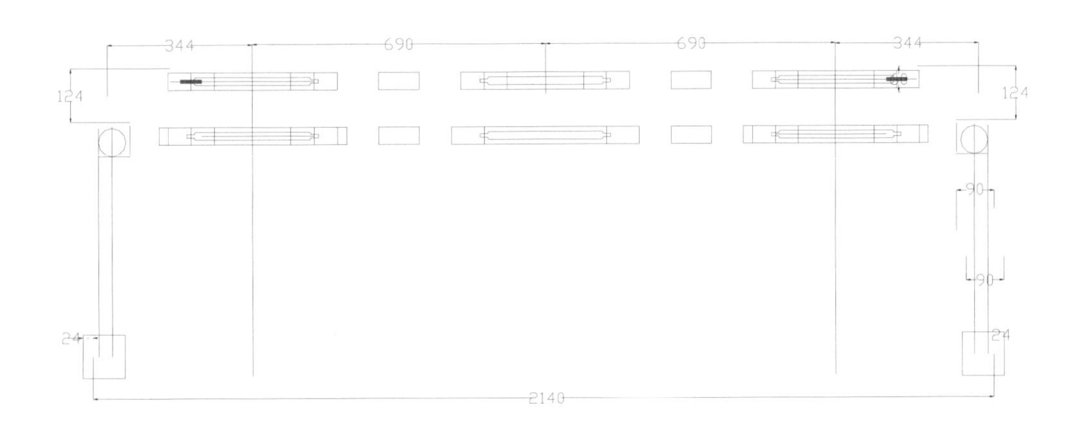

三人沙发－俯视图

注：此八件套中三人沙发为 1 件（俯视图为轮廓图），单人沙发为 4 件（俯视图为轮廓图），茶几为 1 件，小几为 2 件。

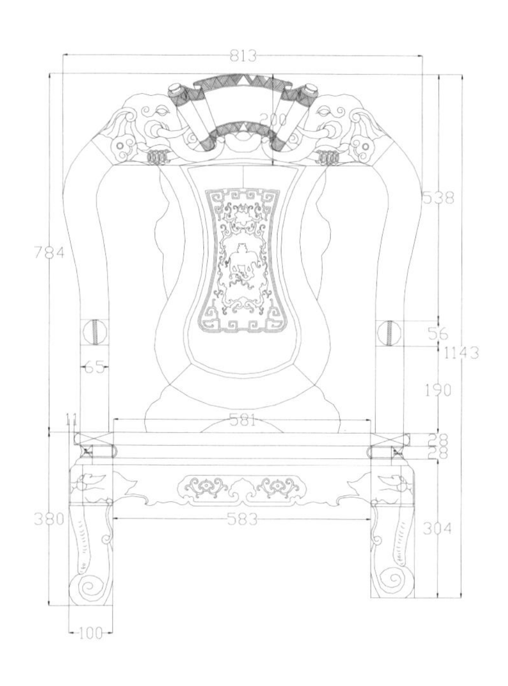

单人沙发－主视图

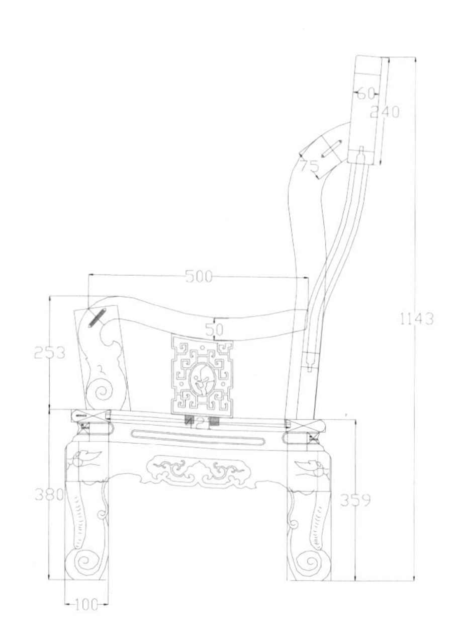

单人沙发－右视图

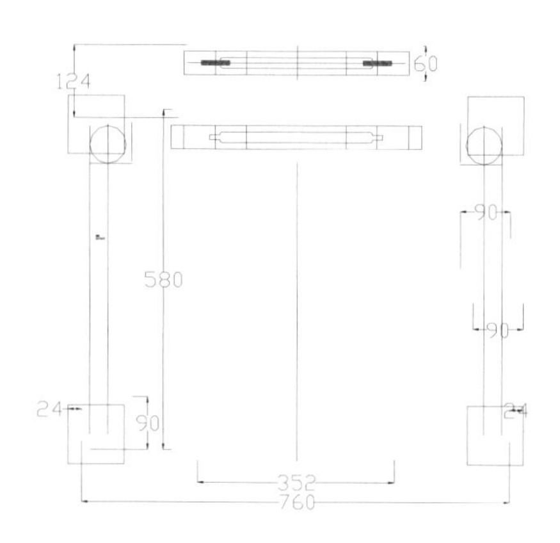

单人沙发－俯视图

注：单人沙发俯视图进行了简化。

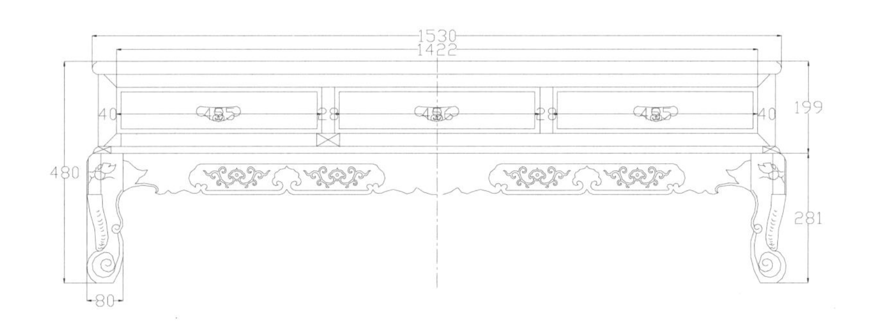

茶几－主视图

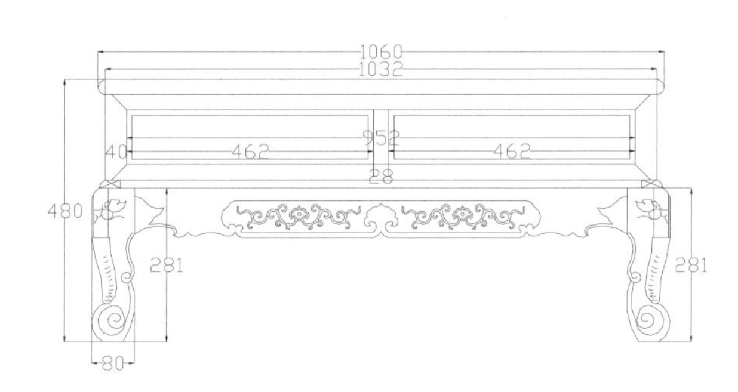

茶几－左视图

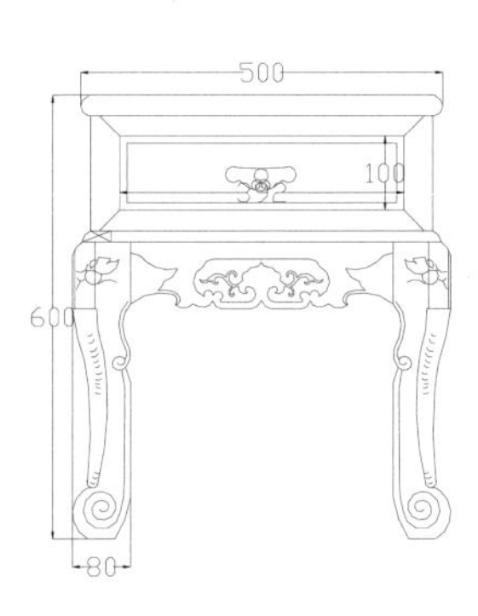

小几－主视图

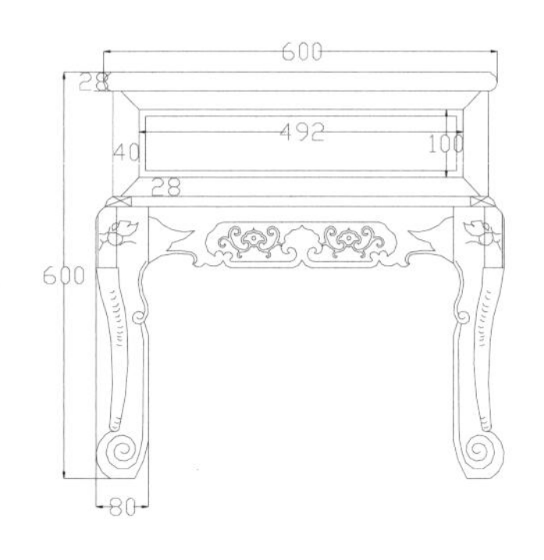

小几－左视图

现代中式博古图沙发八件套

材质：紫光檀

年款：现代

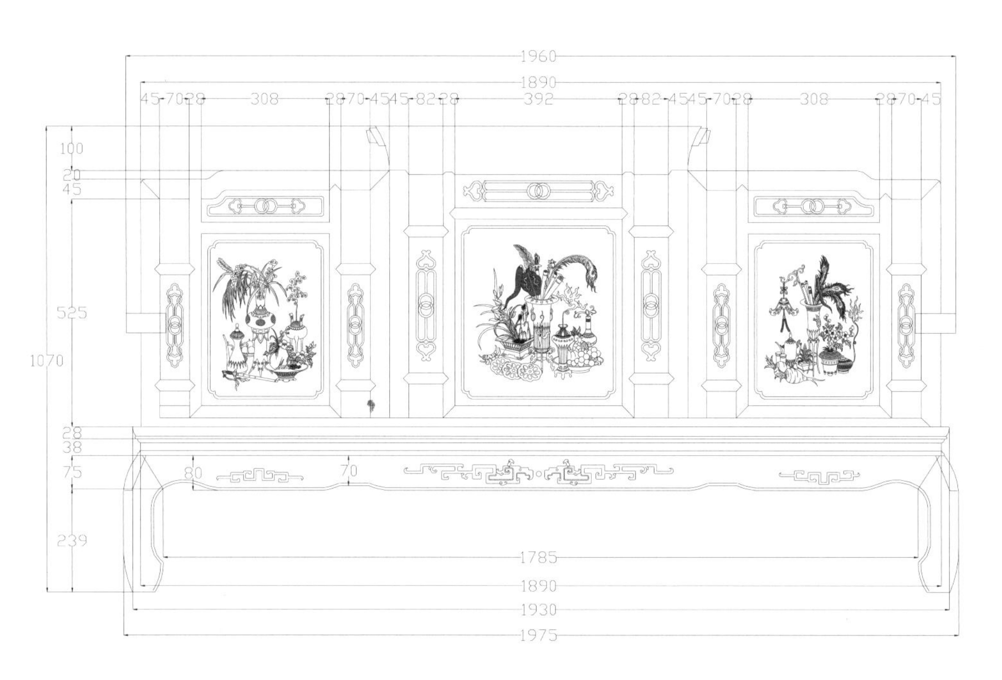

三人沙发 – 主视图

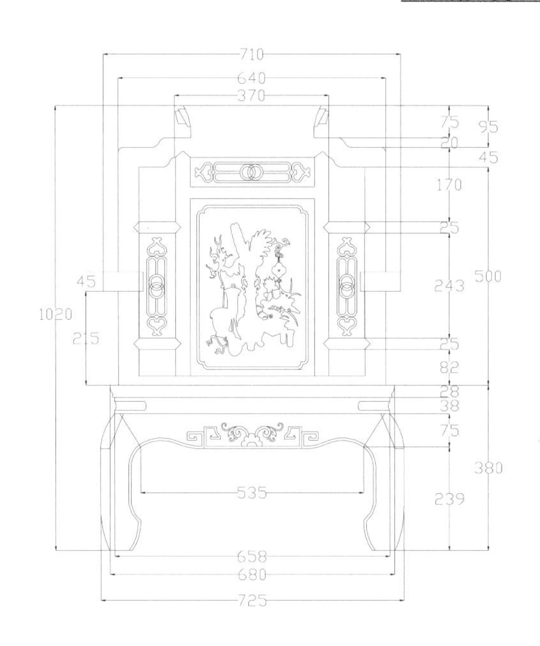

单人沙发 – 主视图

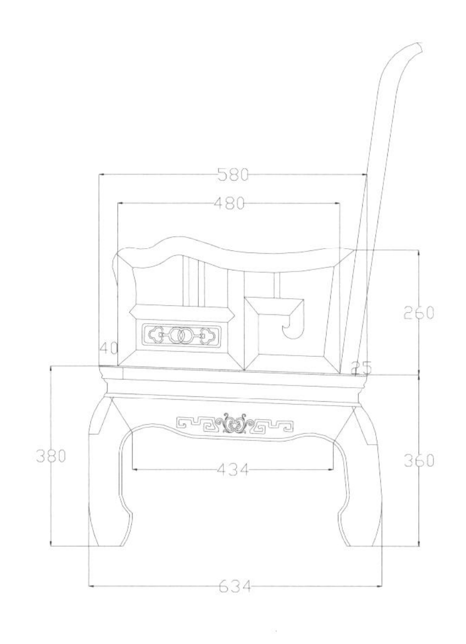

单人沙发 – 右视图

注：此八件套中三人沙发为 1 件，单人沙发为 4 件，茶几为 1 件，小几为 2 件。

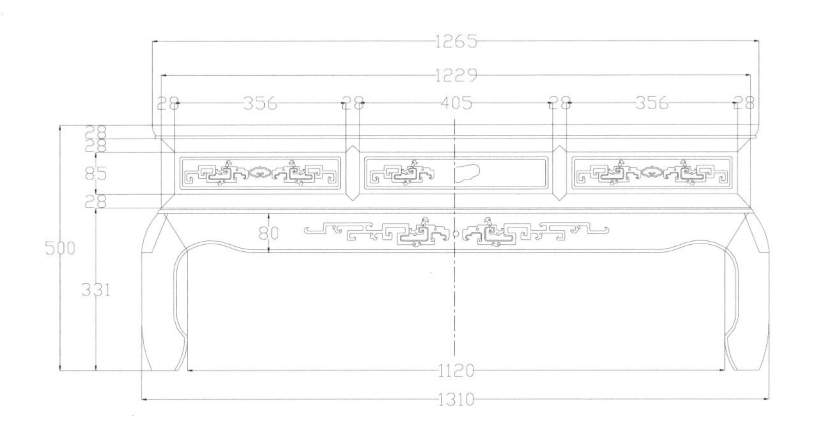

茶几－主视图

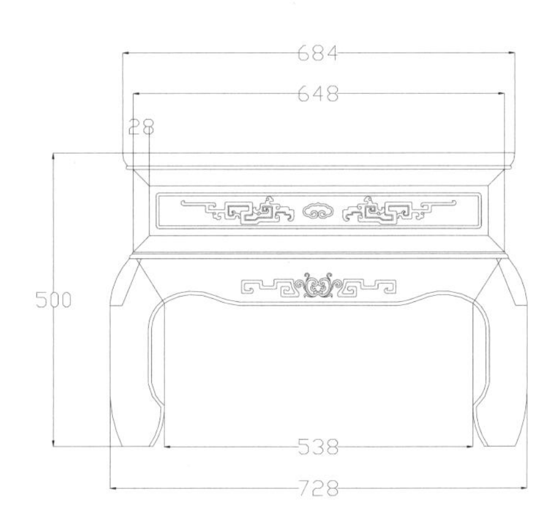

茶几－左视图

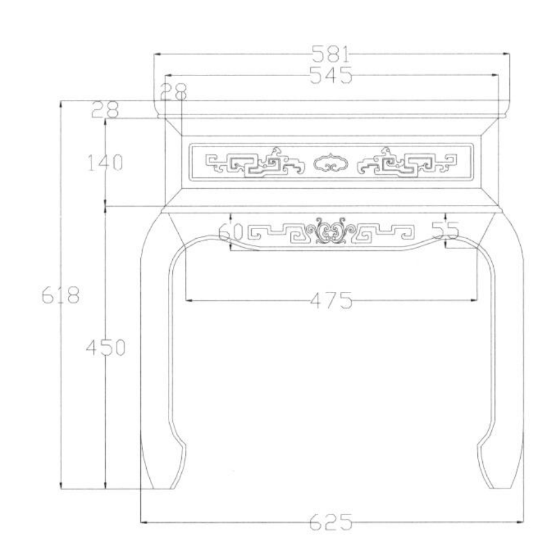

小几－主视图

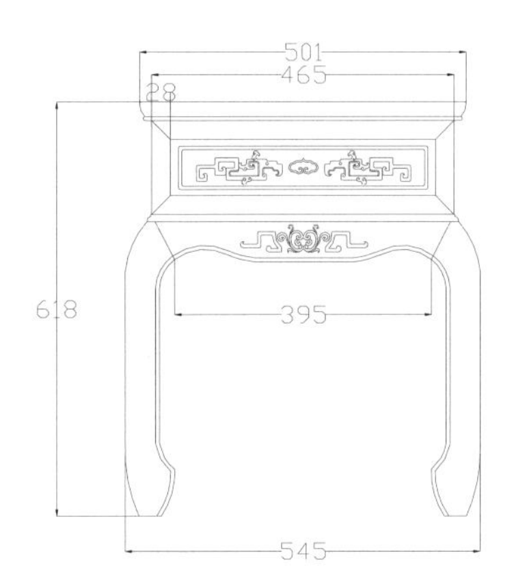

小几－左视图

图版清单（现代中式博古图沙发八件套）：
三人沙发—主视图
单人沙发—主视图
单人沙发—右视图
茶几—主视图
茶几—左视图
小几—主视图
小几—左视图

现代中式竹节纹沙发八件套

材质：缅甸花梨

年款：现代

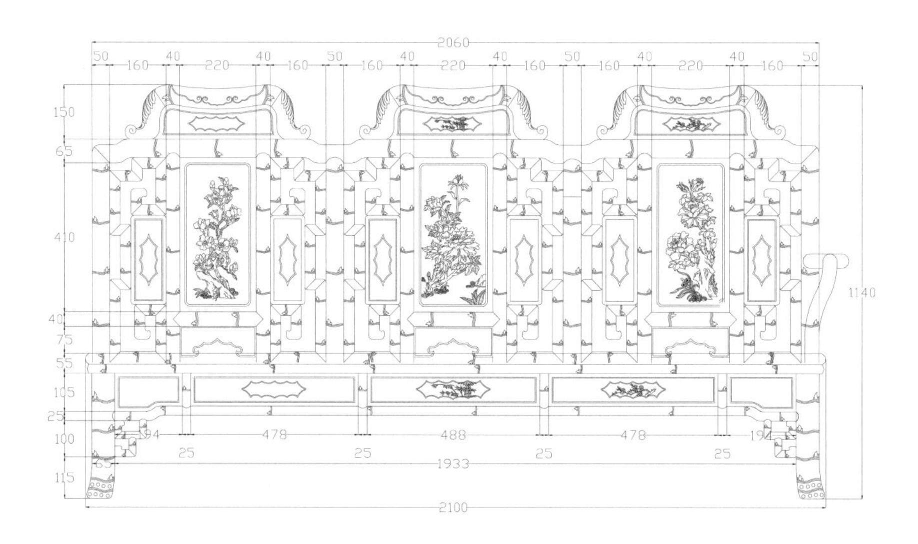

三人沙发－主视图

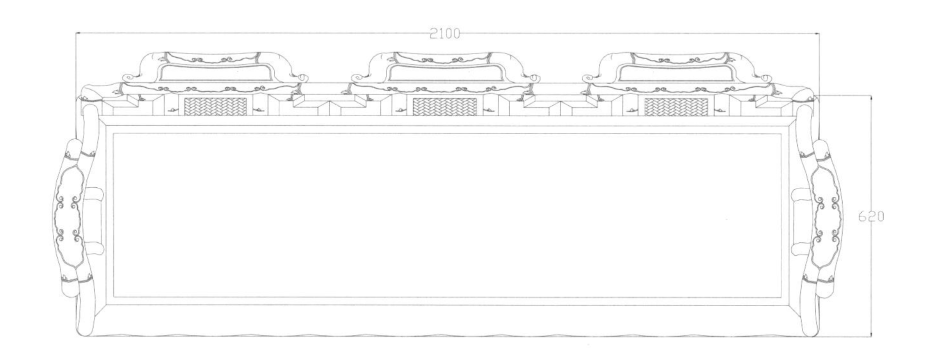

三人沙发－俯视图

注：此八件套中三人沙发为 1 件，单人沙发为 4 件，茶几为 1 件，小几为 2 件。视图中沙发扶手部分省略。

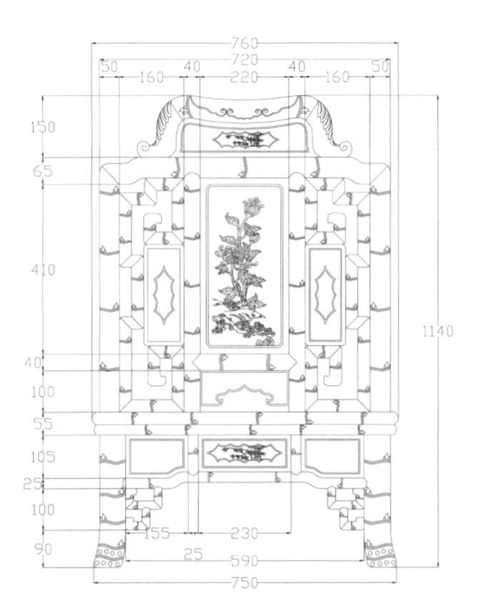

单人沙发－主视图

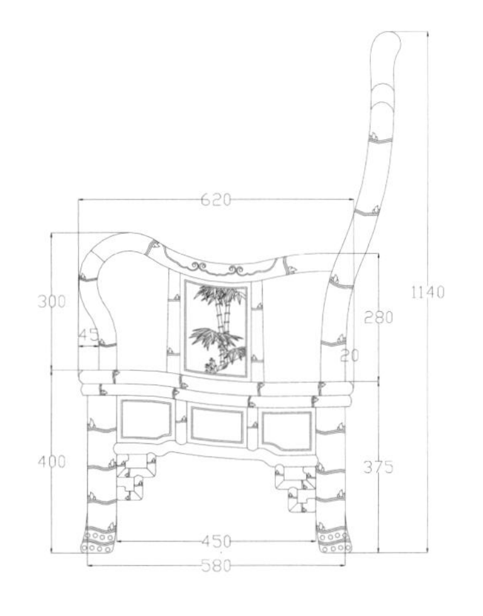

单人沙发－右视图

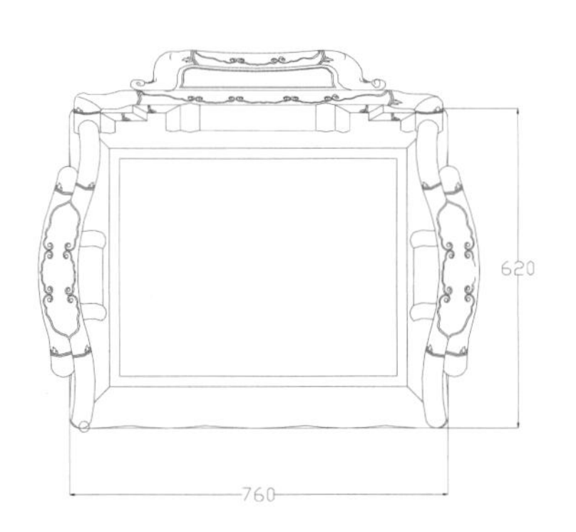

单人沙发－俯视图

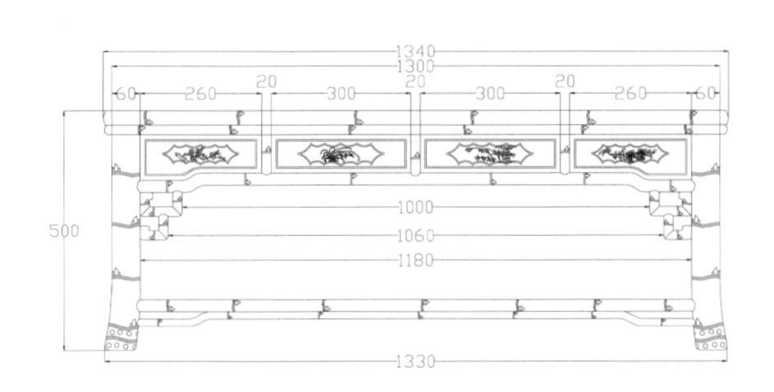

茶几－主视图

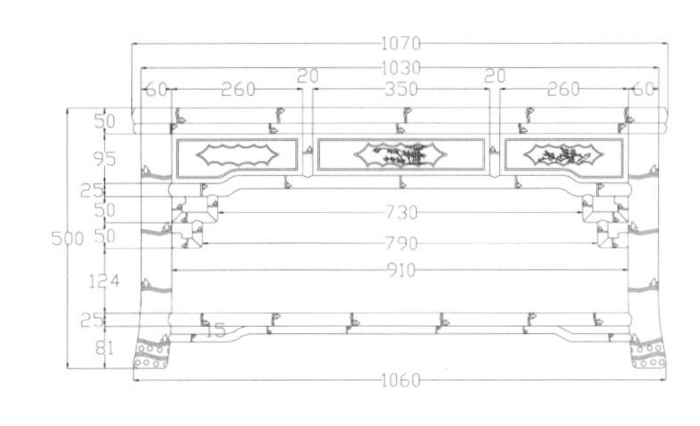

茶几－左视图

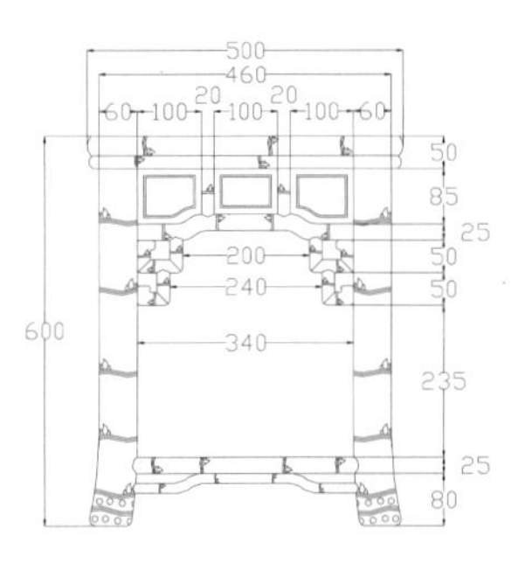

小几－主视图

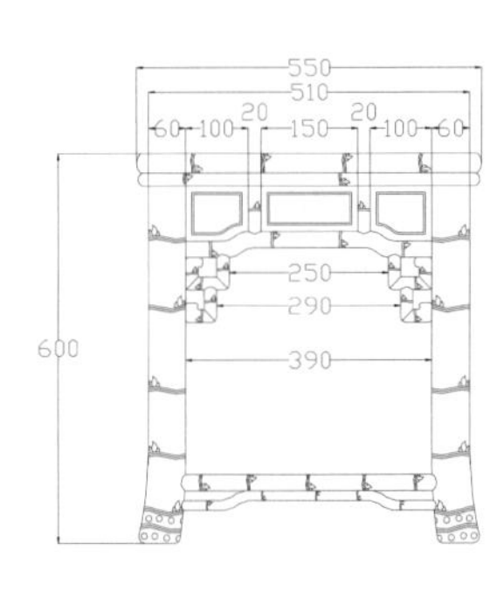

小几－左视图

图版清单（现代中式竹节纹沙发八件套）：

三人沙发－主视图

三人沙发－俯视图

单人沙发－主视图

单人沙发－右视图

单人沙发－俯视图

茶几－主视图

茶几－左视图

小几－主视图

小几－左视图

现代中式兰亭雕心沙发八件套

材质：缅甸花梨

年款：现代

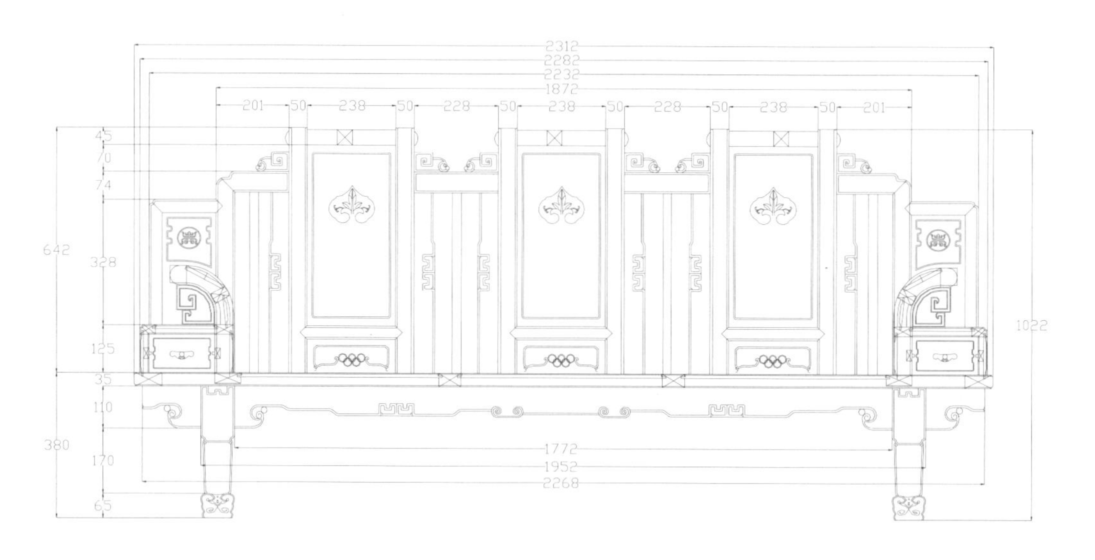

三人沙发－主视图

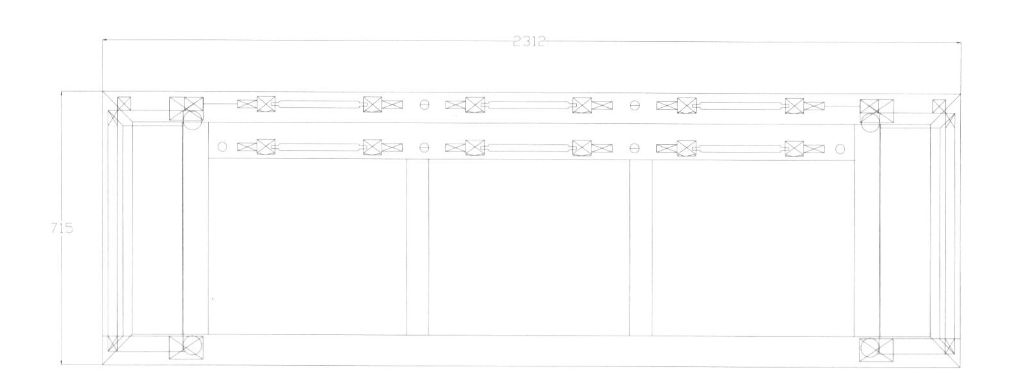

三人沙发－俯视图

注：此八件套中三人沙发为 1 件，单人沙发为 4 件，茶几为 1 件，小几为 2 件。

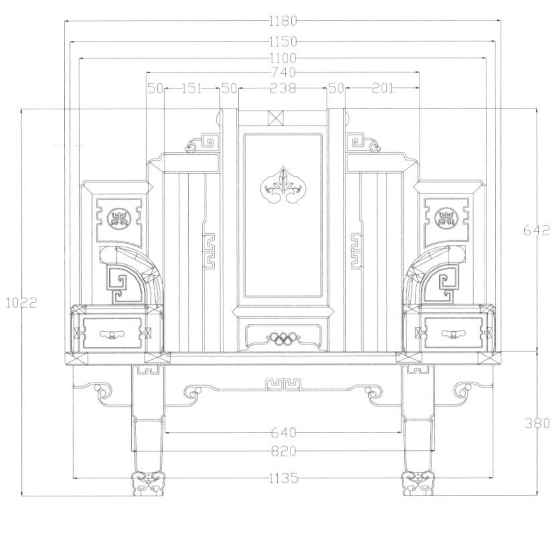

单人沙发－主视图

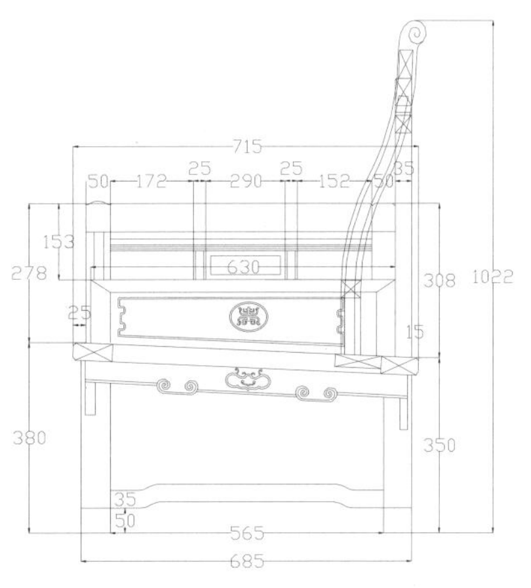

单人沙发－右视图

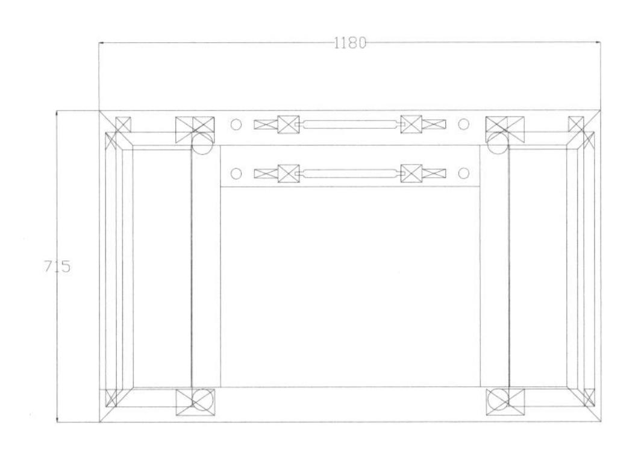

单人沙发－俯视图

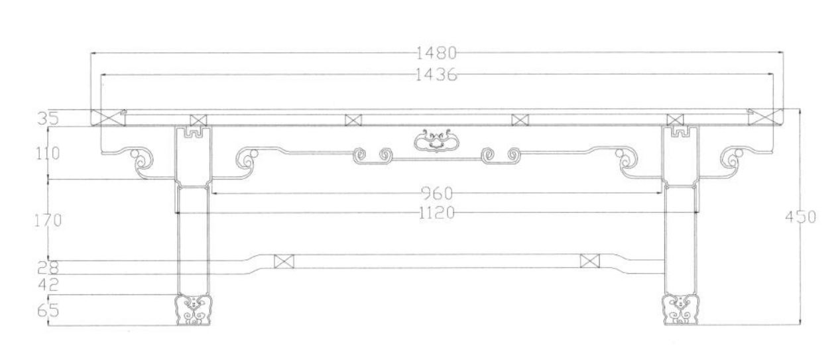

茶几－主视图

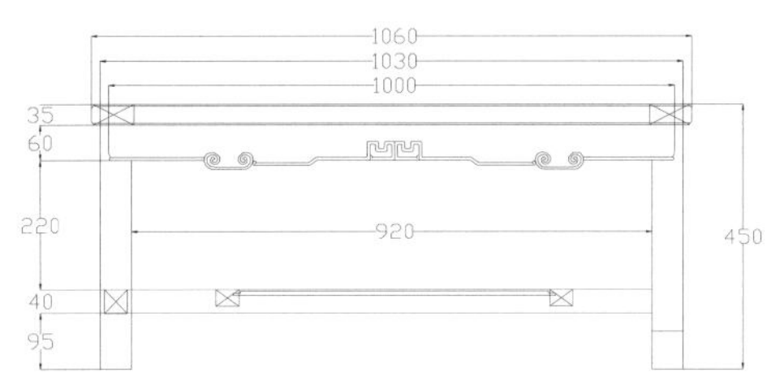

茶几－左视图

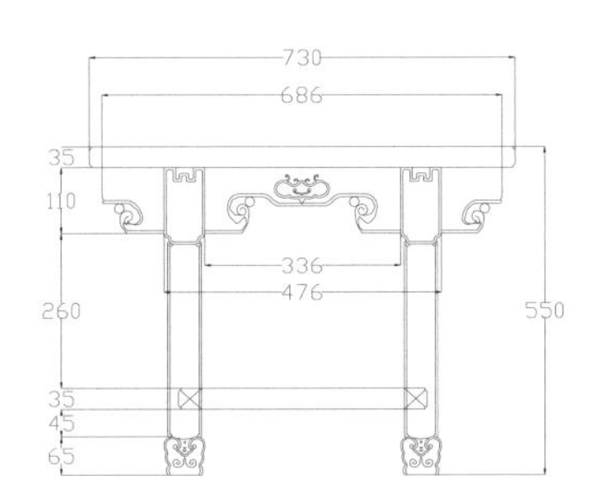

小几－主视图

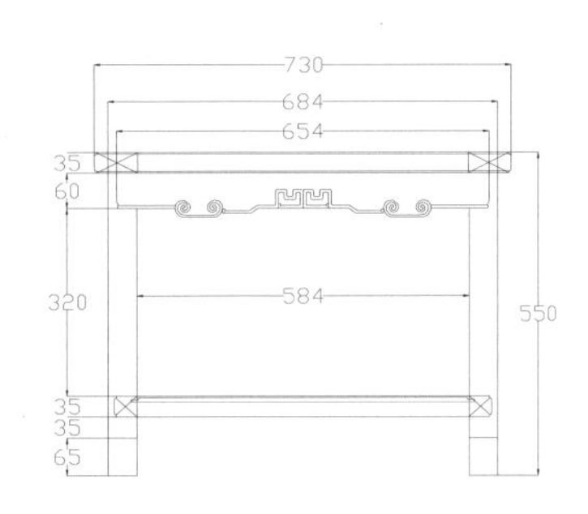

小几－左视图

图版清单（现代中式兰亭雕心沙发八件套）：

三人沙发—主视图

三人沙发—俯视图

单人沙发—主视图

单人沙发—右视图

单人沙发—俯视图

茶几—主视图

茶几—左视图

小几—主视图

小几—左视图

现代中式如意纹沙发九件套

材质：染料紫檀

年款：现代

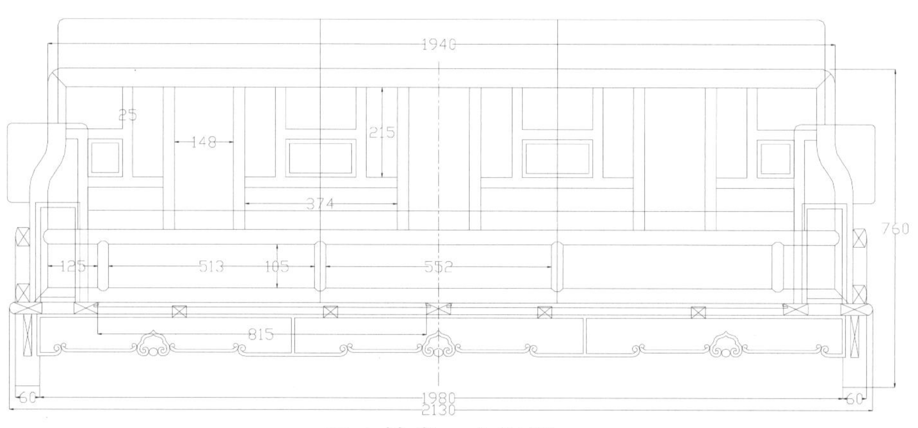

三人沙发－主视图

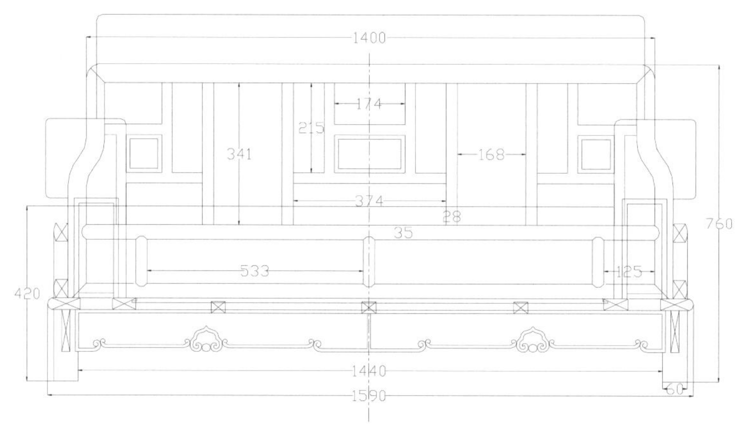

双人沙发－主视图

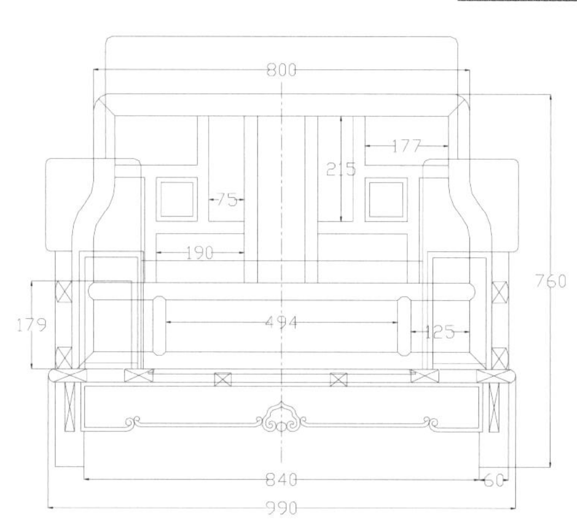

单人沙发－主视图

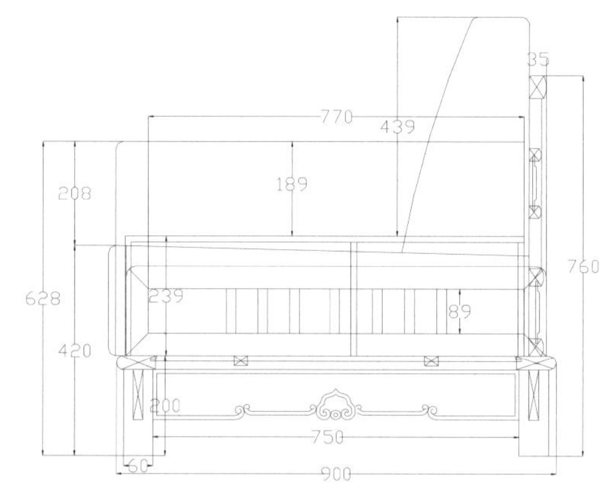

单人沙发－右视图

注：此九件套中三人沙发为 1 件，双人沙发为 1 件，单人沙发为 4 件，茶几为 1 件，小几为 2 件。

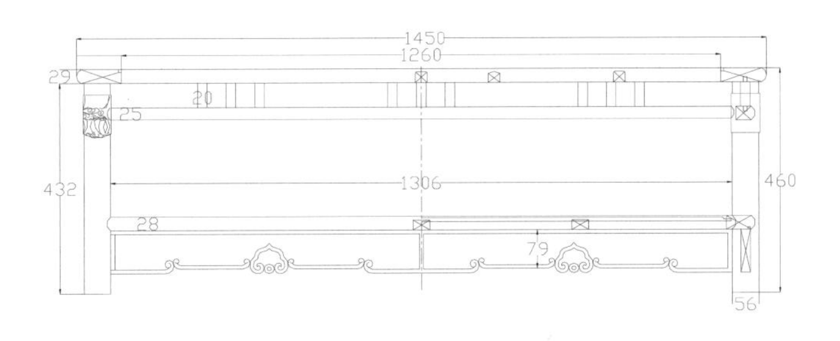

茶几－主视图

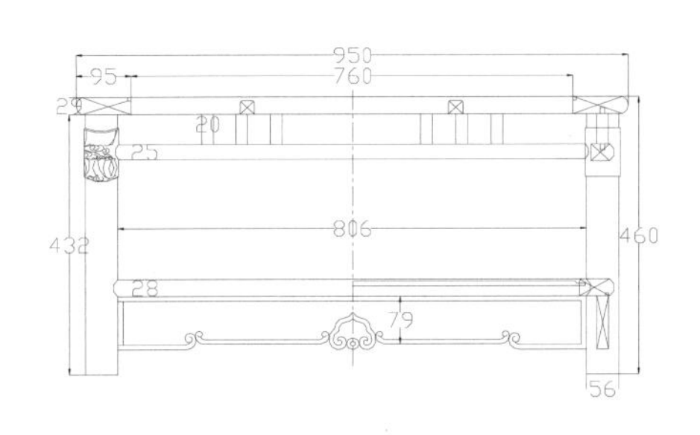

茶几－左视图

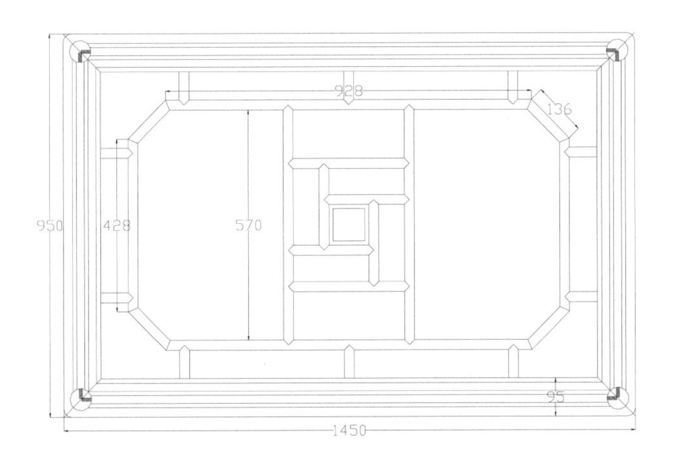

茶几－俯视图

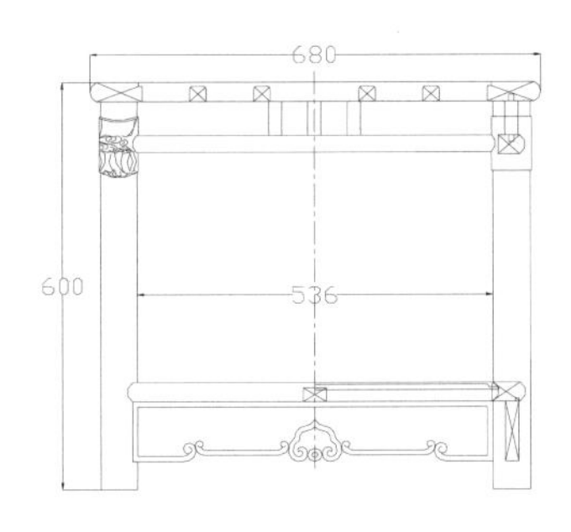

小几－主视图

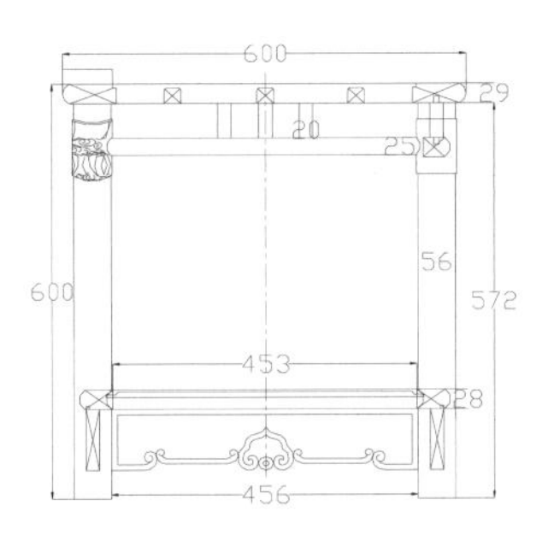

小几－左视图

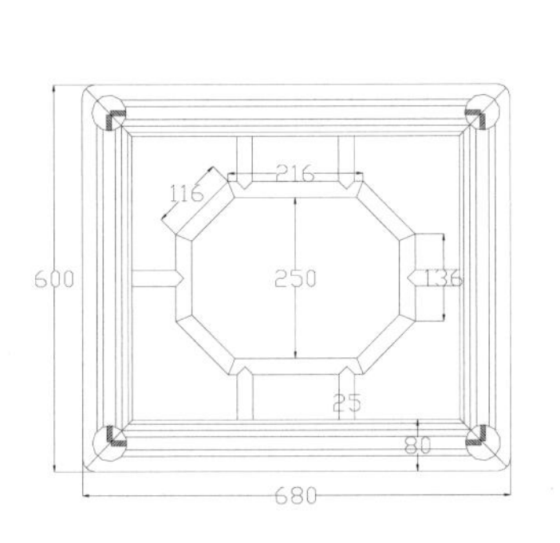

小几－俯视图

图版清单（现代中式如意纹沙发九件套）：

三人沙发—主视图
双人沙发—主视图
单人沙发—主视图
单人沙发—右视图
茶几—主视图
茶几—左视图
茶几—俯视图
小几—主视图
小几—左视图
小几—俯视图

现代中式福在眼前沙发八件套

材质：缅甸花梨

年款：现代

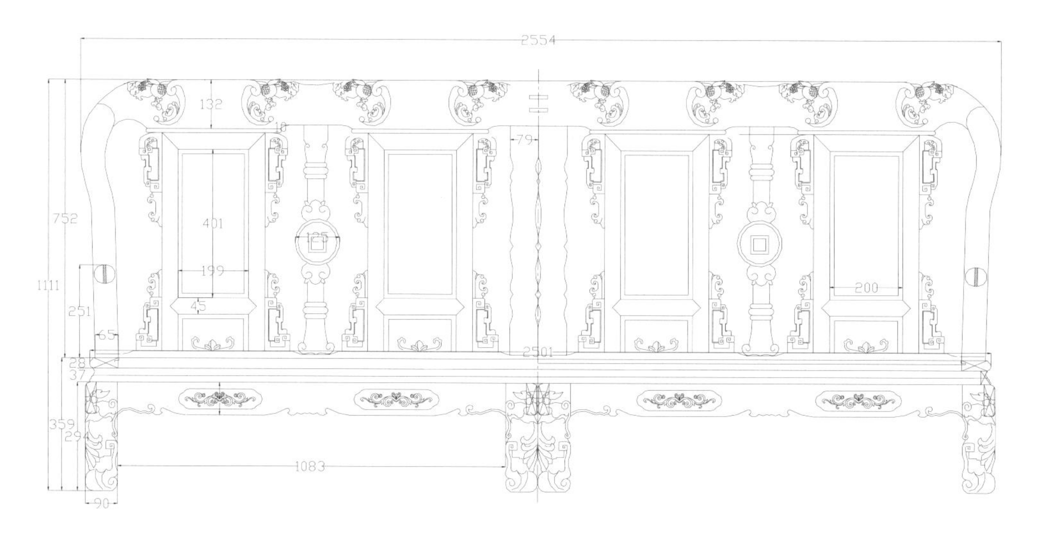

三人沙发－主视图

单人沙发－主视图

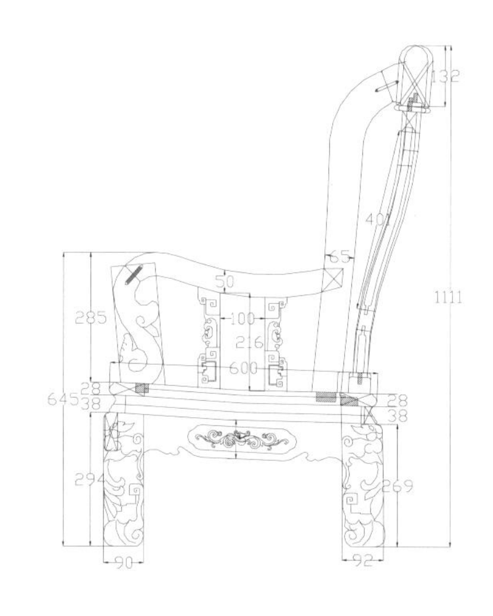

单人沙发－右视图

注：此八件套中三人沙发为 1 件，单人沙发为 4 件，茶几为 1 件，小几为 2 件。

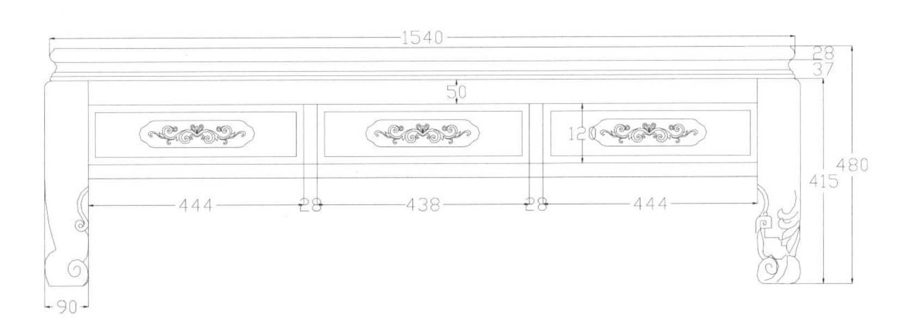

茶几－主视图

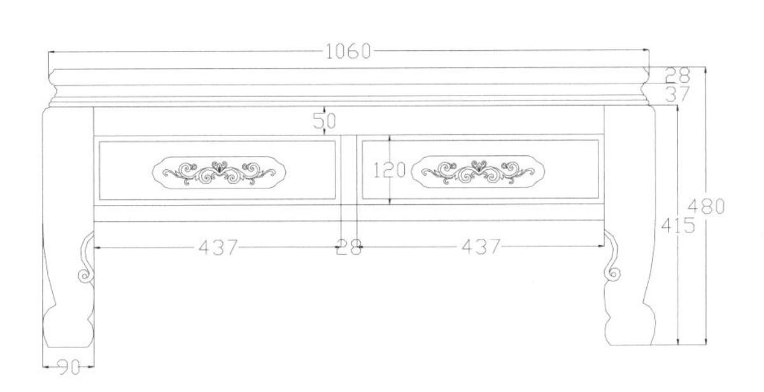

茶几－左视图

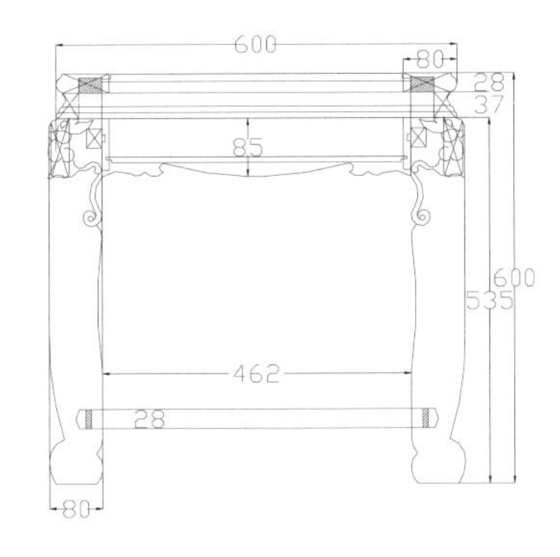

小几－主视图

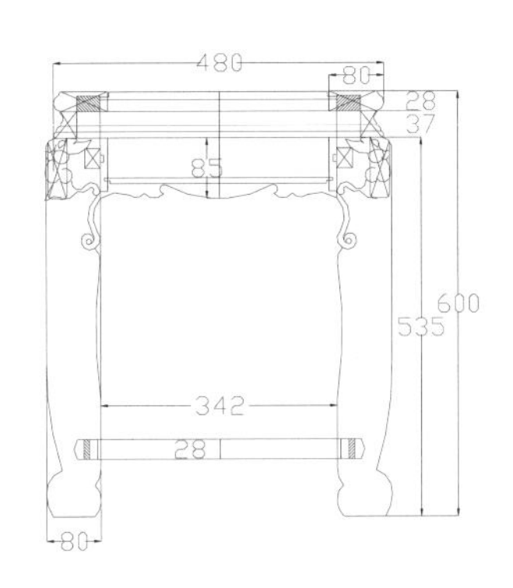

小几－左视图

图版清单（现代中式福在眼前沙发八件套）：
三人沙发—主视图
单人沙发—主视图
单人沙发—右视图
茶几—主视图
茶几—左视图
小几—主视图
小几—左视图

现代中式风和日丽沙发八件套

材质：缅甸花梨

年款：现代

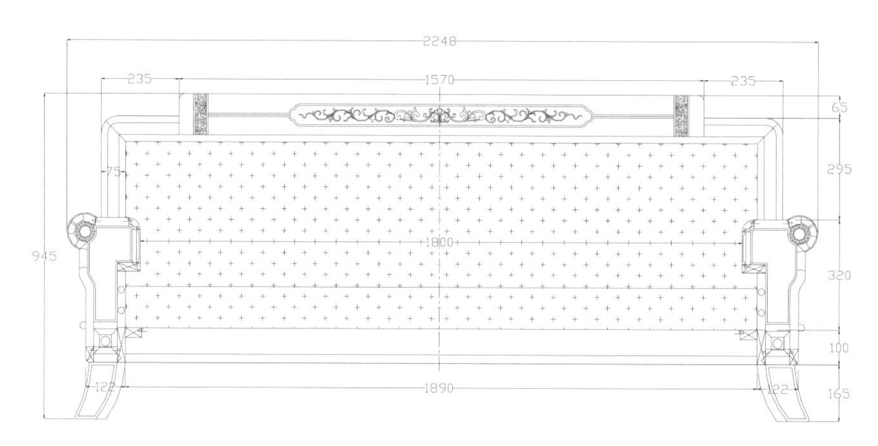

三人沙发－主视图

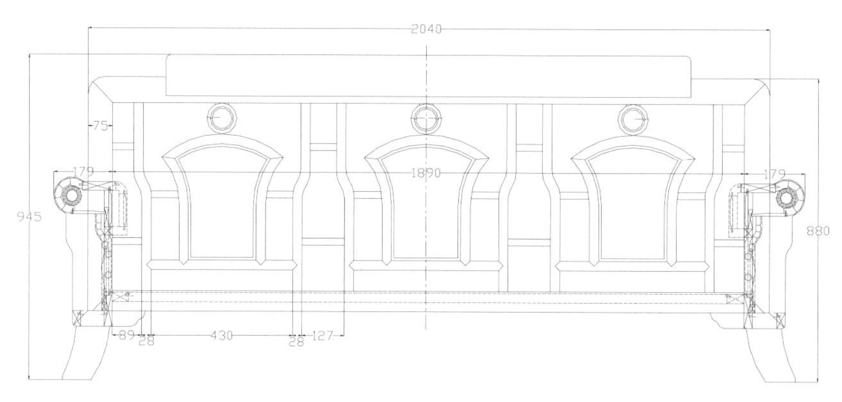

三人沙发－后视图

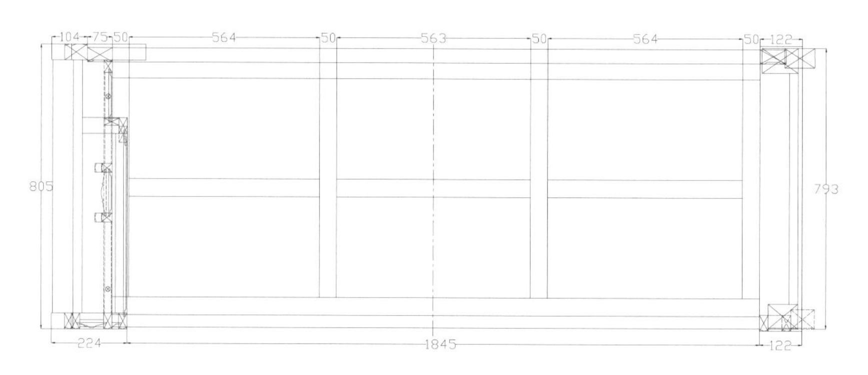

三人沙发－剖视图

注：此八件套中三人沙发为 1 件，单人沙发为 4 件，茶几为 1 件，小几为 2 件。

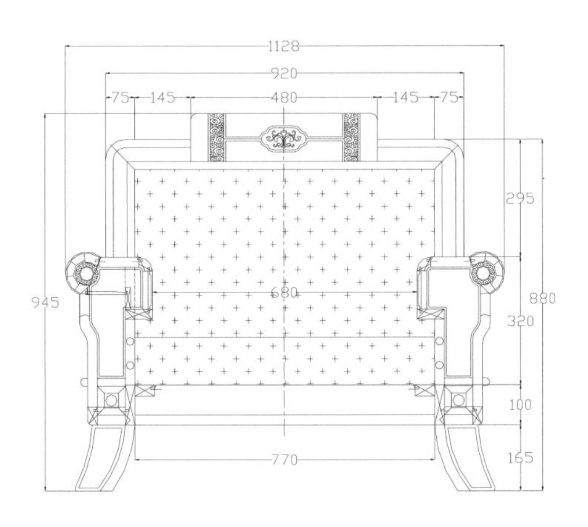

单人沙发－主视图

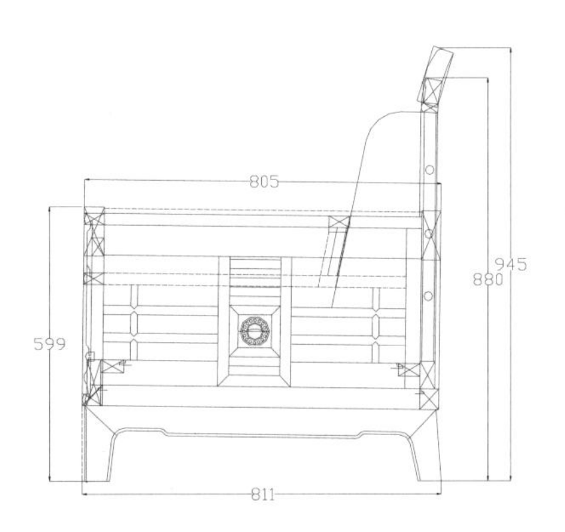

单人沙发－右视图

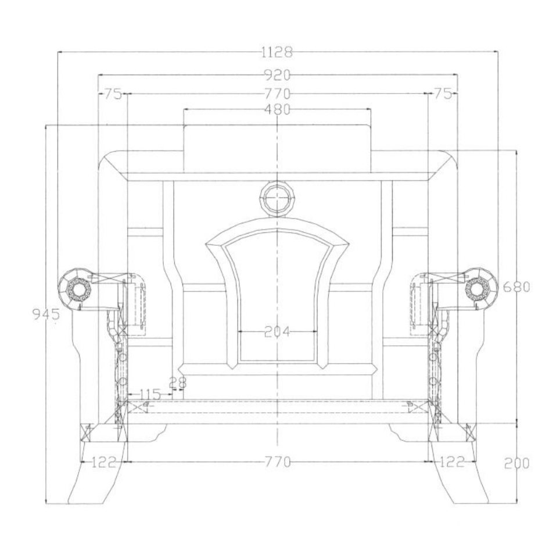

单人沙发－后视图

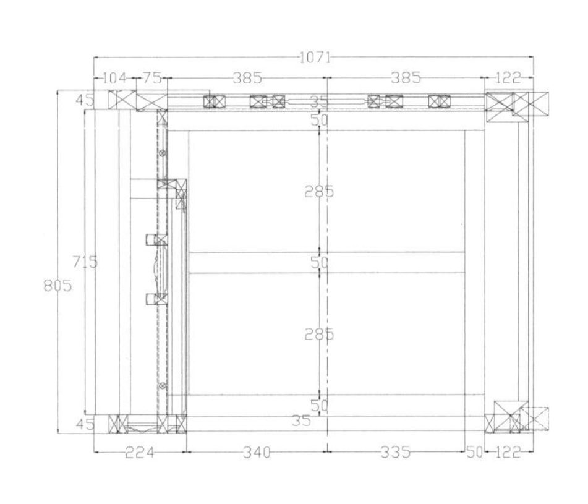

单人沙发－剖视图

匠心营造

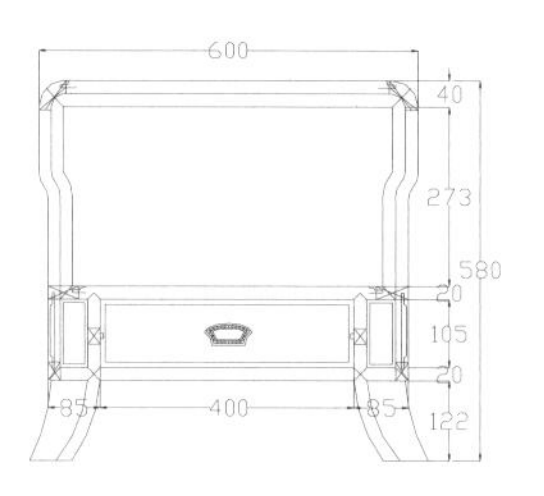

小几－主视图

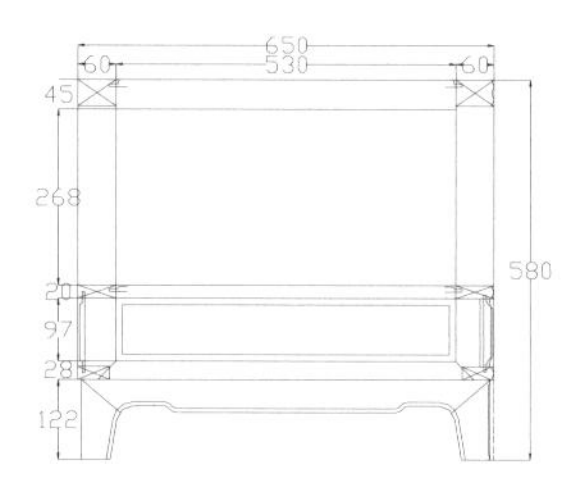

小几－左视图

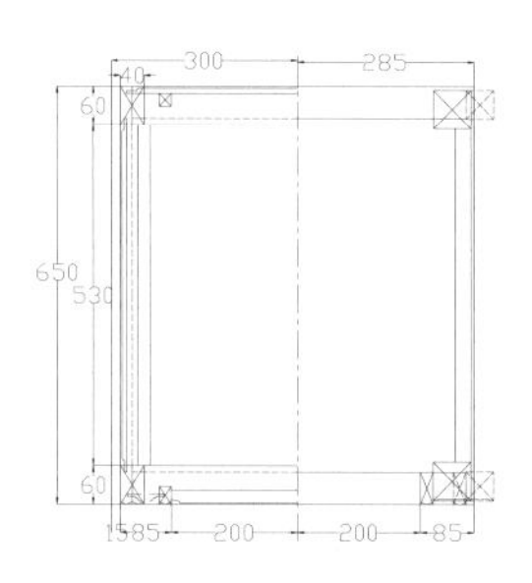

小几－俯视图

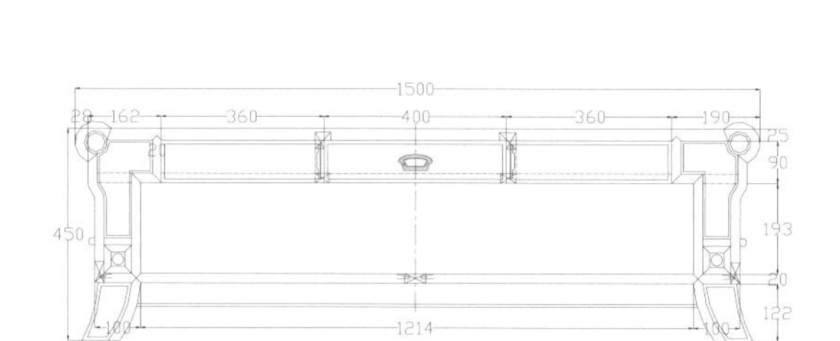

茶几－主视图

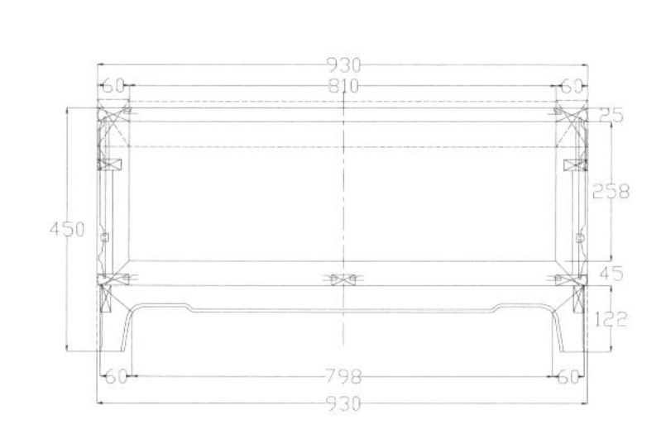

茶几－左视图

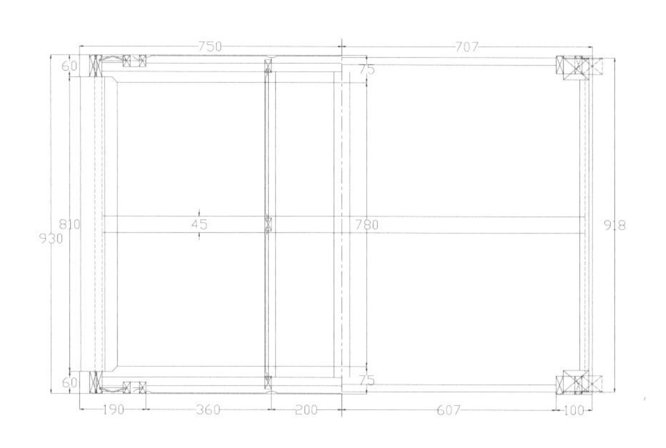

茶几－俯视图

图版清单（现代中式风和日丽沙发八件套）：

三人沙发—主视图
三人沙发—后视图
三人沙发—剖视图
单人沙发—主视图
单人沙发—右视图
单人沙发—后视图
单人沙发—剖视图
小几—主视图
小几—左视图
小几—俯视图
茶几—主视图
茶几—左视图
茶几—俯视图

现代中式花开富贵磬云沙发八件套

材质：白酸枝

年款：现代

三人沙发－主视图

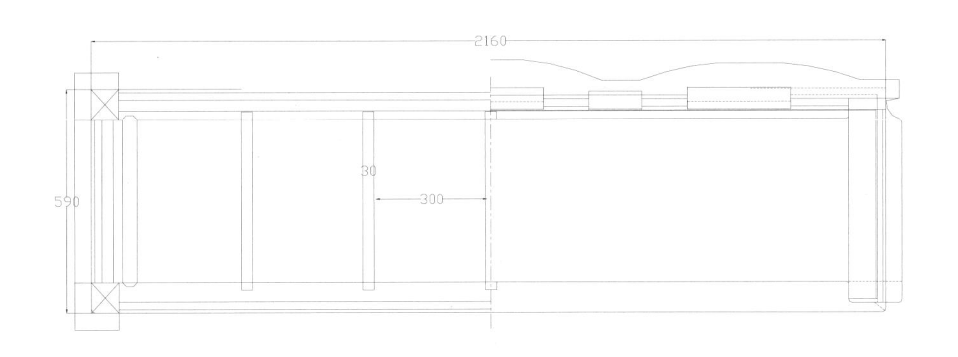

三人沙发－剖视图

注：此八件套中三人沙发为 1 件，单人沙发为 4 件，茶几为 1 件，小几为 2 件。

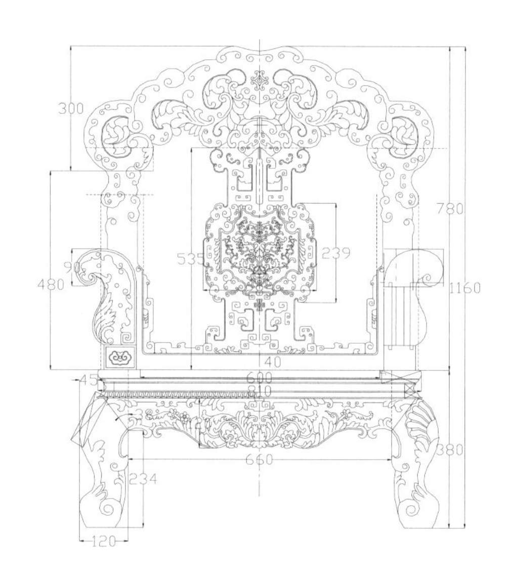

单人沙发 – 主视图

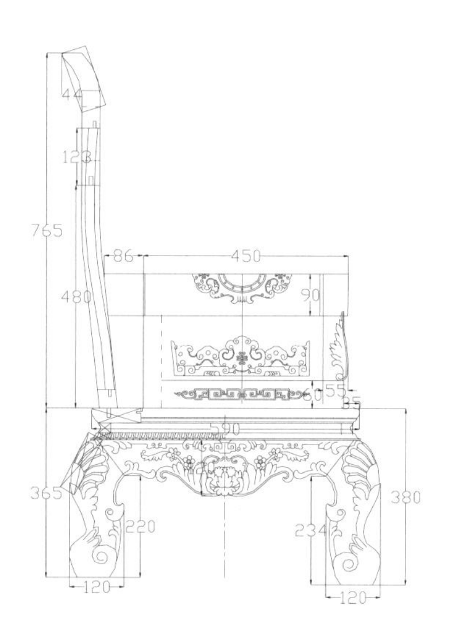

单人沙发 – 左视图

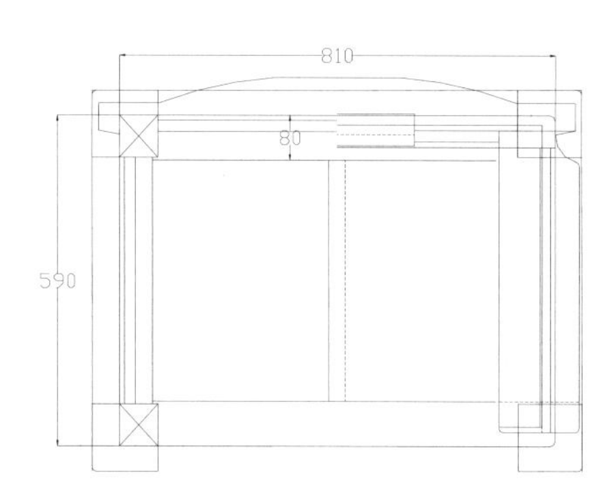

单人沙发 – 俯视图

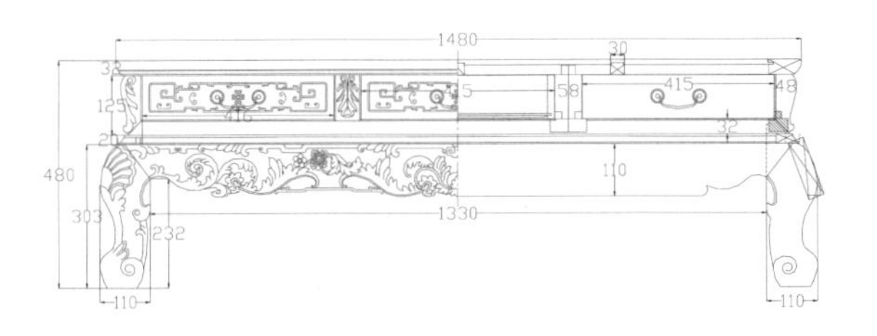

茶几－主视图

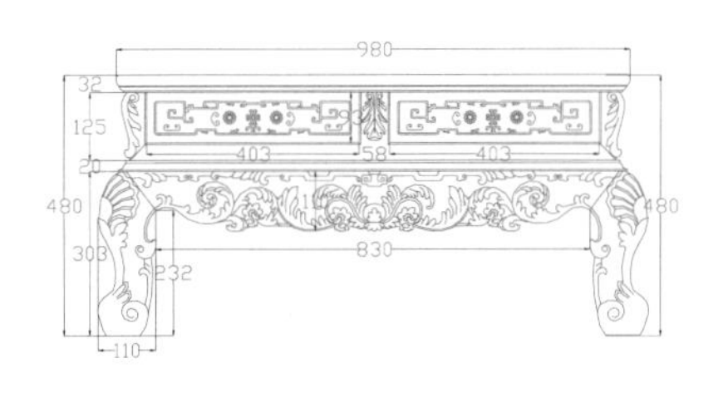

茶几－左视图

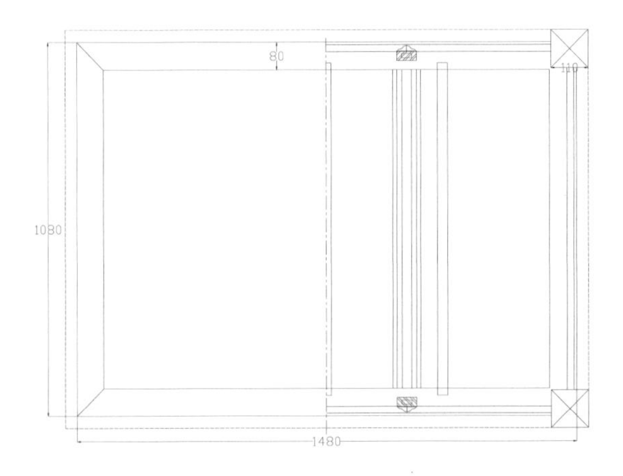

茶几－俯视图

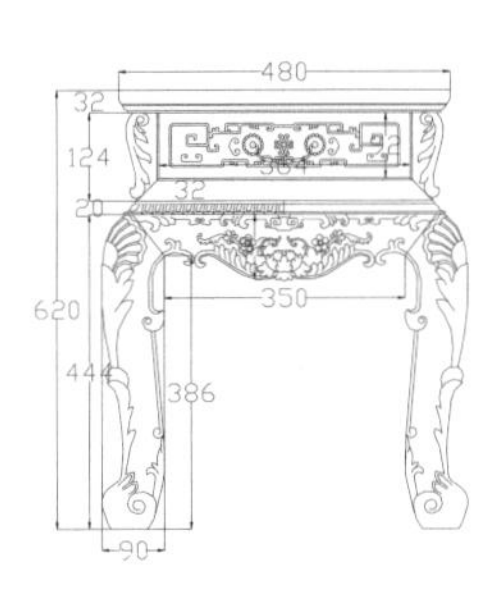

小几－主视图

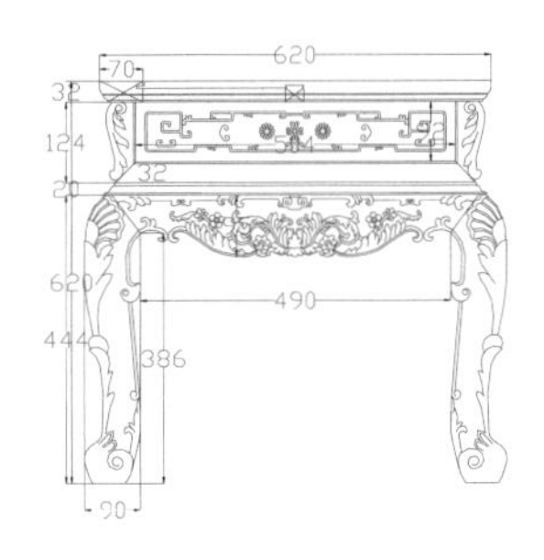

小几－左视图

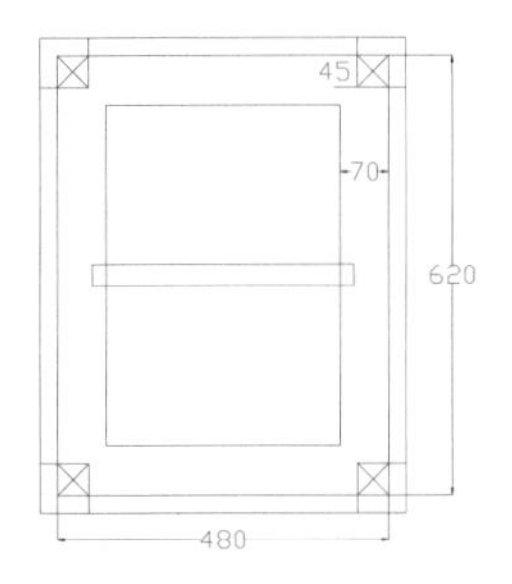

小几－俯视图

图版清单（现代中式花开富贵磬云沙发八件套）：

三人沙发—主视图
三人沙发—剖视图
单人沙发—主视图
单人沙发—左视图
单人沙发—俯视图
茶几—主视图
茶几—左视图
茶几—俯视图
小几—主视图
小几—左视图
小几—俯视图

现代中式寿字纹沙发八件套

材质：缅甸花梨

年款：现代

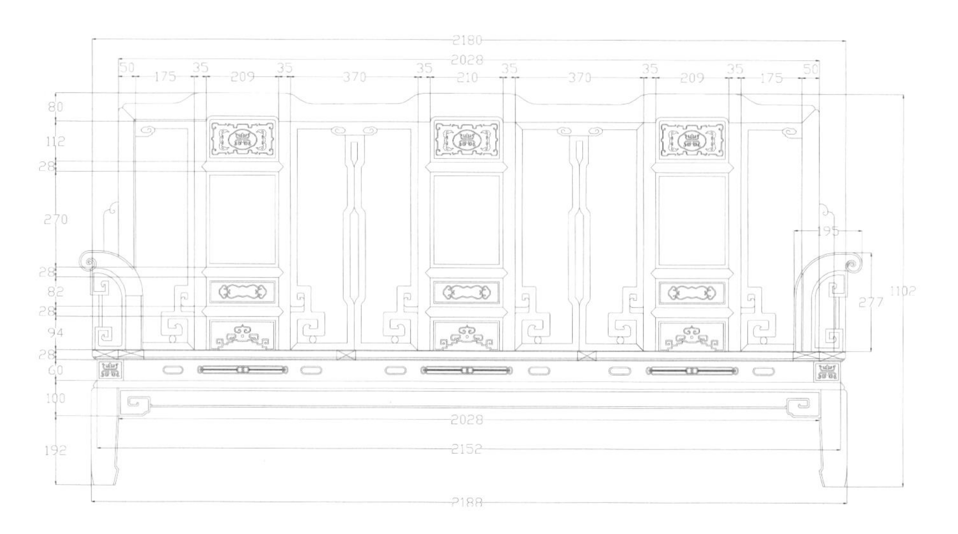

三人沙发－主视图

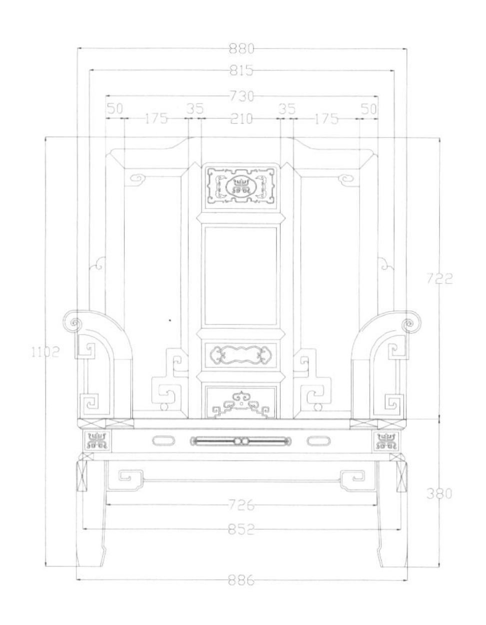

单人沙发－主视图

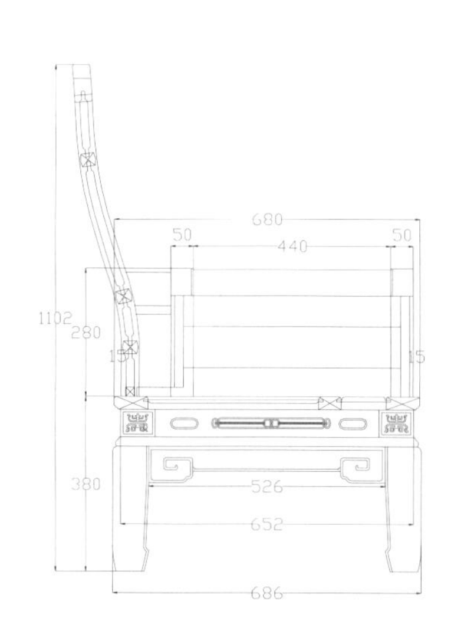

单人沙发－左视图

注：此八件套中三人沙发为 1 件，单人沙发为 4 件，茶几为 1 件，小几为 2 件。

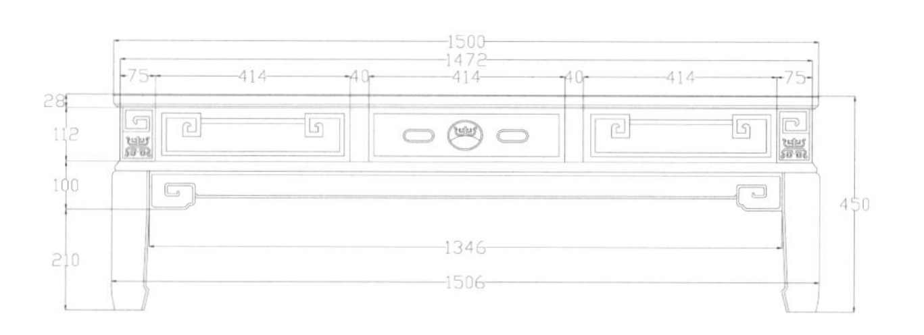

茶几－主视图

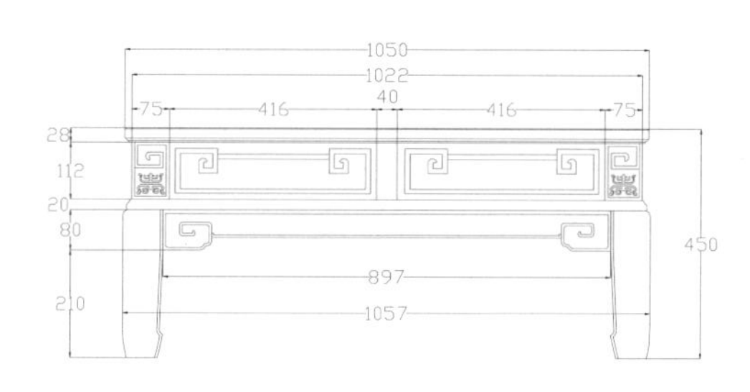

茶几－左视图

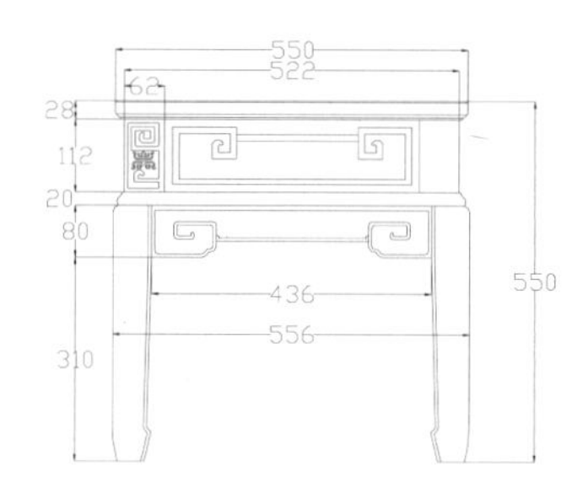

小几－主视图

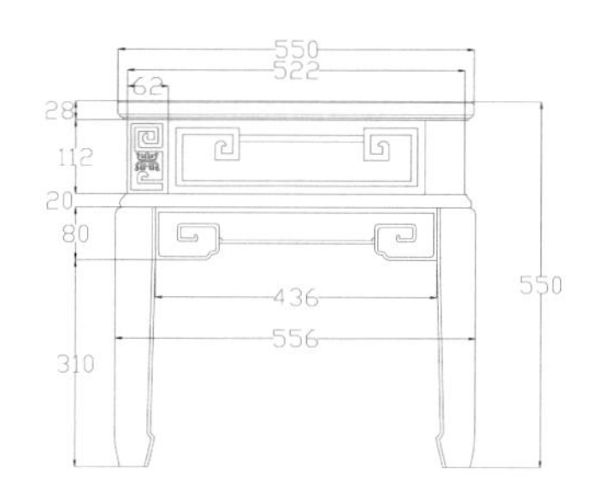

小几－左视图

图版清单（现代中式寿字纹沙发八件套）：

三人沙发—主视图

单人沙发—主视图

单人沙发—左视图

茶几—主视图

茶几—左视图

小几—主视图

小几—左视图

现代中式如意云纹沙发六件套

材质：缅甸花梨

年款：现代

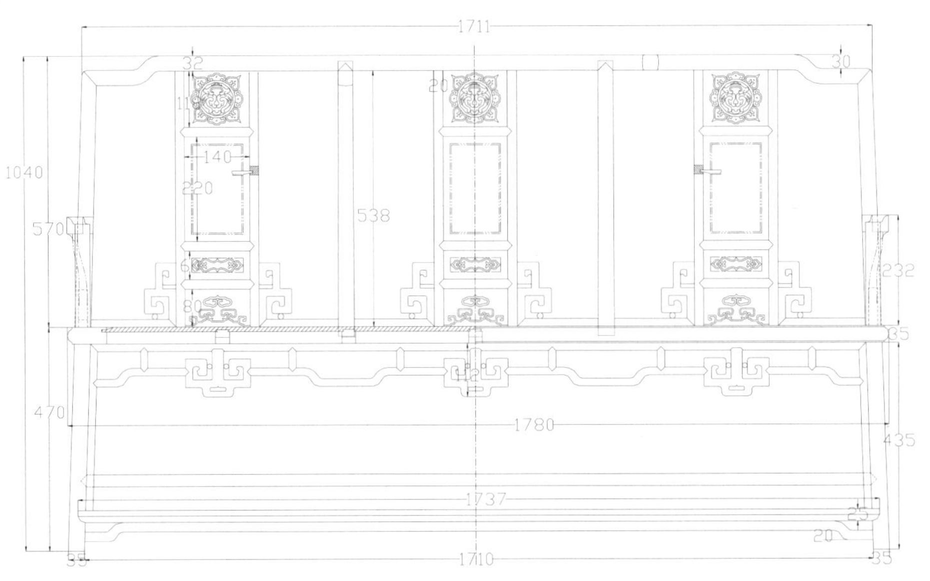

三人沙发－主视图

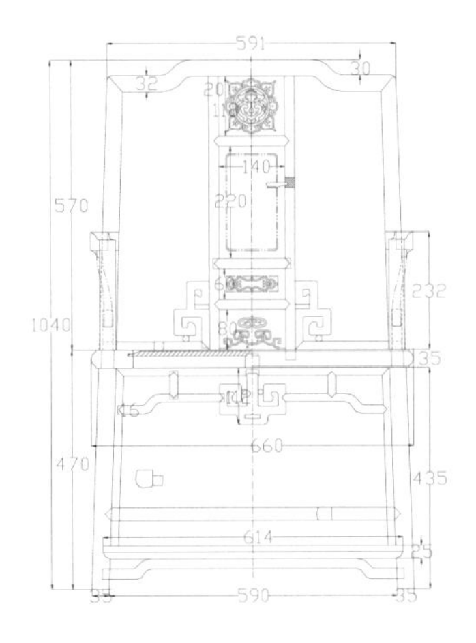

扶手椅－主视图

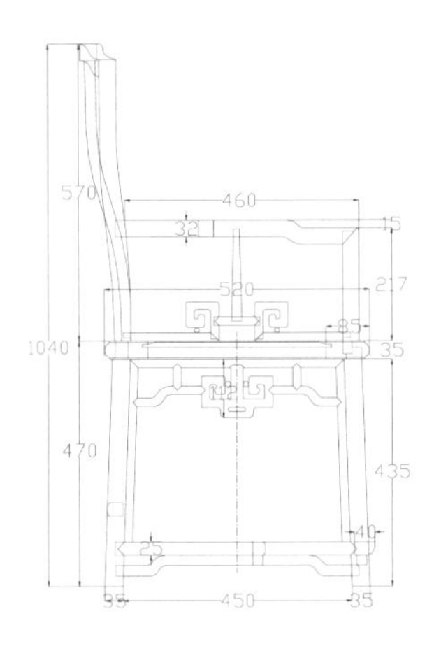

扶手椅－左视图

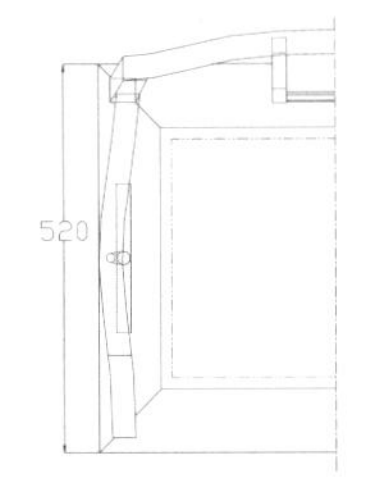

扶手椅－俯视图

注：此六件套中三人沙发为 1 件，扶手椅为 4 件，茶几为 1 件。扶手椅俯视图采用轴对称画法，省略对称部分。

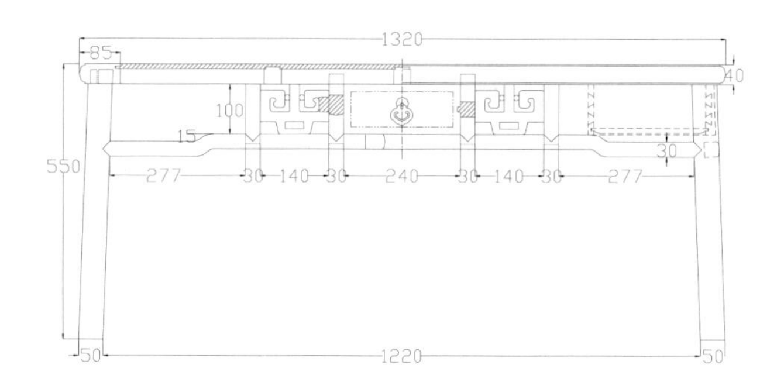

茶几－主视图

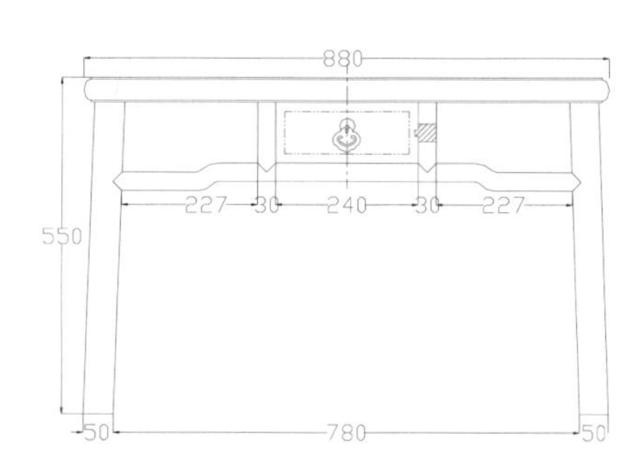

茶几－左视图

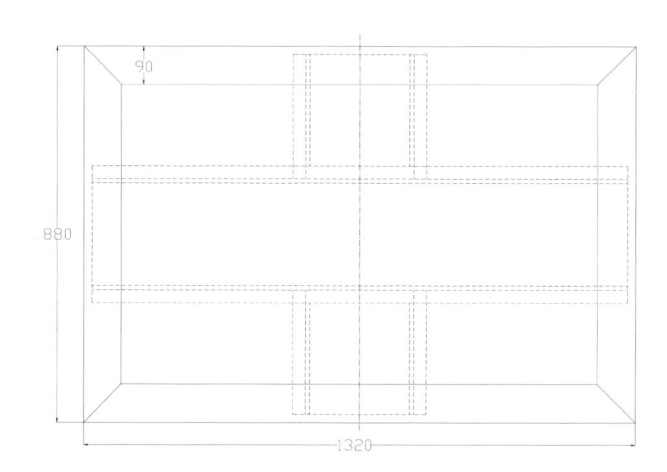

茶几－俯视图

图版清单（现代中式如意云纹沙发六件套）：
三人沙发—主视图
扶手椅—主视图
扶手椅—左视图
扶手椅—俯视图
茶几—主视图
茶几—左视图
茶几—俯视图

现代中式圆开光沙发八件套

材质：非洲酸枝

年款：现代

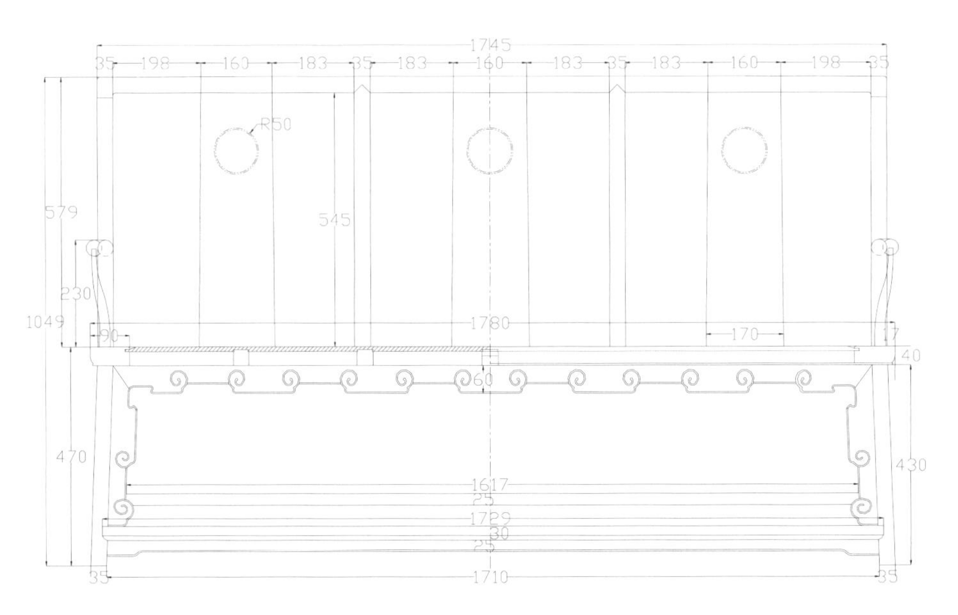

三人沙发－主视图

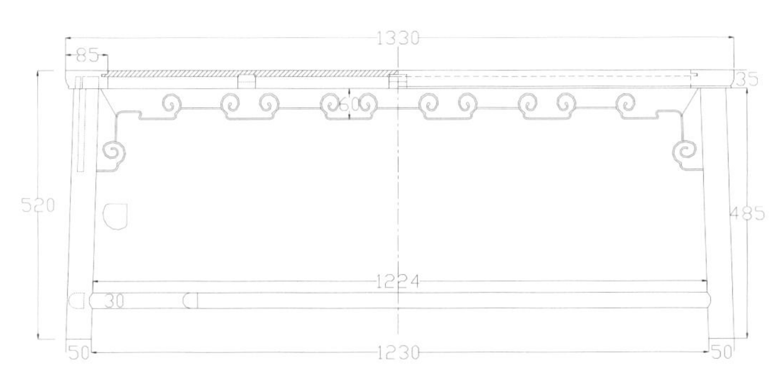

茶几－主视图

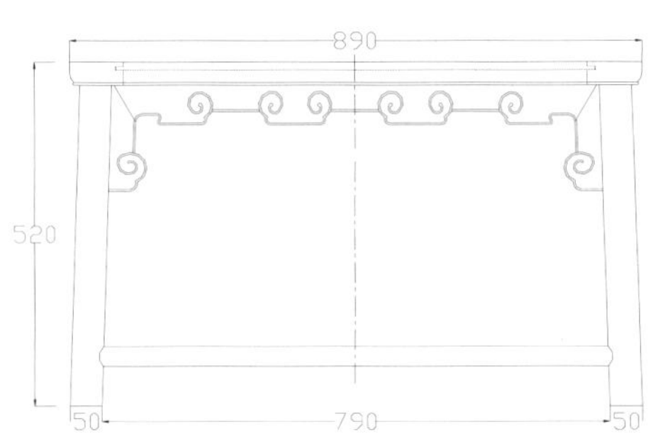

茶几－左视图

注：此八件套中三人沙发为 1 件，茶几为 1 件，扶手椅为 4 件，小几为 2 件。

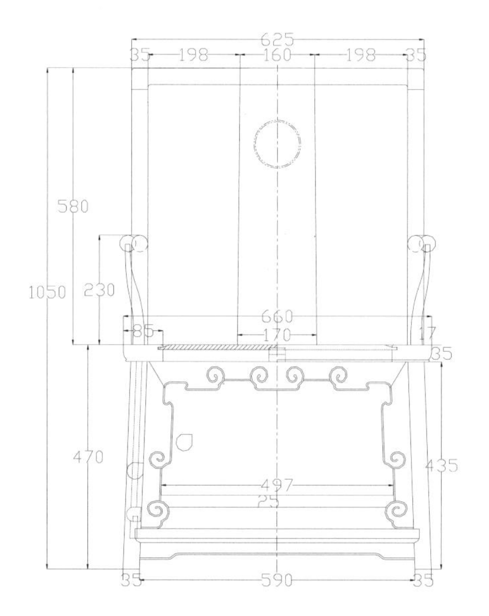

扶手椅－主视图

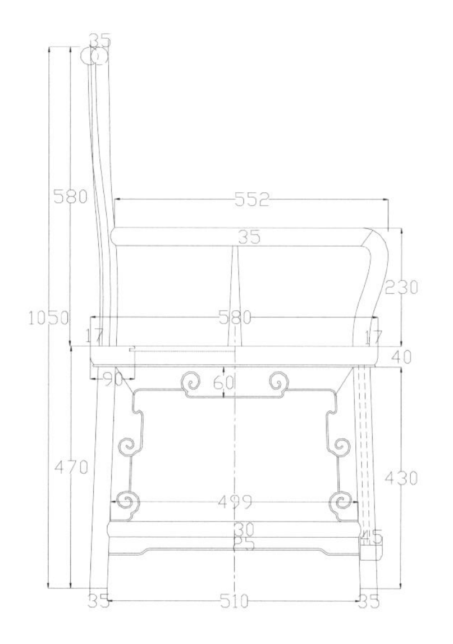

扶手椅－左视图

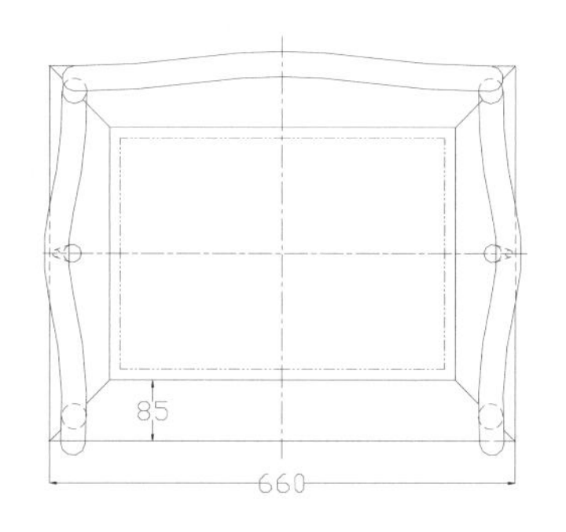

扶手椅－俯视图

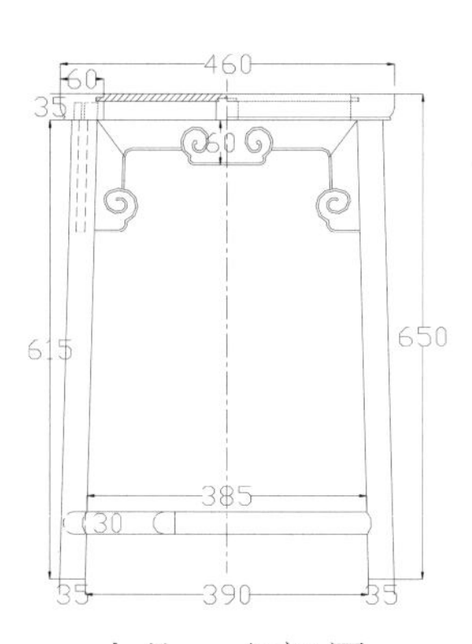

小几－主视图

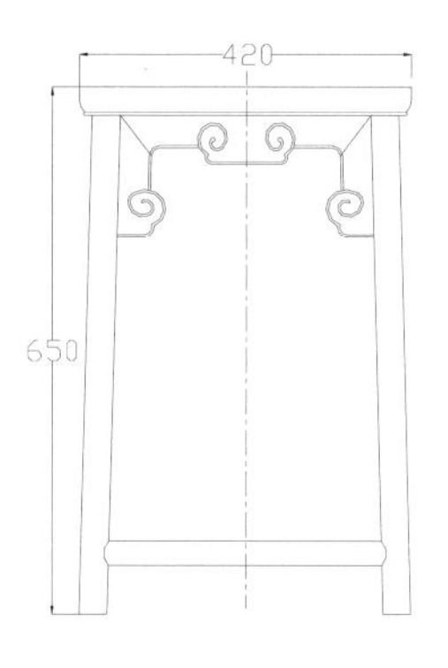

小几－左视图

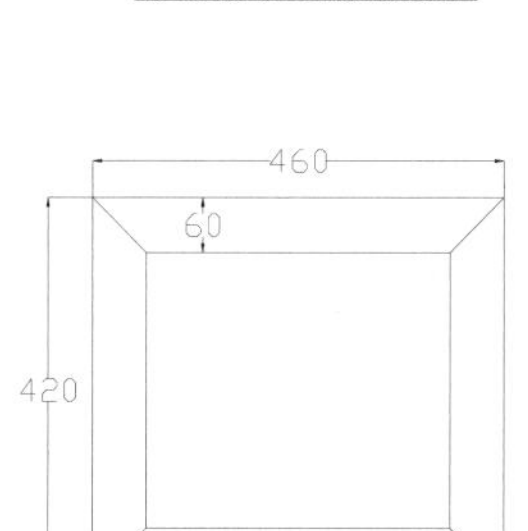

小几－俯视图

图版清单（现代中式圆开光沙发八件套）：
三人沙发—主视图
茶几—主视图
茶几—左视图
扶手椅—主视图
扶手椅—左视图
扶手椅—俯视图
小几—主视图
小几—左视图
小几—俯视图

现代中式直棂霸王枨沙发八件套

材质：非洲酸枝

年款：现代

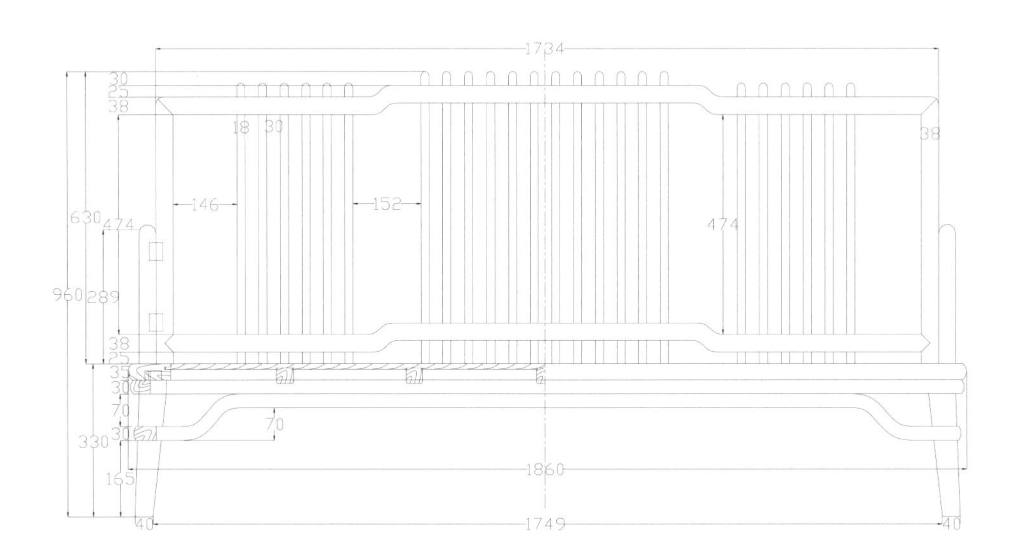

三人沙发－主视图

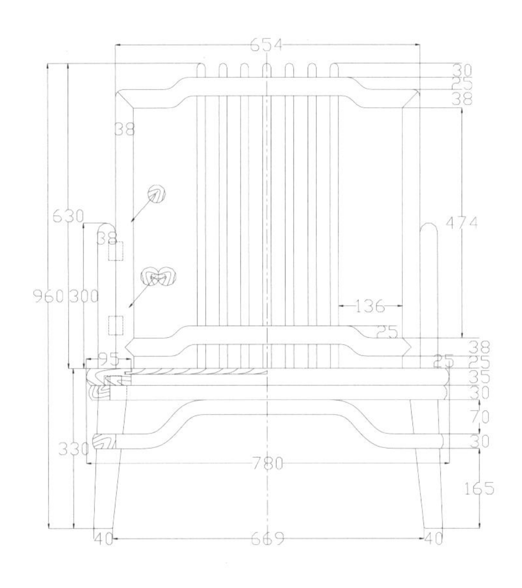

扶手椅－主视图

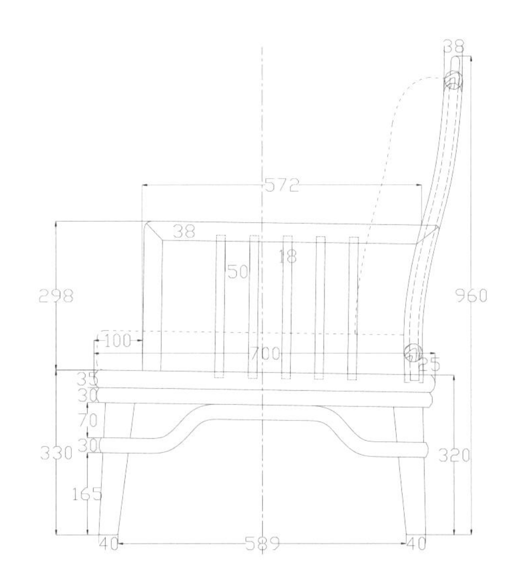

扶手椅－右视图

注：此八件套中三人沙发为 1 件，扶手椅为 4 件，茶几为 1 件，小几为 2 件。

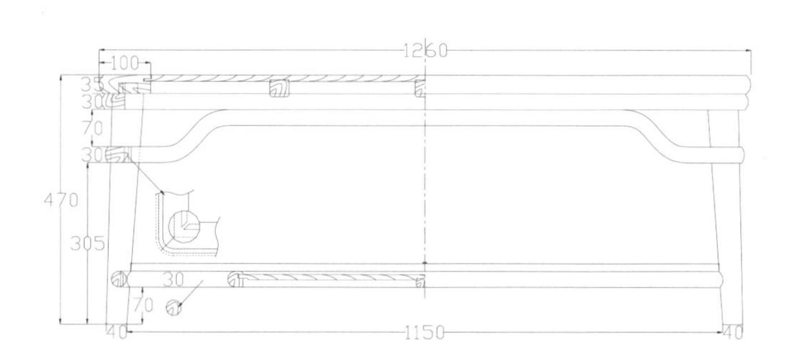

茶几－主视图

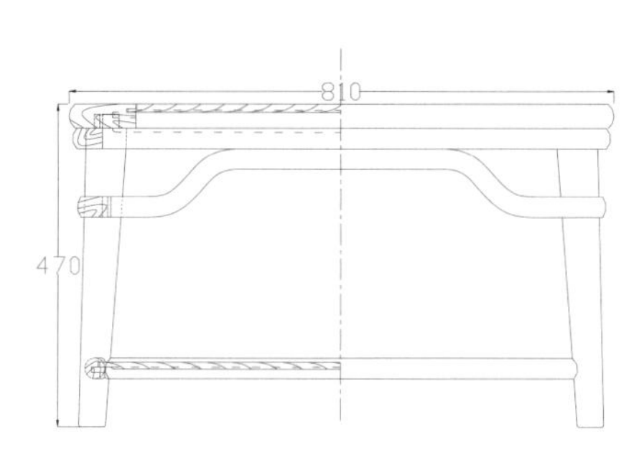

茶几－左视图

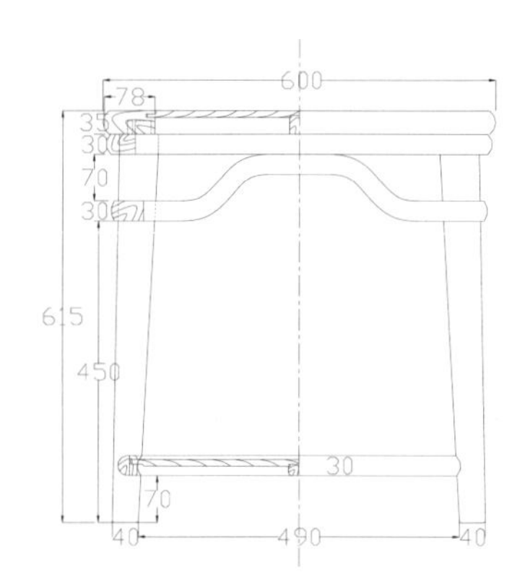

小几－主视图

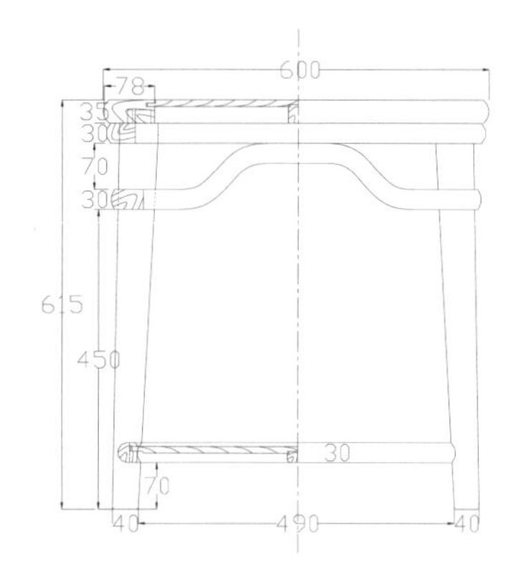

小几－左视图

图版清单（现代中式直棂霸王枨沙发八件套）：

三人沙发—主视图

扶手椅—主视图

扶手椅—右视图

茶几—主视图

茶几—左视图

小几—主视图

小几—左视图

现代中式圈形圆开光沙发八件套

材质：非洲酸枝

年款：现代

三人沙发－主视图

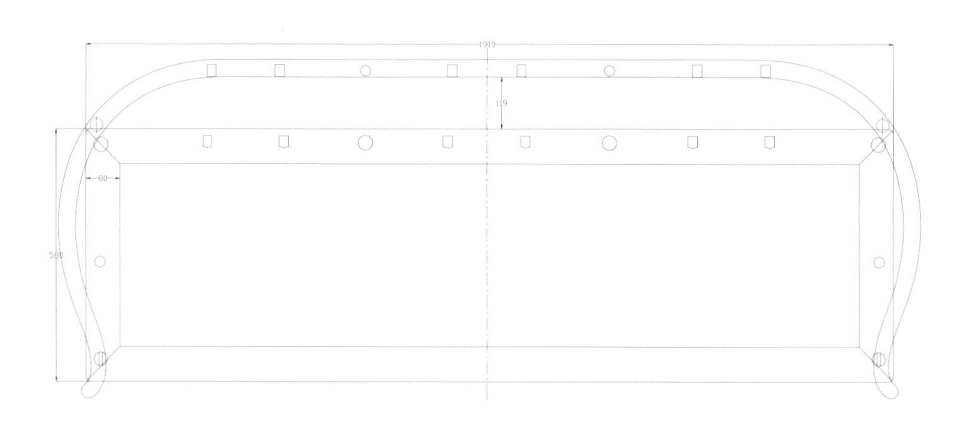

三人沙发－俯视图

注：此八件套中三人沙发为 1 件，圈椅为 4 件，小几为 2 件，茶几为 1 件。

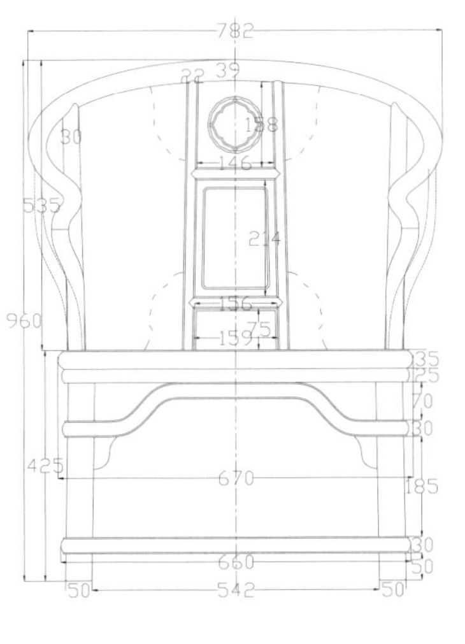

圈椅－主视图

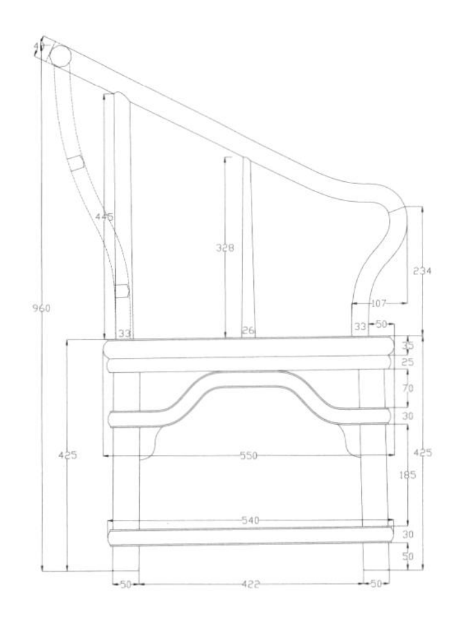

圈椅－左视图

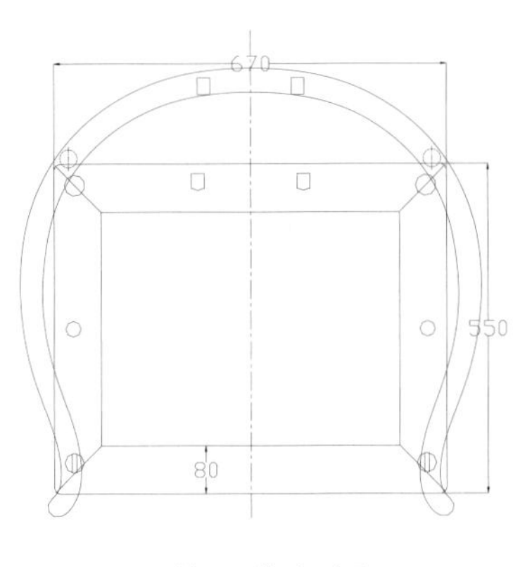

圈椅－俯视图

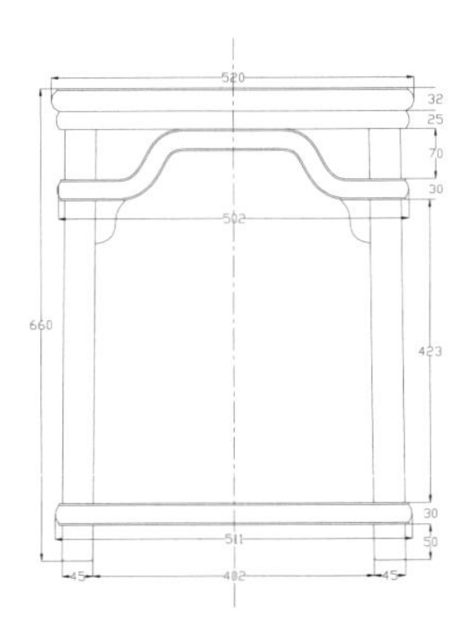

小几－主视图

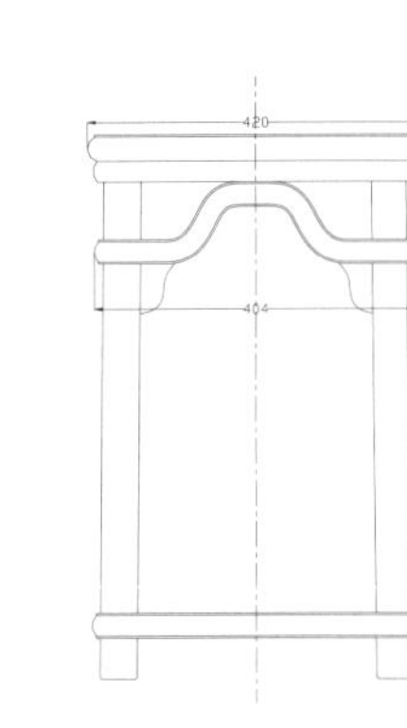

小几－左视图

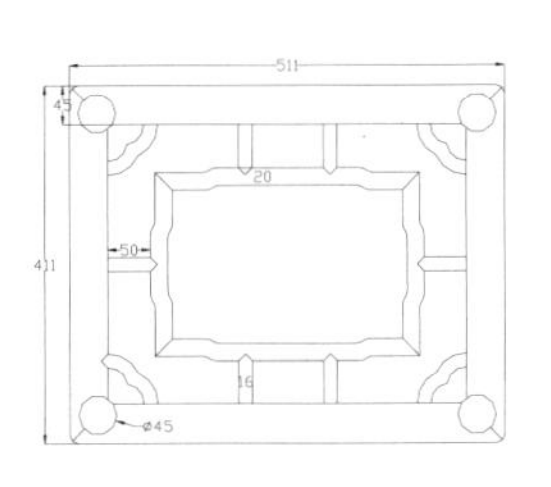

小几－俯视图

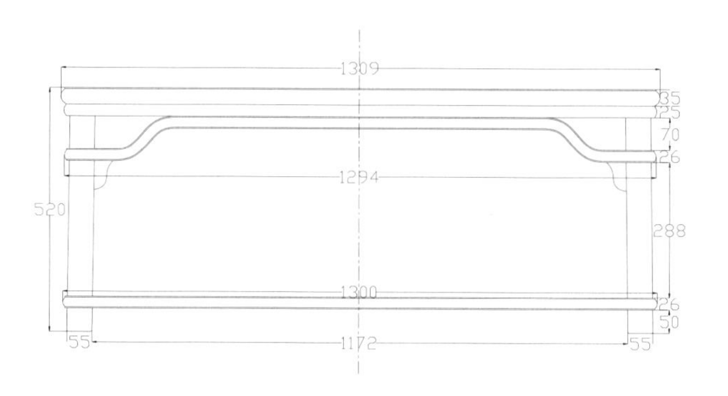

茶几－主视图

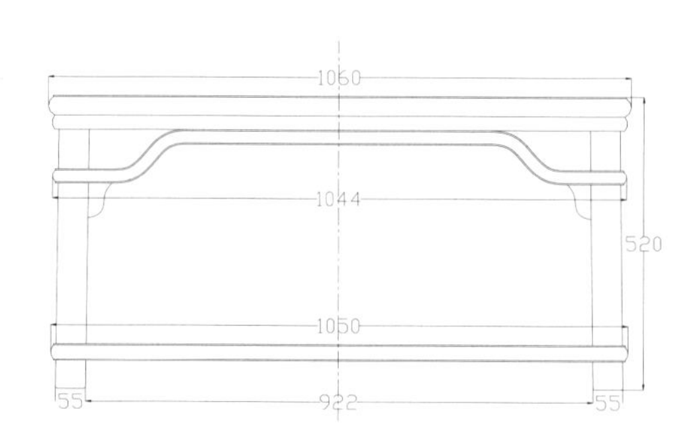

茶几－左视图

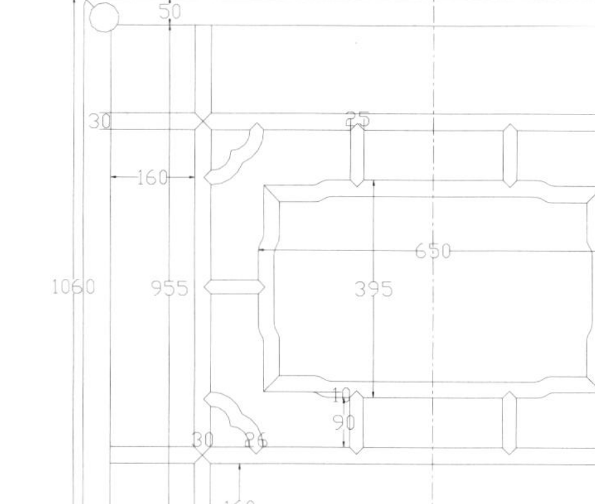

茶几－剖视图

图版清单（现代中式圈形圆开光沙发八件套）：

三人沙发—主视图
三人沙发—俯视图
圈椅—主视图
圈椅—左视图
圈椅—俯视图
小几—主视图
小几—左视图
小几—俯视图
茶几—主视图
茶几—左视图
茶几—剖视图

现代中式直棂梳背沙发八件套

材质：非洲酸枝

年款：现代

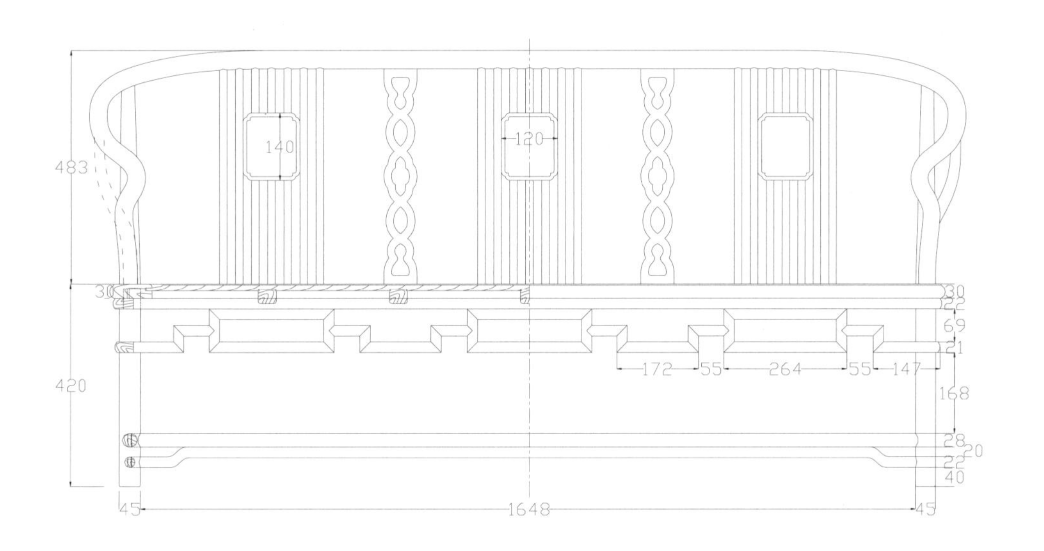

三人沙发－主视图

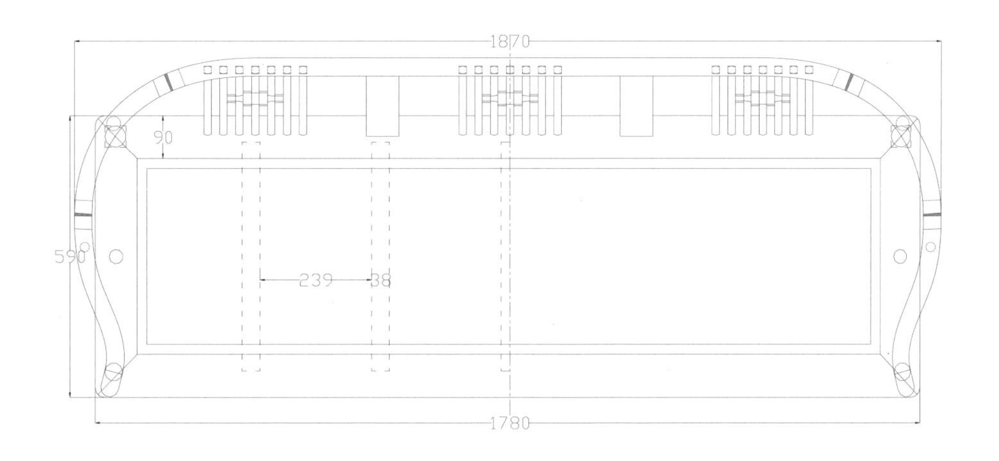

三人沙发－俯视图

注：此八件套中三人沙发为 1 件，圈椅为 4 件，茶几为 1 件，小几为 2 件。

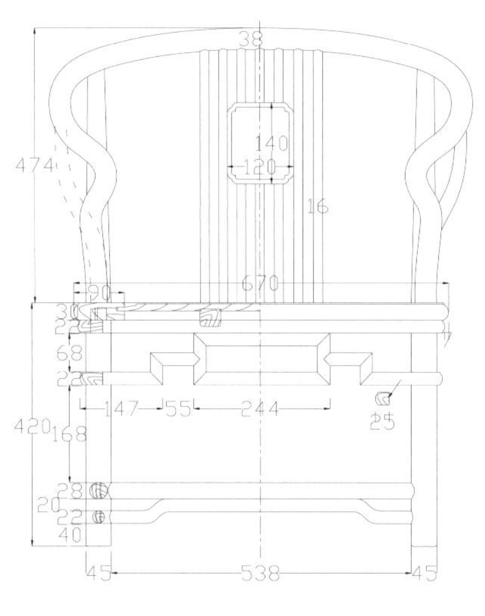

圈椅－主视图

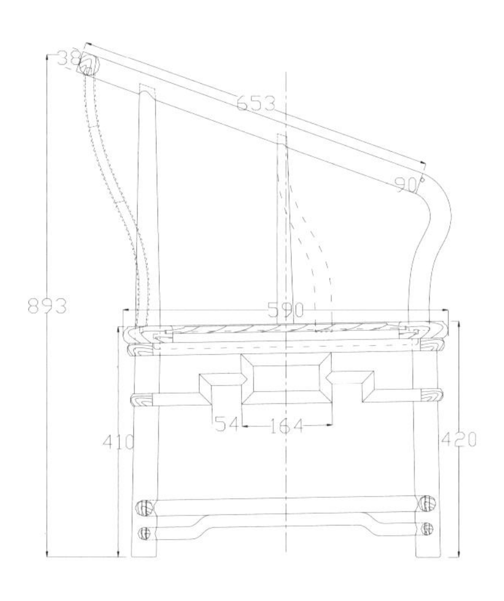

圈椅－左视图

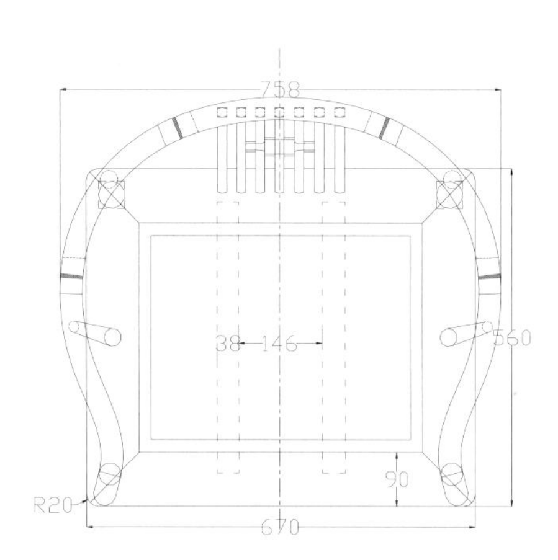

圈椅－俯视图

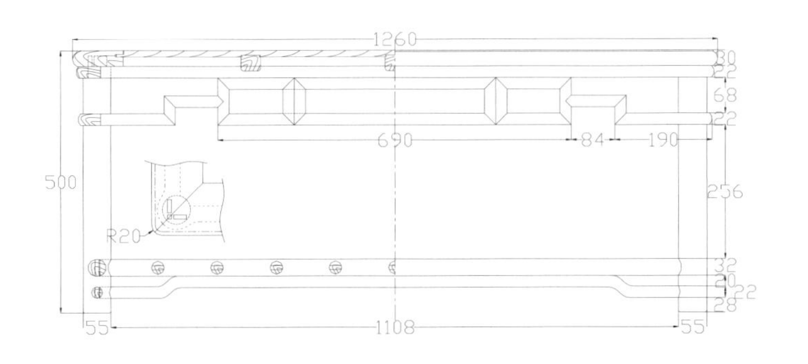

茶几－主视图

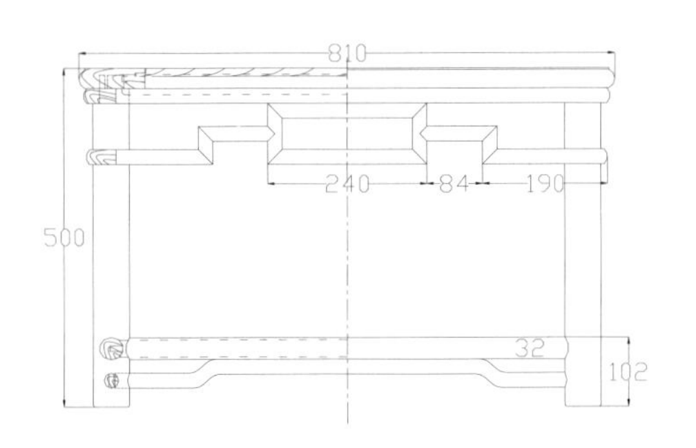

茶几－左视图

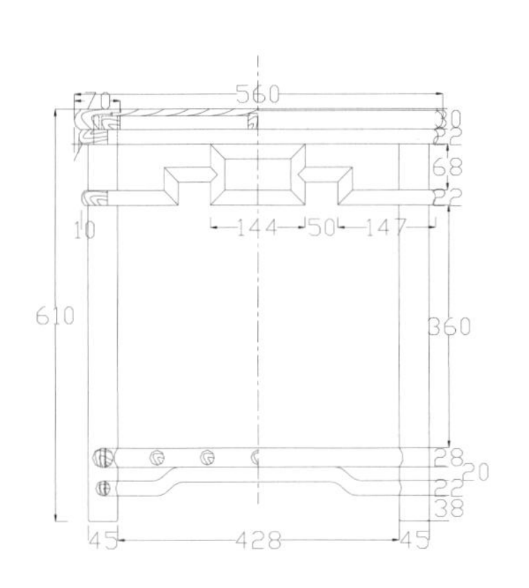

小几－主视图

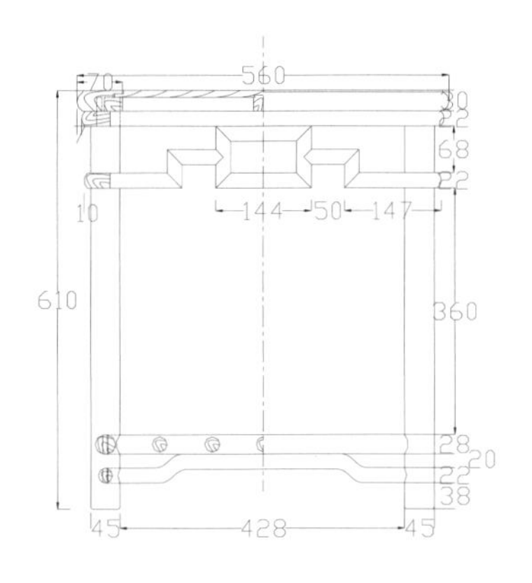

小几－左视图

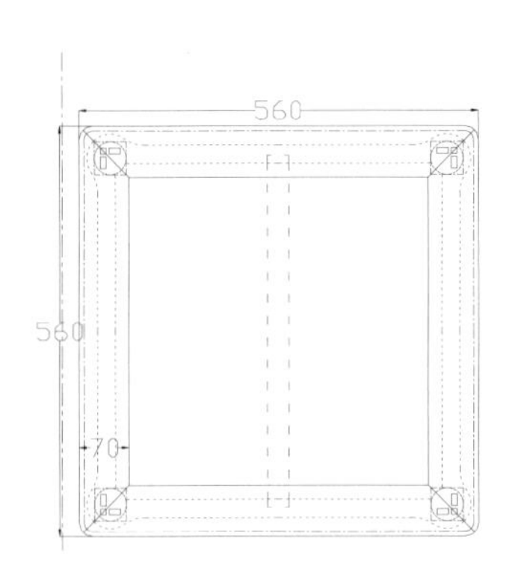

小几－俯视图

图版清单（现代中式直棂梳背沙发八件套）：
三人沙发—主视图
三人沙发—俯视图
圈椅—主视图
圈椅—左视图
圈椅—俯视图
茶几—主视图
茶几—左视图
小几—主视图
小几—左视图
小几—俯视图

现代中式直棂梳背福寿绵长沙发八件套

材质：非洲酸枝

年款：现代

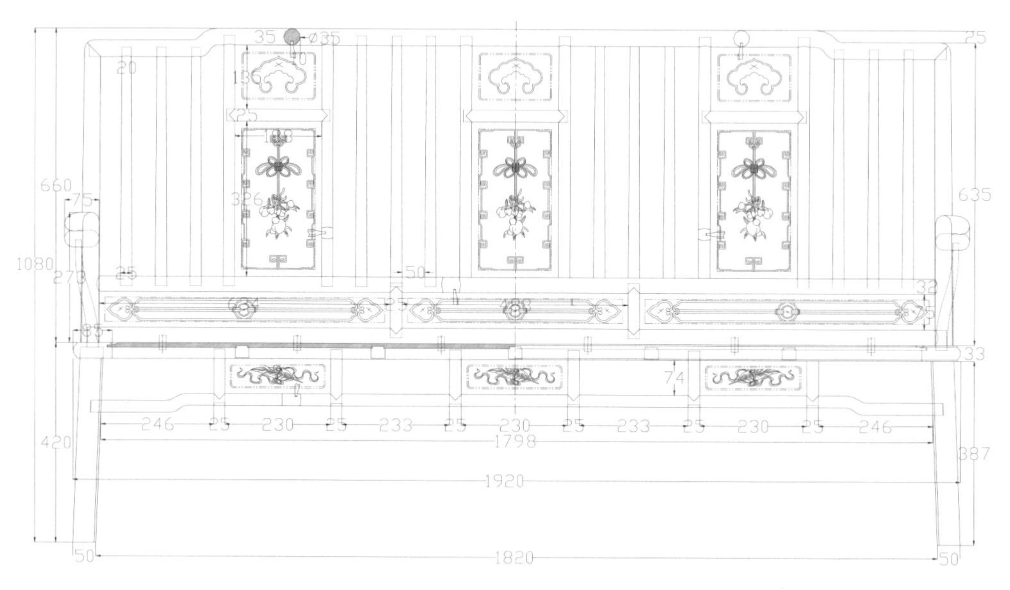

三人沙发－主视图

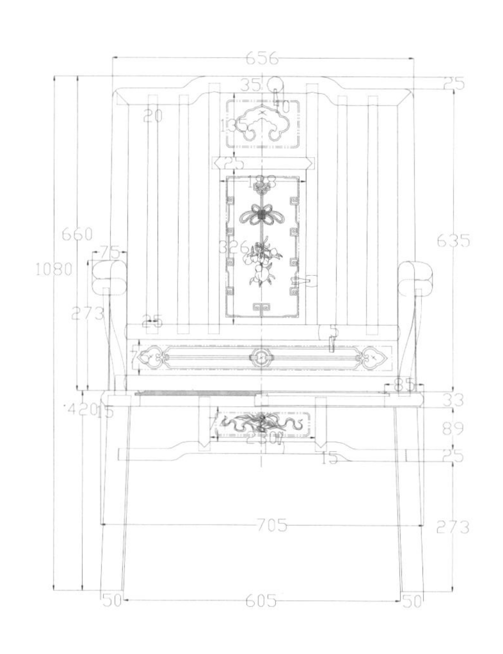

扶手椅－主视图

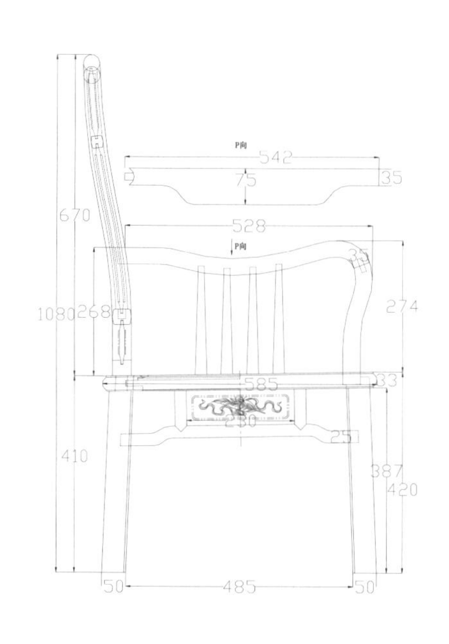

扶手椅－左视图

注：此八件套中三人沙发为 1 件，扶手椅为 4 件，茶几为 1 件，小几为 2 件。

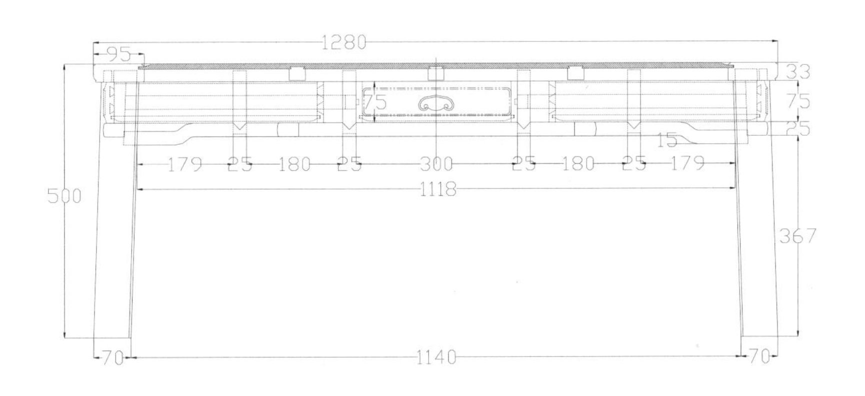

茶几－主视图

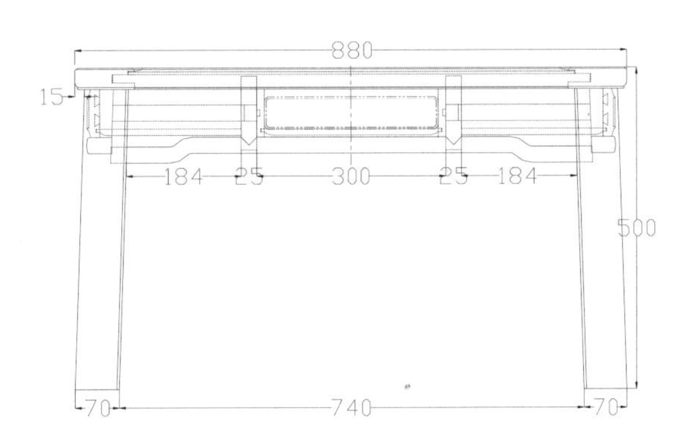

茶几－左视图

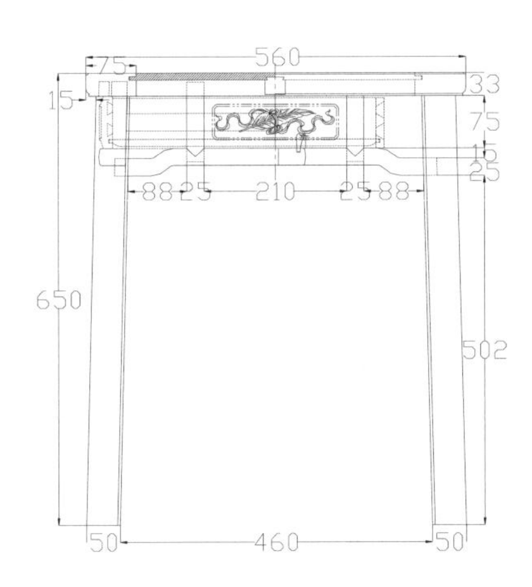

小几－主视图

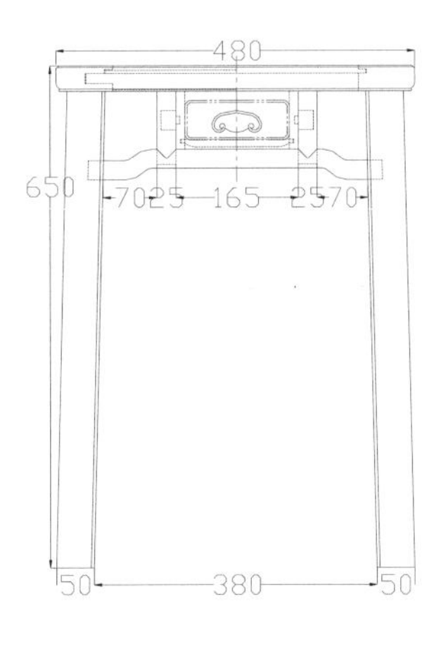

小几－左视图

图版清单（现代中式直棂梳背福寿绵长沙发八件套）：

三人沙发－主视图
扶手椅－主视图
扶手椅－左视图
茶几－主视图
茶几－左视图
小几－主视图
小几－左视图

现代中式团寿纹沙发八件套

材质：白酸枝

年款：现代

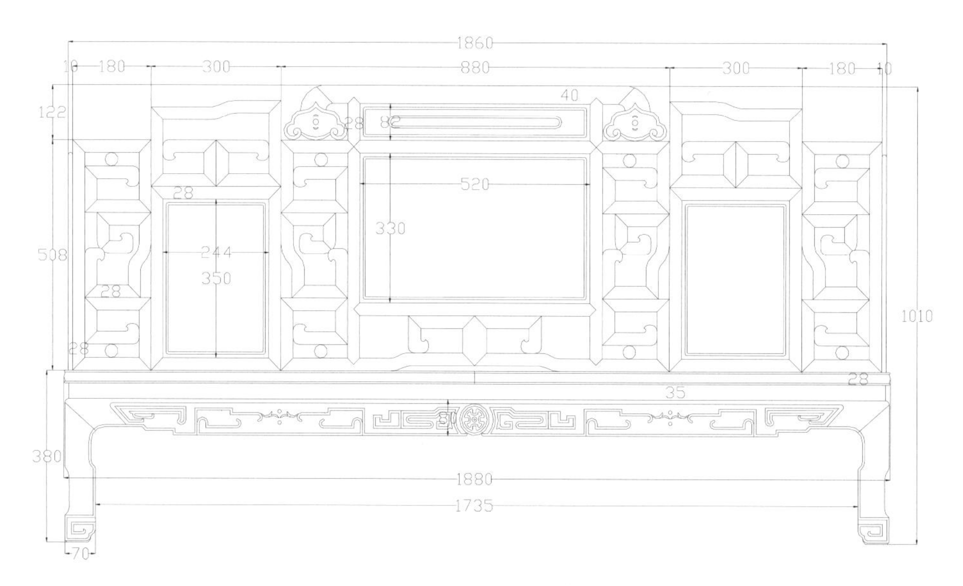

三人沙发－主视图

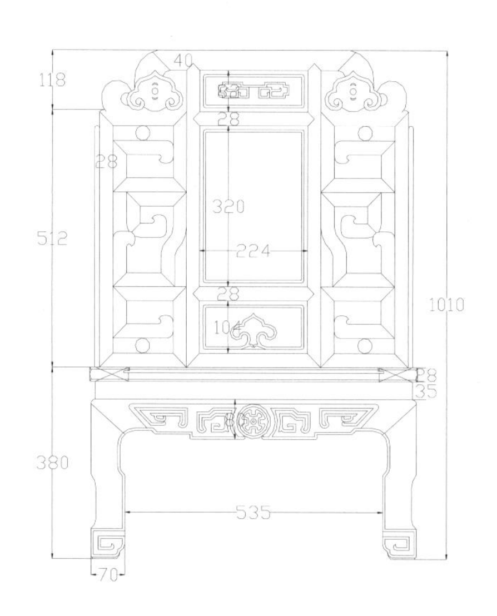

单人沙发－主视图

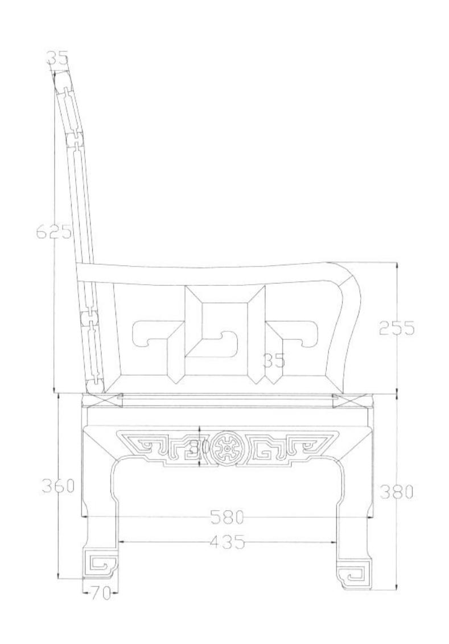

单人沙发－左视图

注：此八件套中三人沙发为 1 件，单人沙发为 4 件，茶几为 1 件，小几为 2 件。

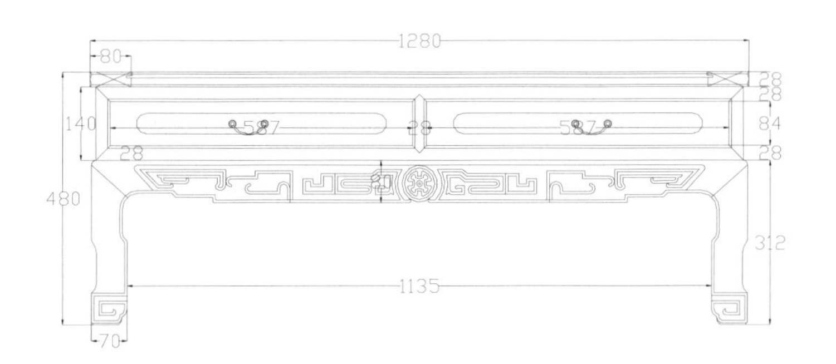

茶几－主视图

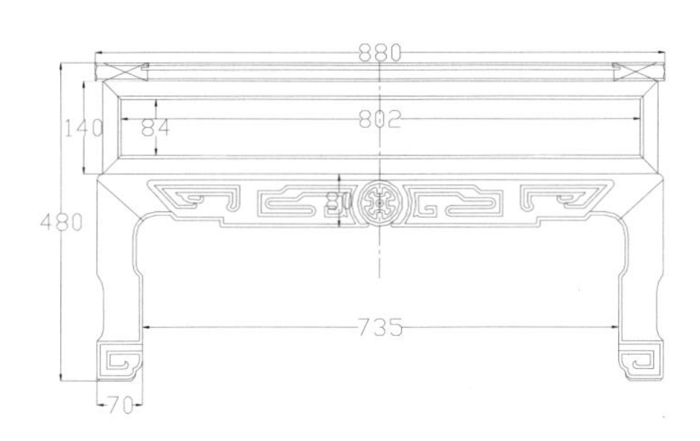

茶几－左视图

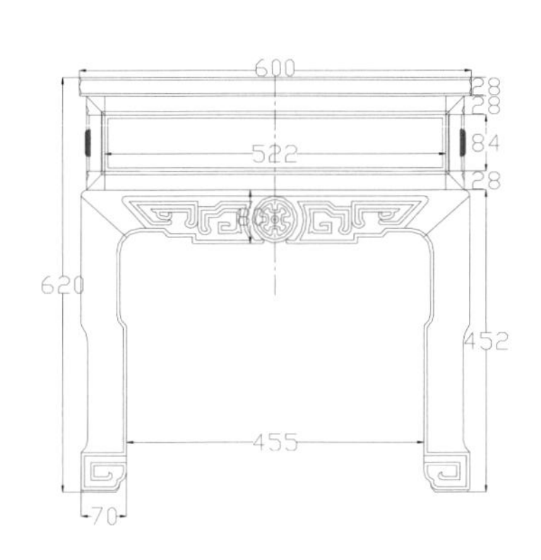

小几－主视图

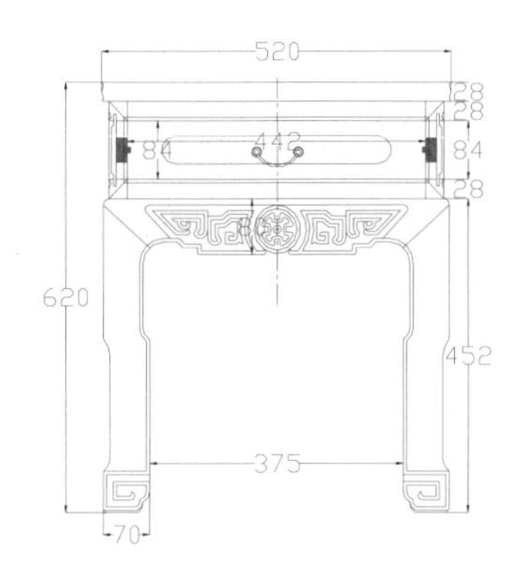

小几－左视图

图版清单（现代中式团寿纹沙发八件套）：
三人沙发—主视图
单人沙发—主视图
单人沙发—左视图
茶几—主视图
茶几—左视图
小几—主视图
小几—左视图

现代中式吉庆有余沙发八件套

材质：缅甸花梨

年款：现代

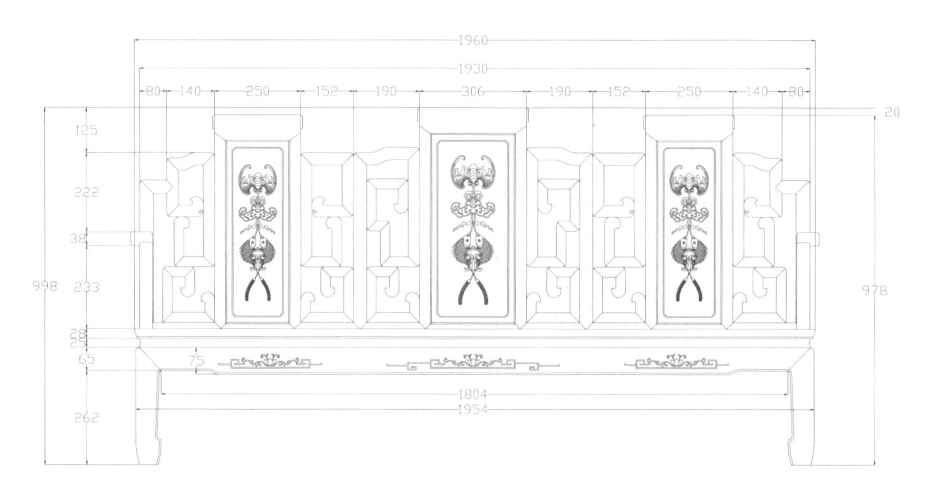

三人沙发－主视图

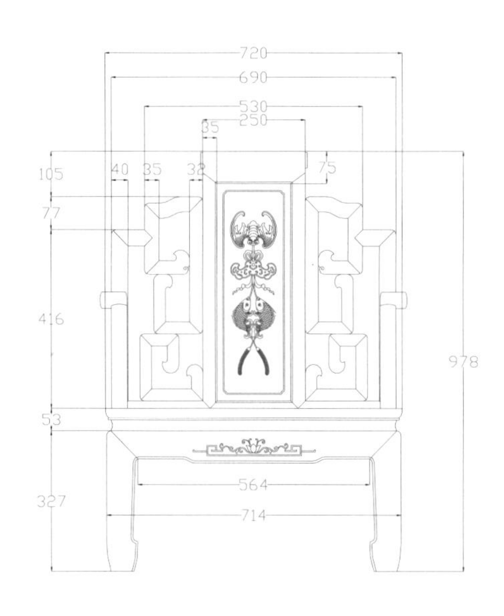

单人沙发－主视图

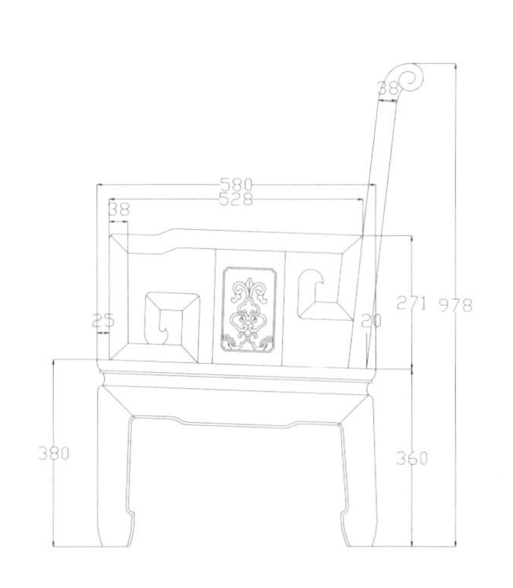

单人沙发－右视图

注：此八件套中三人沙发为 1 件，单人沙发为 4 件，茶几为 1 件，小几为 2 件。

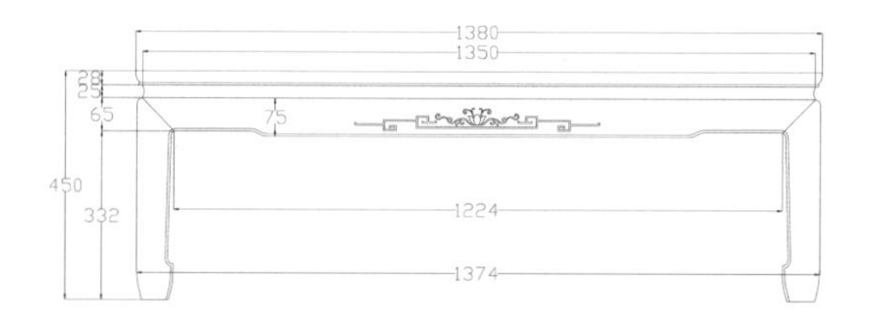

茶几－主视图

880
850
450
724
874

茶几－左视图

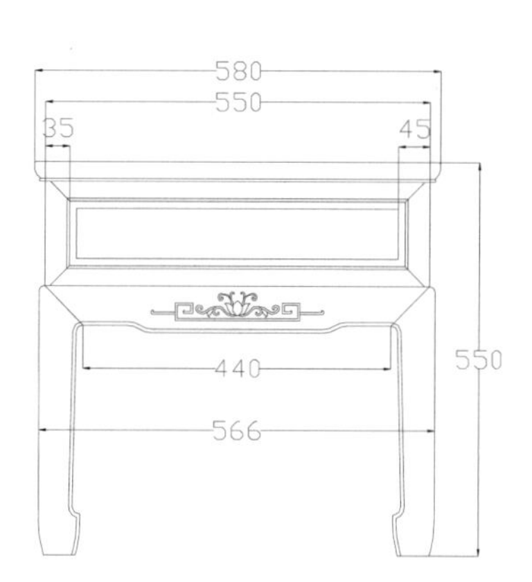

小几－主视图

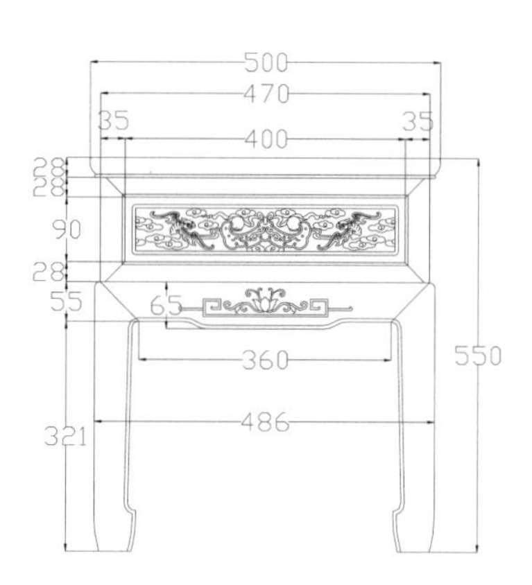

小几－左视图

图版清单（现代中式吉庆有余沙发八件套）：

三人沙发—主视图
单人沙发—主视图
单人沙发—右视图
茶几—主视图
茶几—左视图
小几—主视图
小几—左视图

现代中式云蝠纹沙发八件套

材质：大红酸枝

年款：现代

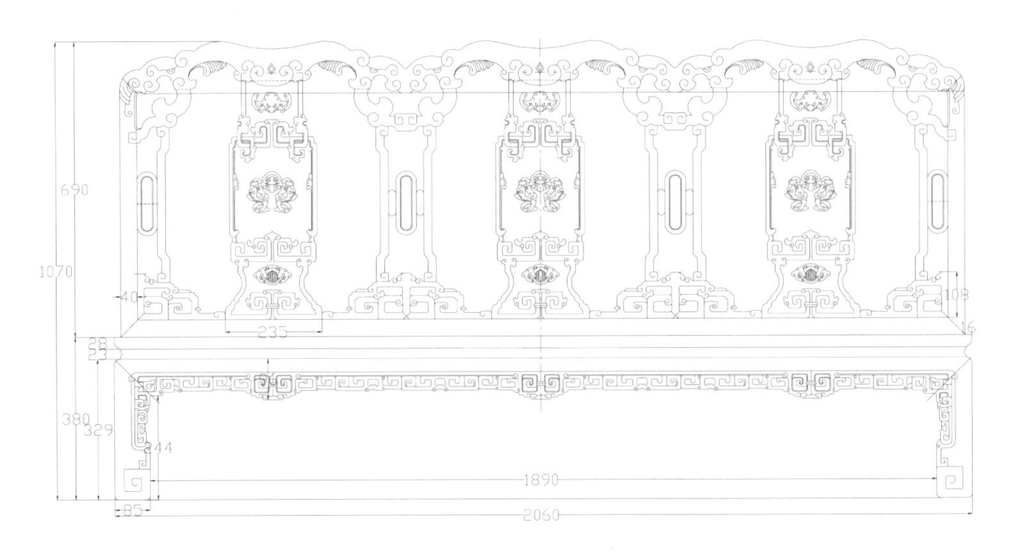

三人沙发－主视图

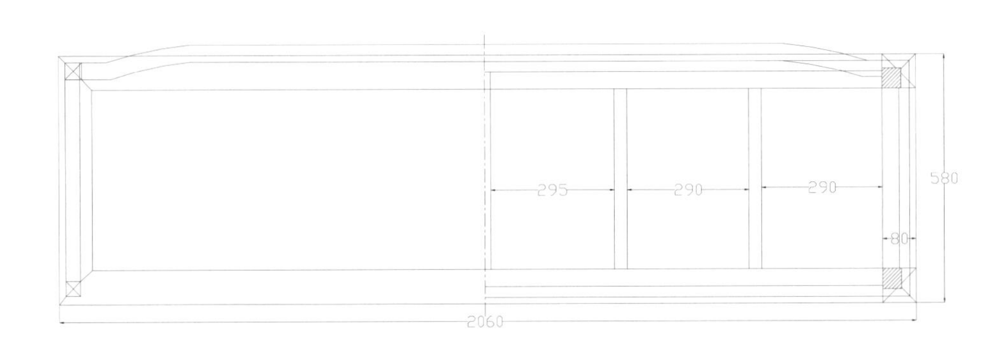

三人沙发－剖视图

注：此八件套中三人沙发为 1 件，单人沙发为 4 件，茶几为 1 件，小几为 2 件。

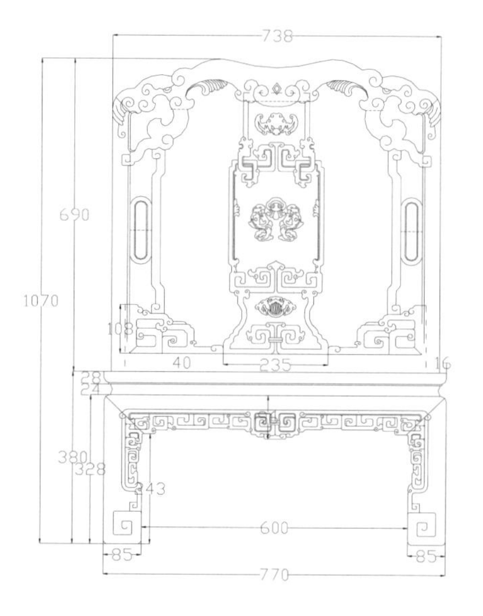

单人沙发－主视图

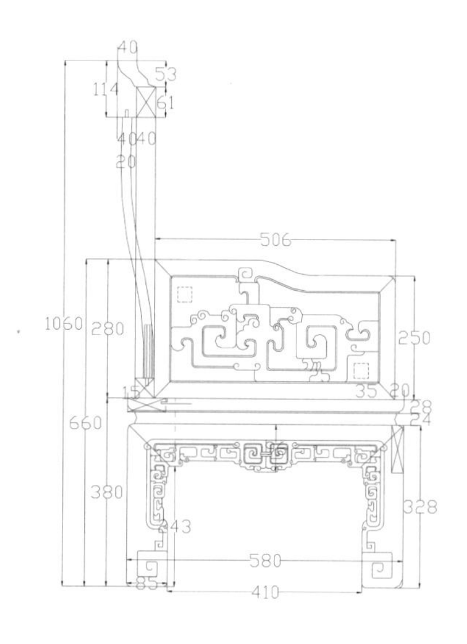

单人沙发－左视图

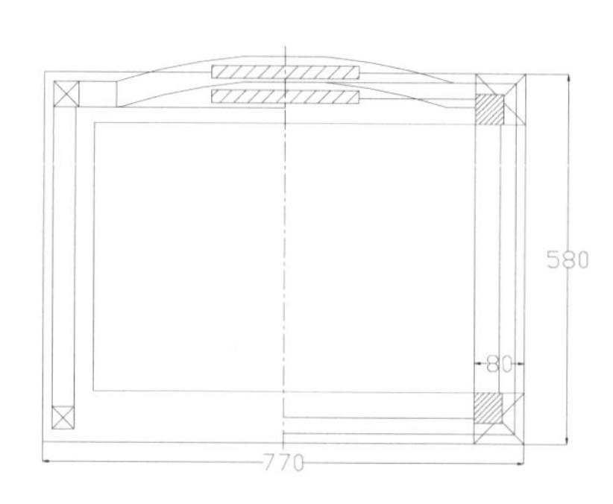

单人沙发－俯视图

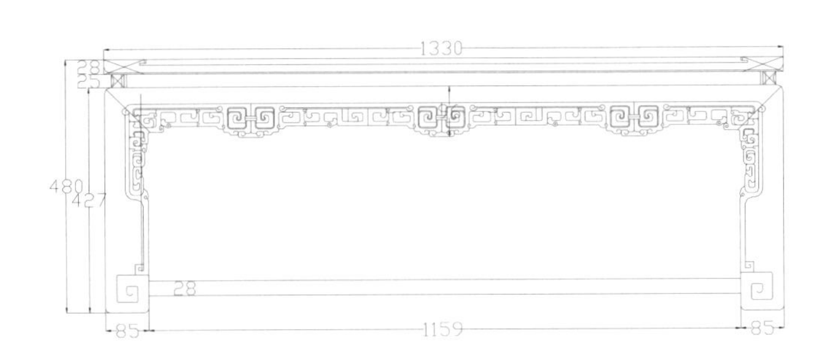

茶几－主视图

茶几－左视图

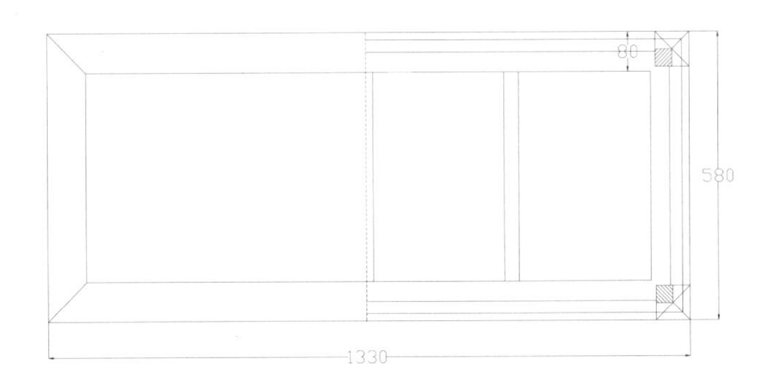

茶几－俯视图

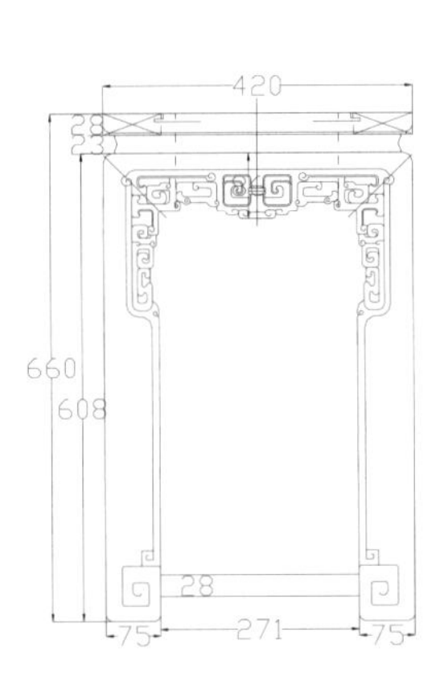

小几－主视图

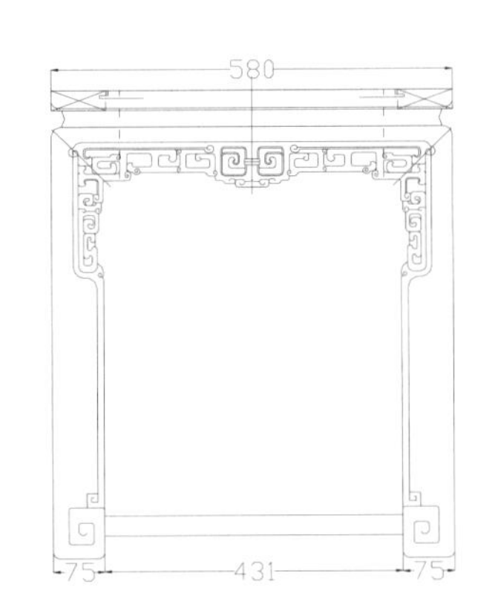

小几－左视图

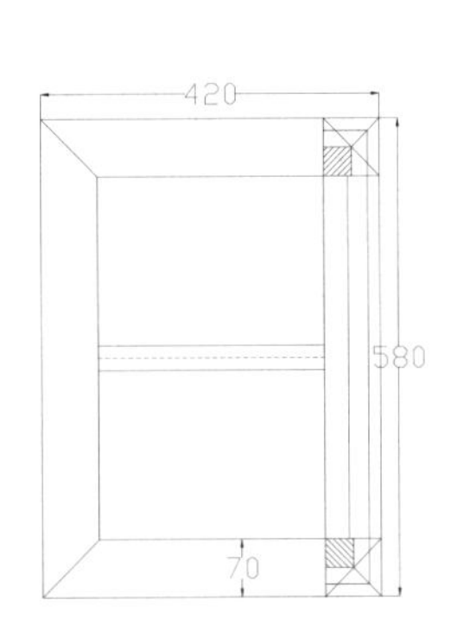

小几－俯视图

图版清单（现代中式云蝠纹沙发八件套）：
三人沙发—主视图
三人沙发—剖视图
单人沙发—主视图
单人沙发—左视图
单人沙发—俯视图
茶几—主视图
茶几—左视图
茶几—俯视图
小几—主视图
小几—左视图
小几—俯视图

现代中式拐子如意纹沙发八件套

材质：缅甸花梨

年款：现代

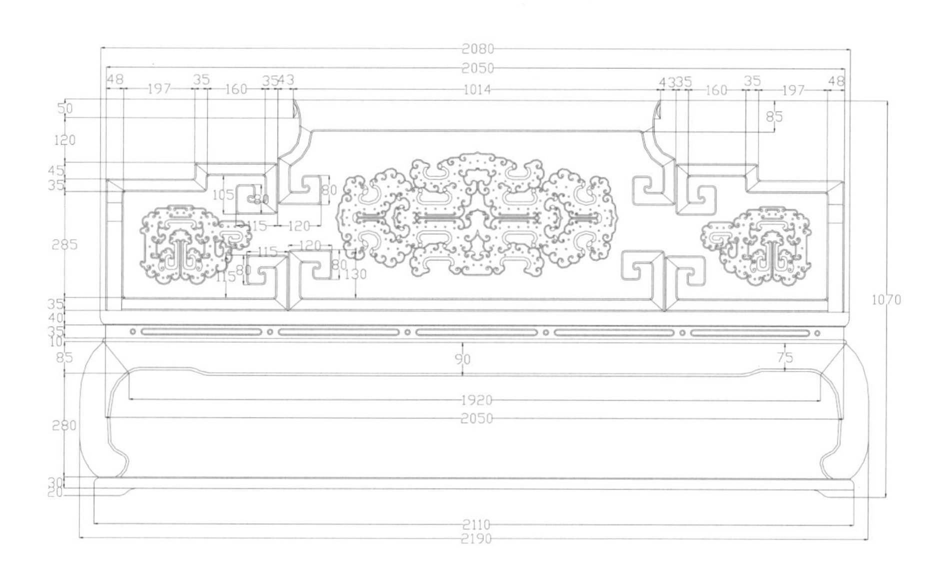

三人沙发－主视图

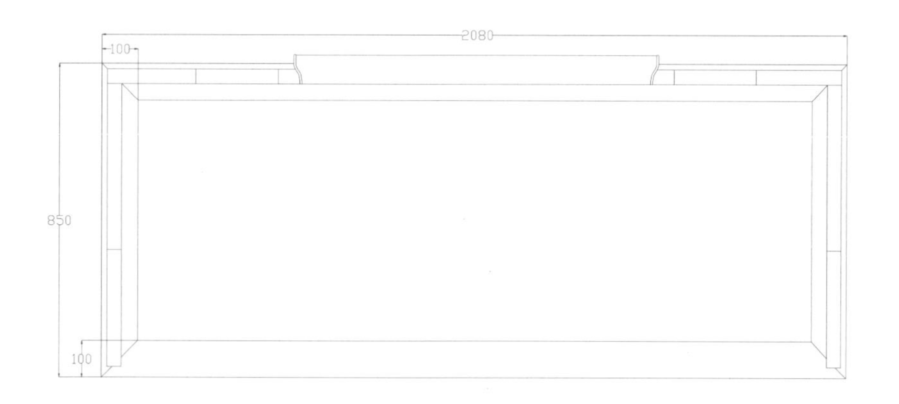

三人沙发－剖视图

注：此八件套中三人沙发为 1 件，单人沙发为 4 件，茶几为 1 件，小几为 2 件。

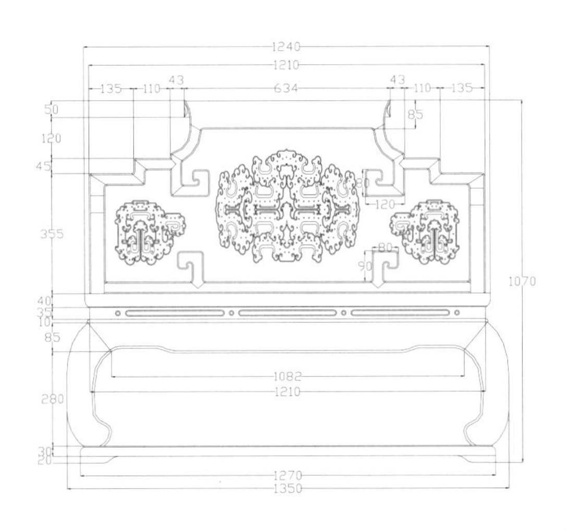

单人沙发－主视图

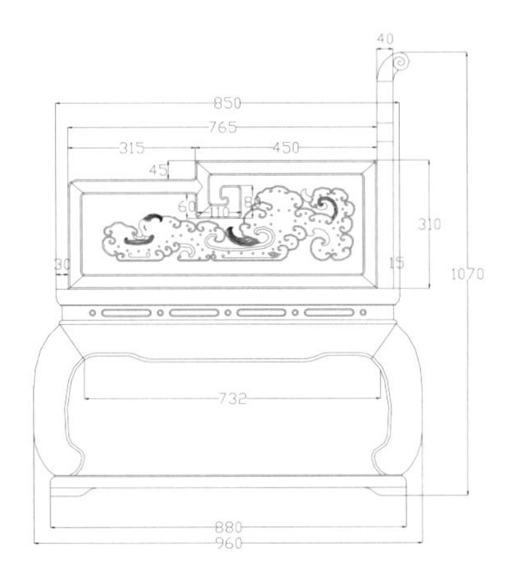

单人沙发－左视图

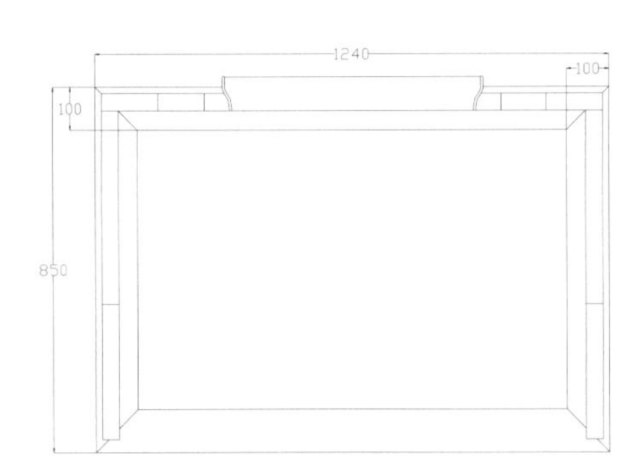

单人沙发－俯视图

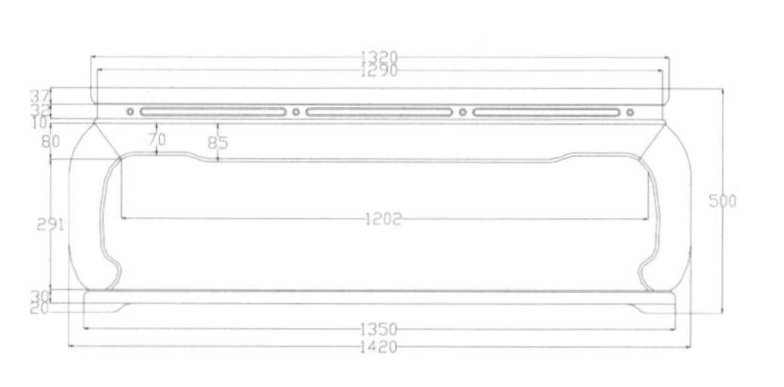

茶几－主视图

茶几－俯视图

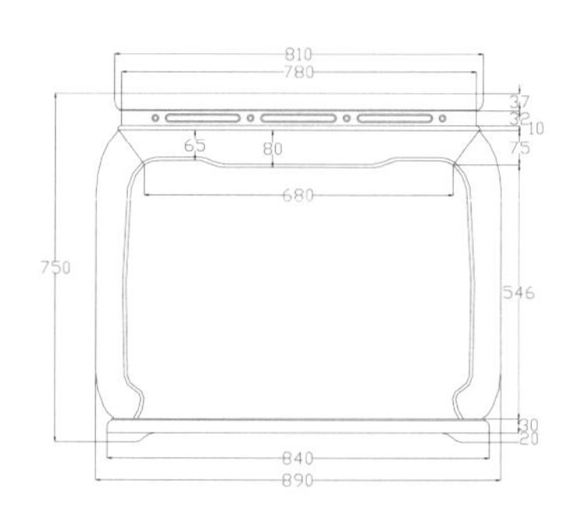

小几－主视图

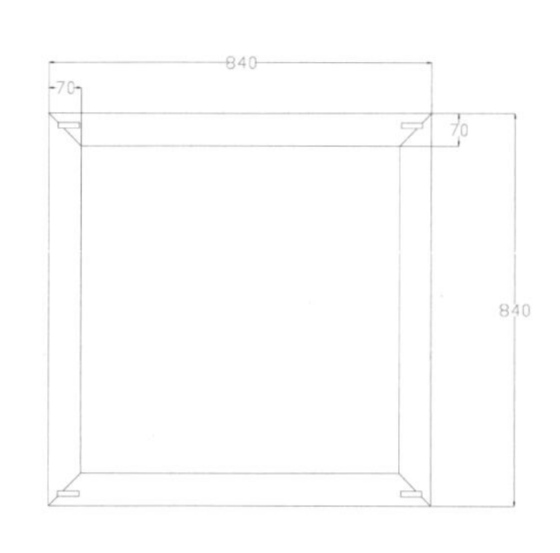

小几－俯视图

图版清单（现代中式拐子如意纹沙发八件套）：

三人沙发—主视图
三人沙发—剖视图
单人沙发—主视图
单人沙发—左视图
单人沙发—俯视图
茶几—主视图
茶几—俯视图
小几—主视图
小几—俯视图

现代中式富贵祥和沙发八件套

材质：缅甸花梨

年款：现代

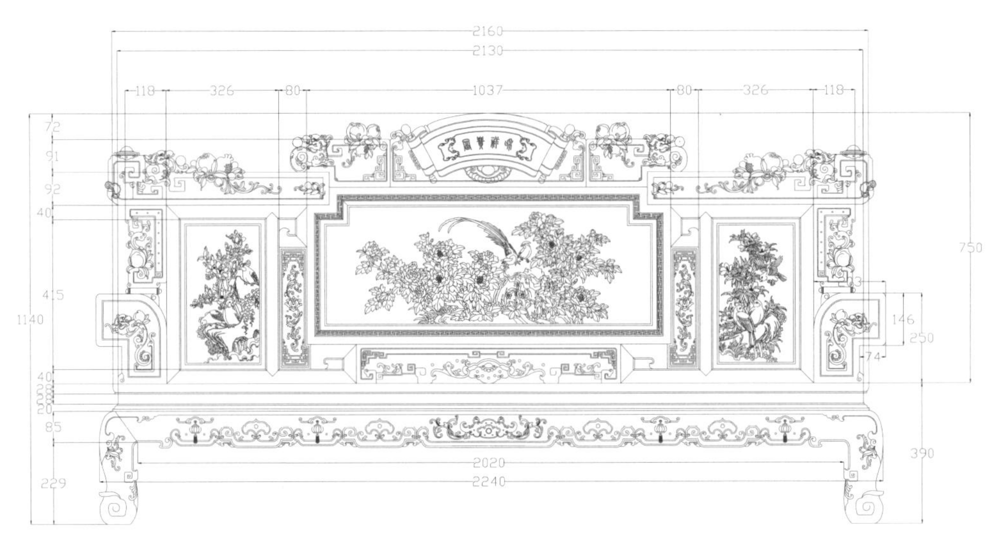

三人沙发－主视图

单人沙发－主视图

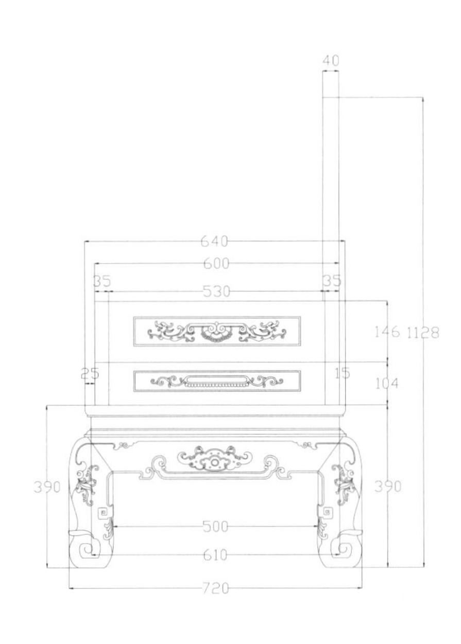

单人沙发－右视图

注：此八件套中三人沙发为 1 件，单人沙发为 4 件，茶几为 1 件，小几为 2 件。

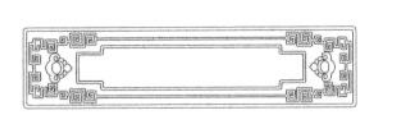

单人沙发 – 精雕图

茶几 – 主视图

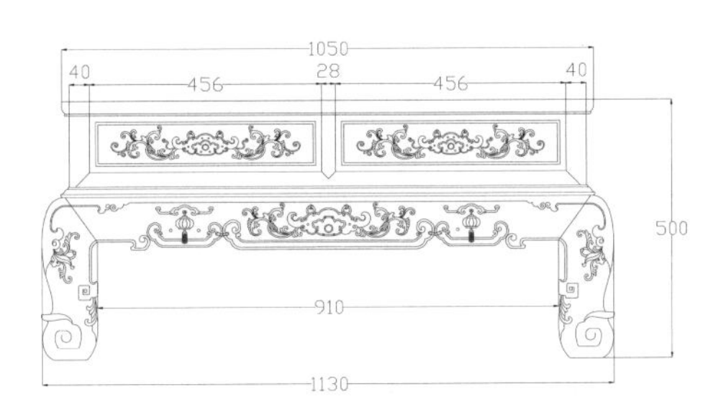

茶几 – 左视图

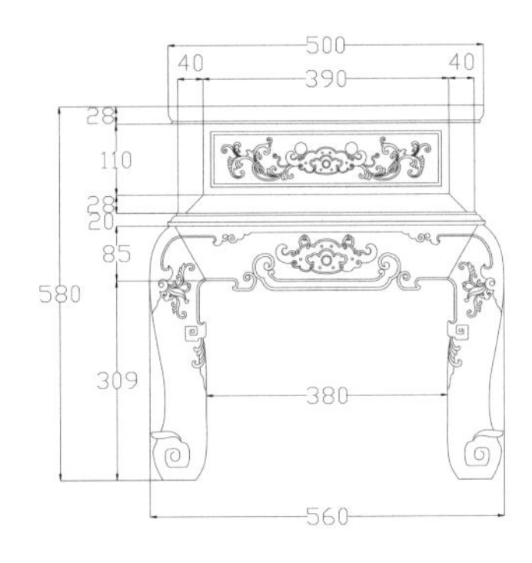

小几 – 主视图

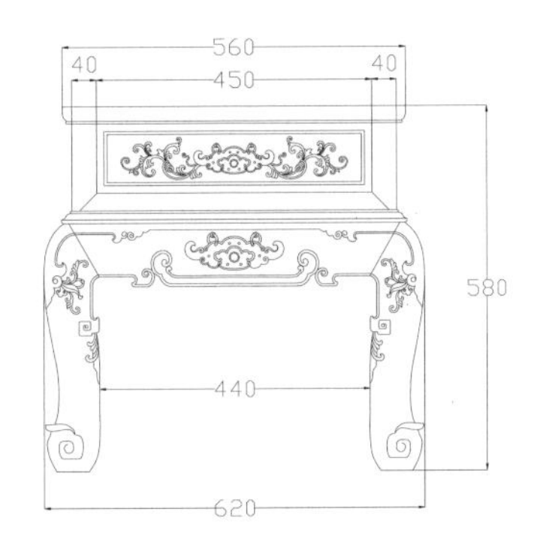

小几 – 左视图

图版清单（现代中式富贵祥和沙发八件套）：
三人沙发—主视图
单人沙发—主视图
单人沙发—右视图
单人沙发 – 精雕图
茶几—主视图
茶几—左视图
小几—主视图
小几—左视图

现代中式福禄寿沙发八件套

材质：缅甸花梨

年款：现代

三人沙发－主视图

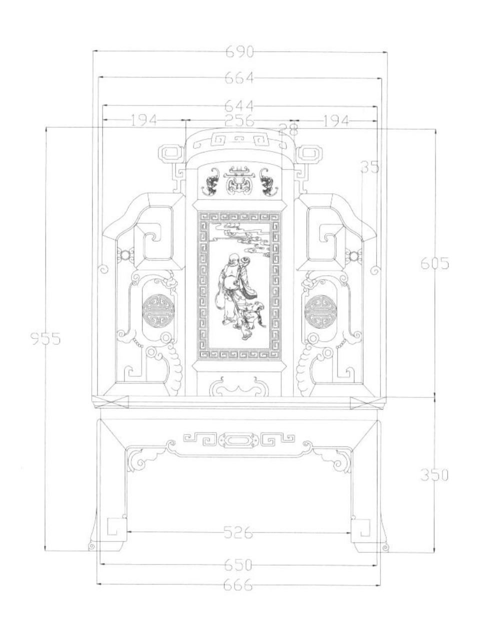

单人沙发－主视图

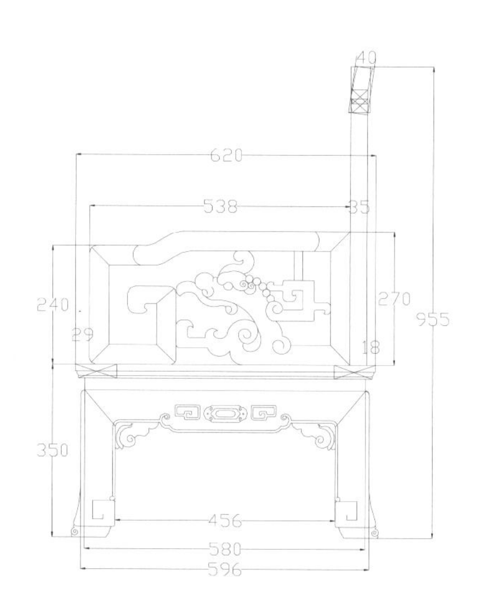

单人沙发－右视图

注：此八件套中三人沙发为 1 件，单人沙发为 4 件，茶几为 1 件，小几为 2 件。

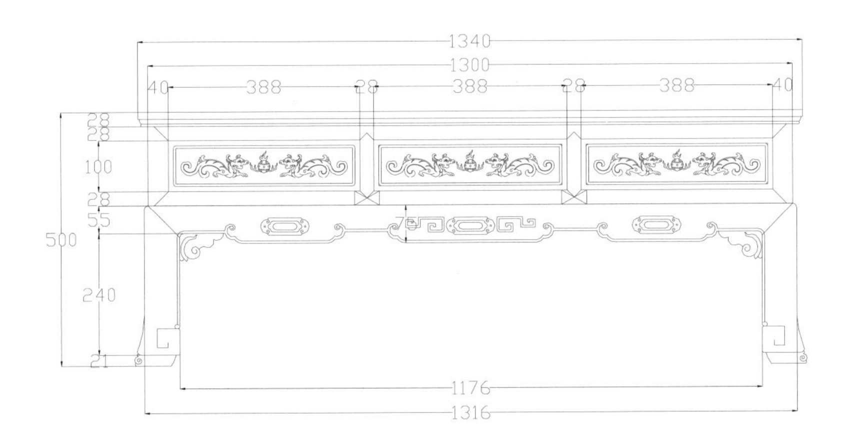

茶几－主视图

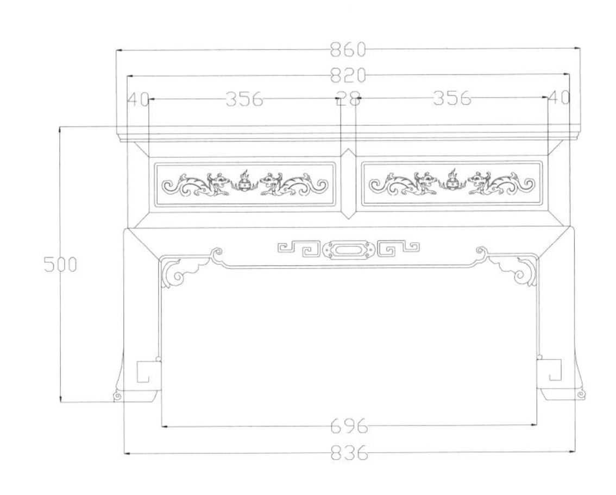

茶几－左视图

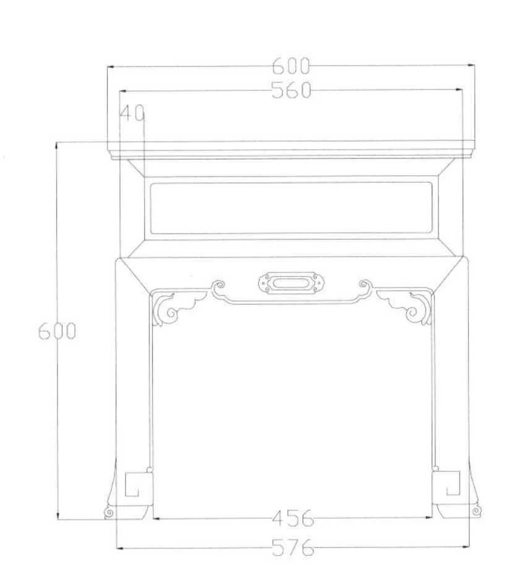

小几－主视图

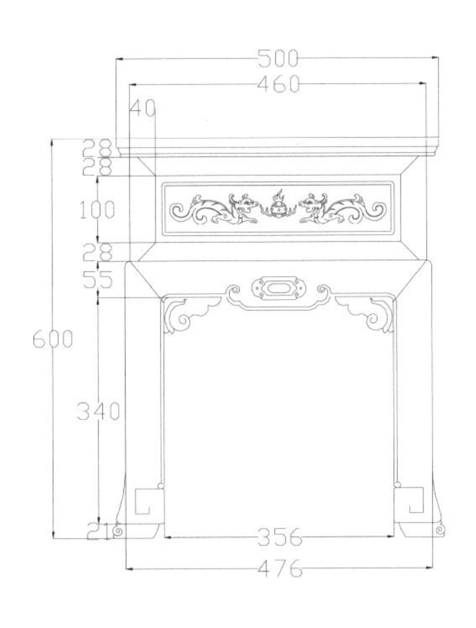

小几－左视图

图版清单（现代中式福禄寿沙发八件套）：
三人沙发—主视图
单人沙发—主视图
单人沙发—右视图
茶几—主视图
茶几—左视图
小几—主视图
小几—左视图

现代中式花果累累沙发八件套

材质：缅甸花梨

年款：现代

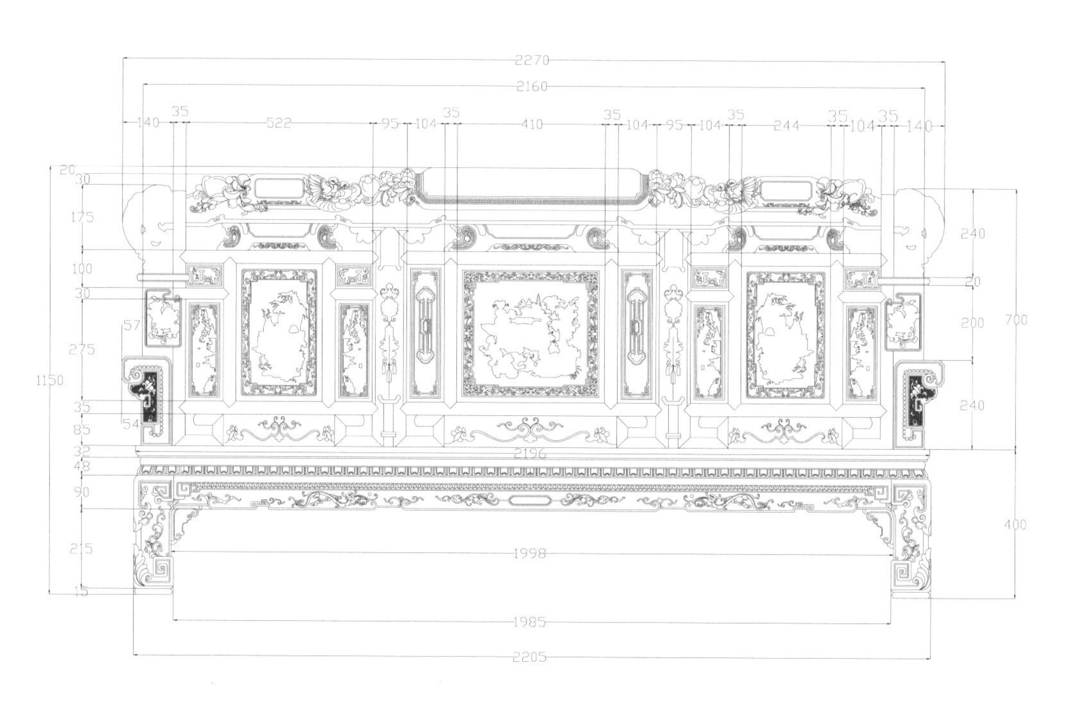

三人沙发－主视图

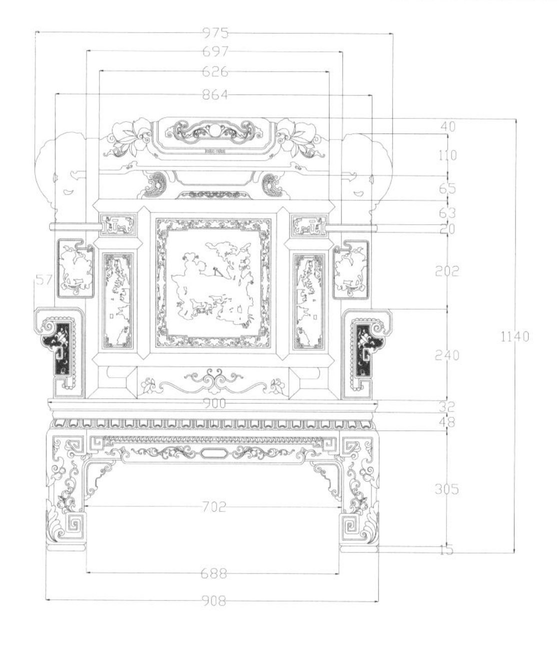

单人沙发－主视图

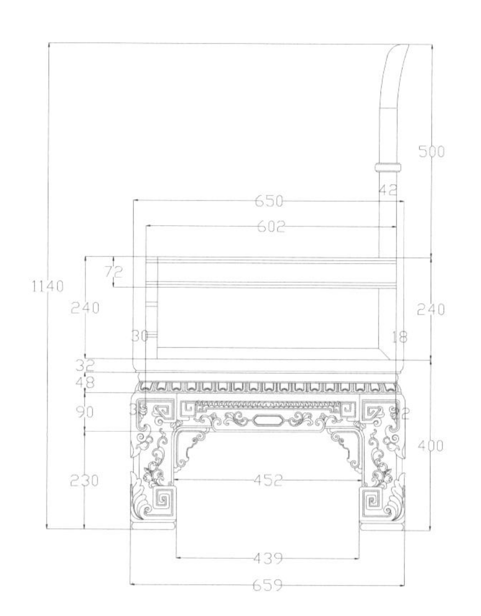

单人沙发－右视图

注：此八件套中三人沙发为 1 件，单人沙发为 4 件，茶几为 1 件，小几为 2 件。

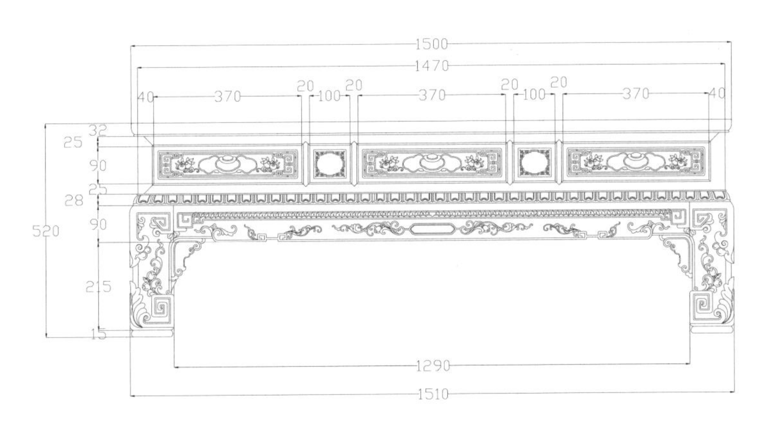

茶几－主视图

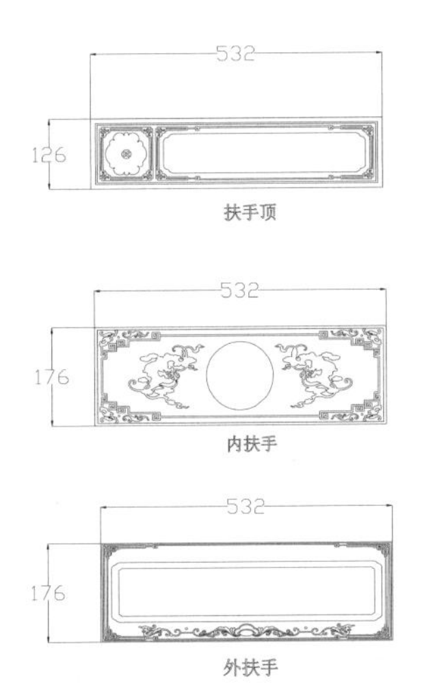

单人沙发－精雕图

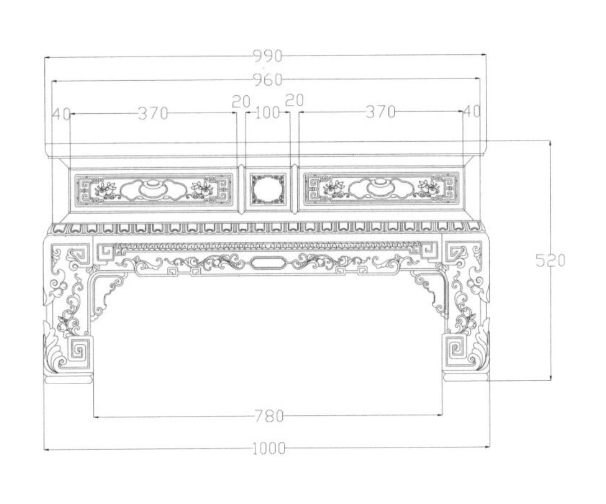

茶几－右视图

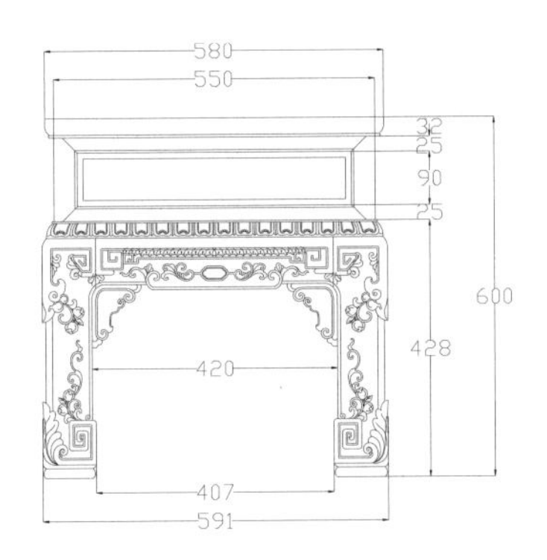

小几－主视图

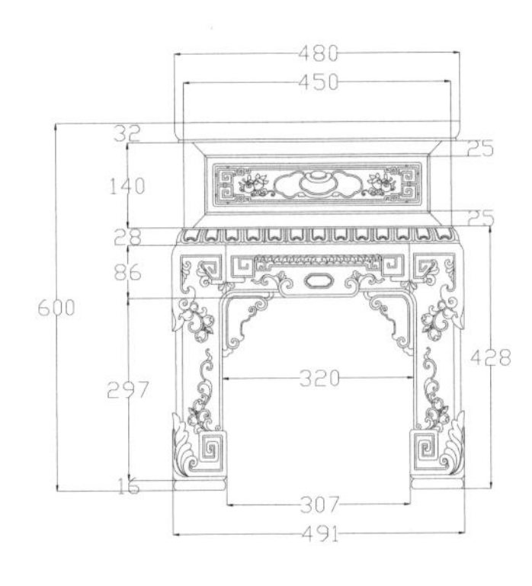

小几－右视图

图版清单（现代中式花果累累沙发八件套）：

三人沙发—主视图

单人沙发—主视图

单人沙发—右视图

单人沙发－精雕图

茶几—主视图

茶几—右视图

小几—主视图

小几—右视图

现代中式荷花图沙发八件套

材质：缅甸花梨

年款：现代

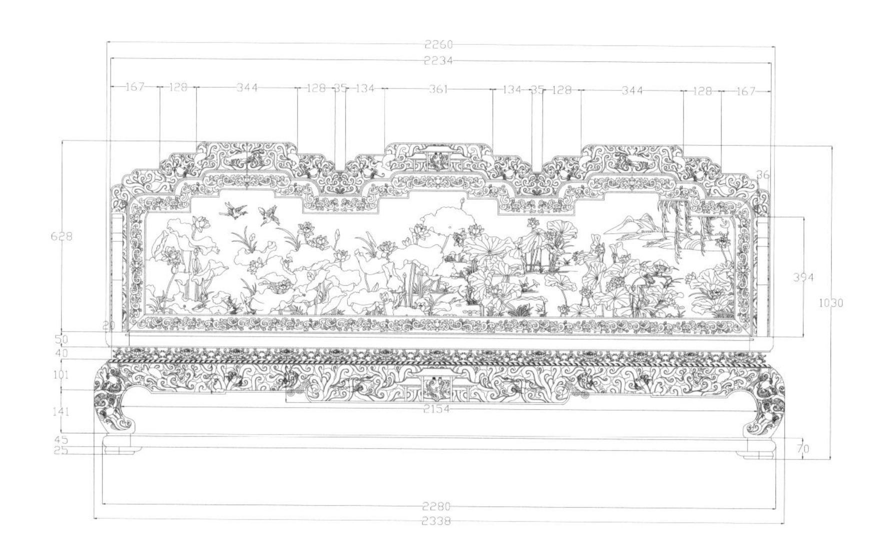

三人沙发－主视图

双人沙发－主视图

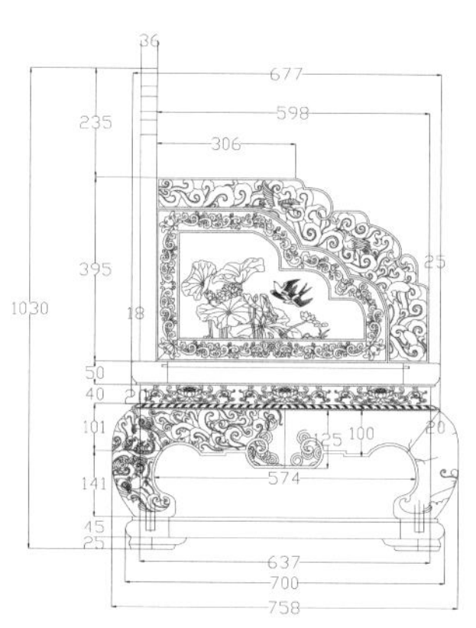

双人沙发－左视图

注：此八件套中三人沙发为 1 件，双人沙发为 1 件，单人沙发为 2 件，茶几为 1 件，炕桌为 1 件，小几为 2 件。

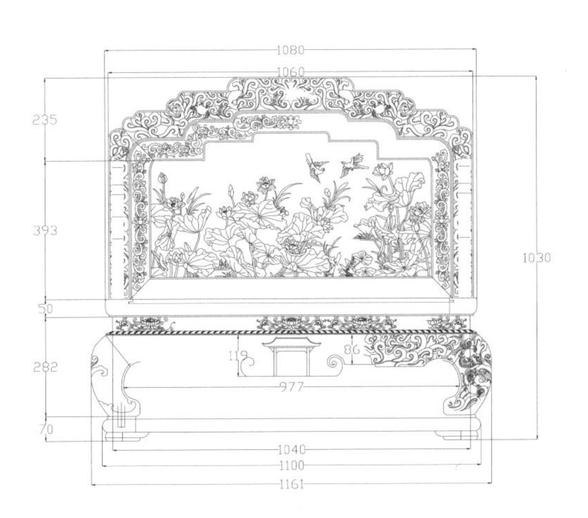

单人沙发－主视图

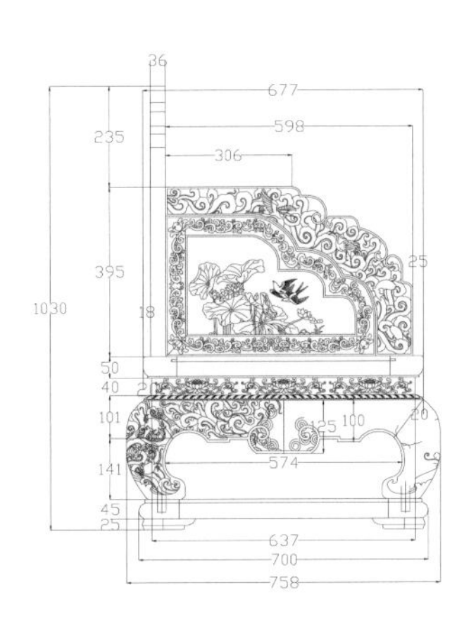

单人沙发－左视图

茶几－主视图

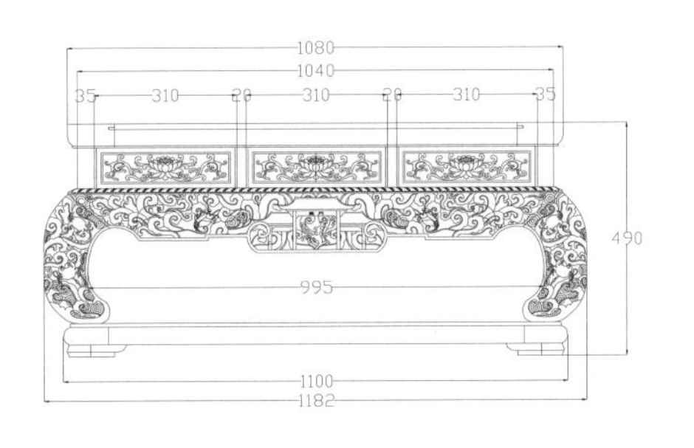

茶几－左视图

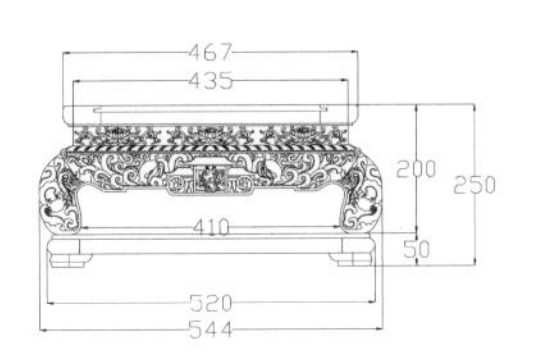

炕桌－主视图

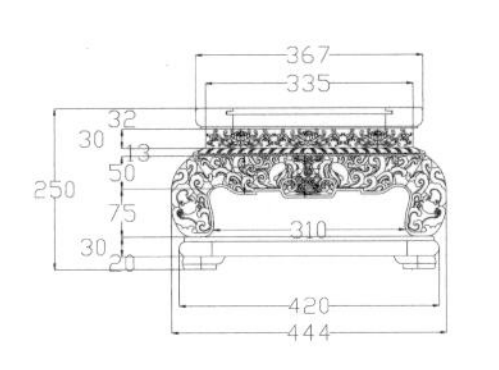

炕桌－左视图

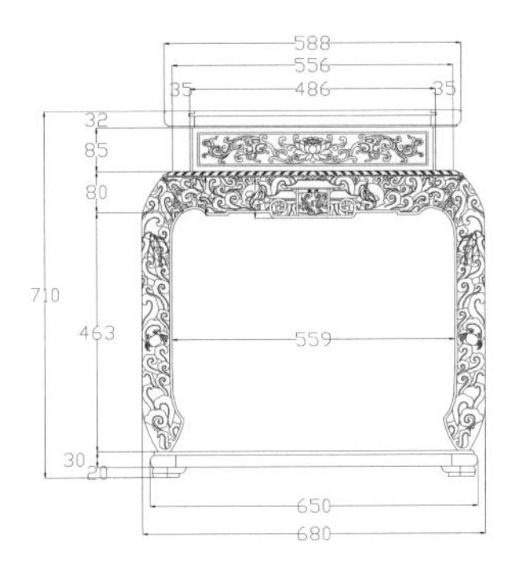

小几－主视图

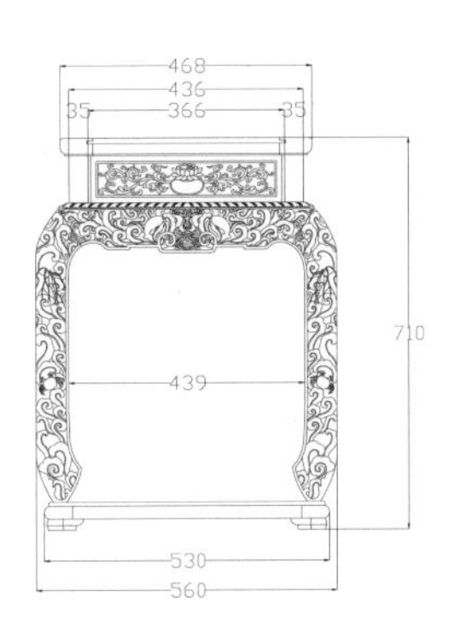

小几－左视图

图版清单（现代中式荷花图沙发八件套）：

三人沙发—主视图
双人沙发—主视图
双人沙发—左视图
单人沙发—主视图
单人沙发—左视图
茶几—主视图
茶几—左视图
炕桌—主视图
炕桌—左视图
小几—主视图
小几—左视图

现代中式吉庆有余沙发八件套

材质：缅甸花梨

年款：现代

三人沙发－主视图

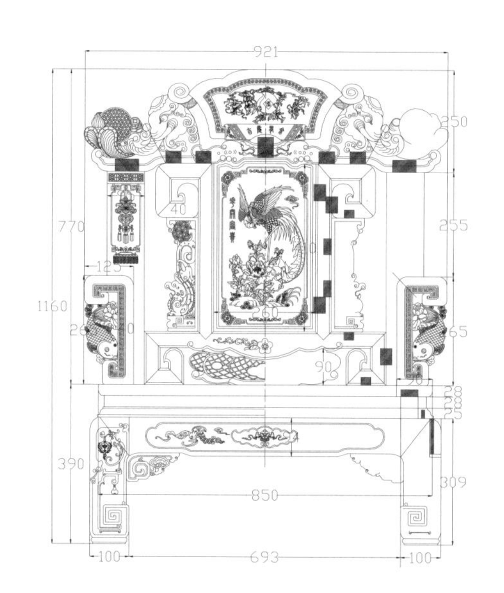

单人沙发－主视图

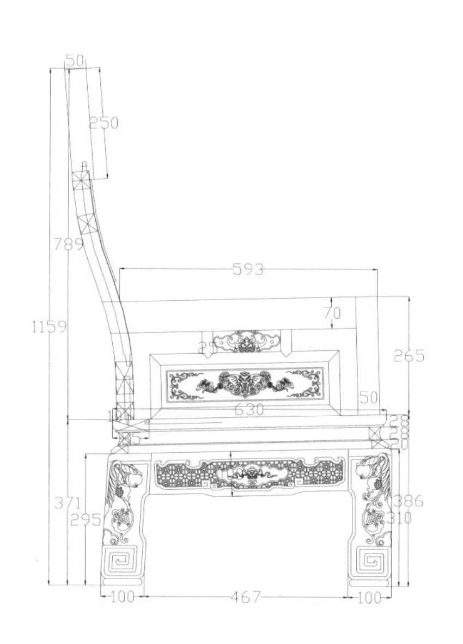

单人沙发－左视图

注：此八件套中三人沙发为 1 件，单人沙发为 4 件，茶几为 1 件，小几为 2 件。

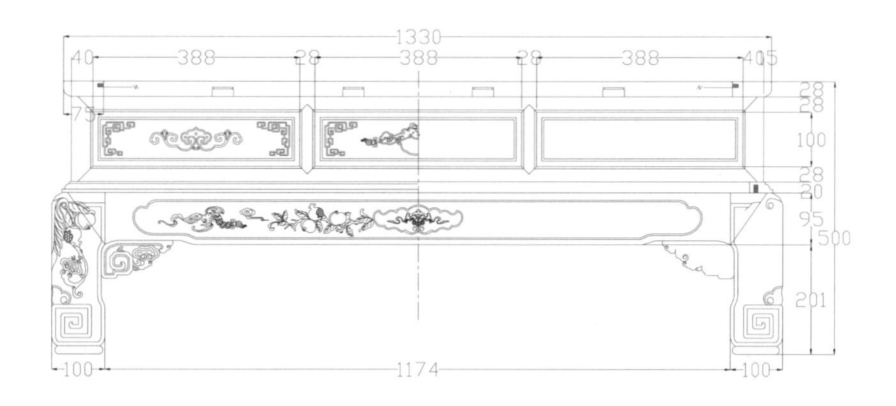

茶几－主视图

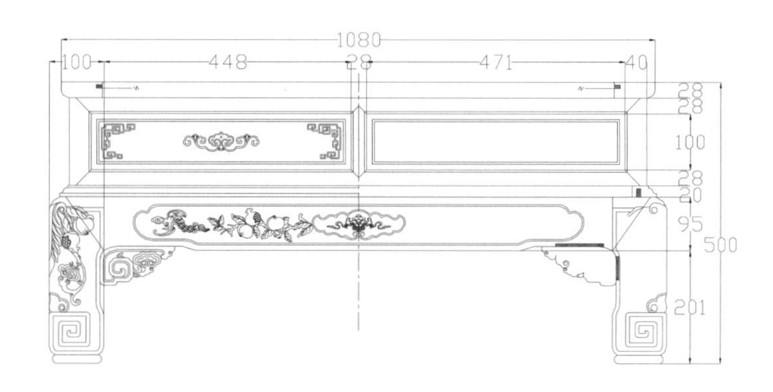

茶几－左视图

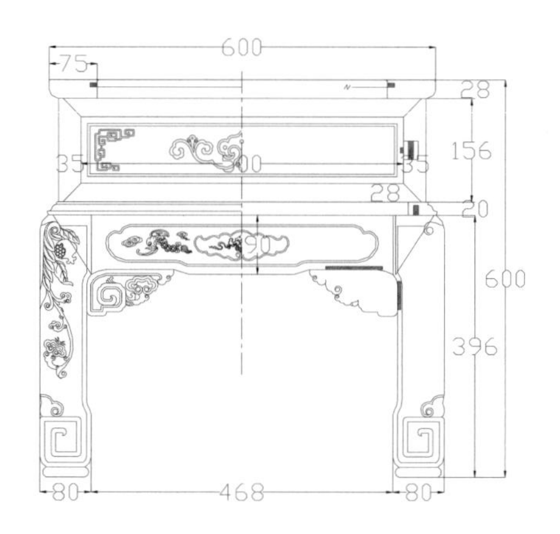

小几－主视图

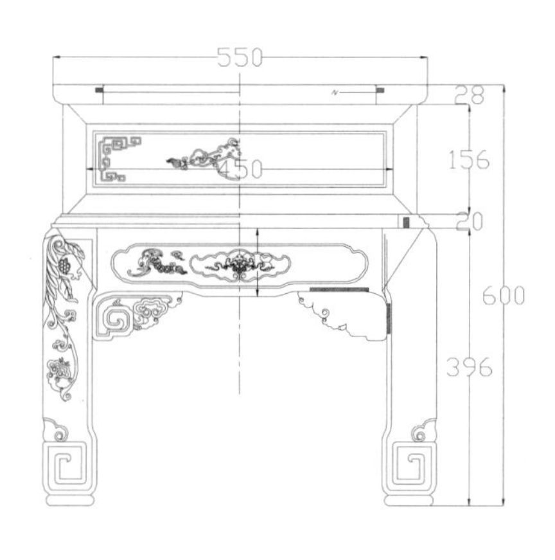

小几－左视图

图版清单（现代中式吉庆有余沙发八件套）：
三人沙发—主视图
单人沙发—主视图
单人沙发—左视图
茶几—主视图
茶几—左视图
小几—主视图
小几—左视图

现代中式福庆有余沙发八件套

材质：缅甸花梨

年款：现代

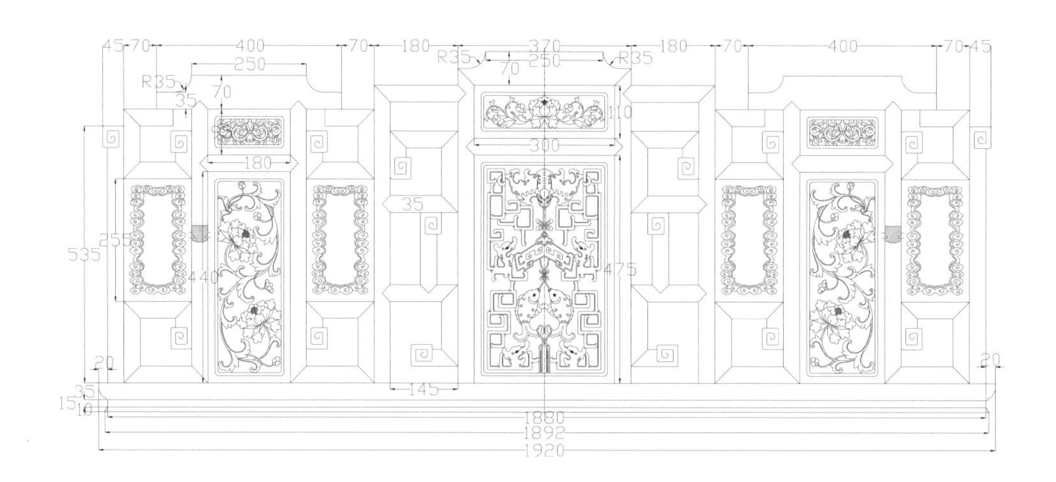

三人沙发（靠背）－主视图

三人沙发（腿部）－主视图

注：此八件套中三人沙发为 1 件，单人沙发为 4 件，茶几为 1 件，小几为 2 件。

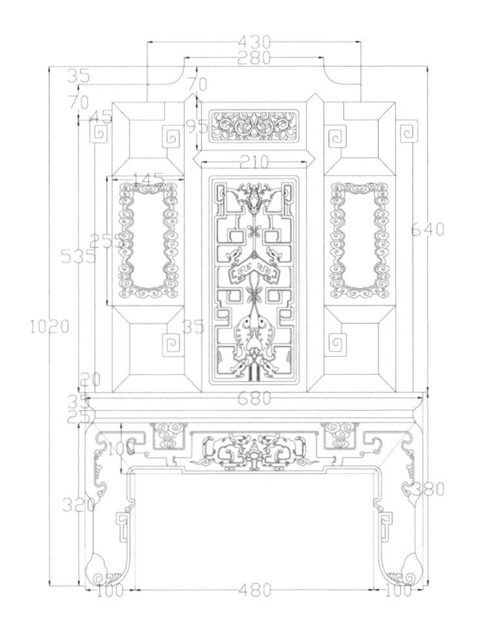

单人沙发－主视图

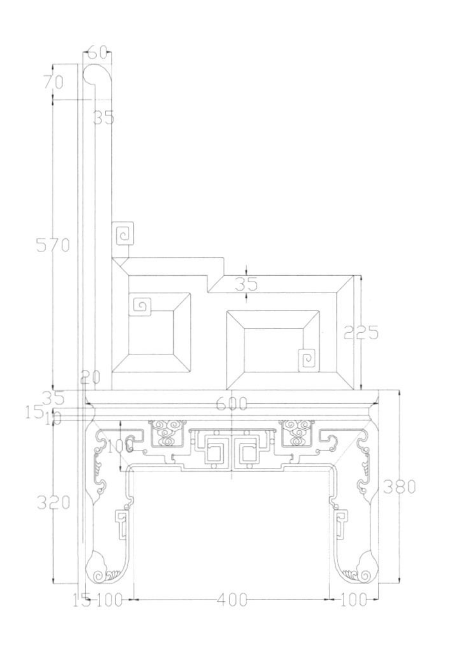

单人沙发－左视图

茶几－主视图

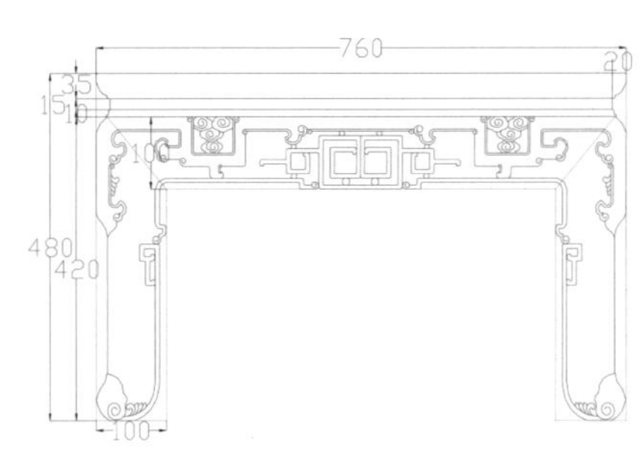

茶几－左视图

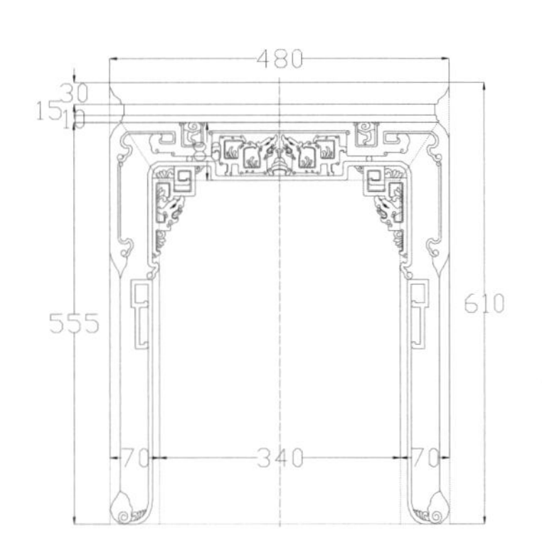

小几－主视图

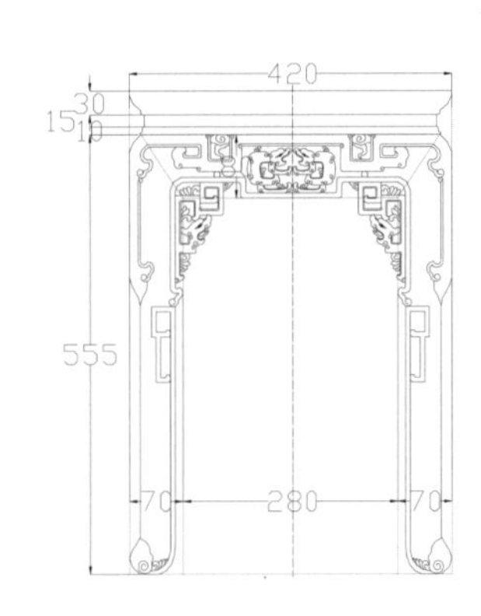

小几－左视图

图版清单（现代中式福庆有余沙发八件套）：
三人沙发（背板）—主视图
三人沙发（腿部）—主视图
单人沙发—主视图
单人沙发—左视图
茶几—主视图
茶几—左视图
小几—主视图
小几—左视图

现代中式吉祥如意沙发八件套

材质：缅甸花梨

年款：现代

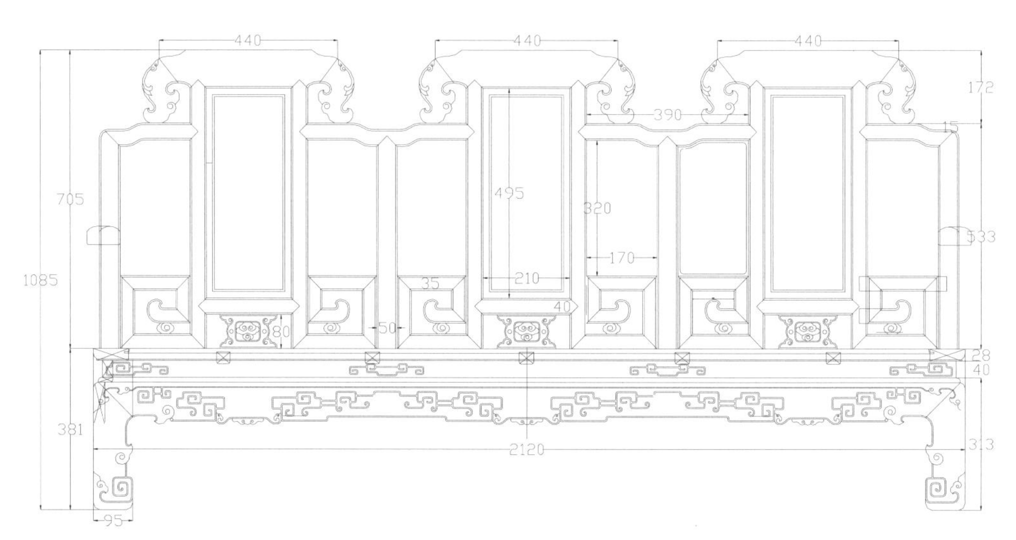

三人沙发 – 主视图

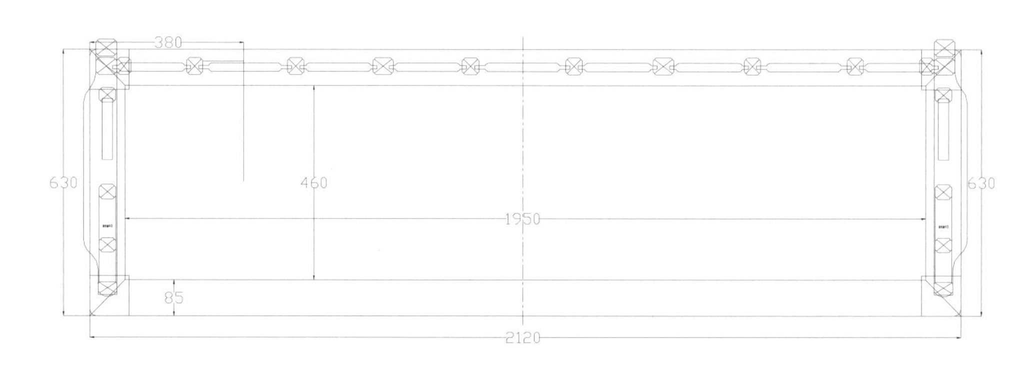

三人沙发 – 俯视图

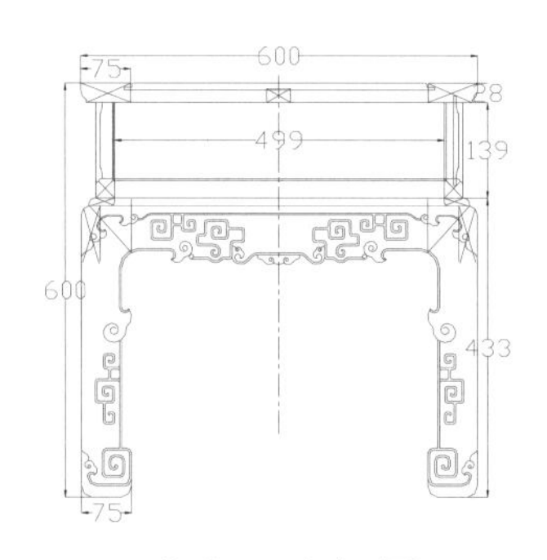

小几 – 主视图

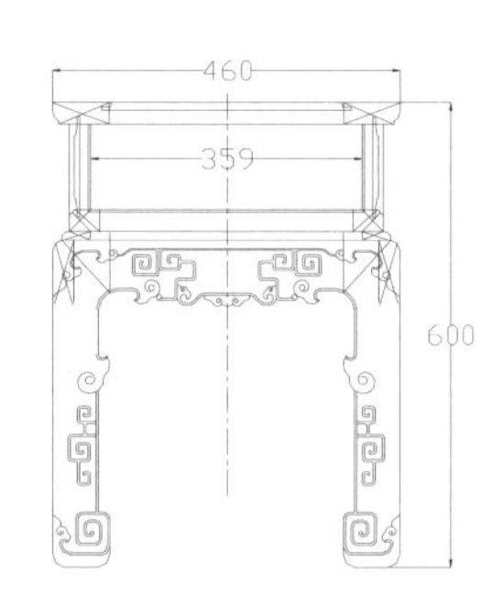

小几 – 左视图

注：此八件套中三人沙发为 1 件，小几为 2 件，单人沙发为 4 件，茶几为 1 件。

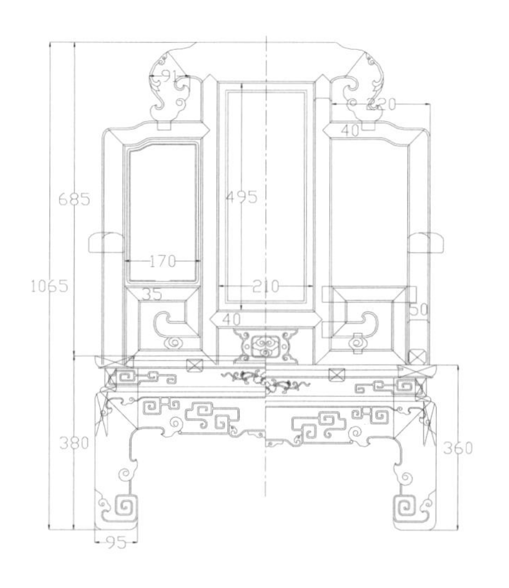

单人沙发－主视图

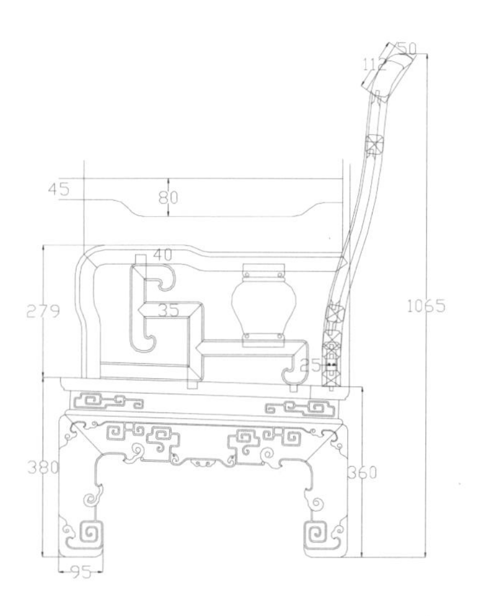

单人沙发－右视图

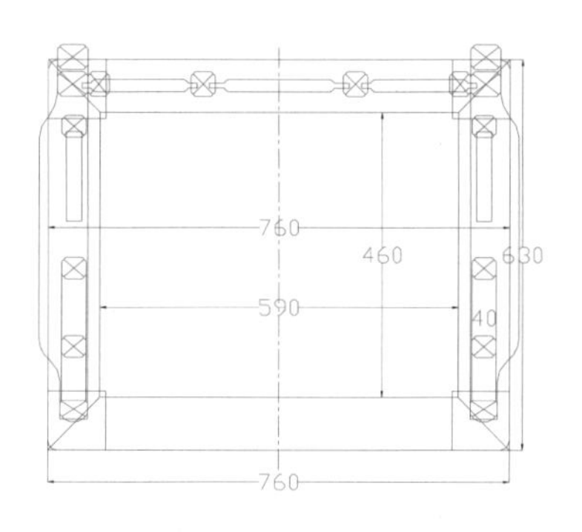

单人沙发－俯视图

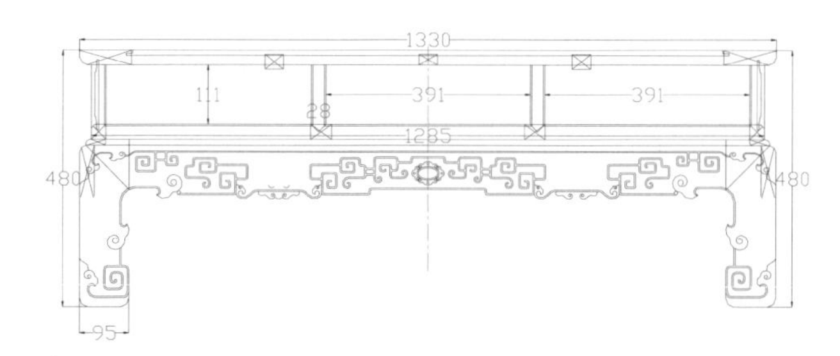

茶几－主视图

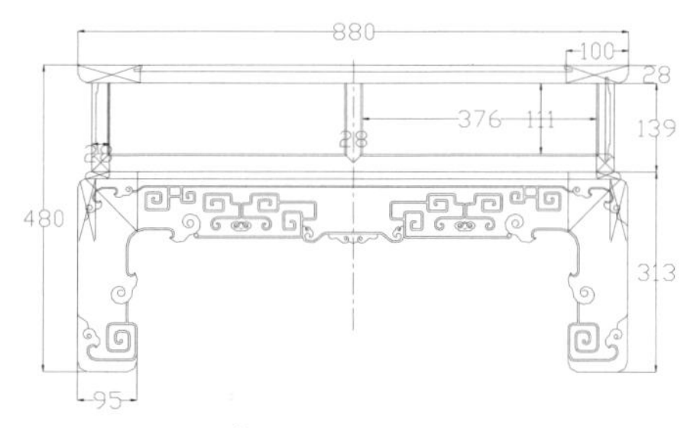

茶几－左视图

图版清单（现代中式吉祥如意沙发八件套）：

三人沙发—主视图
三人沙发—俯视图
小几—主视图
小几—左视图
单人沙发—主视图
单人沙发—右视图
单人沙发—俯视图
茶几—主视图
茶几—左视图

现代中式福在眼前沙发八件套

材质：染料紫檀

年款：现代

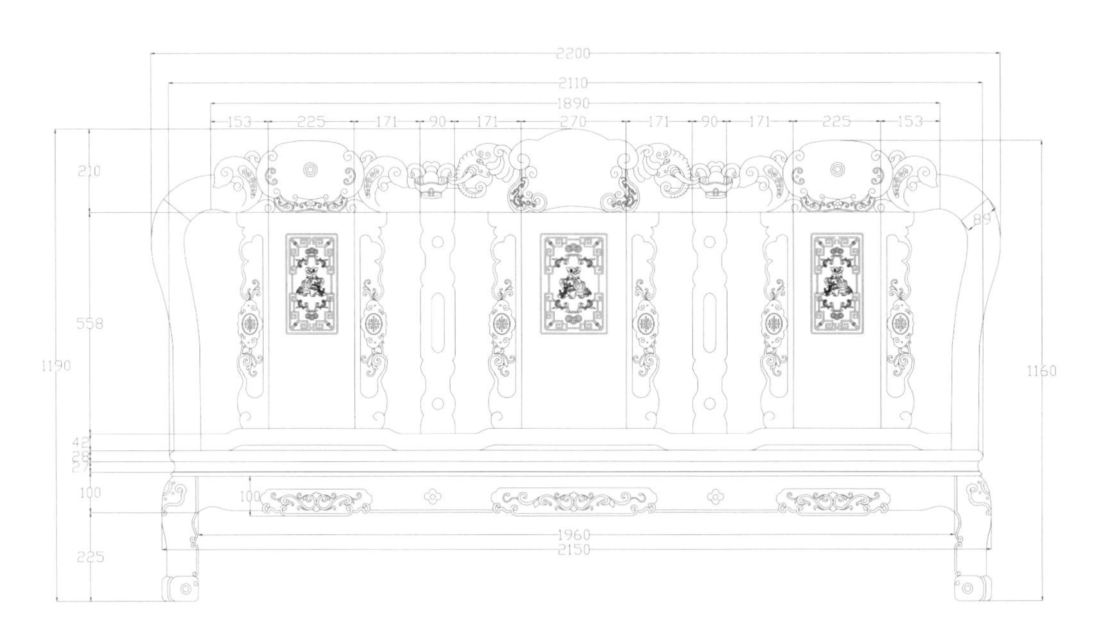

三人沙发－主视图

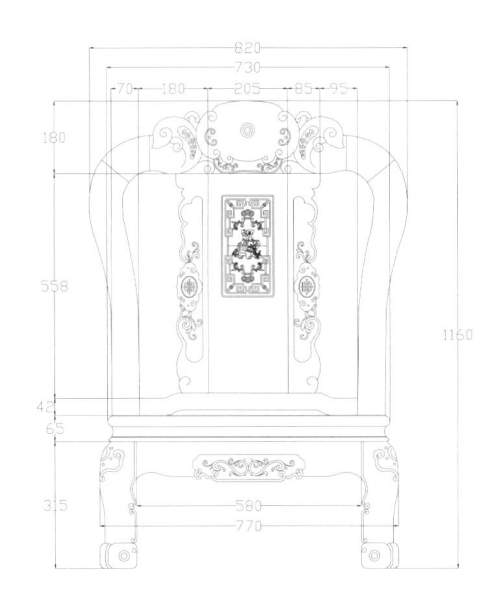

单人沙发－主视图

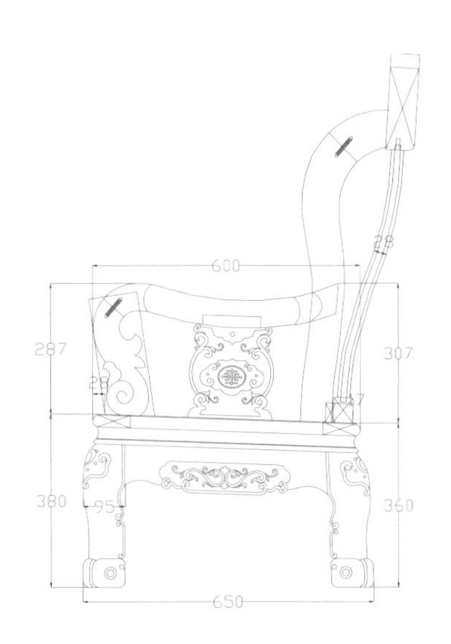

单人沙发－右视图

注：此八件套中三人沙发为 1 件，单人沙发为 4 件，茶几为 1 件，小几为 2 件。

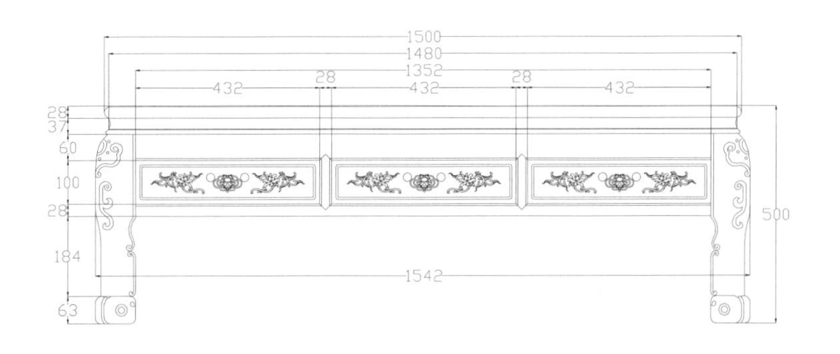

茶几－主视图

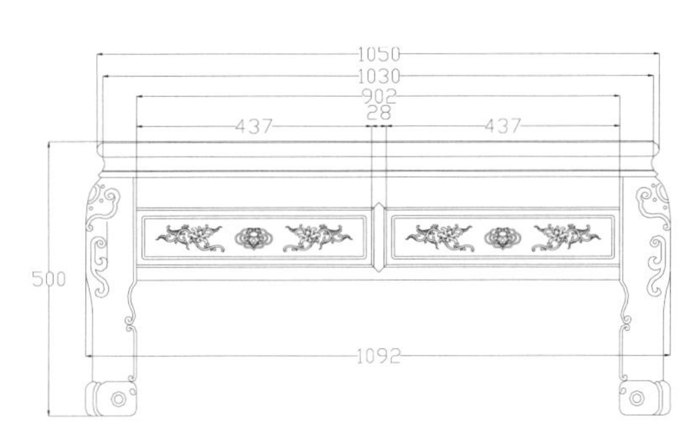

茶几－左视图

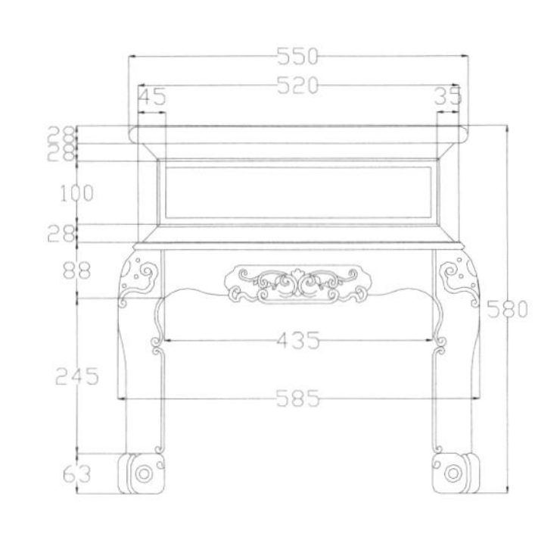

小几－主视图

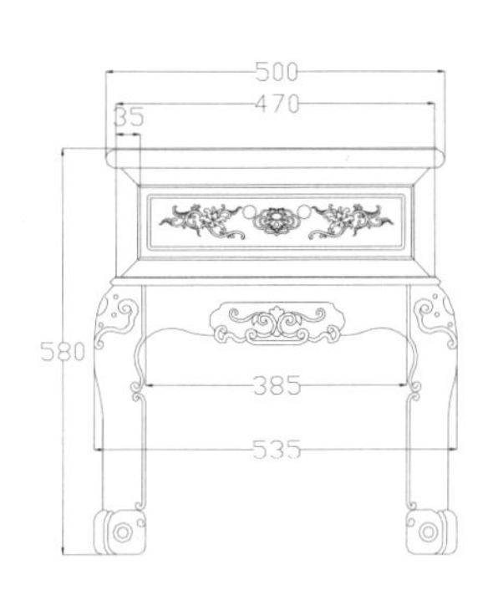

小几－左视图

图版清单（现代中式福在眼前沙发八件套）：

三人沙发—主视图

单人沙发—主视图

单人沙发—右视图

茶几—主视图

茶几—左视图

小几—主视图

小几—左视图

现代中式山川秀色沙发八件套

材质：缅甸花梨

年款：现代

三人沙发－主视图

单人沙发－主视图

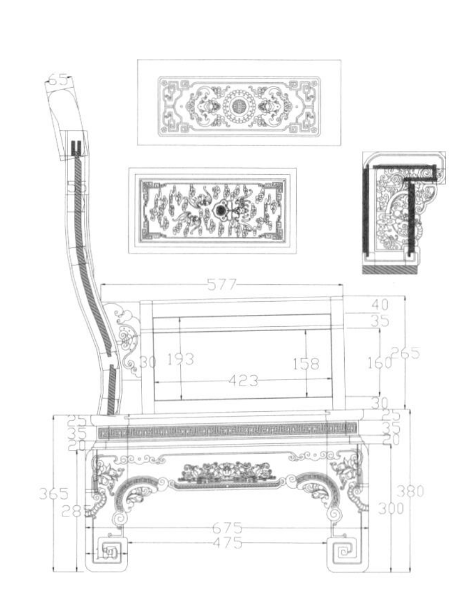

单人沙发－左视图

注：此八件套中三人沙发为1件，单人沙发为4件，茶几为1件，小几为2件。

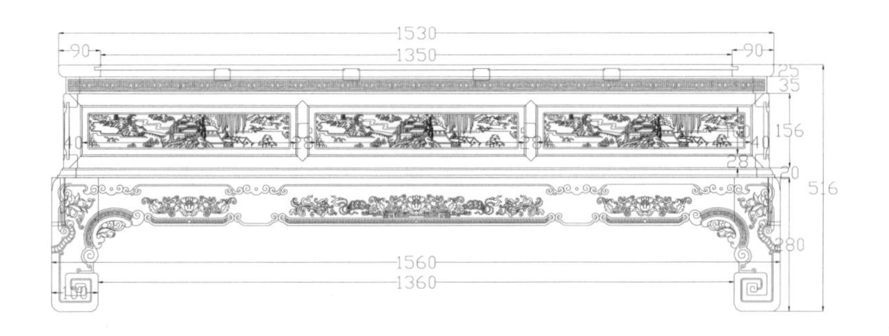

茶几－主视图

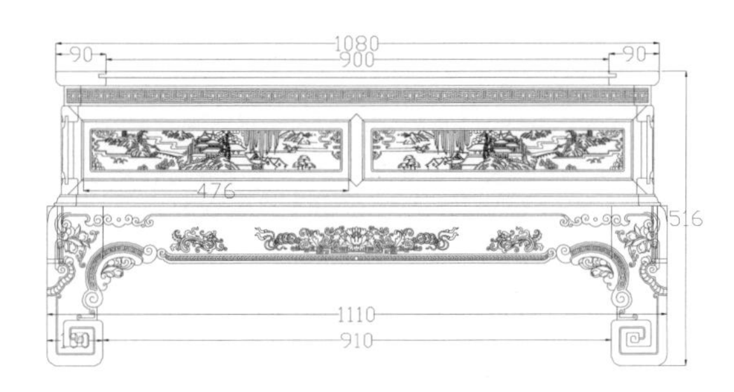

茶几－左视图

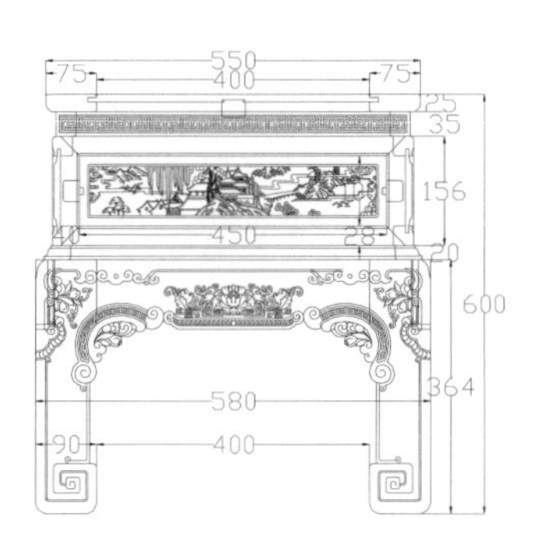

小几－主视图

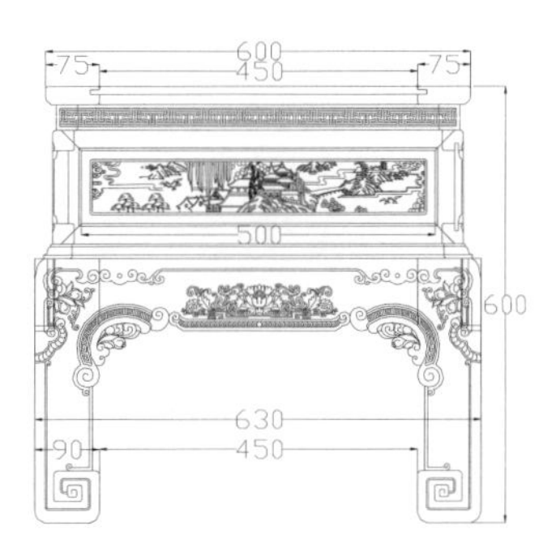

小几－左视图

图版清单（现代中式山川秀色沙发八件套）：

三人沙发—主视图

单人沙发—主视图

单人沙发—左视图

茶几—主视图

茶几—左视图

小几—主视图

小几—左视图

现代中式五福卷书式沙发八件套

材质：缅甸花梨

年款：现代

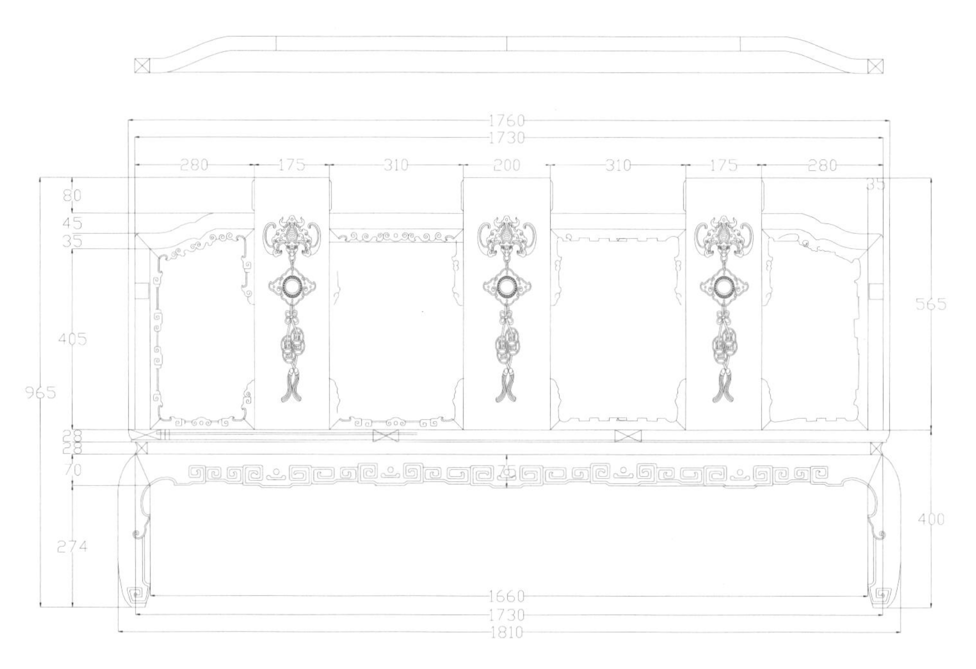

三人沙发－主视图

单人沙发－主视图

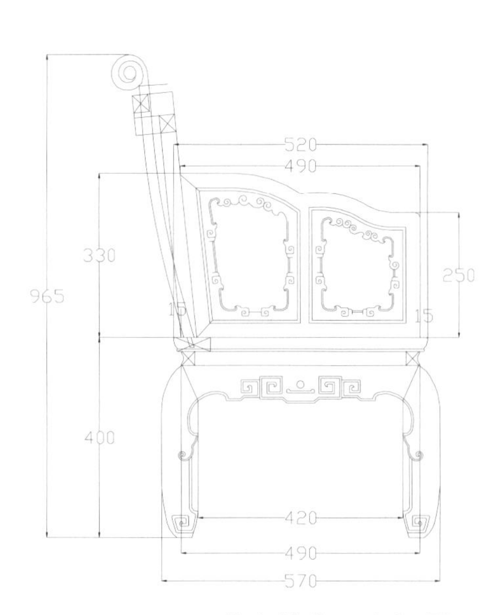

单人沙发－左视图

注：此八件套中三人沙发为 1 件，单人沙发为 4 件，茶几为 1 件，小几为 2 件。

茶几－主视图

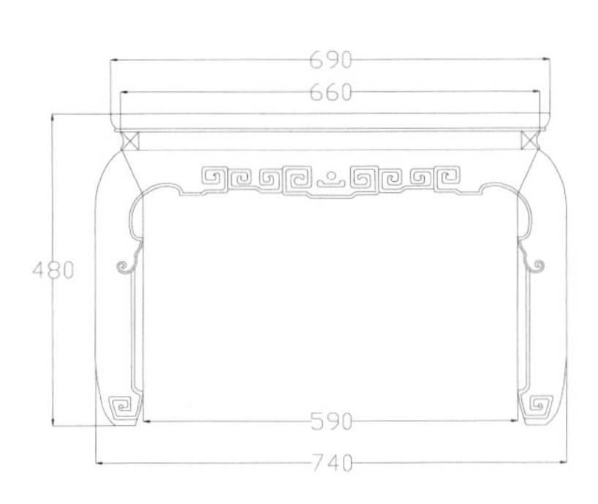

茶几－左视图

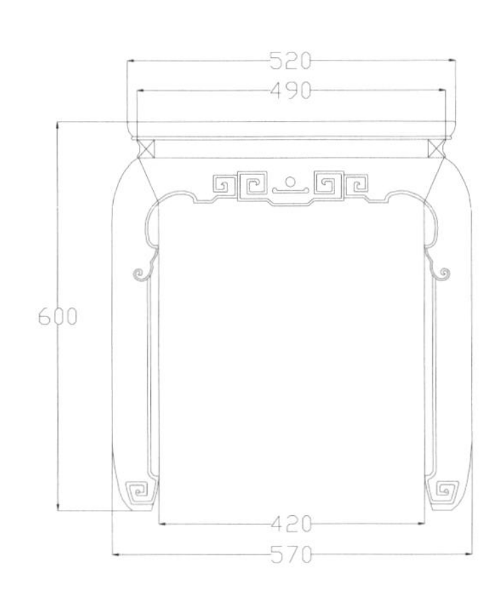

小几－主视图

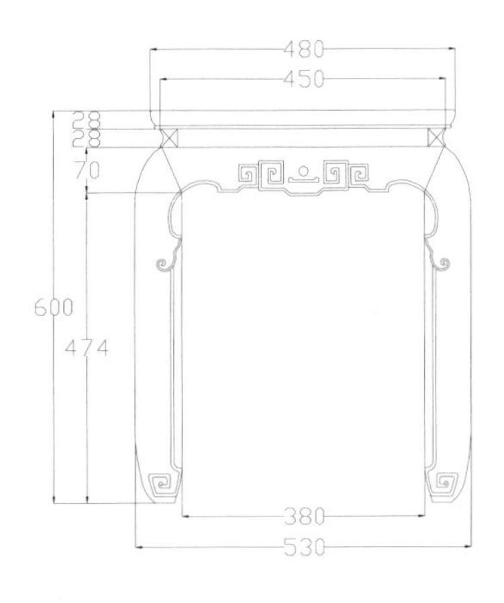

小几－左视图

图版清单（现代中式五福卷书式沙发八件套）：
三人沙发—主视图
单人沙发—主视图
单人沙发—左视图
茶几—主视图
茶几—左视图
小几—主视图
小几—左视图

现代中式五福捧寿沙发八件套

材质：大红酸枝

年款：现代

三人沙发－主视图

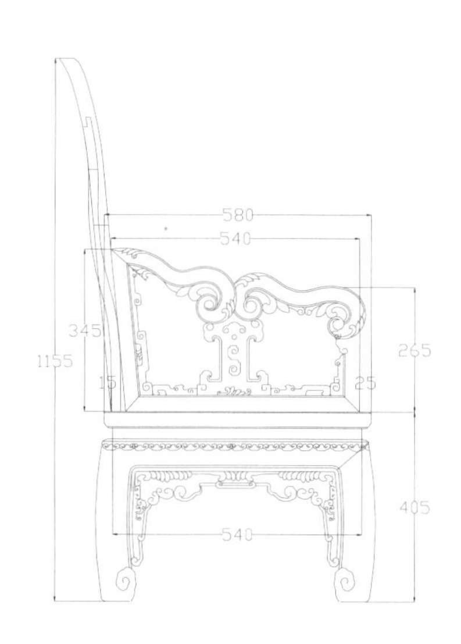

单人沙发－主视图

单人沙发－左视图

注：此八件套中三人沙发为 1 件，单人沙发为 4 件，茶几为 1 件，小几为 2 件。

茶几－主视图

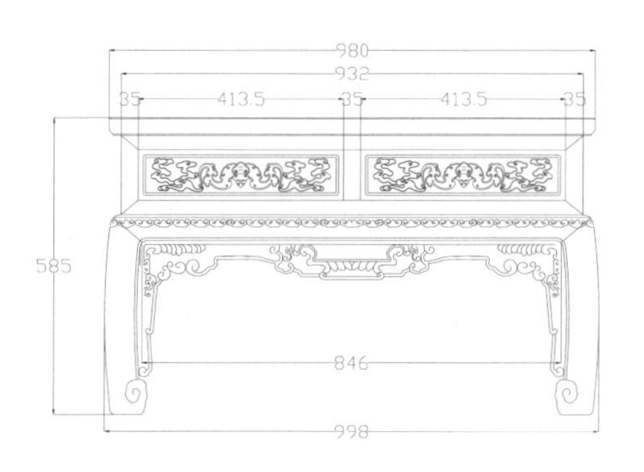

茶几－左视图

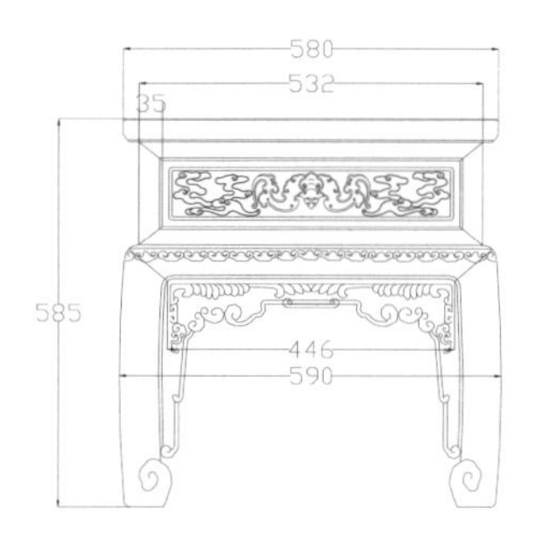

小几－主视图

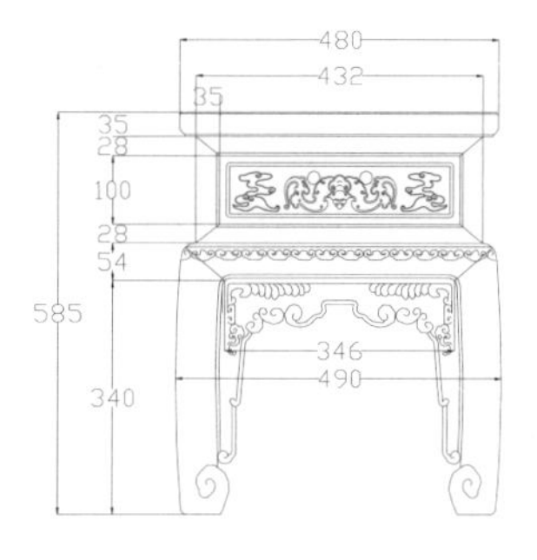

小几－左视图

图版清单（现代中式五福捧寿沙发八件套）：

三人沙发—主视图

单人沙发—主视图

单人沙发—左视图

茶几—主视图

茶几—左视图

小几—主视图

小几—左视图

现代中式山水楼阁图沙发八件套

材质：缅甸花梨

年款：现代

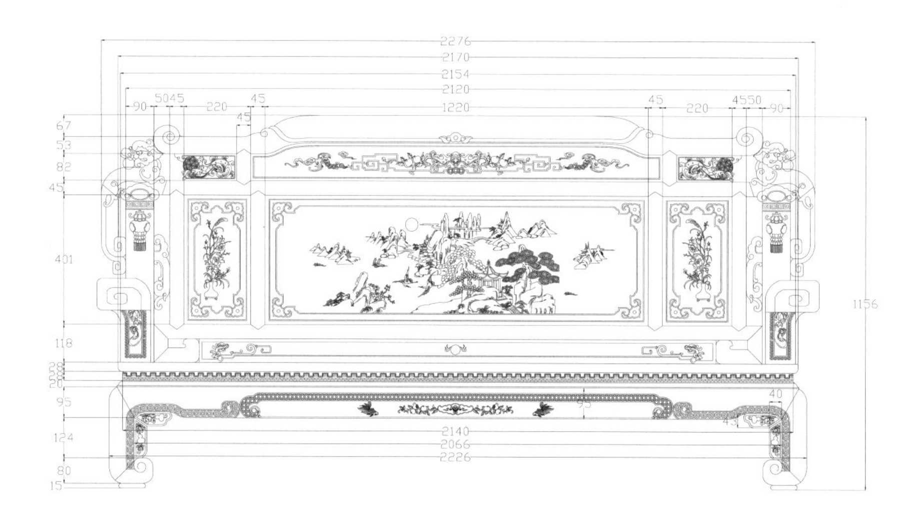

三人沙发－主视图

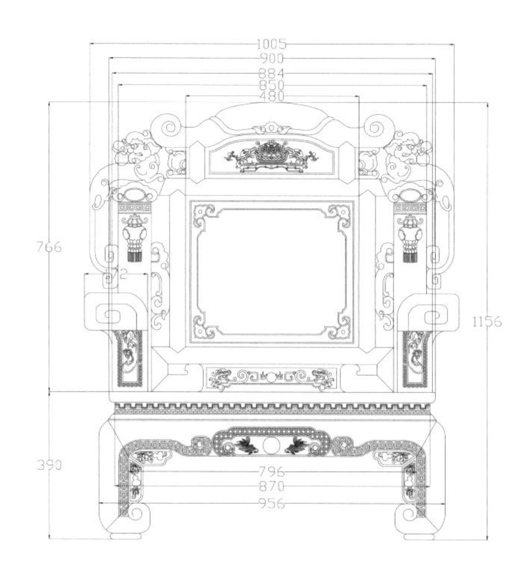

单人沙发－主视图

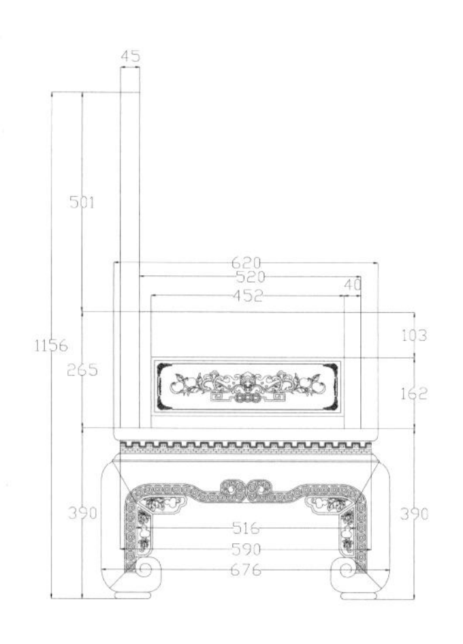

单人沙发－左视图

注：此八件套中三人沙发为 1 件，单人沙发为 4 件，茶几为 1 件，小几为 2 件；视图中部分纹饰略去。

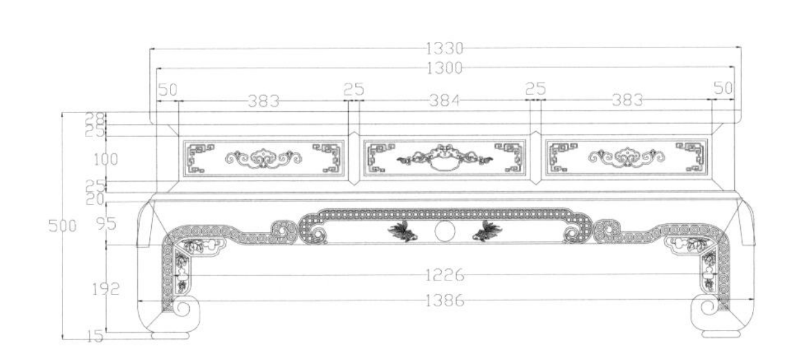

茶几－主视图

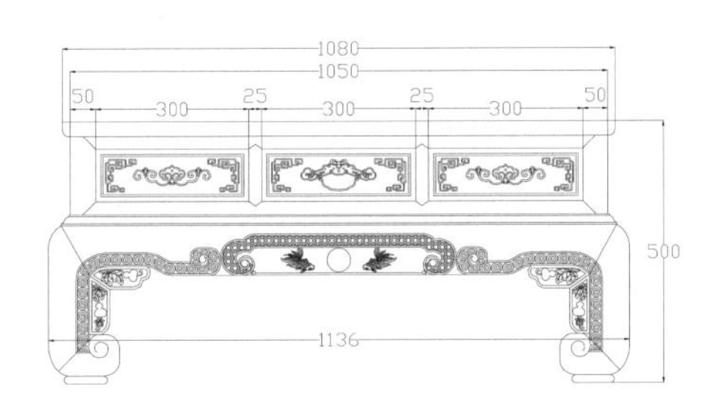

茶几－左视图

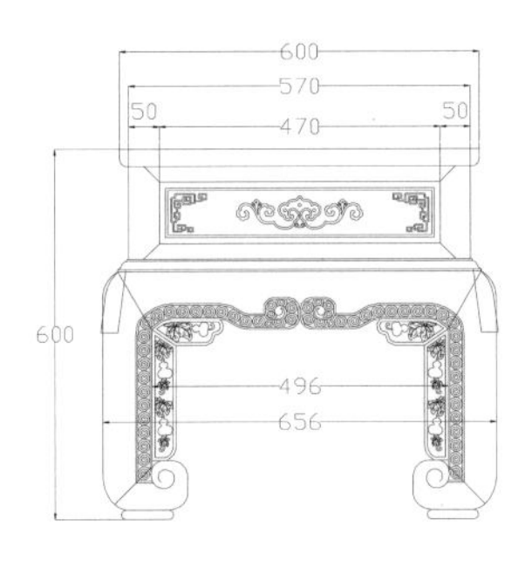

小几－主视图

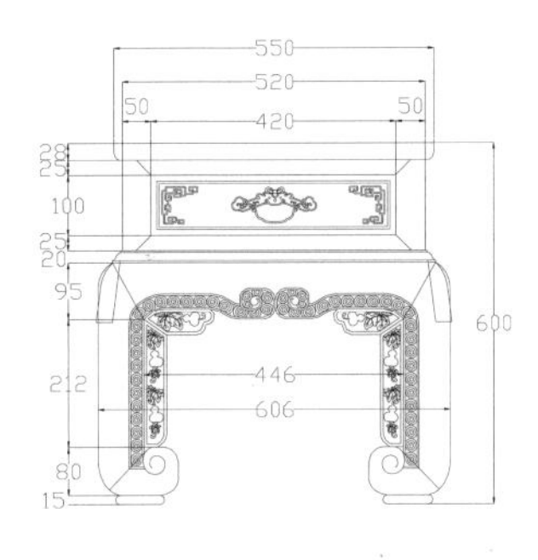

小几－左视图

图版清单（现代中式山水楼阁图沙发八件套）：

三人沙发—主视图

单人沙发—主视图

单人沙发—左视图

茶几—主视图

茶几—左视图

小几—主视图

小几—左视图

现代中式卷草拐子纹沙发八件套

材质：缅甸花梨

年款：现代

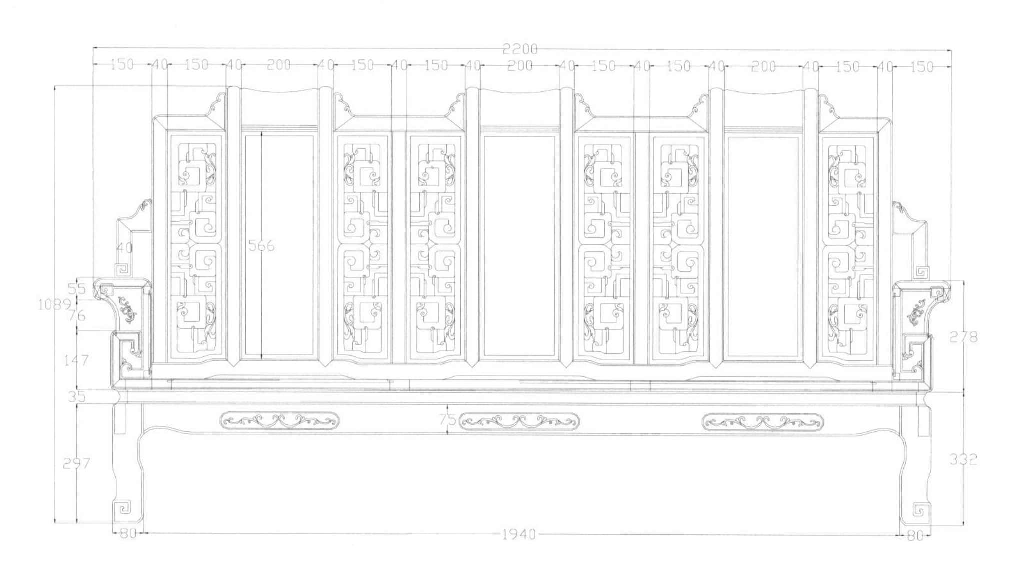

三人沙发－主视图

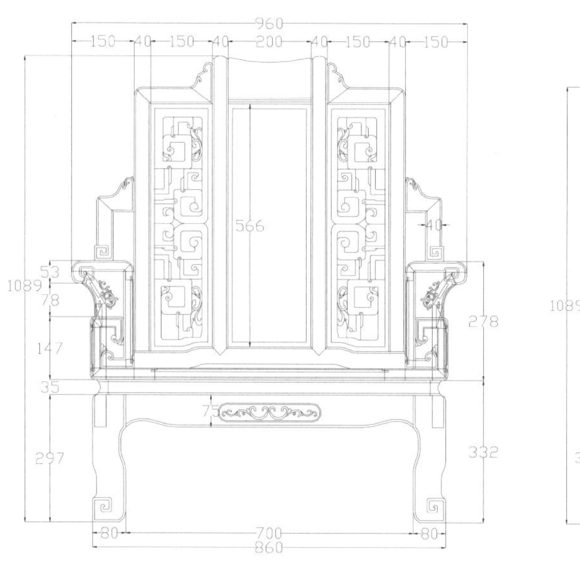

单人沙发－主视图

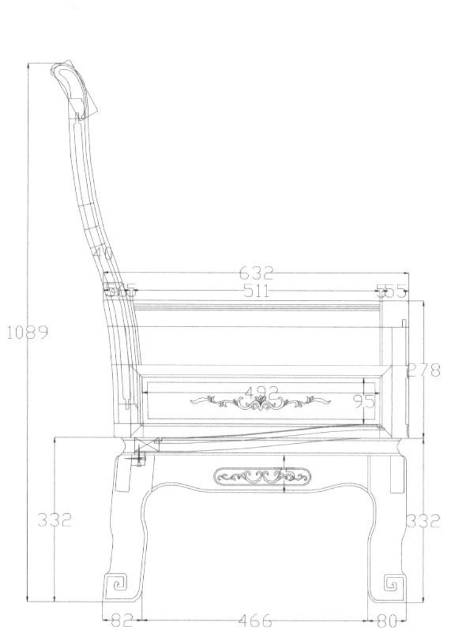

单人沙发－左视图

注：此八件套中三人沙发为 1 件，单人沙发为 4 件，茶几为 1 件，小几为 2 件。

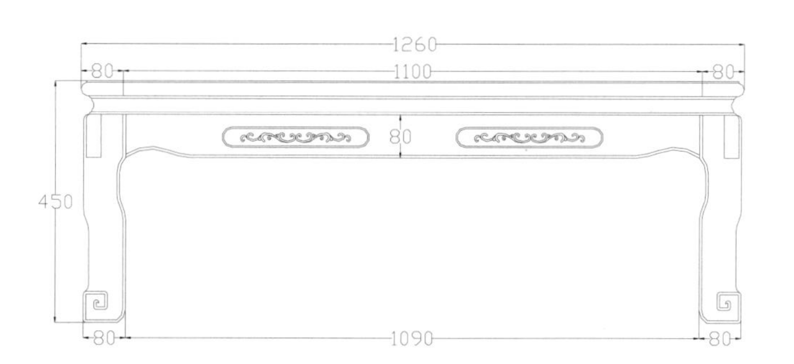

茶几－主视图

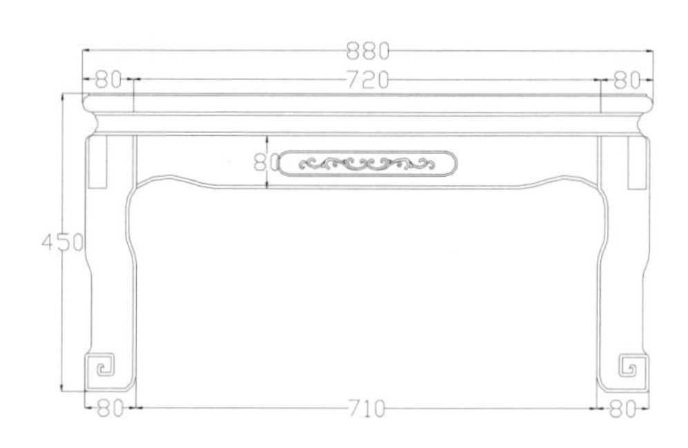

茶几－左视图

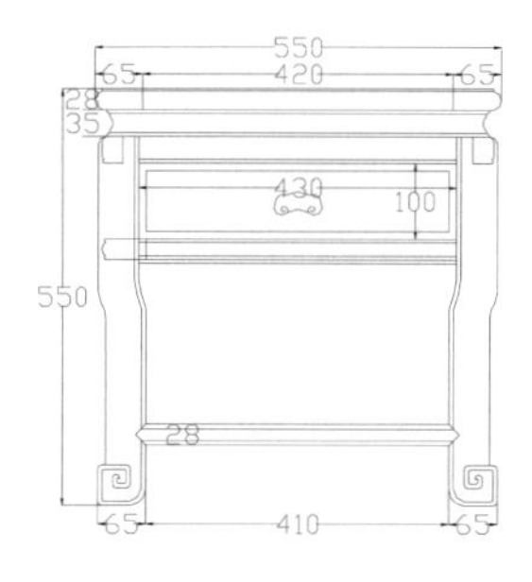

小几－主视图

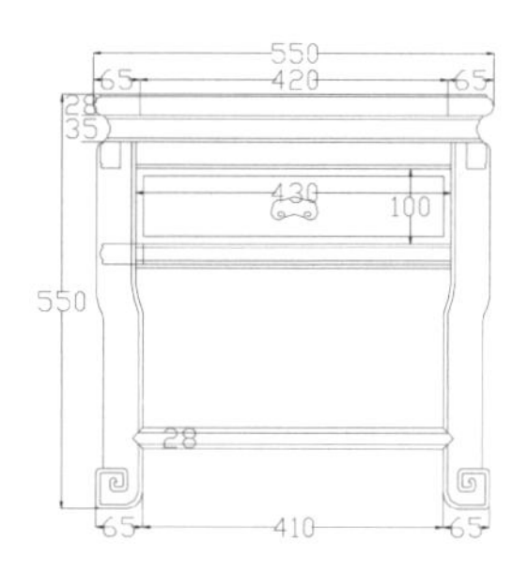

小几－左视图

图版清单（现代中式卷草拐子纹沙发八件套）：
三人沙发—主视图
单人沙发—主视图
单人沙发—左视图
茶几—主视图
茶几—左视图
小几—主视图
小几—左视图

现代中式佳人玉立沙发八件套

材质：缅甸花梨

年款：现代

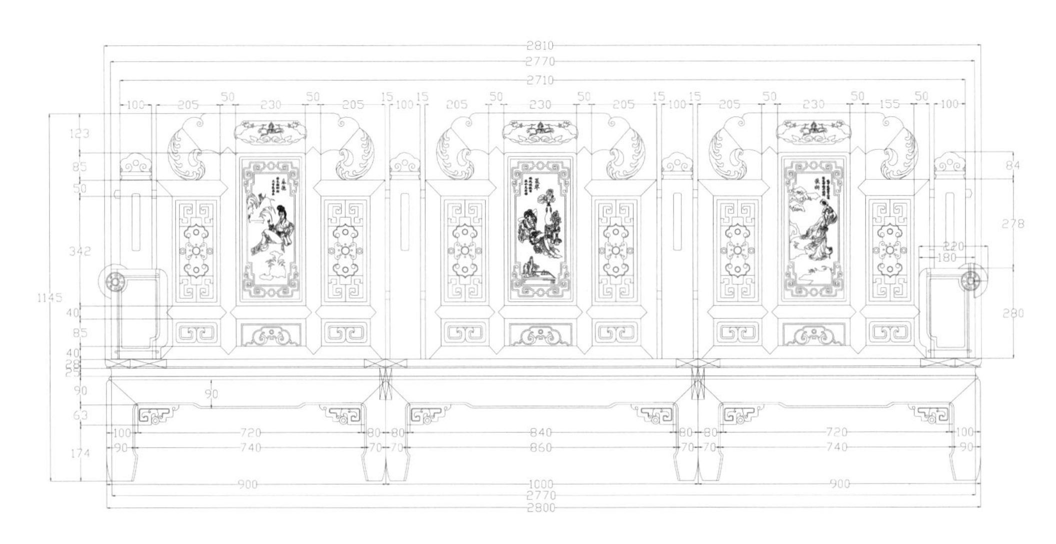

三人沙发－主视图

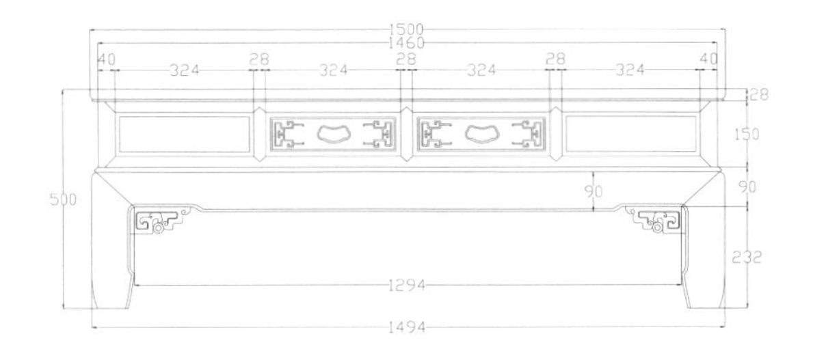

茶几－主视图

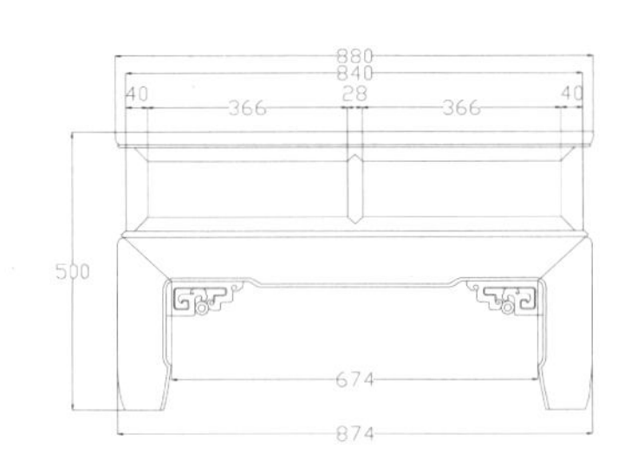

茶几－左视图

注：此八件套中三人沙发为 1 件，茶几为 1 件，单人沙发为 4 件，小几为 2 件。

单人沙发－主视图

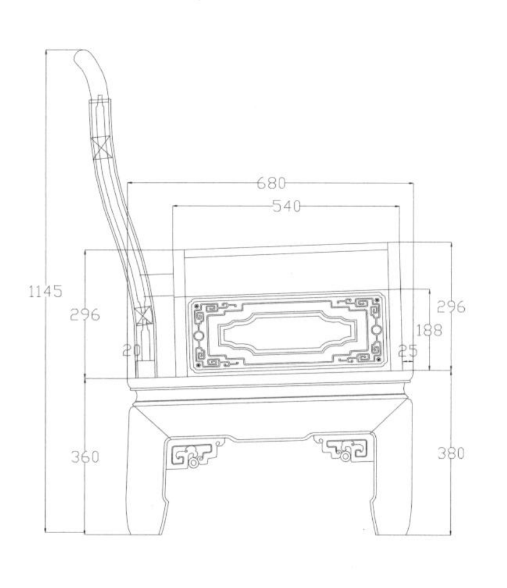

单人沙发－左视图

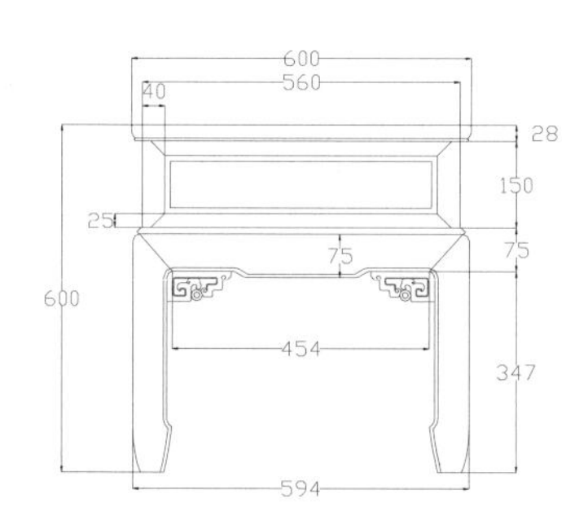

小几－主视图

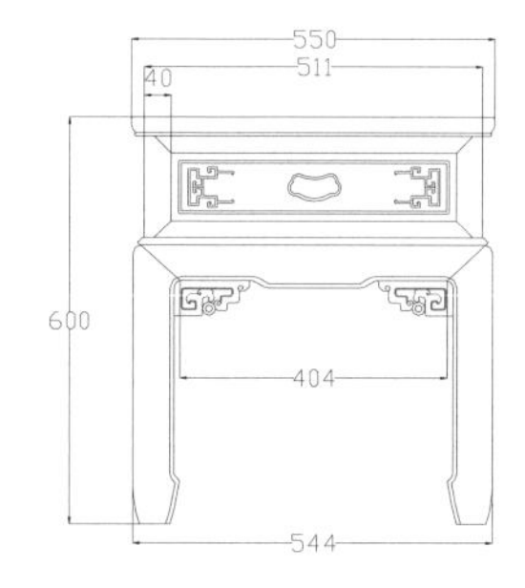

小几－左视图

图版清单（现代中式佳人玉立沙发八件套）：

三人沙发—主视图

茶几—主视图

茶几—左视图

单人沙发—主视图

单人沙发—左视图

小几—主视图

小几—左视图

现代中式金龙富贵沙发八件套

材质：缅甸花梨

年款：现代

三人沙发－主视图

单人沙发－主视图

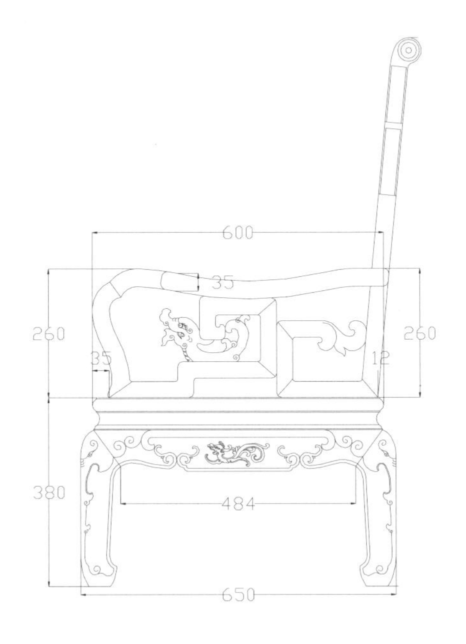

单人沙发－右视图

注：此八件套中三人沙发为 1 件，单人沙发为 4 件，茶几为 1 件，小几为 2 件。

茶几－主视图

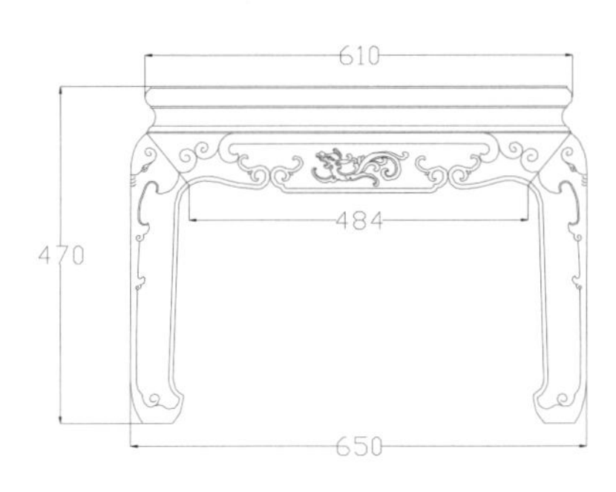

茶几－左视图

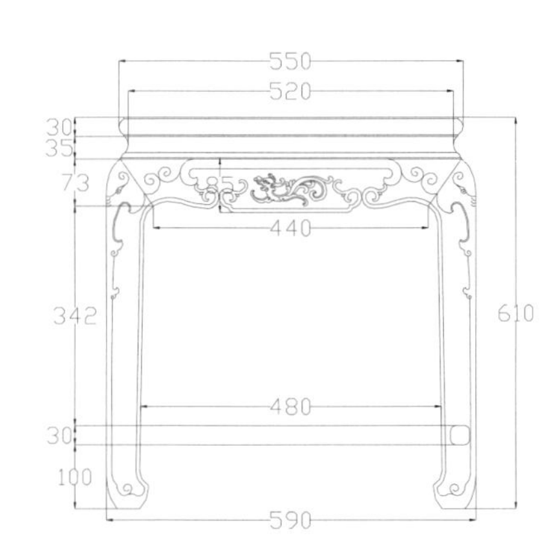

小几－主视图

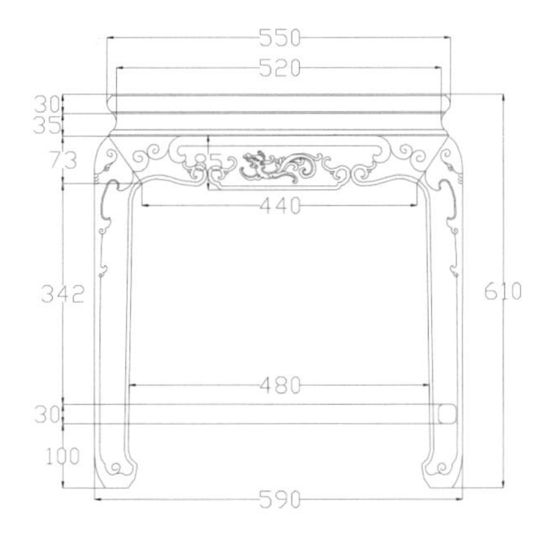

小几－左视图

图版清单（现代中式金龙富贵沙发八件套）：

三人沙发—主视图

单人沙发—主视图

单人沙发—右视图

茶几—主视图

茶几—左视图

小几—主视图

小几—左视图

现代中式暗八仙纹沙发八件套

材质：缅甸花梨

年款：现代

三人沙发－主视图

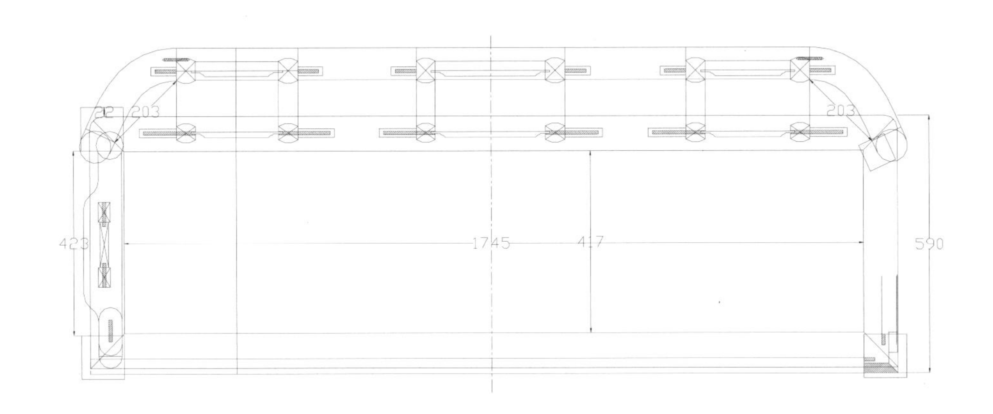

三人沙发－俯视图

注：此八件套中三人沙发为 1 件，单人沙发为 4 件，茶几为 1 件，小几为 2 件。

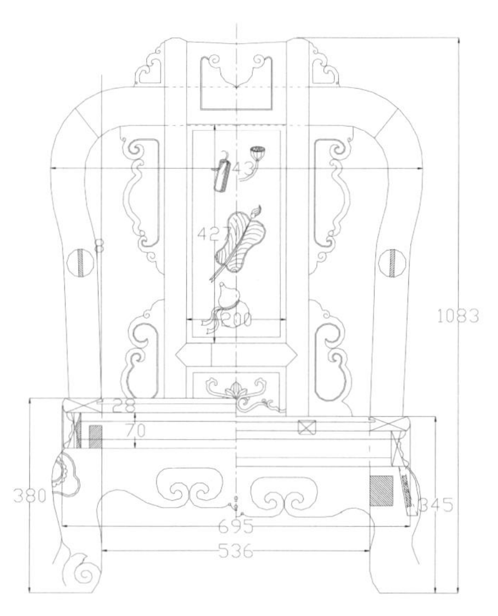

单人沙发－主视图

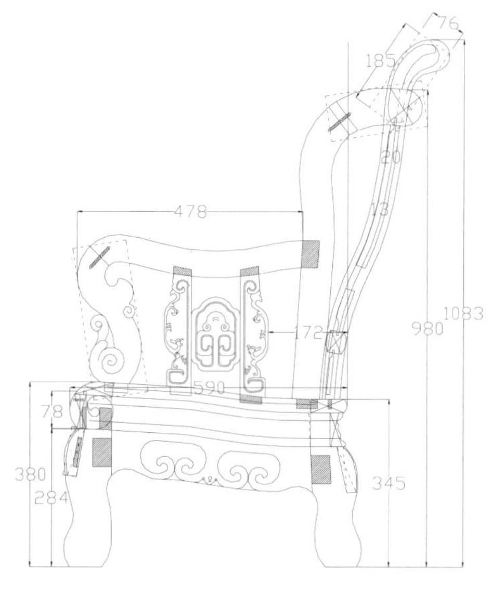

单人沙发－右视图

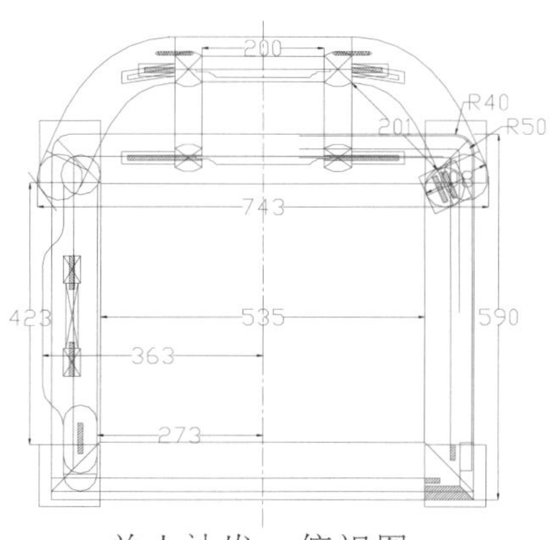

单人沙发－俯视图

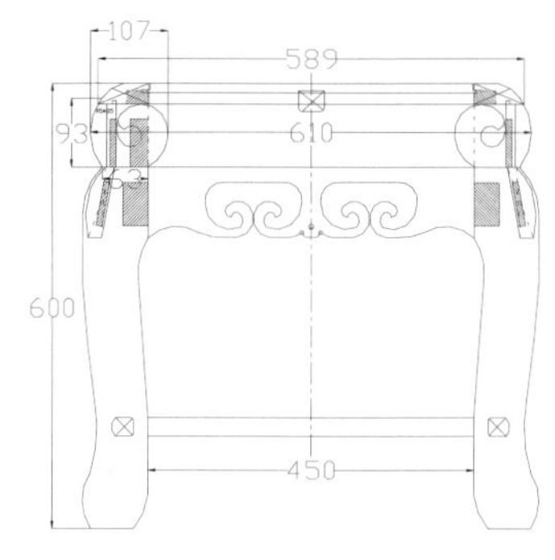

茶几－主视图

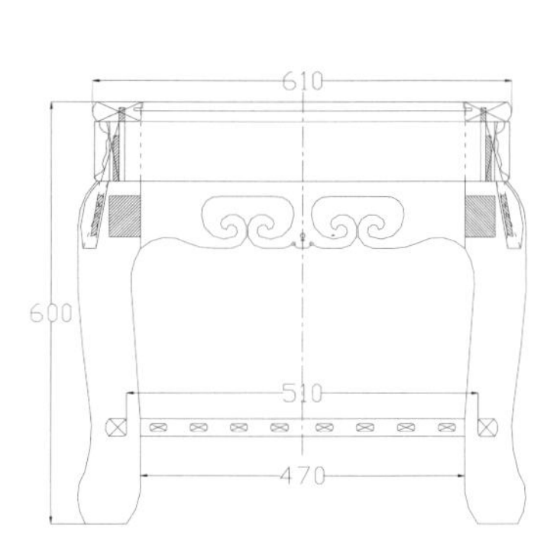

茶几－左视图

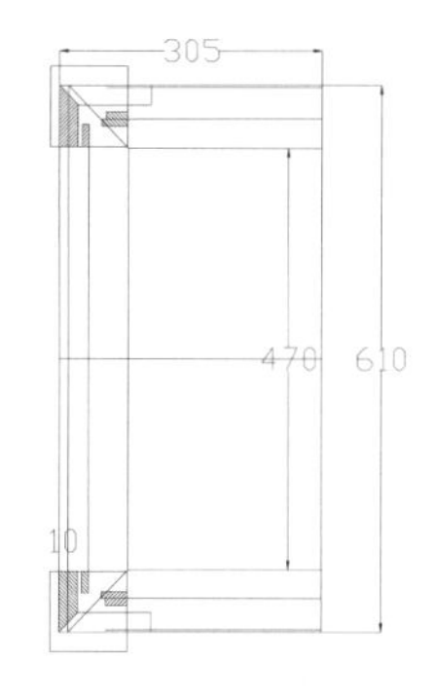

茶几－剖视图

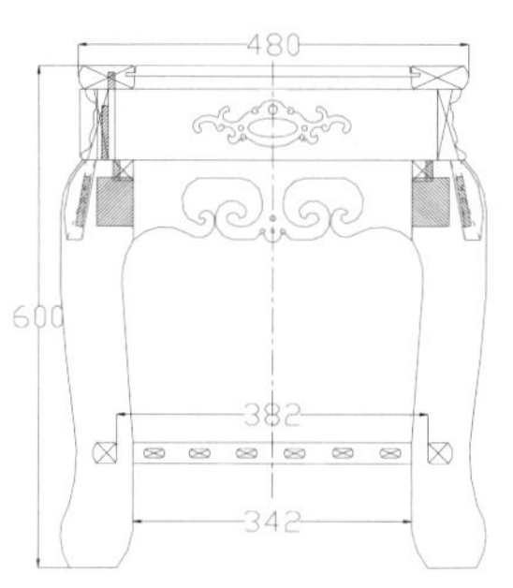

小几－主视图

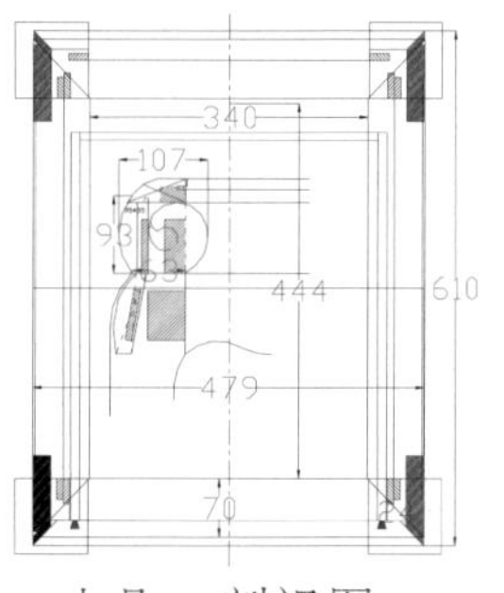

小几－剖视图

图版清单（现代中式暗八仙纹沙发八件套）：

三人沙发—主视图
三人沙发—俯视图
单人沙发—主视图
单人沙发—右视图
单人沙发—俯视图
茶几—主视图
茶几—左视图
茶几—剖视图
小几—主视图
小几—剖视图

现代中式西湖风景沙发八件套

材质：大红酸枝

年款：现代

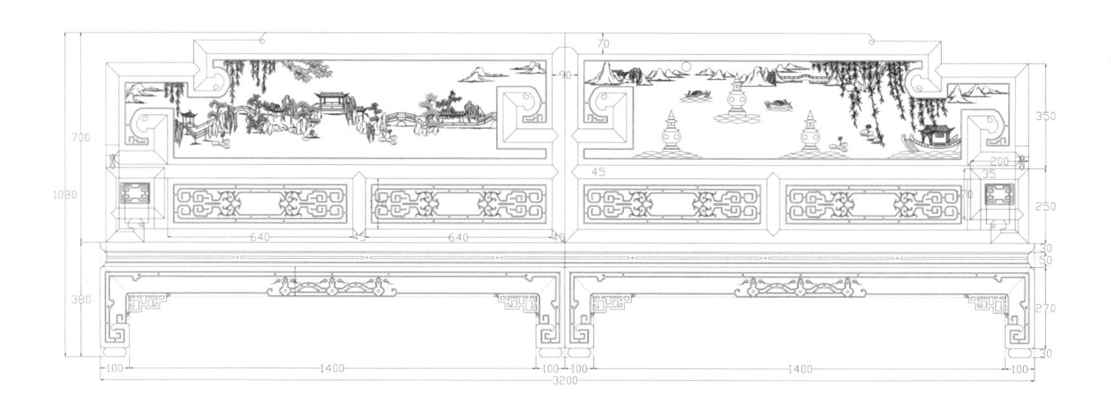

三人沙发－主视图

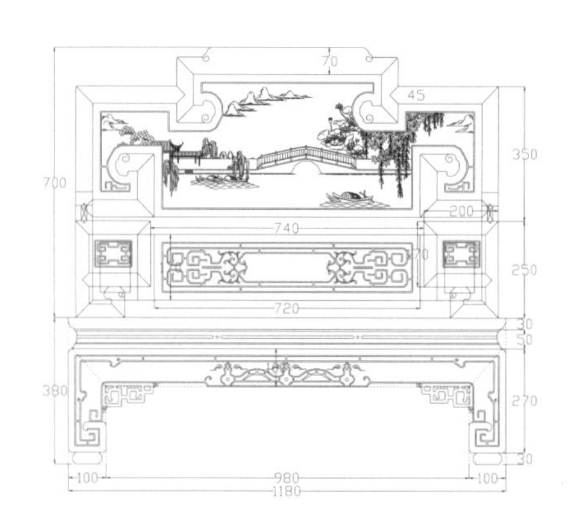

单人沙发 1 －主视图

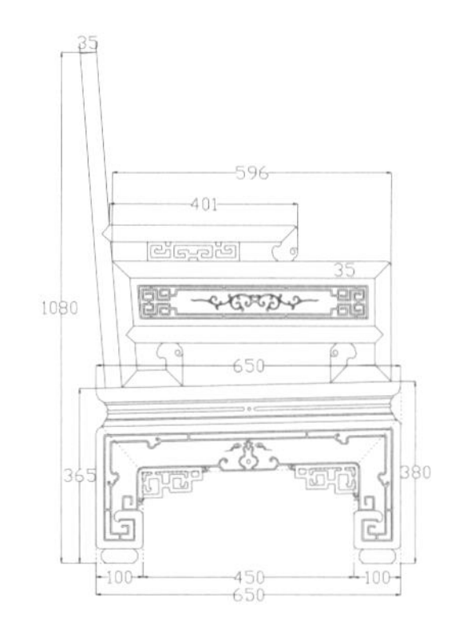

单人沙发 1 －左视图

注：此八件套中三人沙发为 1 件，单人沙发为 4 件，茶几为 1 件，小几为 2 件。

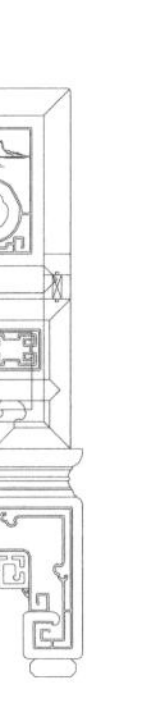

单人沙发 2 – 主视图　　单人沙发 3 – 主视图　　单人沙发 4 – 主视图

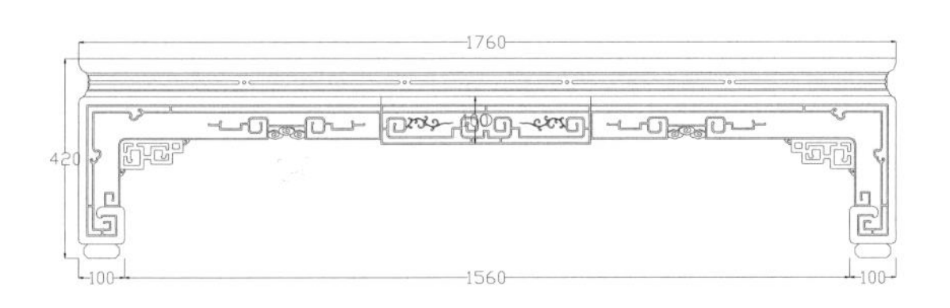

茶几 – 主视图

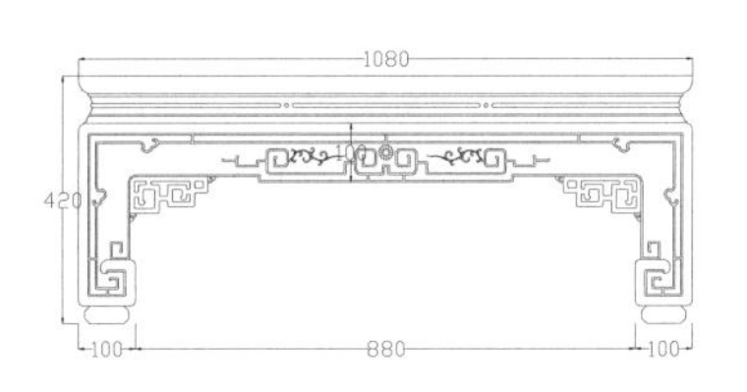

茶几 – 左视图

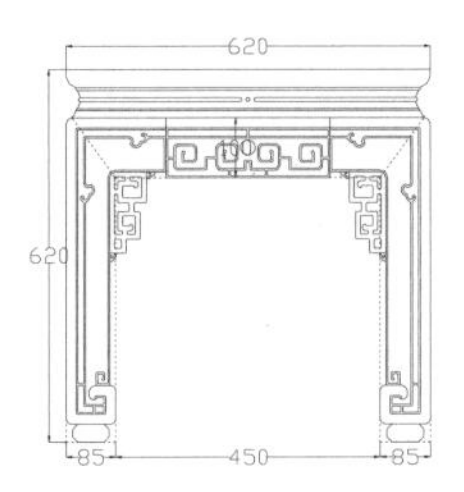

小几 – 主视图

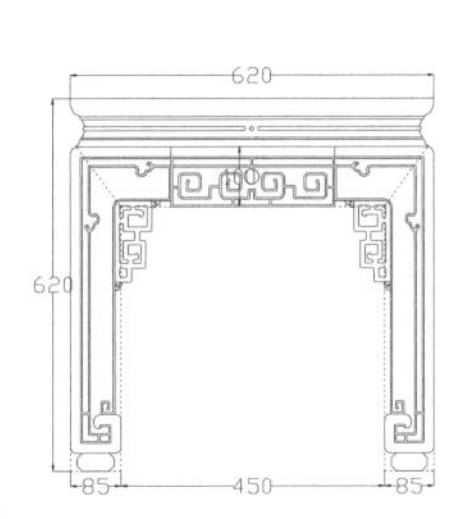

小几 – 左视图

图版清单（现代中式西湖风景沙发八件套）：

三人沙发—主视图
单人沙发 1 —主视图
单人沙发 1 —左视图
单人沙发 2 —主视图
单人沙发 3 —主视图
单人沙发 4 —主视图
茶几—主视图
茶几—左视图
小几—主视图
小几—左视图

现代中式岁朝图沙发八件套

材质：缅甸花梨

年款：现代

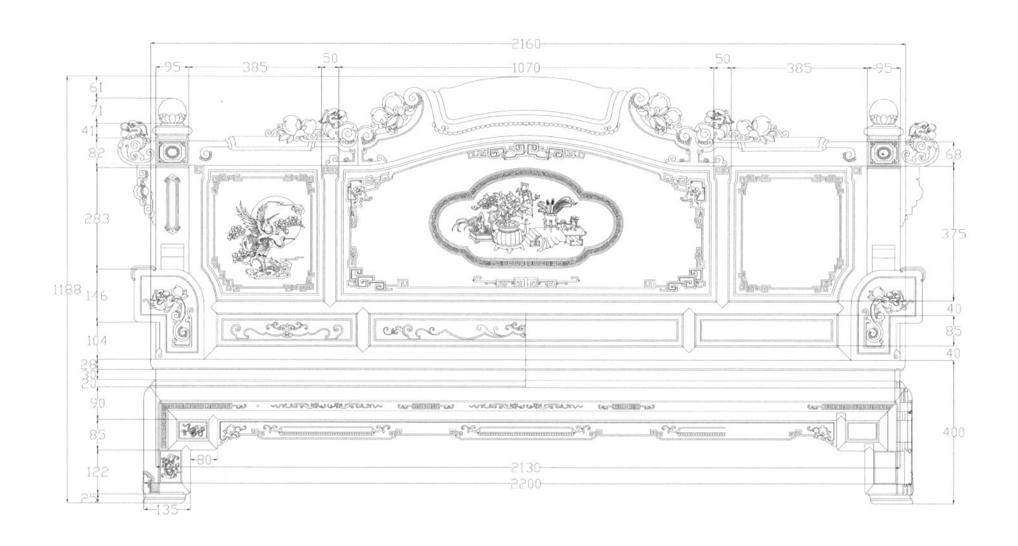

三人沙发－主视图

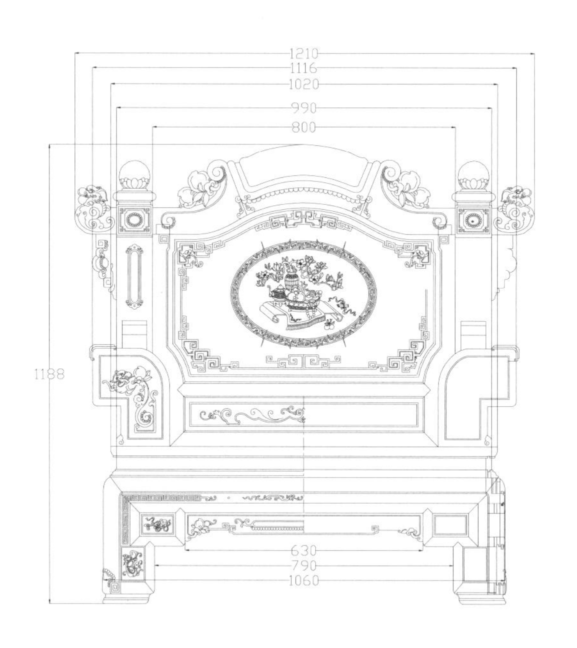

单人沙发－主视图

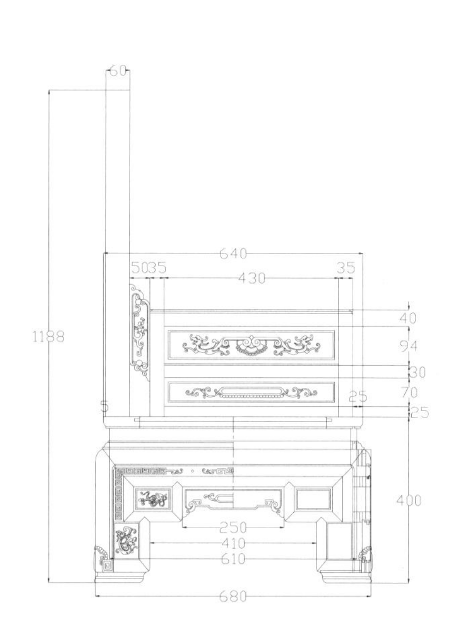

单人沙发－左视图

注：此八件套中三人沙发为 1 件，单人沙发为 4 件，茶几为 1 件，小几为 2 件。

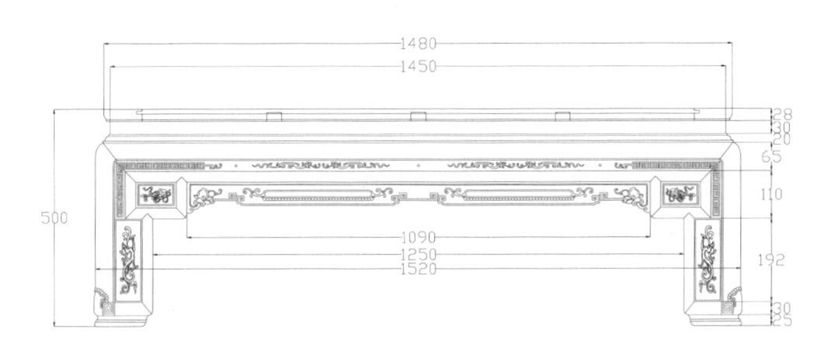

茶几－主视图

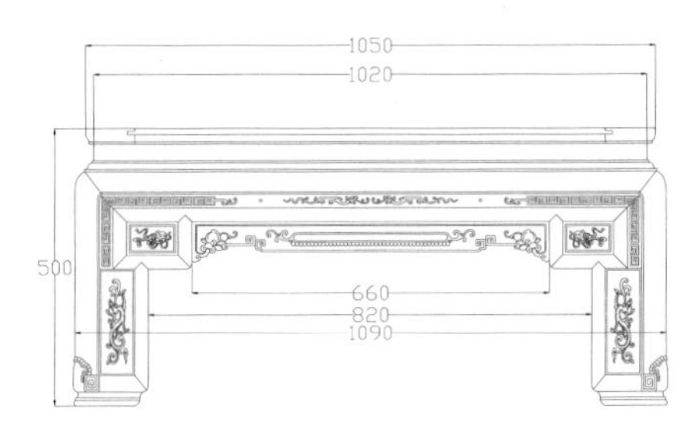

茶几－左视图

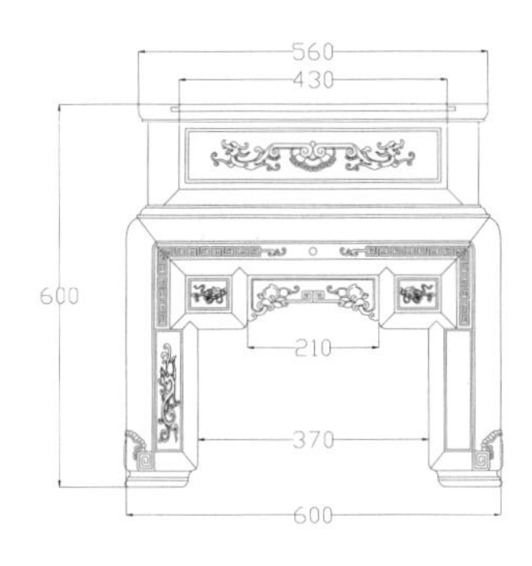

小几－主视图

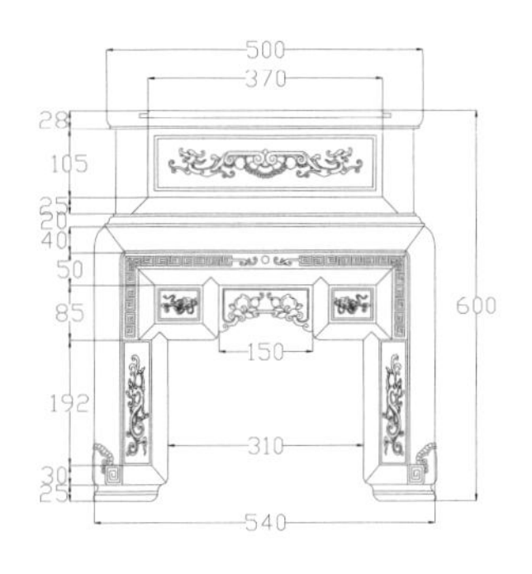

小几－左视图

图版清单（现代中式岁朝图沙发八件套）：
三人沙发－主视图
单人沙发－主视图
单人沙发－左视图
茶几－主视图
茶几－左视图
小几－主视图
小几－左视图

现代中式福庆有余沙发八件套

材质：红酸枝

年款：现代

三人沙发－主视图

单人沙发－主视图

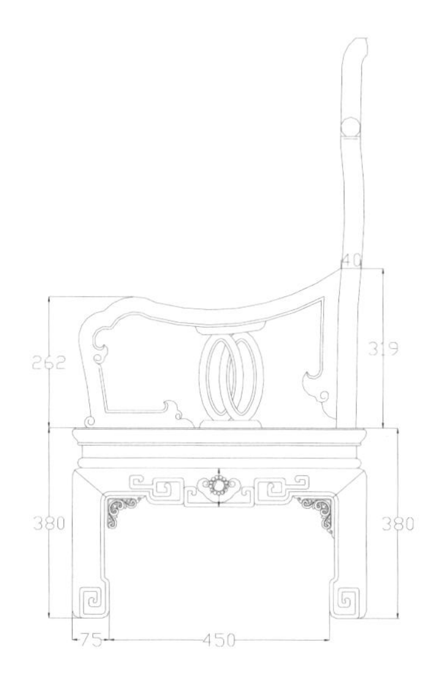

单人沙发－右视图

注：此八件套中三人沙发为 1 件，单人沙发为 4 件，茶几为 1 件，小几为 2 件。

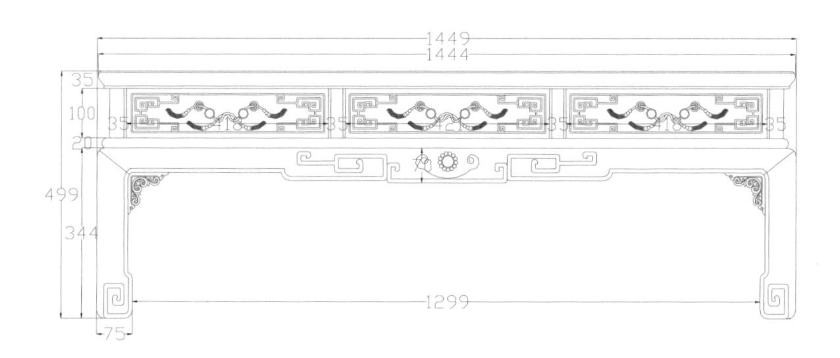

茶几－主视图

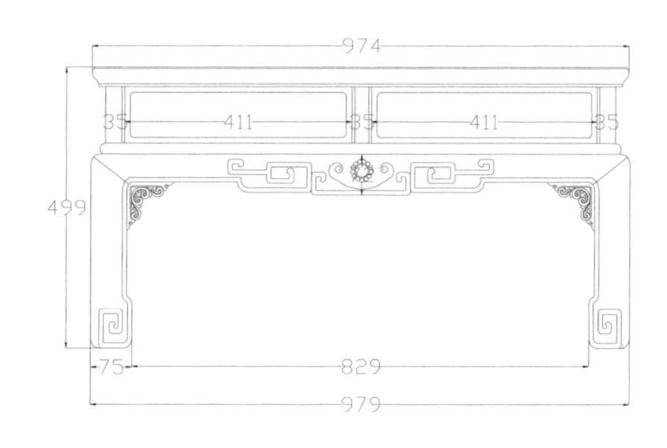

茶几－左视图

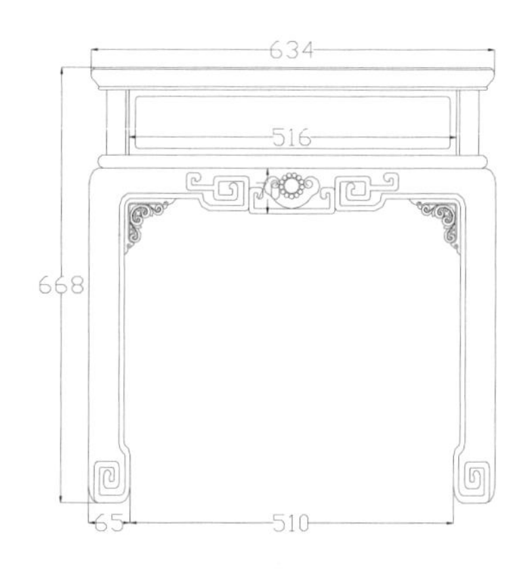

小几－主视图

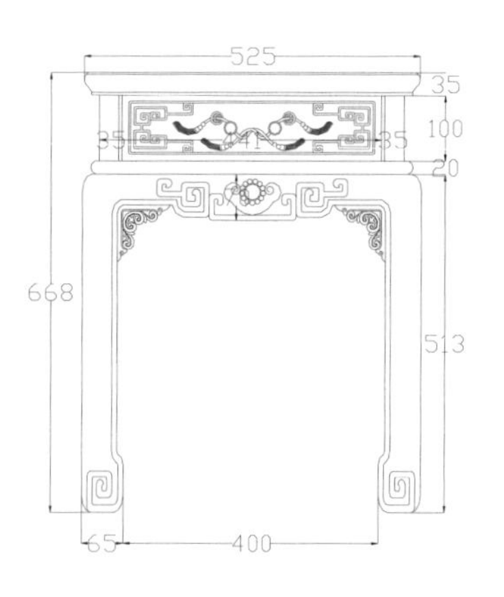

小几－左视图

图版清单（现代中式福庆有余沙发八件套）：

三人沙发—主视图
单人沙发—主视图
单人沙发—右视图
茶几—主视图
茶几—左视图
小几—主视图
小几—左视图

现代中式攒风车式棂格沙发八件套

材质：缅甸花梨

年款：现代

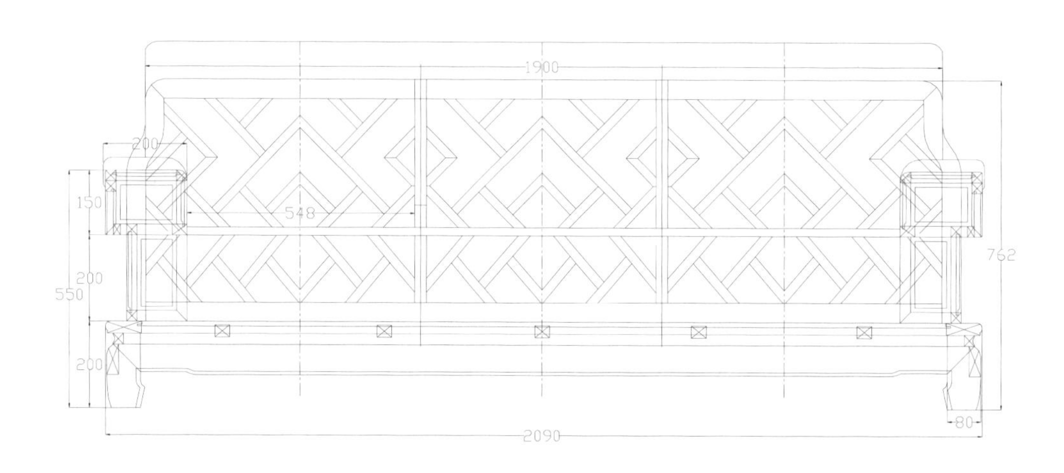

三人沙发－主视图

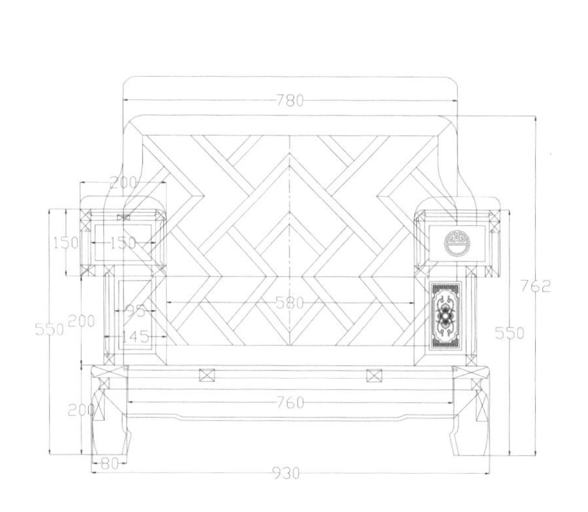

单人沙发－主视图

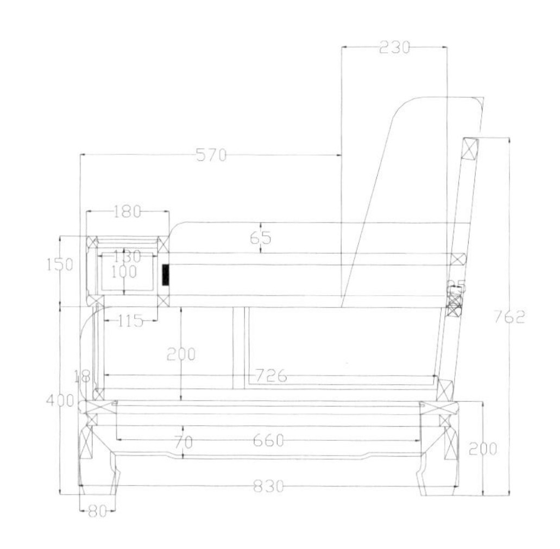

单人沙发－右视图

注：此八件套中三人沙发为 1 件，单人沙发为 4 件，茶几为 1 件，长方凳为 2 件。

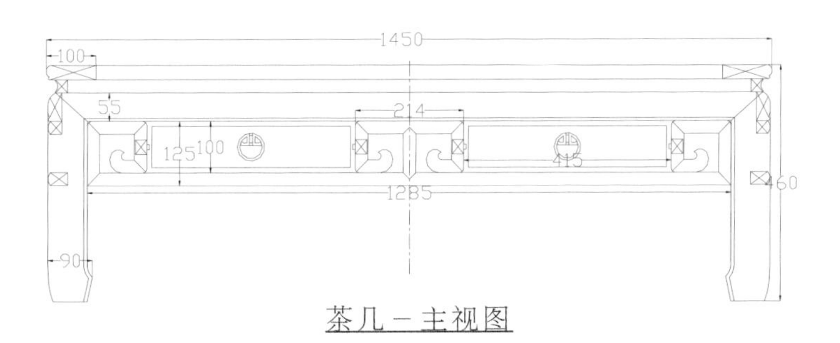

茶几－主视图

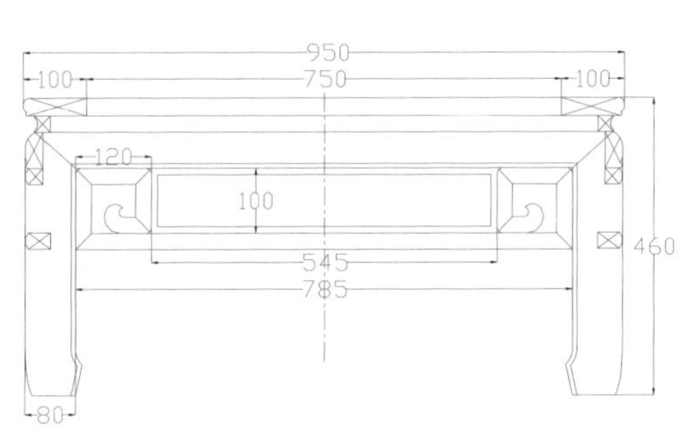

茶几－左视图

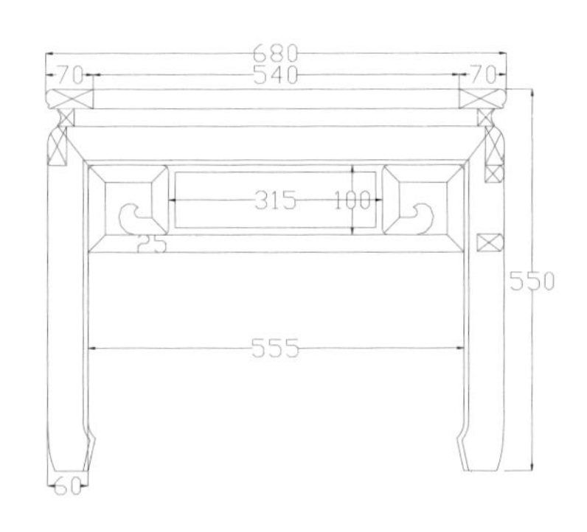

长方凳－主视图

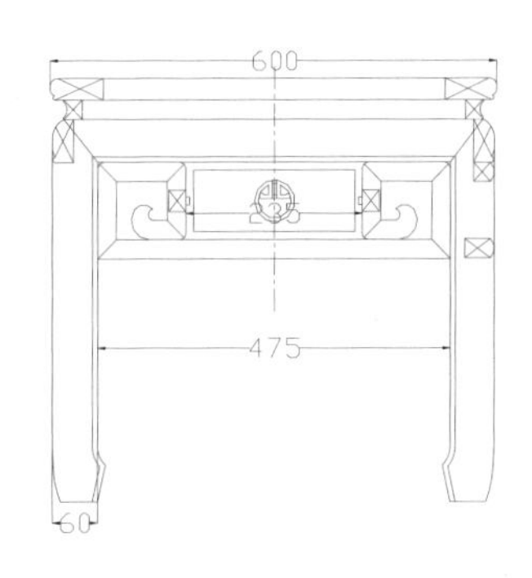

长方凳－左视图

图版清单（现代中式攒风车式棂格沙发八件套）：
三人沙发—主视图
单人沙发—主视图
单人沙发—右视图
茶几—主视图
茶几—左视图
长方凳—主视图
长方凳—左视图

现代中式五福捧寿沙发八件套

材质：红酸枝

年款：现代

三人沙发－主视图

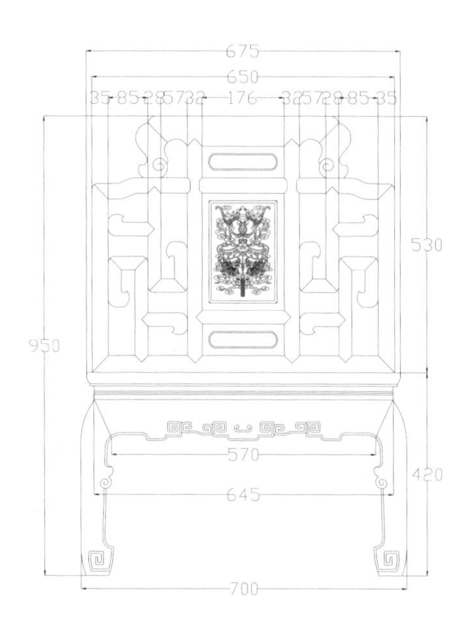

单人沙发－主视图

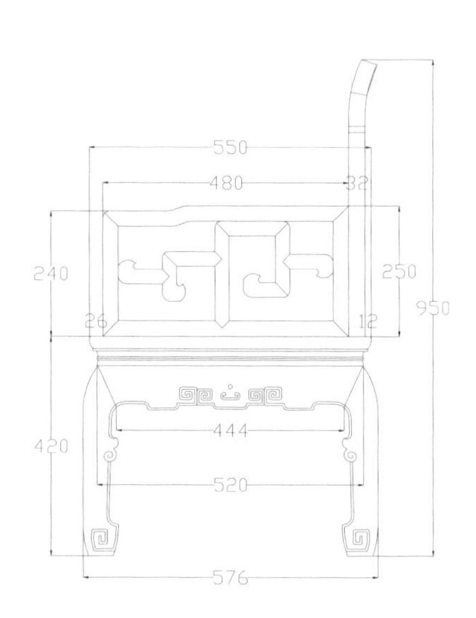

单人沙发－右视图

注：此八件套中三人沙发为 1 件，单人沙发为 4 件，茶几为 1 件，长方凳为 2 件。

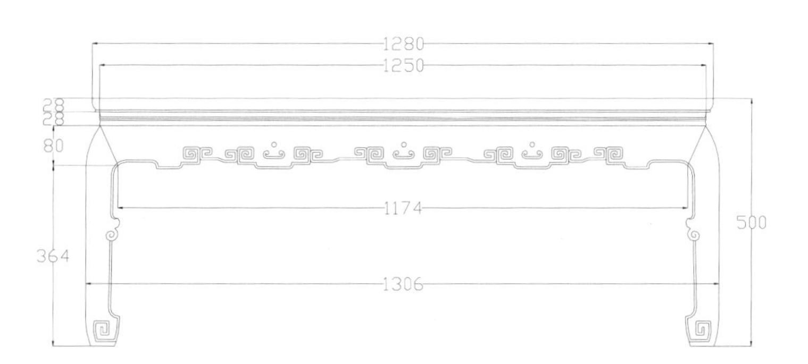

茶几－主视图

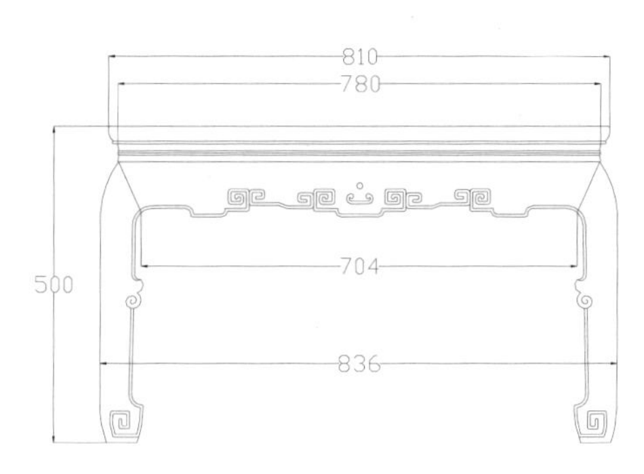

茶几－左视图

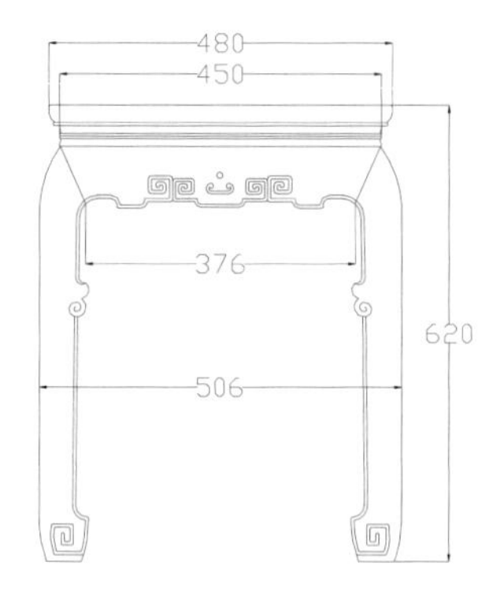

长方凳－主视图

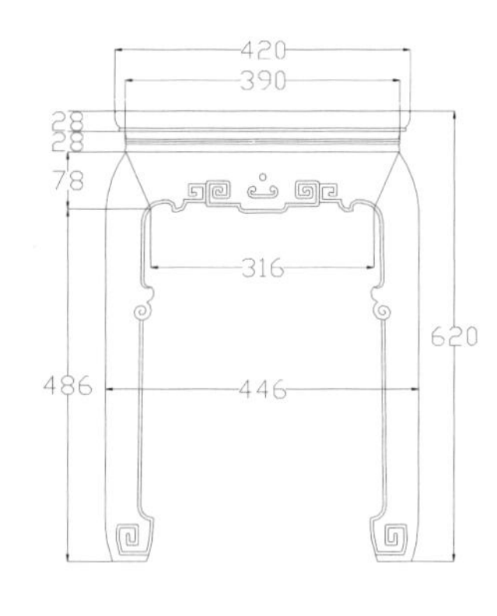

长方凳－左视图

图版清单（现代中式五福捧寿沙发八件套）：
三人沙发—主视图
单人沙发—主视图
单人沙发—右视图
茶几—主视图
茶几—左视图
长方凳—主视图
长方凳—左视图

现代中式园林风景沙发八件套

材质：红酸枝

年款：现代

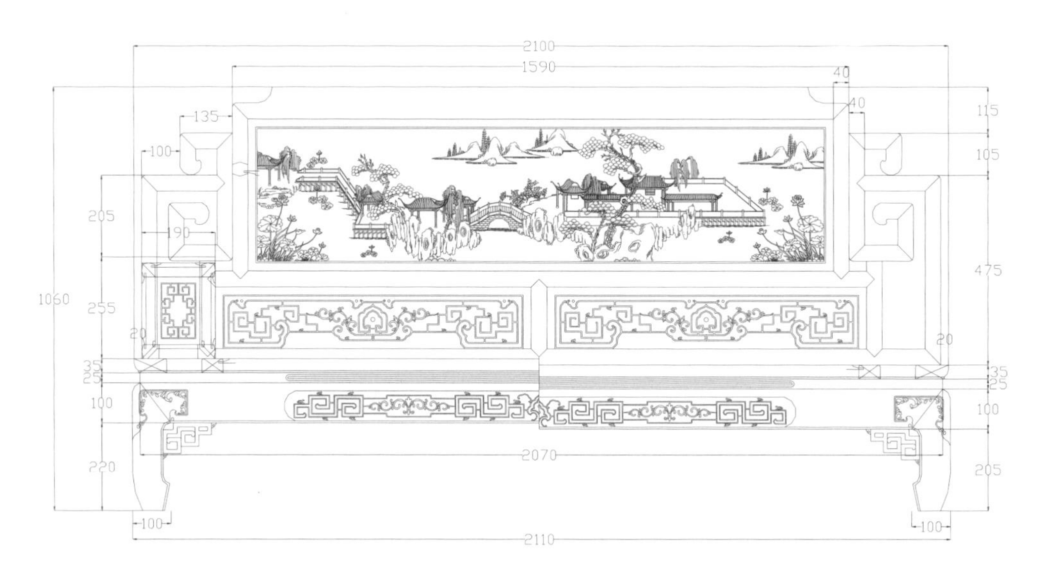

三人沙发 – 主视图

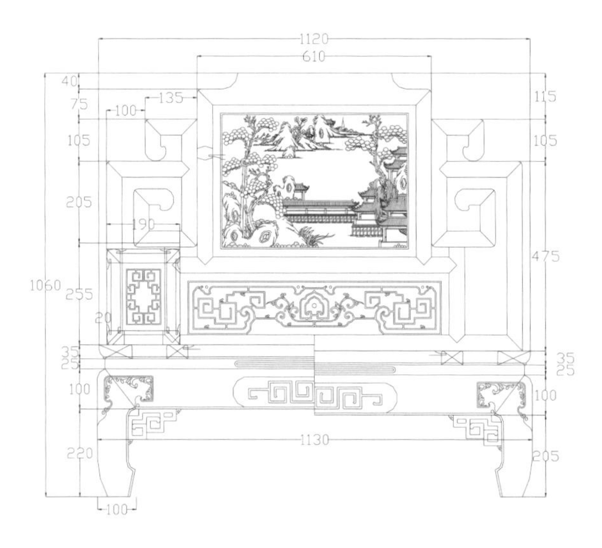

单人沙发 – 主视图

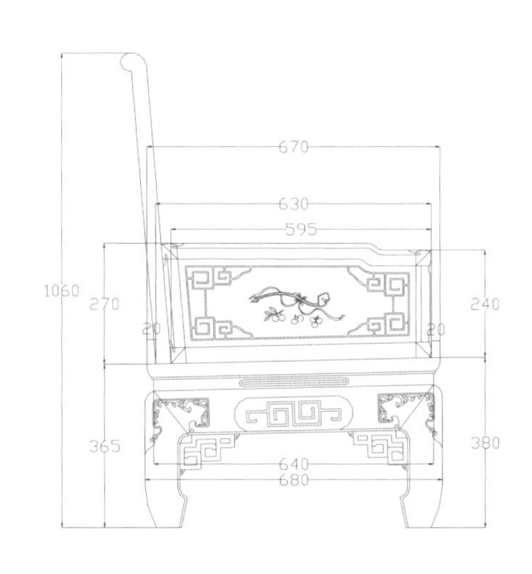

单人沙发 – 左视图

注：此八件套中三人沙发为 1 件，单人沙发为 4 件，茶几为 1 件，小几为 2 件。

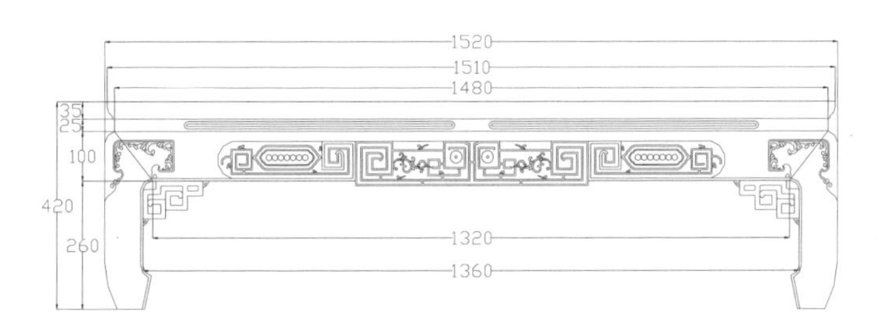

茶几－主视图

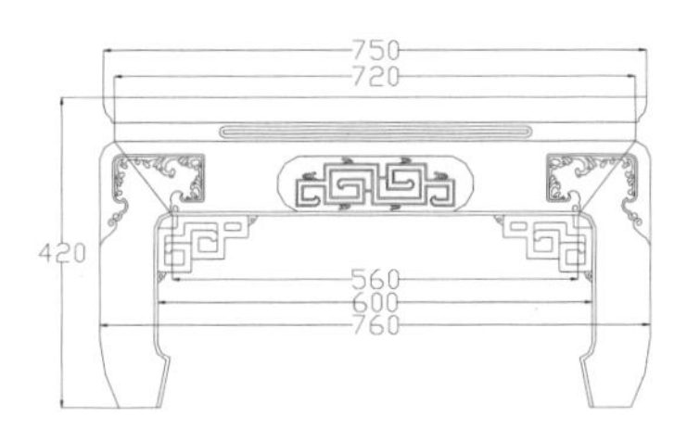

茶几－左视图

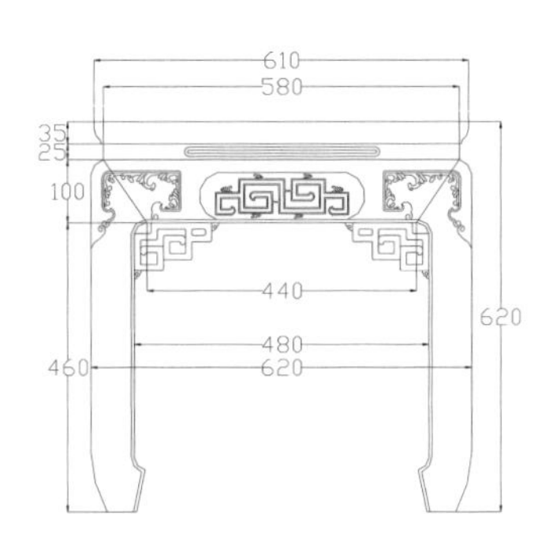

小几－主视图

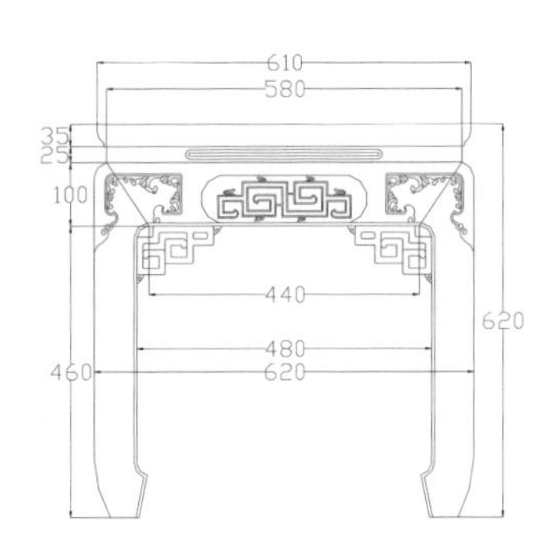

小几－左视图

图版清单（现代中式园林风景沙发八件套）：

三人沙发—主视图
单人沙发—主视图
单人沙发—左视图
茶几—主视图
茶几—左视图
小几—主视图
小几—左视图

现代中式富贵牡丹沙发八件套

材质：红酸枝

年款：现代

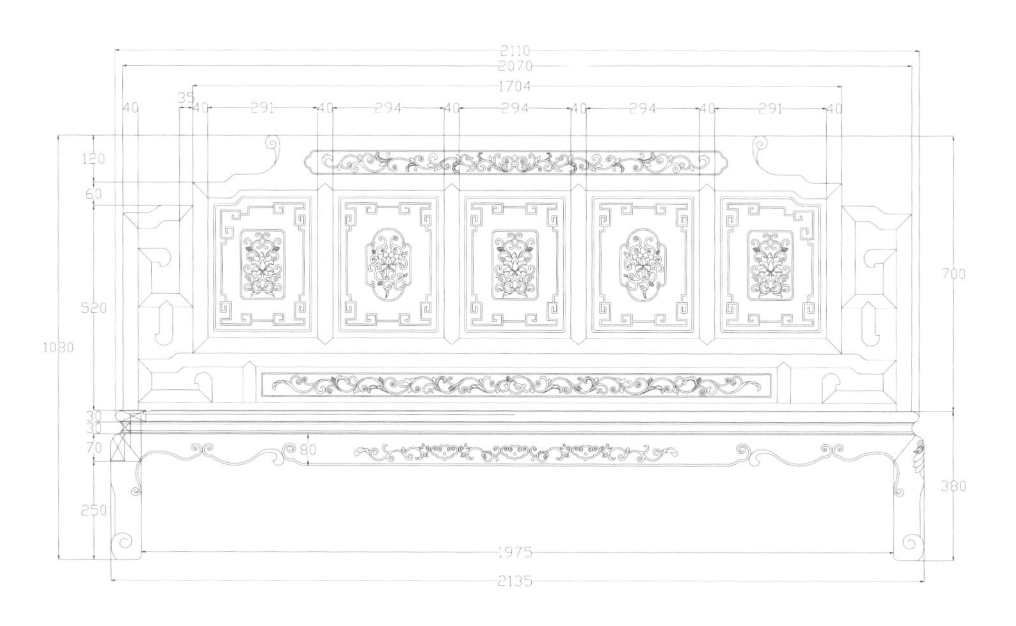

三人沙发－主视图

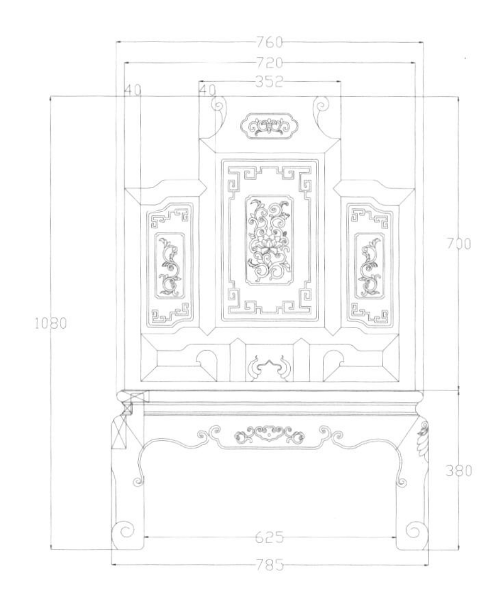

单人沙发－主视图

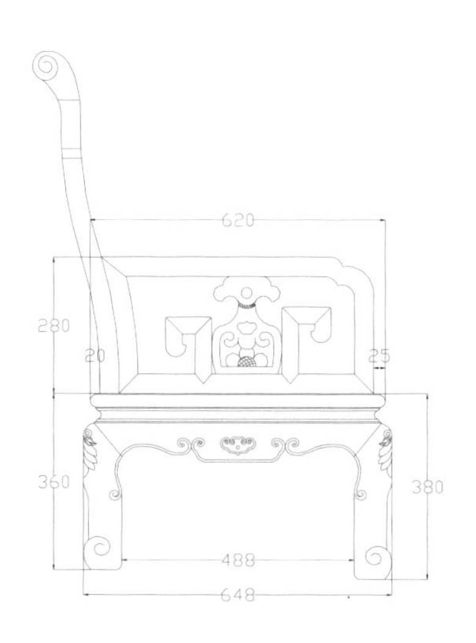

单人沙发－左视图

注：此八件套中三人沙发为 1 件，单人沙发为 4 件，茶几为 1 件，小几为 2 件。

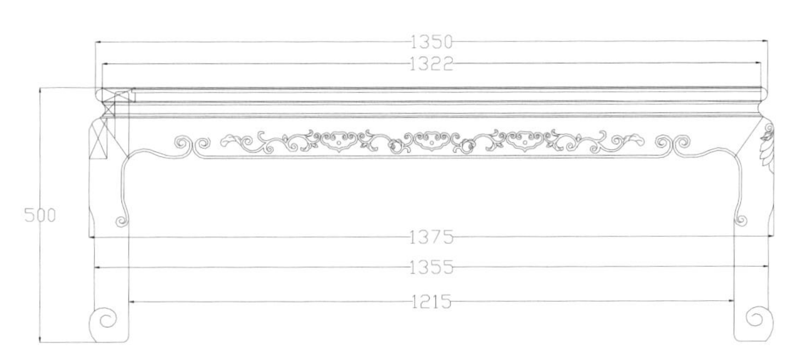

茶几－主视图

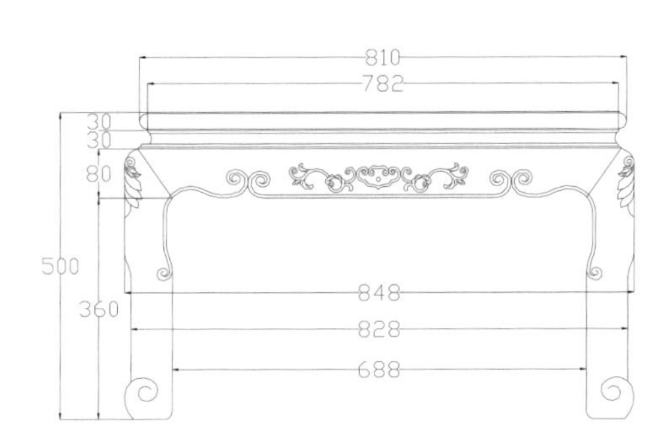

茶几－左视图

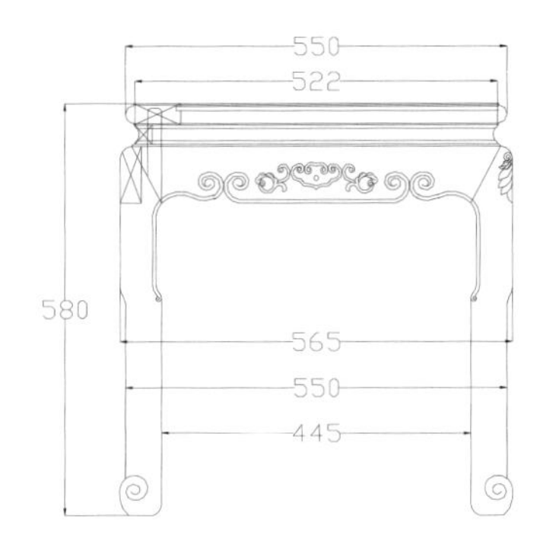

小几－主视图

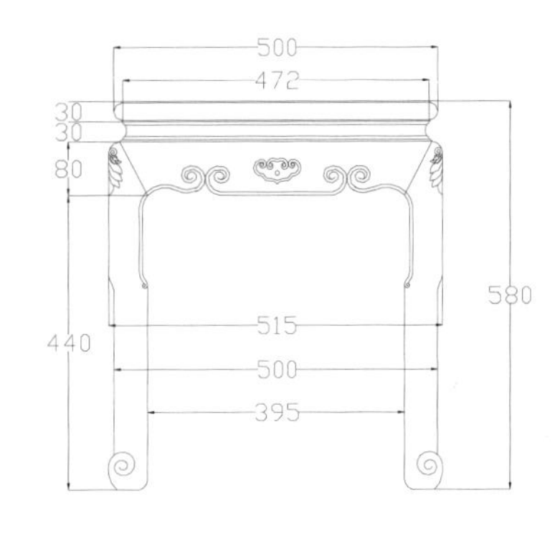

小几－左视图

图版清单（现代中式富贵牡丹沙发八件套）:

三人沙发—主视图
单人沙发—主视图
单人沙发—左视图
茶几—主视图
茶几—左视图
小几—主视图
小几—左视图

现代中式鸟语花香沙发八件套

材质：缅甸花梨

年款：现代

三人沙发－主视图

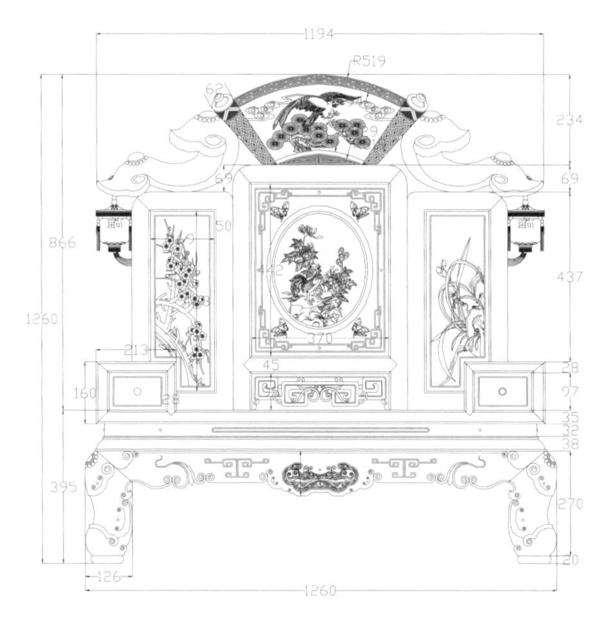

单人沙发－主视图

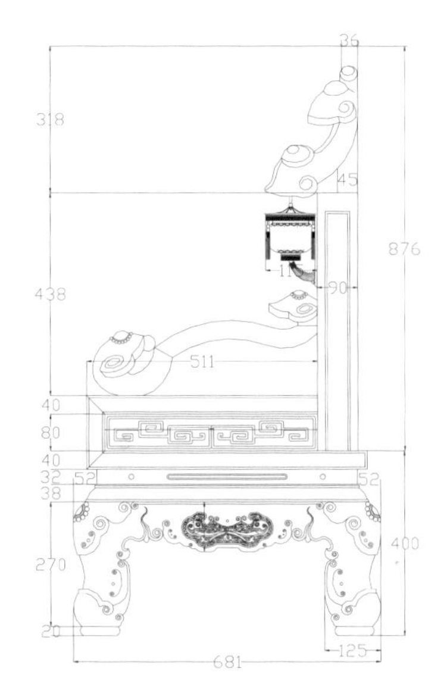

单人沙发－右视图

注：此八件套中三人沙发为 1 件，单人沙发为 4 件，茶几为 1 件，小几为 2 件。

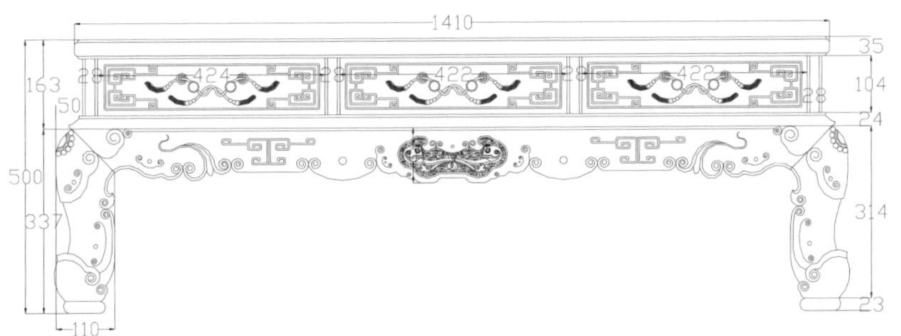

茶几－主视图

茶几－左视图

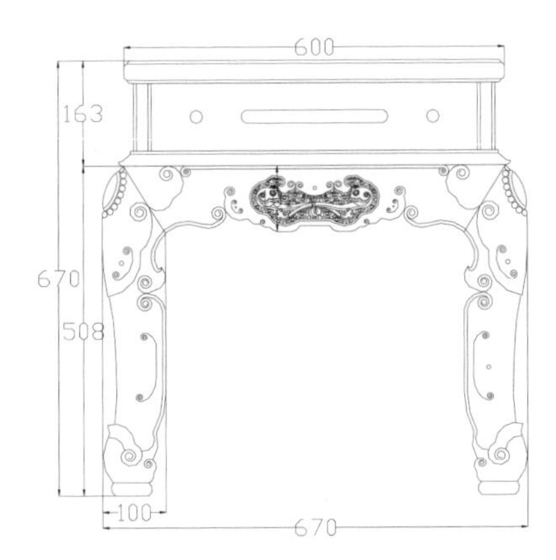

小几－主视图

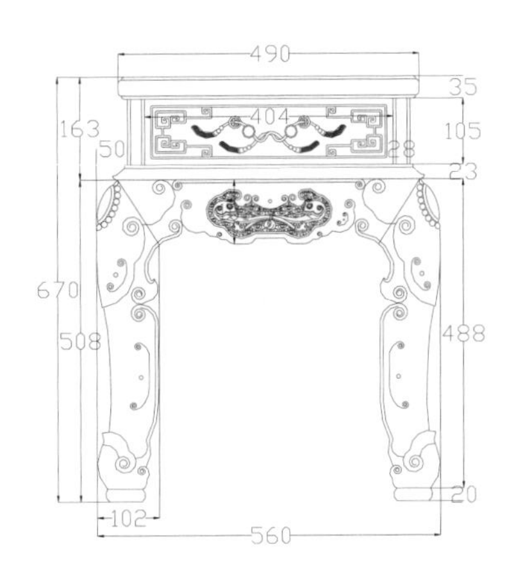

小几－左视图

图版清单（现代中式鸟语花香沙发八件套）：

三人沙发－主视图

单人沙发－主视图

单人沙发－右视图

茶几－主视图

茶几－左视图

小几－主视图

小几－左视图

现代中式福庆有余沙发八件套

材质：缅甸花梨

年款：现代

三人沙发－主视图

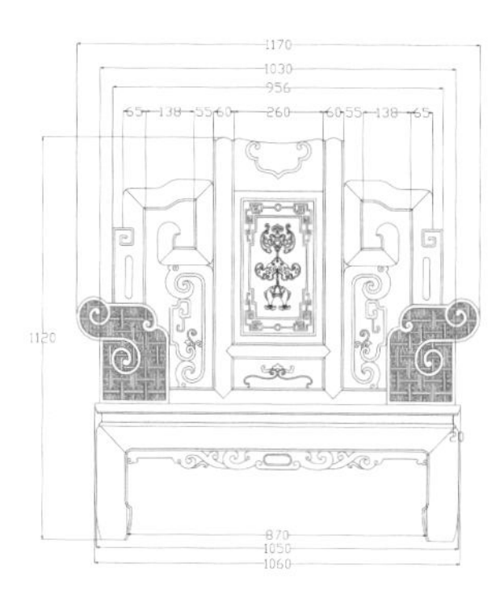

单人沙发－主视图

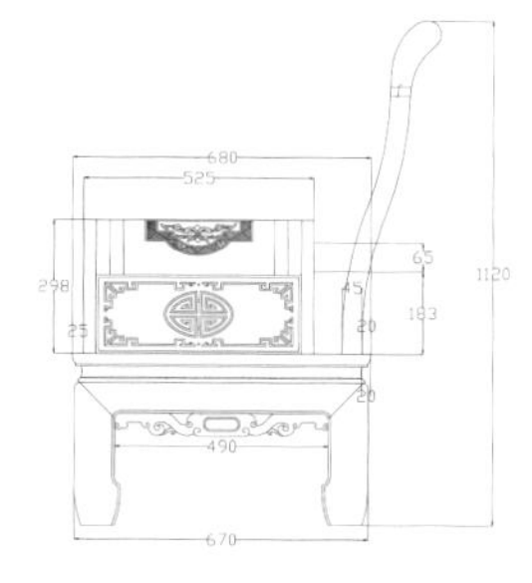

单人沙发－右视图

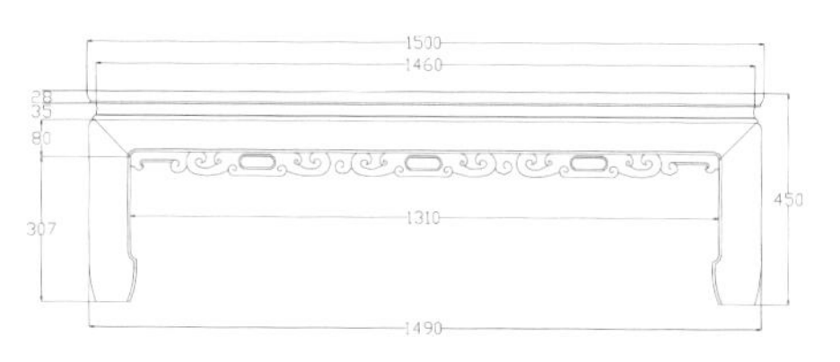

茶几－主视图

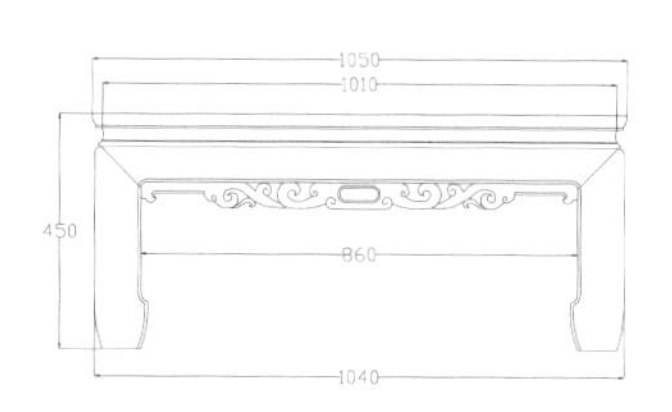

茶几－左视图

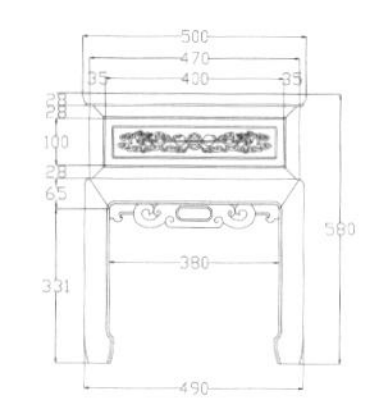

小几－主视图

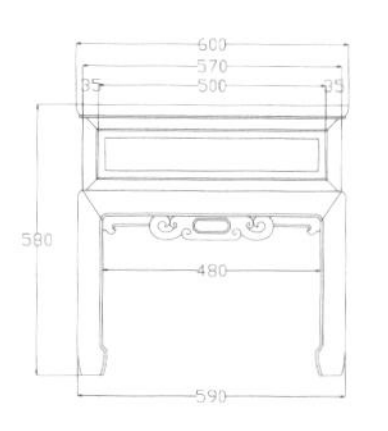

小几－左视图

图版清单（现代中式福庆有余沙发八件套）：
三人沙发—主视图
单人沙发—主视图
单人沙发—右视图
茶几—主视图
茶几—左视图
小几—主视图
小几—左视图

注：此八件套中三人沙发为 1 件，单人沙发为 4 件，茶几为 1 件，小几为 2 件。

附录：图版索引

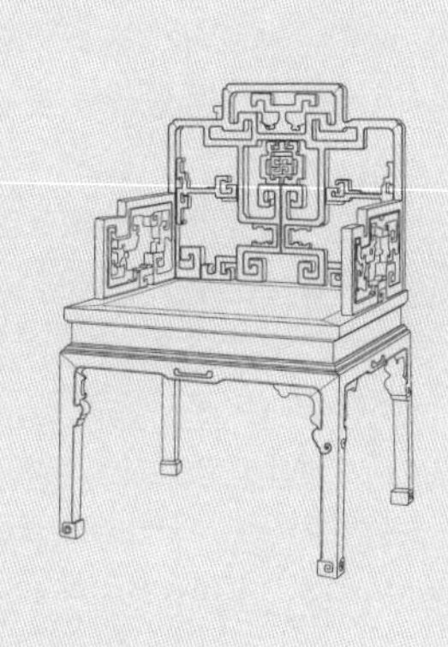

图版索引

图版清单（明式带枕凉床）：
主视图 4
左视图 4
俯视图 4
图版清单（明式攒十字连方纹罗汉床）：
主视图 5
左视图 5
俯视图 5
图版清单（明式三弯腿夔龙纹罗汉床）：
主视图 6
左视图 6
俯视图 6
图版清单（明式卷草纹藤屉罗汉床）：
主视图 7
左视图 7
俯视图 7
图版清单（明式直棂条围子罗汉床）：
主视图 8
右视图 8
俯视图 8
图版清单（明式月洞式门罩架子床）：
主视图 9
左视图 9
俯视图 9
图版清单(明式风车式棂格四柱架子床):
主视图 10
左视图 10
俯视图 10
图版清单（明式六柱架子床）：
主视图 11
左视图 11
俯视图 11
图版清单（明式卷草纹架子床）：
主视图 12
左视图 12
俯视图 12
图版清单（明式开光六柱架子床）：
主视图 13
左视图 13
俯视图 13
图版清单（明式素面罗汉床两件套）：
罗汉床－主视图 14
罗汉床－右视图 14
罗汉床－俯视图 15
炕桌－主视图 15
炕桌－左视图 15
炕桌－俯视图 15
图版清单(明式鼓腿彭牙罗汉床两件套):
罗汉床－主视图 16
罗汉床－右视图 16
罗汉床－俯视图 17
炕桌－主视图 17
炕桌－左视图 17
炕桌－俯视图 17
图版清单（明式曲尺纹罗汉床三件套）：
罗汉床－主视图 18
罗汉床－右视图 18
炕桌－主视图 19
炕桌－左视图 19
脚踏－主视图 19
脚踏－左视图 19
图版清单（清式嵌大理石美人榻）：
主视图 20
左视图 20
俯视图 20
图版清单（清式拐子纹美人榻）：
主视图 21
左视图 21
俯视图 21
后视图 21
图版清单（清式拐子纹半床）：
主视图 22
左视图 22
俯视图 22
图版清单（清式嵌楠木罗汉床）：
主视图 23
左视图 23
俯视图 23
图版清单（清式夔龙纹罗汉床）：
主视图 24
右视图 24
俯视图 24
图版清单（清式花鸟纹罗汉床）：
主视图 25
左视图 25
俯视图 25
图版清单（清式百宝嵌罗汉床）：
主视图 26
右视图 26
图版清单（清式福寿纹五屏式罗汉床）：
主视图 27
右视图 27
座面－俯视图 27
图版清单（清式十字连方纹涡纹足罗汉床）：
主视图 28
左视图 28
俯视图 28
图版清单（清式嵌大理石罗汉床）：
主视图 29
左视图 29
俯视图 29
图版清单（清式卷草纹藤屉罗汉床）：
主视图 30
左视图 30
俯视图 30
图版清单(清式三多纹鼓腿彭牙罗汉床):
主视图 31
左视图 31
俯视图 31
图版清单（清式黑漆描金卷草拐子纹罗汉床）：
主视图 32
左视图 32
俯视图 32
图版清单(清式紫漆描金山水纹罗汉床):
主视图 33
左视图 33
俯视图 33
图版清单（清式嵌瓷片花卉图罗汉床）：
主视图 34
左视图 34
俯视图 34
图版清单（清式镶铜缠枝花纹罗汉床）：
主视图 35
左视图 35
俯视图 35
图版清单（清式嵌大理石罗汉床）：
主视图 36
左视图 36
俯视图 36
图版清单（清式博古纹罗汉床）：
主视图 37
左视图 37
俯视图 37
图版清单（清式三屏风式开光罗汉床）：
主视图 38
左视图 38
俯视图 38
图版清单（清式曲尺棂格罗汉床）：
主视图 39
左视图 39
俯视图 39
图版清单(清式紫漆描金卷云纹罗汉床):
主视图 40
左视图 40
俯视图 40
图版清单（清式双螭捧寿纹罗汉床）：
主视图 41
俯视图 41
左视图 41
图版清单(清式西番莲纹罗汉床两件套):
罗汉床－主视图 42
罗汉床－左视图 42
炕桌－主视图 42
炕桌－左视图 42
图版清单（清式花鸟拐子纹罗汉床两件套）：
罗汉床－主视图 43
罗汉床－右视图 43
炕桌－主视图 43
炕桌－右视图 43

图版清单（清式拐子铜钱纹罗汉床两件套）：
罗汉床－主视图 44
罗汉床－右视图 44
炕桌－主视图 44
炕桌－左视图 44
炕桌－俯视图 44
图版清单（清式百福罗汉床两件套）：
罗汉床－主视图 45
罗汉床－左视图 45
炕桌－主视图 45
炕桌－左视图 45
图版清单（清式拐子纹罗汉床两件套）：
罗汉床－主视图 46
罗汉床－左视图 46
炕桌－主视图 46
炕桌－左视图 46
炕桌－俯视图 46
图版清单（清式山水纹罗汉床两件套）：
罗汉床－主视图 47
罗汉床－左视图 47
炕桌－主视图 47
炕桌－左视图 47
图版清单（清式团龙纹开光罗汉床两件套）：
罗汉床－主视图 48
罗汉床－左视图 48
炕桌－主视图 48
炕桌－左视图 48
图版清单（清式卷草纹罗汉床两件套）：
罗汉床－主视图 49
罗汉床－左视图 49
炕桌－主视图 49
炕桌－左视图 49
图版清单（清式海棠形开光罗汉床两件套）：
罗汉床－主视图 50
罗汉床－左视图 50
罗汉床－俯视图 51
炕桌－主视图 51
炕桌－左视图 51
炕桌－俯视图 51
图版清单（清式玉璧纹罗汉床两件套）：
罗汉床－主视图 52
罗汉床－右视图 52
罗汉床－俯视图 53
炕桌－主视图 53
炕桌－右视图 53
炕桌－俯视图 53
图版清单（清式卷云纹搭脑罗汉床三件套）：
罗汉床－主视图 54
罗汉床－右视图 54
炕桌－主视图 55
炕桌－左视图 55
炕桌－俯视图 55
脚踏－主视图 55
脚踏－左视图 55
脚踏－俯视图 55
图版清单（清式三弯腿罗汉床三件套）：
罗汉床－主视图 56
罗汉床－右视图 56
罗汉床－俯视图 56
炕桌－主视图 57
炕桌－左视图 57
炕桌－俯视图 57
脚踏－主视图 57
脚踏－左视图 57
脚踏－俯视图 57
图版清单（清式团龙纹结子花罗汉床三件套）：
罗汉床－主视图 58
罗汉床－右视图 58
罗汉床－俯视图 59
炕桌－主视图 59
炕桌－右视图 59
脚踏－主视图 59
脚踏－右视图 59
图版清单（清式七屏式罗汉床三件套）：
罗汉床－主视图 60
罗汉床－右视图 60
罗汉床－俯视图 61
炕桌－主视图 61
炕桌－右视图 61
炕桌－俯视图 61
脚踏－主视图 61
脚踏－右视图 61
脚踏－俯视图 61
图版清单（清式百子图罗汉床三件套）：
罗汉床－主视图 62
罗汉床－右视图 62
炕桌－主视图 63
炕桌－右视图 63
脚踏－主视图 63
脚踏－右视图 63
图版清单(清式暗八仙纹罗汉床三件套)：
罗汉床－主视图 64
罗汉床－右视图 64
炕桌－主视图 65
炕桌－右视图 65
脚踏－主视图 65
脚踏－右视图 65
图版清单（清式螭龙纹罗汉床三件套）：
罗汉床－主视图 66
罗汉床－俯视图 66
罗汉床－右视图 66
炕桌－主视图 67
炕桌－右视图 67
炕桌－俯视图 67
脚踏－主视图 67
脚踏－俯视图 67
脚踏－右视图 67
图版清单（清式山水人物图月洞式门罩架子床）：
主视图 68
左视图 69
图版清单（清式攒棂格架子床）：
主视图 70
左视图 70
俯视图 70
图版清单（清式葫芦万代纹架子床）：
主视图 71
左视图 71
俯视图 71
图版清单（清式四簇云纹月洞式门罩架子床）：
主视图 72
左视图 72
俯视图 72
图版清单（清式扇面卷轴架子床）：
主视图 73
左视图 73
俯视图 73
图版清单（清式毗卢帽架子床）：
主视图 74
剖视图 74
后视图 75
俯视图 75
细节图 1 75
细节图 2 75
图版清单（清式博古纹月洞式门罩架子床）：
主视图 76
左视图 77
图版清单（清式攒万字纹围子架子床）：
主视图 78
左视图 78
俯视图 78
图版清单（清式六柱架子床）：
主视图 79
左视图 79
俯视图 79
图版清单（清式雕花带玻璃镜架子床）：
主视图 80
左视图 80
俯视图 80
图版清单（清式带帽檐镶玻璃拔步床）：
主视图 81
左视图 81
俯视图 81
图版清单（现代中式大床三件套）：
大床－主视图 82
大床－左视图 82
床头柜－主视图 82
床头柜－左视图 82
床头柜－俯视图 82
图版清单（现代中式暗八仙纹大床三件套）：
大床－主视图 83
大床－右视图 83
床头柜－主视图 83
床头柜－左视图 83
图版清单（现代中式明韵凉榻两件套）：
凉榻－主视图 84
凉榻－俯视图 84
凉榻－左视图 85
炕桌－主视图 85

图版索引

炕桌－左视图 85
炕桌－俯视图 85
图版清单（现代中式喜上眉梢美人榻）：
主视图 86
俯视图 86
左视图 86
图版清单(现代中式富贵美人榻三件套)：
美人榻－主视图 87
美人榻－左视图 87
美人榻－细节图 87
炕桌－主视图 87
炕桌－左视图 87
脚踏－主视图 87
脚踏－左视图 87
图版清单(现代中式山水人物图贵妃榻)：
主视图 88
左视图 88
图版清单（现代中式外翻马蹄足贵妃榻两件套）：
贵妃榻－主视图 89
贵妃榻－左视图 89
脚踏－主视图 89
脚踏－左视图 89
图版清单（现代中式仿竹节果实累累贵妃床）：
主视图 90
俯视图 90
左视图 90
右视图 90
图版清单（现代中式竹节纹大床）：
主视图 91
右视图 91
图版清单(现代中式岁朝图大床三件套)：
床头－主视图 92
床尾－主视图 92
大床－右视图 92
床头柜－主视图 92
床头柜－左视图 92
图版清单(现代中式云龙纹大床三件套)：
大床－主视图 93
大床－右视图 93
床头柜－主视图 93
图版清单(现代中式拐子纹大床三件套)：
大床－主视图 94
大床－右视图 94
床头－主视图 94
大床－俯视图 95
床头柜－主视图 95
床头柜－左视图 95
床头柜－俯视图 95
图版清单（现代中式回纹大床三件套）：
大床－主视图 96
大床－右视图 96
床身－俯视图 97
床头柜－主视图 97
床头柜－右视图 97
床头柜－俯视图 97
图版清单(现代中式拐子纹大床三件套)：
床头－主视图 98
大床－俯视图 98
大床－右视图 99
床尾－主视图 99
床头柜－主视图 99
床头柜－左视图 99
床头柜－俯视图 99
图版清单（现代中式旭日系列大床三件套）：
大床－主视图 100
床尾－主视图 100
大床－右视图 101
床头柜－主视图 101
床头柜－右视图 101
图版清单（现代中式西番莲纹大床三件套）：
大床－主视图 102
床身－左视图 102
床头柜－主视图 102
床头柜－左视图 102
图版清单（现代中式松鹤延年图大床三件套）：
床头－主视图 103
床尾－主视图 103
床身－右视图 103
床头柜－主视图 103
床头柜－左视图 103
图版清单（现代中式如意大床三件套）：
大床－主视图 104
大床－左视图 104
床头柜－主视图 104
床头柜－左视图 104
图版清单（现代中式百福岁朝图大床三件套）：
大床－主视图 105
大床－右视图 105
床头柜－主视图 105
床头柜－左视图 105
图版清单（现代中式卷云盘长拐子纹大床三件套）：
床头－主视图 106
大床－右视图 106
床尾－主视图 107
床头柜－主视图 107
床头柜－右视图 107
图版清单(现代中式仕女图大床三件套)：
床头－主视图 108
床尾－主视图 108
大床－右视图 108
床头柜－主视图 108
床头柜－右视图 108
图版清单（现代中式园林湖景图大床三件套）：
床头－主视图 109
床尾－主视图 109
大床－右视图 109
床头柜－主视图 109
床头柜－右视图 109
图版清单（现代中式瑞兽花鸟纹大床三件套）：
床头－主视图 110
床尾－主视图 110
大床－右视图 110
图版清单（现代中式鸿运一生大床三件套）：
床头－主视图 111
床尾－主视图 111
大床－左视图 111
床头柜－主视图 111
床头柜－左视图 111
图版清单(现代中式福禄寿大床三件套)：
床头－主视图 112
床身－左视图 112
床尾－主视图 113
床头柜－主视图 113
床头柜－左视图 113
图版清单（现代中式直棂大床三件套）：
床头－主视图 114
床尾－主视图 114
大床－右视图 115
床头柜－主视图 115
床头柜－左视图 115
床头柜－俯视图 115
图版清单（现代中式山水人物图大床三件套）：
大床－主视图 116
大床－右视图 116
床头柜－主视图 116
床头柜－左视图 116
图版清单（现代中式圆合大床三件套）：
大床－主视图 117
大床－右视图 117
床头柜－主视图 117
床头柜－左视图 117
图版清单（现代中式喜鹊登枝图大床三件套）：
床头－主视图 118
床尾－主视图 118
床身－透视图 119
床头柜－主视图 119
床头柜－右视图 119
图版清单（现代中式华韵大床三件套）：
床头－主视图 120
床尾－主视图 120
床身－左视图 121
床身－俯视图 121
床榻－主视图 122

床榻－左视图 122
床头柜－主视图 122
床头柜－左视图 122
床头柜－俯视图 122
图版清单（现代中式殿宇楼阁图大床三件套）：
大床－主视图 123
大床－右视图 123
床头柜－主视图 123
床头柜－左视图 123
图版清单（现代中式如意大床三件套）：
床头－主视图 124
床头－左视图 124
床尾－主视图 124
床尾－左视图 124
床身－主视图 125
床身－俯视图 125
床头柜－主视图 125
床头柜－左视图 125
床头柜－俯视图 125
图版清单（现代中式百鸟朝凤大床三件套）：
床头－主视图 126
床头－左视图 126
床尾－主视图 126
床身－主视图 127
床身－俯视图 127
床头柜－主视图 127
床头柜－左视图 127
图版清单（现代中式山水园林图大床三件套）：
床头－主视图 128
床头－左视图 128
床尾－主视图 128
床身－左视图 129
床身－细部雕刻图 129
床头柜－主视图 129
床头柜－右视图 129
图版清单（现代中式团寿拐子纹大床三件套）：
大床－主视图 130
大床－左视图 130
大床－俯视图 131
床头－主视图 131
床头柜－主视图 131
床头柜－左视图 131
图版清单（现代中式大床三件套）：
床头－主视图 132
大床－俯视图 132
大床－左视图 133
床尾－主视图 133
床头柜－主视图 133
床头柜－左视图 133
床头柜－俯视图 133
图版清单（现代中式山水人物图大床三件套）：
大床－主视图 134
大床－左视图 134
床身－俯视图 135
床头柜－主视图 135
床头柜－左视图 135
图版清单（现代中式攒拐子纹大床三件套）：
大床－主视图 136
大床－左视图 136
床身－俯视图 137
床头柜－主视图 137
床头柜－左视图 137
图版清单（现代中式富贵花鸟图大床三件套）：
大床－主视图 138
大床－左视图 138
床身－俯视图 139
床头柜－主视图 139
床头柜－左视图 139
图版清单（现代中式笔管直棂大床四件套）：
床头－主视图 140
床尾－主视图 140
大床－右视图 140
榻－主视图 141
榻－左视图 141
榻－俯视图 141
床头柜－主视图 141
床头柜－左视图 141
床头柜－俯视图 141
图版清单（现代中式五福如意加长沙发四件套）：
三人沙发－主视图 142
单人沙发－主视图 142
单人沙发－左视图 142
炕桌－主视图 142
炕桌－左视图 142
图版清单（现代中式海棠纹开光沙发四件套）：
三人沙发－主视图 143
双人沙发－主视图 143
单人沙发－主视图 143
单人沙发－右视图 143
图版清单（现代中式兰亭沙发四件套）：
三人沙发－主视图 144
三人沙发－俯视图 144
单人沙发－主视图 145
单人沙发－右视图 145
单人沙发－俯视图 145
茶几－主视图 145
茶几－俯视图 145
图版清单（现代中式高靠背博古图沙发六件套）：
三人沙发－主视图 146
双人沙发－主视图 146
小几－主视图 146
小几－右视图 146
单人沙发－主视图 147
单人沙发－右视图 147
茶几－主视图 147
茶几－右视图 147
图版清单（现代中式拐子回纹沙发六件套）：
三人沙发－主视图 148
双人沙发－主视图 148
单人沙发－主视图 149
单人沙发－左视图 149
茶几－主视图 149
小几－主视图 149
小几－左视图 149
图版清单（现代中式玉璧福磬纹沙发六件套）：
三人沙发－主视图 150
三人沙发－俯视图 150
单人沙发－主视图 151
单人沙发－左视图 151
单人沙发－俯视图 151
茶几－主视图 151
茶几－左视图 151
图版清单（现代中式龙行连渡纹沙发八件套）：
三人沙发－主视图 152
三人沙发－俯视图 152
单人沙发－主视图 153
单人沙发－右视图 153
单人沙发－俯视图 153
单人沙发－剖视图 153
小几－主视图 154
小几－左视图 154
小几－俯视图 154
茶几－主视图 154
茶几－左视图 154
茶几－俯视图 154
图版清单（现代中式回纹沙发八件套）：
三人沙发－主视图 155
三人沙发－左视图 155
单人沙发－主视图 156
单人沙发－左视图 156
茶几－主视图 157
茶几－左视图 157
小几－主视图 157
小几－左视图 157
图版清单（现代中式八仙沙发八件套）：
三人沙发－主视图 158
单人沙发－主视图 158
单人沙发－左视图 158
茶几－主视图 159
茶几－左视图 159
小几－主视图 159
小几－左视图 159
图版清单（现代中式百狮如意沙发八件套）：
三人沙发－主视图 160
单人沙发－主视图 160
单人沙发－右视图 160
茶几－主视图 161
茶几－左视图 161
茶几－俯视图 161
小几－主视图 161
小几－左视图 161
图版清单(现代中式八骏图沙发八件套):

图版索引

三人沙发－主视图 162
单人沙发－主视图 162
单人沙发－右视图 162
茶几－主视图 163
茶几－左视图 163
小几－主视图 163
小几－左视图 163
图版清单(现代中式福禄寿沙发八件套):
三人沙发－主视图 164
单人沙发－主视图 164
单人沙发－右视图 164
茶几－主视图 165
茶几－左视图 165
茶几－俯视图 165
小几－主视图 165
小几－左视图 165
图版清单（现代中式福在眼前沙发八件套）：
三人沙发－主视图 166
单人沙发－主视图 166
单人沙发－左视图 166
茶几－主视图 167
茶几－左视图 167
小几－主视图 167
小几－左视图 167
图版清单（现代中式回纹硕果图沙发八件套）：
三人沙发－主视图 168
三人沙发－俯视图 168
单人沙发－主视图 169
单人沙发－右视图 169
单人沙发－剖视图 169
茶几－主视图 170
茶几－左视图 170
茶几－剖视图 170
小几－主视图 170
小几－左视图 170
小几－俯视图 170
图版清单（现代中式直棂靠背沙发八件套）：
三人沙发－主视图 171
三人沙发－俯视图 171
三人沙发－剖视图 171
单人沙发－主视图 172
单人沙发－右视图 172
小几－主视图 172
小几－左视图 172
小几（屉板）－俯视图 172
茶几－主视图 172
茶几－左视图 172
茶几（屉板）－俯视图 172
图版清单（现代中式吉象捧书沙发八件套）：
三人沙发－主视图 173
三人沙发－俯视图 173
单人沙发－主视图 174
单人沙发－右视图 174
单人沙发－俯视图 174
茶几－主视图 175
茶几－左视图 175
小几－主视图 175
小几－左视图 175
图版清单(现代中式博古图沙发八件套):
三人沙发－主视图 176
单人沙发－主视图 176
单人沙发－右视图 176
茶几－主视图 177
茶几－左视图 177
小几－主视图 177
小几－左视图 177
图版清单(现代中式竹节纹沙发八件套):
三人沙发－主视图 178
三人沙发－俯视图 178
单人沙发－主视图 179
单人沙发－右视图 179
单人沙发－俯视图 179
茶几－主视图 179
茶几－左视图 179
小几－主视图 179
小几－左视图 179
图版清单（现代中式兰亭雕心沙发八件套）：
三人沙发－主视图 180
三人沙发－俯视图 180
单人沙发－主视图 181
单人沙发－右视图 181
单人沙发－俯视图 181
茶几－主视图 181
茶几－左视图 181
小几－主视图 181
小几－左视图 181
图版清单(现代中式如意纹沙发九件套):
三人沙发－主视图 182
双人沙发－主视图 182
单人沙发－主视图 182
单人沙发－右视图 182
茶几－主视图 183
茶几－左视图 183
茶几－俯视图 183
小几－主视图 183
小几－左视图 183
小几－俯视图 183
图版清单（现代中式福在眼前沙发八件套）：
三人沙发－主视图 184
单人沙发－主视图 184
单人沙发－右视图 184
茶几－主视图 185
茶几－左视图 185
小几－主视图 185
小几－左视图 185
图版清单（现代中式风和日丽沙发八件套）：
三人沙发－主视图 186
三人沙发－后视图 186
三人沙发－剖视图 186
单人沙发－主视图 187
单人沙发－右视图 187
单人沙发－后视图 187
单人沙发－剖视图 187
小几－主视图 188
小几－左视图 188
小几－俯视图 188
茶几－主视图 188
茶几－左视图 188
茶几－俯视图 188
图版清单（现代中式花开富贵磬云沙发八件套）：
三人沙发－主视图 189
三人沙发－剖视图 189
单人沙发－主视图 190
单人沙发－左视图 190
单人沙发－俯视图 190
茶几－主视图 191
茶几－左视图 191
茶几－俯视图 191
小几－主视图 191
小几－左视图 191
小几－俯视图 191
图版清单(现代中式寿字纹沙发八件套):
三人沙发－主视图 192
单人沙发－主视图 192
单人沙发－左视图 192
茶几－主视图 193
茶几－左视图 193
小几－主视图 193
小几－左视图 193
图版清单（现代中式如意云纹沙发六件套）：
三人沙发－主视图 194
扶手椅－主视图 194
扶手椅－左视图 194
扶手椅－俯视图 194
茶几－主视图 195
茶几－左视图 195
茶几－俯视图 195
图版清单(现代中式圆开光沙发八件套):
三人沙发－主视图 196
茶几－主视图 196
茶几－左视图 196
扶手椅－主视图 197
扶手椅－左视图 197
扶手椅－俯视图 197
小几－主视图 197
小几－左视图 197

小几－俯视图 197
图版清单（现代中式直棂霸王枨沙发八件套）：
三人沙发－主视图 198
扶手椅－主视图 198
扶手椅－右视图 198
茶几－主视图 199
茶几－左视图 199
小几－主视图 199
小几－左视图 199
图版清单（现代中式圈形圆开光沙发八件套）：
三人沙发－主视图 200
三人沙发－俯视图 200
圈椅－主视图 201
圈椅－左视图 201
圈椅－俯视图 201
小几－主视图 201
小几－左视图 201
小几－俯视图 201
茶几－主视图 202
茶几－左视图 202
茶几－剖视图 202
图版清单（现代中式直棂梳背沙发八件套）：
三人沙发－主视图 203
三人沙发－俯视图 203
圈椅－主视图 204
圈椅－左视图 204
圈椅－俯视图 204
茶几－主视图 205
茶几－左视图 205
小几－主视图 205
小几－左视图 205
小几－俯视图 205
图版清单（现代中式直棂梳背福寿绵长沙发八件套）：
三人沙发－主视图 206
扶手椅－主视图 206
扶手椅－左视图 206
茶几－主视图 207
茶几－左视图 207
小几－主视图 207
小几－左视图 207
图版清单（现代中式团寿纹沙发八件套）：
三人沙发－主视图 208
单人沙发－主视图 208
单人沙发－左视图 208
茶几－主视图 209
茶几－左视图 209
小几－主视图 209
小几－左视图 209
图版清单（现代中式吉庆有余沙发八件套）：
三人沙发－主视图 210
单人沙发－主视图 210
单人沙发－右视图 210
茶几－主视图 211
茶几－左视图 211
小几－主视图 211
小几－左视图 211
图版清单（现代中式云蝠纹沙发八件套）：
三人沙发－主视图 212
三人沙发－剖视图 212
单人沙发－主视图 213
单人沙发－左视图 213
单人沙发－俯视图 213
茶几－主视图 214
茶几－左视图 214
茶几－俯视图 214
小几－主视图 214
小几－左视图 214
小几－俯视图 214
图版清单（现代中式拐子如意纹沙发八件套）：
三人沙发－主视图 215
三人沙发－剖视图 215
单人沙发－主视图 216
单人沙发－左视图 216
单人沙发－俯视图 216
茶几－主视图 217
茶几－俯视图 217
小几－主视图 217
小几－俯视图 217
图版清单（现代中式富贵祥和沙发八件套）：
三人沙发－主视图 218
单人沙发－主视图 218
单人沙发－右视图 218
单人沙发－精雕图 219
茶几－主视图 219
茶几－左视图 219
小几－主视图 219
小几－左视图 219
图版清单（现代中式福禄寿沙发八件套）：
三人沙发－主视图 220
单人沙发－主视图 220
单人沙发－右视图 220
茶几－主视图 221
茶几－左视图 221
小几－主视图 221
小几－左视图 221
图版清单（现代中式花果累累沙发八件套）：
三人沙发－主视图 222
单人沙发－主视图 222
单人沙发－右视图 222
单人沙发－精雕图 223
茶几－主视图 223
茶几－右视图 223
小几－主视图 223
小几－右视图 223
图版清单（现代中式荷花图沙发八件套）：
三人沙发－主视图 224
双人沙发－主视图 224
双人沙发－左视图 224
单人沙发－主视图 225
单人沙发－左视图 225
茶几－主视图 225
茶几－左视图 225
炕桌－主视图 225
炕桌－左视图 225
小几－主视图 225
小几－左视图 225
图版清单（现代中式吉庆有余沙发八件套）：
三人沙发－主视图 226
单人沙发－主视图 226
单人沙发－左视图 226
茶几－主视图 227
茶几－左视图 227
小几－主视图 227
小几－左视图 227
图版清单（现代中式福庆有余沙发八件套）：
三人沙发（靠背）－主视图 228
三人沙发（腿部）－主视图 228
单人沙发－主视图 229
单人沙发－左视图 229
茶几－主视图 229
茶几－左视图 229
小几－主视图 229
小几－左视图 229
图版清单（现代中式吉祥如意沙发八件套）：
三人沙发－主视图 230
三人沙发－俯视图 230
小几－主视图 230
小几－左视图 230
单人沙发－主视图 231
单人沙发－右视图 231
单人沙发－俯视图 231
茶几－主视图 231
茶几－左视图 231
图版清单（现代中式福在眼前沙发八件套）：
三人沙发－主视图 232
单人沙发－主视图 232
单人沙发－右视图 232
茶几－主视图 233
茶几－左视图 233
小几－主视图 233
小几－左视图 233
图版清单（现代中式山川秀色沙发八件套）：
三人沙发－主视图 234
单人沙发－主视图 234
单人沙发－左视图 234
茶几－主视图 235
茶几－左视图 235
小几－主视图 235
小几－左视图 235
图版清单（现代中式五福卷书式沙发八件套）：
三人沙发－主视图 236
单人沙发－主视图 236
单人沙发－左视图 236

图版

图版索引

茶几－主视图 237
茶几－左视图 237
小几－主视图 237
小几－左视图 237
图版清单（现代中式五福捧寿沙发八件套）：
三人沙发－主视图 238
单人沙发－主视图 238
单人沙发－左视图 238
茶几－主视图 239
茶几－左视图 239
小几－主视图 239
小几－左视图 239
图版清单（现代中式山水楼阁图沙发八件套）：
三人沙发－主视图 240
单人沙发－主视图 240
单人沙发－左视图 240
茶几－主视图 241
茶几－左视图 241
小几－主视图 241
小几－左视图 241
图版清单（现代中式卷草拐子纹沙发八件套）：
三人沙发－主视图 242
单人沙发－主视图 242
单人沙发－左视图 242
茶几－主视图 243
茶几－左视图 243
小几－主视图 243
小几－左视图 243
图版清单（现代中式佳人玉立沙发八件套）：
三人沙发－主视图 244
茶几－主视图 244
茶几－左视图 244
单人沙发－主视图 245
单人沙发－左视图 245
小几－主视图 245
小几－左视图 245
图版清单（现代中式金龙富贵沙发八件套）：
三人沙发－主视图 246
单人沙发－主视图 246
单人沙发－右视图 246
茶几－主视图 247
茶几－左视图 247
小几－主视图 247
小几－左视图 247
图版清单（现代中式暗八仙纹沙发八件套）：
三人沙发－主视图 248
三人沙发－俯视图 248
单人沙发－主视图 249
单人沙发－右视图 249
单人沙发－俯视图 249
茶几－主视图 249
茶几－左视图 249
茶几－剖视图 249
小几－主视图 249
小几－剖视图 249
图版清单（现代中式西湖风景沙发八件套）：
三人沙发－主视图 250
单人沙发 1 －主视图 250
单人沙发 1 －左视图 250
单人沙发 2 －主视图 251
单人沙发 3 －主视图 251
单人沙发 4 －主视图 251
茶几－主视图 251
茶几－左视图 251
小几－主视图 251
小几－左视图 251
图版清单（现代中式岁朝图沙发八件套）：
三人沙发－主视图 252
单人沙发－主视图 252
单人沙发－左视图 252
茶几－主视图 253
茶几－左视图 253
小几－主视图 253
小几－左视图 253
图版清单（现代中式福庆有余沙发八件套）：
三人沙发－主视图 254
单人沙发－主视图 254
单人沙发－右视图 254
茶几－主视图 255
茶几－左视图 255
小几－主视图 255
小几－左视图 255
图版清单（现代中式攒风车式棂格沙发八件套）：
三人沙发－主视图 256
单人沙发－主视图 256
单人沙发－右视图 256
茶几－主视图 257
茶几－左视图 257
长方凳－主视图 257
长方凳－左视图 257
图版清单（现代中式五福捧寿沙发八件套）：
三人沙发－主视图 258
单人沙发－主视图 258
单人沙发－右视图 258
茶几－主视图 259
茶几－左视图 259
长方凳－主视图 259
长方凳－左视图 259
图版清单（现代中式园林风景沙发八件套）：
三人沙发－主视图 260
单人沙发－主视图 260
单人沙发－左视图 260
茶几－主视图 261
茶几－左视图 261
小几－主视图 261
小几－左视图 261
图版清单（现代中式富贵牡丹沙发八件套）：
三人沙发－主视图 262
单人沙发－主视图 262
单人沙发－左视图 262
茶几－主视图 263
茶几－左视图 263
小几－主视图 263
小几－左视图 263
图版清单（现代中式鸟语花香沙发八件套）：
三人沙发－主视图 264
单人沙发－主视图 264
单人沙发－右视图 264
茶几－主视图 265
茶几－左视图 265
小几－主视图 265
小几－左视图 265
图版清单（现代中式福庆有余沙发八件套）：
三人沙发－主视图 266
单人沙发－主视图 266
单人沙发－右视图 266
茶几－主视图 266
茶几－左视图 266
小几－左视图 266
小几－主视图 266